S. T. MAU

INTRODUÇAO À ANÁLISE ESTRUTURAL

Métodos dos Deslocamentos e das Forças

Tradução: Angelo Giuseppe Meira Costa (angico)

Revisão Técnica: Gilberto Carlos Nunes

Bel. em Engenharia Civil pela Universidade Federal da Paraíba

Do original:
Introduction to Structural Analysis – Displacement and Force Methods

Editor: Paulo André P. Marques
Produção Editorial: Aline Vieira Marques
Capa: Daniel Jara
Diagramação: Daniel Jara
Tradução: Angelo Giuseppe Meira Costa (angico)
Revisão Técnica: Gilberto Carlos Nunes
Assistente Editorial: Dilene Sandes Pessanha

FICHA CATALOGRAFICA

MAU, S. T.

Introdução à Análise Estrutural – Métodos dos Deslocamentos e das Forças

Rio de Janeiro: Editora Ciência Moderna Ltda., 2015.

1. Engenharia Civil; 2.Engenharia Estrutural, Análise Estrutural.
I — Título

ISBN: 978-85-399-0687-1 CDD 624
624.1

Editora Ciência Moderna Ltda.
R. Alice Figueiredo, 46 – Riachuelo
Rio de Janeiro, RJ – Brasil CEP: 20.950-150
Tel: (21) 2201-6662/ Fax: (21) 2201-6896
E-MAIL: LCM@LCM.COM.BR
WWW.LCM.COM.BR

05/15

Prefácio

Há dois novos desenvolvimentos, nos últimos 30 anos, nos currículos de engenharia civil que têm uma relação direta com o plano de conteúdo de um curso de análise estrutural: a redução de horas de crédito para três horas necessárias em análise estrutural na maioria dos programas de engenharia civil e o crescente vácuo entre o que é ensinado nos livros didáticos e nas salas de aula e o que está sendo praticado em firmas de engenharia. A primeira é apresentada pelo reconhecimento pelos educadores de engenharia civil de que a análise estrutural como curso necessário para todas as especializações em engenharia civil não precisa abordar em grandes detalhes todos os métodos analíticos. O segundo é, certamente, o resultado das onipresentes aplicações dos computadores pessoais digitais e dos dispositivos móveis.

Este texto sobre análise estrutural foi planejado para cobrir a brecha entre a prática e a educação de engenharia. Reconhecendo o fato de que praticamente todos os programas de computador para análise estrutural são baseados no método de análise de deslocamentos de matriz, o texto inicia com este método de deslocamentos. Um tutorial sobre operações com matrizes está incluso como revisão e ferramenta de autodidática. Para minimizar a dificuldade conceitual que um estudante pode ter com o método de deslocamentos, ele é introduzido com a análise de treliças planas, em que o conceito de deslocamentos nodais é apresentado. Introduzir o método de deslocamentos de matriz no início também torna mais fácil para os estudantes o trabalho em trabalhos de conclusão de curso que envolvam a utilização de programas de computador.

O método de análise das forças para treliças planas é, então, introduzido para oferecer a cobertura de deflexão, indeterminação estatística, equilíbrio de forças, e assim por diante, que são importantes no entendimento do comportamento de uma estrutura e o desenvolvimento de um gosto para tal.

O método de análise das forças é, então, estendido para a análise de vigas e quadros rígidos, quase em paralelo com os tópicos cobertos na análise de treliças. A análise de vigas e quadros rígidos é apresentada de uma forma integrada, de modo que todos os conceitos importantes sejam abordados concisamente, sem indevida duplicidade.

O método de deslocamentos, então, reaparece quando os métodos de distribuição de momentos e de inclinação-deflexão são apresentados como prelúdio para o método de deslocamentos de matriz para análise de vigas e quadros rígidos. O método de deslocamentos de matriz é apresentado como generalização do método de inclinação-deflexão.

A descrição supramencionada delineia a introdução dos dois métodos fundamentais de análise estrutural, o método dos deslocamentos e o método das forças, e suas aplicações aos dois grupos de estruturas, treliças e vigas e quadros rígidos. Outros tópicos relacionados, tais como linhas de influência, barras não prismáticas, estruturas compostas, análise de tensão secundária, e limites da análise estrutural linear e estática são apresentados no final.

Agradecimentos

Quero expressar minha gratidão ao Professor C. C. Yu (ex-presidente da National Taiwan University), cujo amor pela educação e pela teoria estrutural norteou minha carreira, e ao atual Professor Yuan Yu Hsieh, cuja inovação no impactante best-seller Elementary Theory of Structures

(Prentice Hall, 1970) inspirou minha abordagem na escrita deste livro. Quero agradecer a muitos de meus dedicados colegas nas universidades em que trabalhei e àqueles a quem conheci bem profissionalmente, que se tornaram meus modelos de excelentes professores. Agradeço aos meus muito bons amigos, cujos talentos e intelectos definiram o padrão para minha aspiração.

Estou para sempre em débito com minha falecida mãe, Kwei-Lan Liu Mau, que superou a dificuldade da guerra e enviuvou cedo, mas que estava determinada a criar seu único filho para uma vida produtiva. Minha profunda gratidão a minha querida esposa, Seinming Pei Mau, que sacrificou sua própria carreira para apoiar a minha, e venceu todas as dificuldades ao meu lado para me guiar. Fui abençoado com dois filhos maravilhosos, Ted e Mike, e uma nora, Sarah; o amor deles me mantém jovem. Por fim, mas não menos importante, meus três netinhos, Jeremy, Abigail e Nathaniel, são minhas constantes fontes de alegria.

Agradecimentos

Sumário

1

Análise de Treliças: método de deslocamento de matriz

1.1 O que é uma treliça?

Num plano, uma treliça é composta de barras relativamente estreitas e longas, muitas vezes formando configurações triangulares. Um exemplo de treliça plana usada na estrutura do telhado de uma casa é mostrado na figura seguinte.

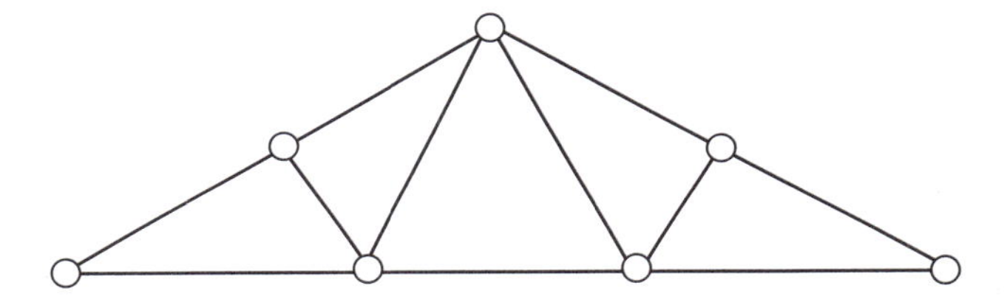

Uma treliça de telhado chamada de tesoura Fink.

O símbolo circular na figura representa um tipo de conexão chamado de articulação, que permite que os barras flexionem no plano, um em relação ao outro, na conexão, mas não que se movam em translação, um em relação ao outro. Uma conexão articulada transmite força de um barra a outra, mas não acopla força, ou momento, de um barra na outra.

Em construções reais, uma treliça plana é mais provavelmente parte de uma estrutura no espaço tridimensional que conhecemos. Um exemplo de estrutura de telhado é mostrado a seguir. As barras de longarina são necessárias para conectar duas tesouras planas. As linhas e os caibros são para distribuição da carga do telhado nas tesouras planas.

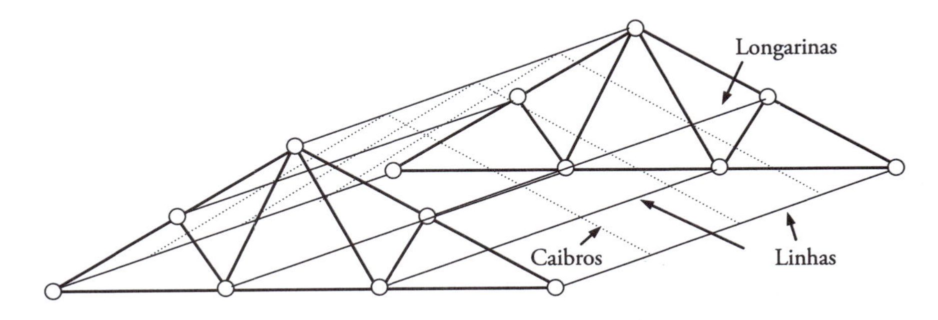

Uma estrutura de telhado com duas tesouras Fink.

Alguns outros tipos de treliça vistos em estruturas de telhados ou pontes são mostrados a seguir.

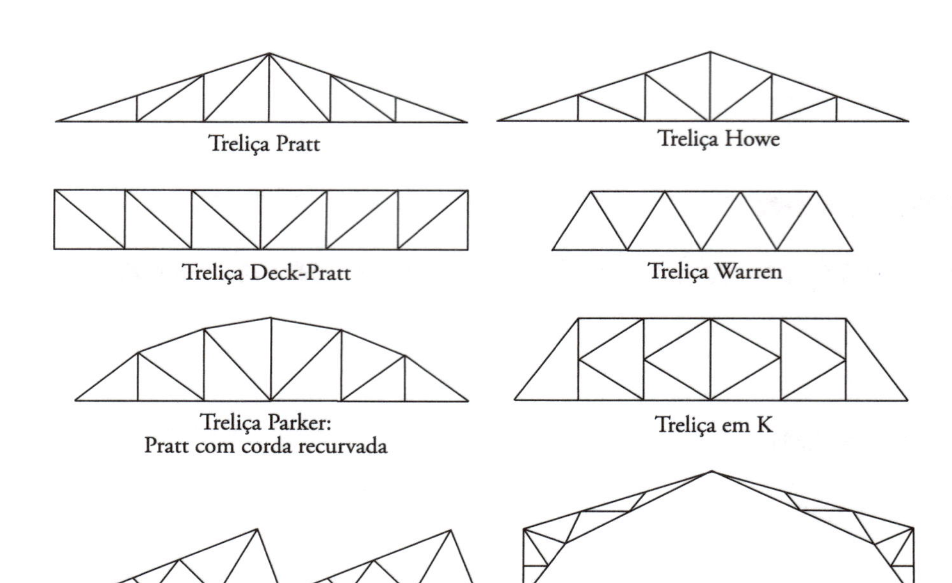

Diferentes tipos de treliças planas.

1.2 As barras de uma treliça

Cada barra de uma treliça é um elemento reto, suportando cargas apenas nas duas pontas. Como resultado, as duas forças em ambas as extremidades devem atuar ao longo do eixo da barra e serem de mesma magnitude para alcançar o equilíbrio da barra, como mostrado na figura seguinte.

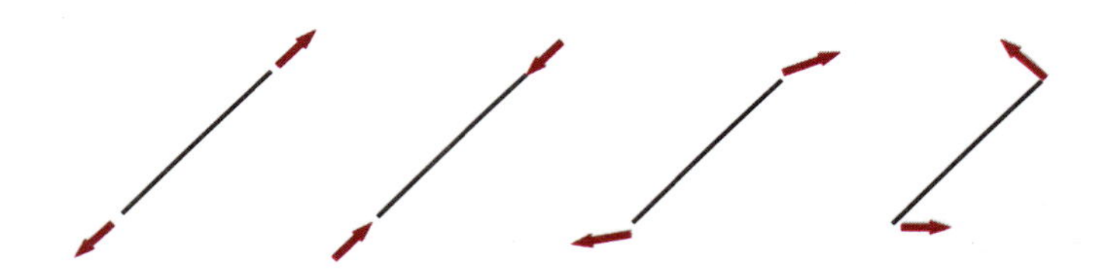

Barra de treliça em equilíbrio (esquerda). Barra de treliça fora de equilíbrio (direita).

Além disso, quando uma barra de treliça está em equilíbrio, as duas forças nas pontas estão apontando uma para longe da outra, ou uma em direção à outra, criando tensão ou compressão, respectivamente, na barra.

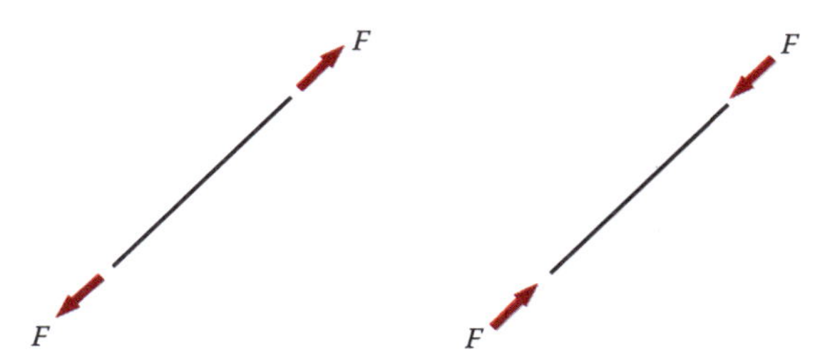

Barra de treliça sob tensão (esquerda). Barra de treliça sob compressão (direita).

Esteja uma barra sob tensão ou compressão, a força interna atuante sobre qualquer seção escolhida da barra é a mesma em toda a extensão desta. Assim, o estado da força na barra pode ser representado por uma entidade única de força sobre a barra, representada pela notação F, que é a força axial de uma barra de treliça. Não há nenhuma outra força numa barra de treliça.

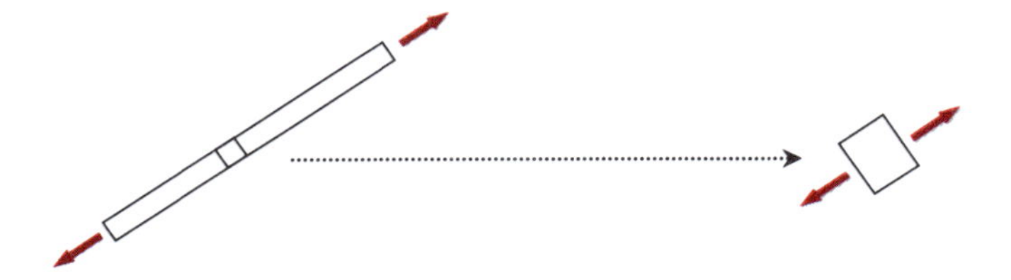

A força interna é a mesma em qualquer seção de uma barra de treliça.

A força tênsil de uma barra é indicada por um valor positivo em F e a força compressiva por um valor negativo. Esta é a convenção de sinal para a força numa barra axial.

Sempre que houver força numa barra, esta se deformará. Cada segmento da barra se alongará ou encurtará e o efeito cumulativo da deformação será o alongamento ou encurtamento da barra, Δ.

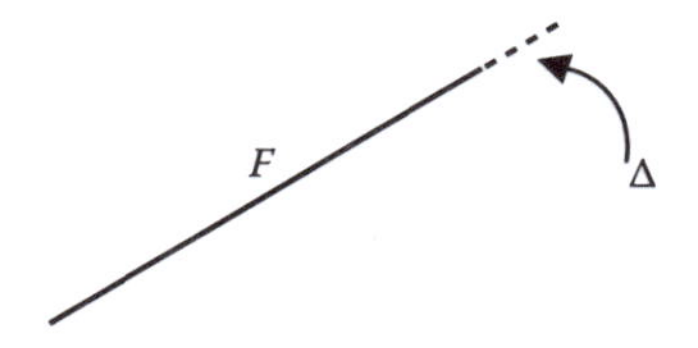

Alongamento da barra.

Supondo-se que o material de que a barra é feita seja linearmente elástico com o módulo de Young E, e a barra seja prismática com uma constante de área seccional transversa A, e comprimento L, então a relação entre o alongamento e a força na barra poderá ser descrita como:

$$F = k\Delta \text{ with } k = \frac{EA}{L} \tag{1.1}$$

onde o fator proporcional k é chamado de rigidez da barra. A equação 1.1 é a equação de rigidez do barra expressa em coordenada local, especificamente a coordenada axial. Esta relação eventualmente será expressa num sistema de coordenadas que seja comum a todas as barras de uma treliça, isto é, um sistema de coordenadas globais. Para fazer isso, nós devemos examinar a posição relativa de uma barra na treliça.

1.3 Equação de rigidez em coordenadas globais

A treliça mais simples é a de três barras, como mostrado. Depois que você tiver definido um sistema de coordenadas globais, o sistema *x,y*, a configuração deslocada de toda a estrutura será completamente determinada pelos pares de deslocamento de nós (*u1, v1*), (*u2, v2*) e (*u3, v3*).

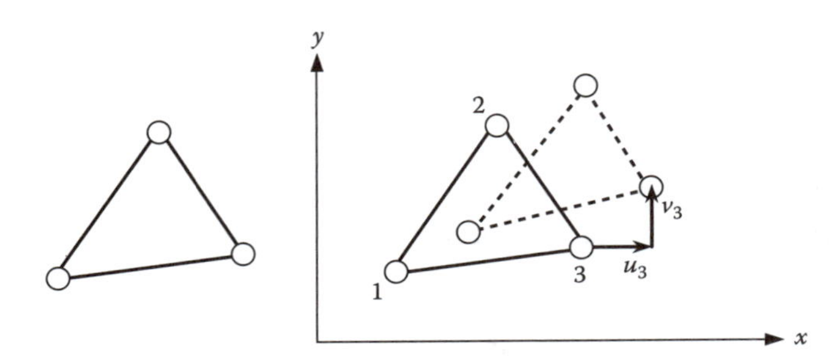

Uma treliça de três barras (esquerda). Deslocamentos de nós em coordenadas globais (direita).

Além disso, o alongamento de uma barra pode ser calculado a partir dos deslocamentos dos nós.

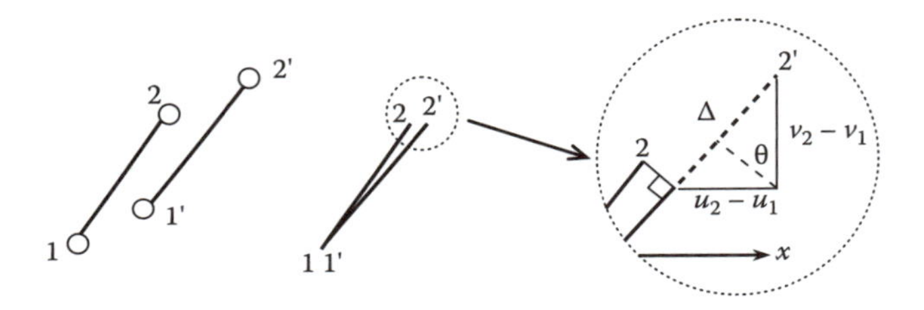

Barra deslocada (esquerda). Configurações sobrepostas (direita).

$$\Delta = (u_2 - u_1)\,\text{Cos}\theta + (v_1 - v_2)\,\text{Sin}\theta \quad (1.2a)$$

ou

$$\Delta = (\text{Cos}\theta)u_1 - (\text{Sin}\theta)v_1 + (\text{Cos}\theta)u_2 + (\text{Sin}\theta)v_2 \quad (1.2b)$$

Na equação 1.2, entende-se que o ângulo θ refere-se à orientação das barras 1 e 2. Para fins de brevidade, nós não incluímos o subscrito que designa a barra. Podemos expressar a mesma equação na forma de uma matriz, fazendo *C* e *S* representar o Cosθ e o Senθ, respectivamente.

$$\Delta = \begin{bmatrix} -C & -S & C & S \end{bmatrix} \begin{Bmatrix} u_1 \\ v_1 \\ u_2 \\ v_2 \end{Bmatrix} \quad (1.3)$$

Mais uma vez, os subscritos 1 e 2 não estão incluídos para Δ, *C* e *S* para fins de brevidade. Uma das vantagens do uso da forma da matriz é que a relação funcional entre o alongamento da barra e o deslocamento do nó é mais claro que na equação 1.2. Portanto, a equação acima pode ser calculada como uma transformação entre a quantidade de deformação local $\Delta_L = \Delta$ e os deslocamentos de nós globais Δ_G:

$$\Delta_L = \Gamma\,\Delta_G \tag{1.4}$$

onde

$$\Gamma = \lfloor\ -C \quad -S \quad C \quad S\ \rfloor \tag{1.5}$$

e

$$\Delta_G = \begin{Bmatrix} u_1 \\ v_1 \\ u_2 \\ v_2 \end{Bmatrix} \tag{1.6}$$

Aqui, e em qualquer outra parte, um símbolo em negrito representa um vetor ou uma matriz. A equação 1.4 é a *equação de transformação da deformação*. Agora, nós buscamos a transformação entre a força da barra na coordenada local, $F_L = F$ e as forças nodal nas coordenadas x,y, F_G.

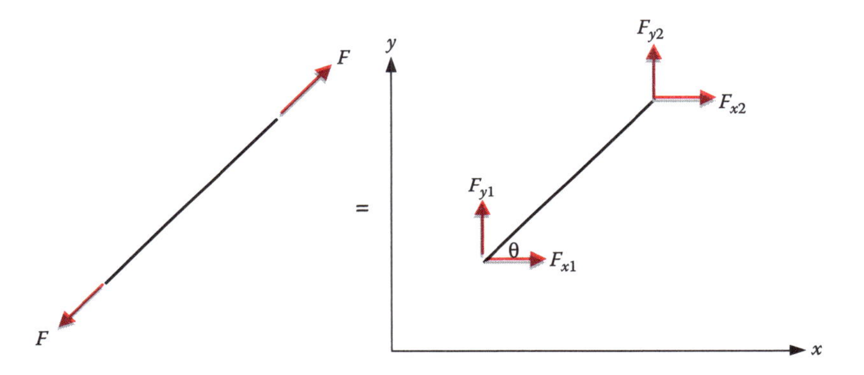

Força F nas barras e forças nodais em coordenadas globais.

Da figura anterior e da equivalência dos dois sistemas de forças, nós obtemos

$$\boldsymbol{F_G} = \begin{Bmatrix} F_{x1} \\ F_{y1} \\ F_{x2} \\ F_{y2} \end{Bmatrix} = \begin{Bmatrix} -C \\ -S \\ C \\ S \end{Bmatrix} F \tag{1.7}$$

onde C e S representam o cosseno e o seno do ângulo θ de orientação do barra. Notando que o vetor de transformação é a transposta de Γ, podemos reescrever a equação 1.7 como

$$\boldsymbol{F_G} = \Gamma^T \boldsymbol{F_L} \tag{1.8}$$

A equação 1.8 é a equação de transformação da força.

Por substituição simples, usando as equações 1.1 e 1.4, a equação de transformação da força leva a

$$\boldsymbol{F_G} = \Gamma^T \boldsymbol{F_L} = \Gamma^T k\Delta_L = \Gamma^T k\Gamma\,\Delta_G$$

ou

$$\boldsymbol{F_G} = k_G \Delta_G \tag{1.9}$$

onde

$$k_G = \Gamma^{\mathrm{T}} k \Gamma \tag{1.10}$$

A equação 1.10 é a *equação de transformação da rigidez*, que transforma a rigidez do barra em coordenada local, k, na rigidez da barra em coordenada global, k_G. Na forma expandida, isto é, quando a multiplicação tripla na equação 1.10 é efetuada, a rigidez da barra é uma matriz 4 × 4:

$$\boldsymbol{k_G} = \frac{EA}{L} \begin{bmatrix} C^2 & CS & -C^2 & -CS \\ CS & S^2 & -CS & -S^2 \\ -C^2 & -CS & C^2 & CS \\ -CS & -S^2 & CS & S^2 \end{bmatrix} \tag{1.11}$$

O significado de cada um dos componentes da matriz, $(k_G)_{ij}$, pode ser explorado considerando-se as forças nodais correspondentes aos quatro conjuntos de deslocamentos nodais "unitários", na figura seguinte.

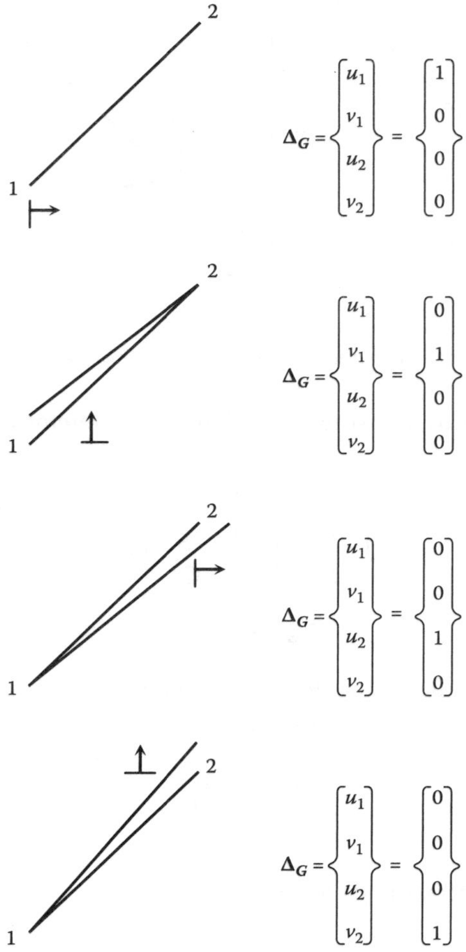

$$\boldsymbol{\Delta_G} = \begin{Bmatrix} u_1 \\ v_1 \\ u_2 \\ v_2 \end{Bmatrix} = \begin{Bmatrix} 1 \\ 0 \\ 0 \\ 0 \end{Bmatrix}$$

$$\boldsymbol{\Delta_G} = \begin{Bmatrix} u_1 \\ v_1 \\ u_2 \\ v_2 \end{Bmatrix} = \begin{Bmatrix} 0 \\ 1 \\ 0 \\ 0 \end{Bmatrix}$$

$$\boldsymbol{\Delta_G} = \begin{Bmatrix} u_1 \\ v_1 \\ u_2 \\ v_2 \end{Bmatrix} = \begin{Bmatrix} 0 \\ 0 \\ 1 \\ 0 \end{Bmatrix}$$

$$\boldsymbol{\Delta_G} = \begin{Bmatrix} u_1 \\ v_1 \\ u_2 \\ v_2 \end{Bmatrix} = \begin{Bmatrix} 0 \\ 0 \\ 0 \\ 1 \end{Bmatrix}$$

Quatro conjuntos de deslocamentos nodais unitários.

Quando cada um dos vetores de deslocamento "unitário" é multiplicado pela matriz de rigidez, de acordo com a equação 1.9, torna-se claro que as forças nodais resultantes são idênticas às componentes de uma das colunas da matriz de rigidez. Por exemplo, a primeira coluna da matriz de rigidez contém as forças nodais necessárias para produzir um deslocamento unitário em *u1*, com todos os demais deslocamentos nodais sendo zero. Além do mais, podemos ver que $(k_G)_{ij}$ é a *i*ésima força nodal, devido a um deslocamento unitário no *j*ésimo deslocamento nodal.

Pelo exame da equação 1.11, podemos observar as seguintes características da matriz de rigidez:

a. A matriz de rigidez de barra é simétrica, $(k_G)_{ij} = (k_G)_{ji}$;
b. A soma algébrica dos componentes em cada coluna ou cada linha é zero;
c. A matriz de rigidez de barra é singular.

A característica (a) pode ser atribuída à maneira pela qual a matriz é formada, através da equação 1.10, que invariavelmente leva a uma matriz simétrica. A característica (b) vem do fato de que as forças nodais devidas a um conjunto de deslocamentos nodais unitários devem estar em equilíbrio. A característica (c) deve-se à proporcionalidade do par de colunas 1 e 3, ou 2 e 4.

O fato da matriz de rigidez de barra ser singular e, portanto, não poder ser invertida, indica que não podemos encontrar os deslocamentos nodais correspondentes a qualquer conjunto de forças nodais. Isso porque o dado conjunto de forças nodais pode não estar em equilíbrio e, destarte, não fazer sentido procurar os deslocamentos nodais correspondentes. Mesmo estando em equilíbrio, a solução dos deslocamento nodais exige um procedimento especial descrito em "problemas de autovalor", em álgebra linear. Não vamos explorar tais possibilidades, aqui.

No cálculo da matriz de rigidez de barra, precisamos conhecer o comprimento de barra, *L*, a área da seção transversa da barra, *A*, o módulo de Young do material da barra, *E*, e o ângulo de orientação da barra, θ. Este ângulo é medido partindo-se da direção positiva do eixo *x* para a direção da barra, seguindo-se uma rotação em sentido anti-horário. A direção da barra é definida como sendo a direção do nó inicial para o nó final. Na figura seguinte, os ângulos de orientação das duais barras diferem 180 graus, se considerarmos o nó 1 como inicial e o nó 2 como final. No cálculo real da matriz de rigidez, porém, tal distinção no ângulo de orientação não é necessária, porque não precisamos calcular diretamente o ângulo de orientação, como ficará claro no exemplo seguinte.

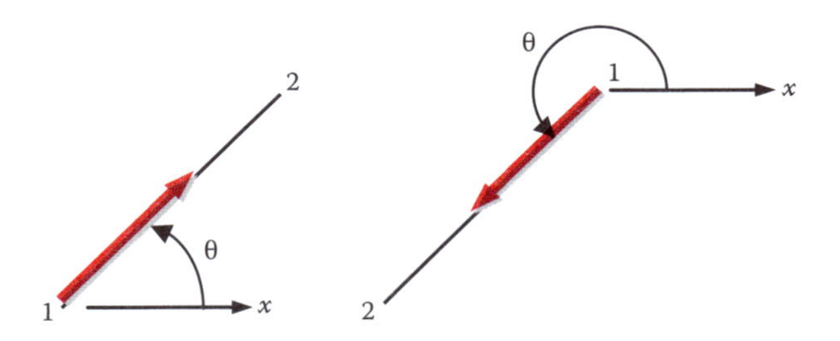

A direção da barra é definida partindo-se do nó inicial para o nó final.

A equação 1.9 pode agora ser expressa em sua forma explícita como

$$\begin{Bmatrix} F_{x1} \\ F_{y1} \\ F_{x2} \\ F_{y2} \end{Bmatrix} = \begin{bmatrix} k_{11} & k_{12} & k_{13} & k_{14} \\ k_{21} & k_{22} & k_{23} & k_{24} \\ k_{31} & k_{32} & k_{33} & k_{34} \\ k_{41} & k_{42} & k_{43} & k_{44} \end{bmatrix} = \begin{Bmatrix} u_1 \\ v_1 \\ u_2 \\ v_2 \end{Bmatrix} \quad (1.12)$$

onde os componentes da matriz de rigidez, k_{ij}, são dados na equação 1.11.

Exemplo 1.1
Considere uma barra de treliça com E = 70 GPa, A = 1430 mm², L = 5 m, e orientado como mostrado na figura seguinte. Determine a matriz de rigidez do barra.

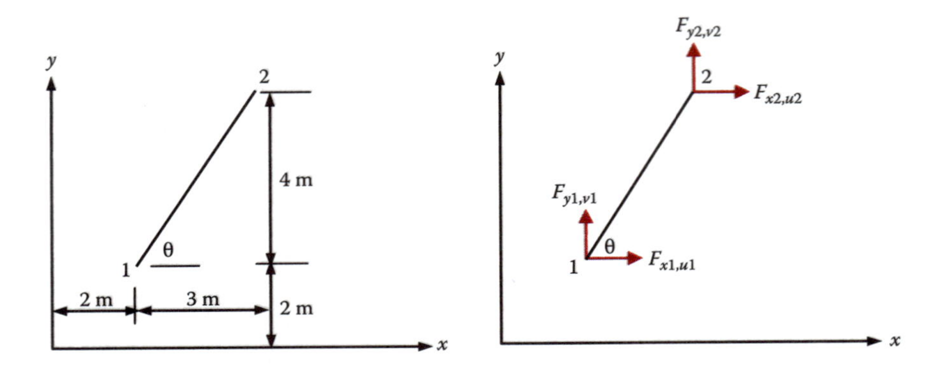

Barra de uma treliça e suas forças e deslocamentos nodais.

Solução
A equação de rigidez da barra pode ser estabelecida pelos procedimentos seguintes.

a. Define-se os nós inicial e final
Nó inicial: 1. Nó final: 2;

b. Encontra-se as coordenadas dos dois nós
Nó 1: $(x1, y1)$ = (2,2)
Nó 2: $(x2, y2)$ = (5,6);

c. Calcula-se o comprimento da barra e o cosseno e o seno do ângulo de orientação

$$L = \sqrt{(x_2 - x_1)^2 + (y_2 - y_1)^2} = \sqrt{3^2 + 4^2} = 5$$

$$C = Cos\theta = \frac{(x_2 - x_1)}{L} = \frac{(\Delta x)}{L} = \frac{3}{5} = 0.6$$

$$S = \text{Sin}\theta = \frac{(y_2 - y_1)}{L} = \frac{(\Delta y)}{L} = \frac{4}{5} = 0.8$$

d. Calcula-se o fator de rigidez da barra

$$\frac{EA}{L} = \frac{(70 \times 10^9)(0.00143)}{5} = 20 \times 10^6 \text{ N/m} = 20 \text{ MN/m}$$

e. Calcula-se a matriz de rigidez da barra

$$\boldsymbol{K}_G = \frac{EA}{L}\begin{bmatrix} C^2 & CS & -C^2 & -CS \\ CS & S^2 & -CS & -S^2 \\ -C^2 & -CS & C^2 & CS \\ -CS & -S^2 & CS & S^2 \end{bmatrix} = \begin{bmatrix} 7.2 & 9.6 & -7.2 & -9.6 \\ 9.6 & 12.8 & -9.6 & -12.8 \\ -7.2 & -9.6 & 7.2 & 9.6 \\ -9.6 & -12.8 & 9.6 & 12.8 \end{bmatrix}$$

f. Estabelece-se a equação de rigidez da barra em coordenadas globais, de acordo com a equação 1.12

$$\begin{bmatrix} 7.2 & 9.6 & -7.2 & -9.6 \\ 9.6 & 12.8 & -9.6 & -12.8 \\ -7.2 & -9.6 & 7.2 & 9.6 \\ -9.6 & -12.8 & 9.6 & 12.8 \end{bmatrix} \begin{Bmatrix} u_1 \\ v_1 \\ u_2 \\ v_2 \end{Bmatrix} = \begin{Bmatrix} F_{x1} \\ F_{y1} \\ F_{x2} \\ F_{y2} \end{Bmatrix}$$

Problema 1.1

Considere a mesma barra de treliça com E = 70 GPa, A = 1430 mm², e L = 5 m como no exemplo 1.1, mas defina os nós inicial e final diferentemente, como mostrado na figura seguinte. Calcule os componentes da matriz de rigidez da barra (a) k_{11}, (b) k_{12}, e (c) k_{13} e encontre a quantidade correspondente do exemplo 1.1. Qual o efeito da modificação da numeração dos nós nos componentes da matriz de rigidez?

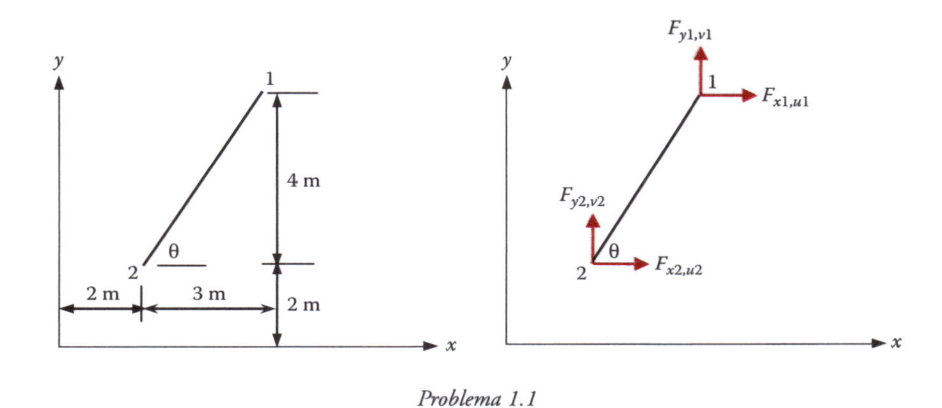

Problema 1.1

1.4 Equação de rigidez global irrestrita

Considere a treliça de três barras seguinte, com E = 70 GPa, A = 1430 mm² para cada barra. Esta é uma treliça ainda por ser suportada e carregada, mas podemos estabelecer a equação de rigidez global com o sistema de coordenadas globais mostrado. Como a treliça não está restrita por qualquer suporte nem carga, a equação de rigidez é chamada de equação de rigidez irrestrita.

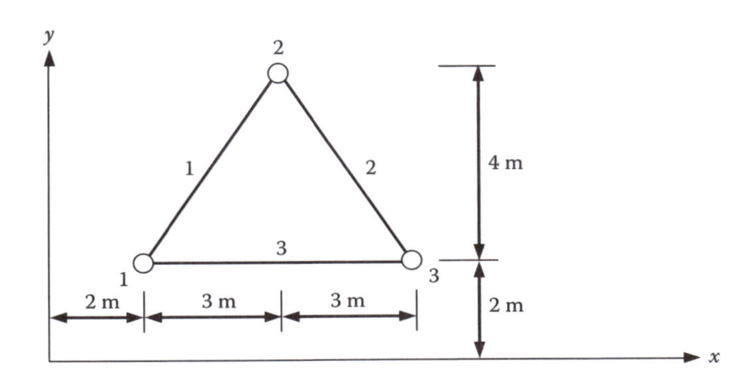

Uma treliça irrestrita num sistema de coordenadas globais.

Mostraremos que a equação de rigidez global irrestrita para a treliça da figura anterior é

$$\begin{bmatrix} 23.9 & 9.6 & -7.2 & -9.6 & -16.6 & 0 \\ 9.6 & 12.8 & -9.6 & -12.8 & 0 & 0 \\ -7.2 & -9.6 & 14.4 & 0 & -7.2 & 9.6 \\ -9.6 & -12.8 & 0 & 25.6 & 9.6 & -12.8 \\ -16.6 & 0 & -7.2 & 9.6 & 23.9 & 19.6 \\ 0 & 0 & 9.6 & -12.8 & -9.6 & 12.8 \end{bmatrix} \begin{Bmatrix} u_1 \\ v_1 \\ u_2 \\ v_2 \\ u_3 \\ v_3 \end{Bmatrix} = \begin{Bmatrix} P_{x1} \\ P_{y1} \\ P_{x2} \\ P_{y2} \\ P_{x3} \\ P_{y3} \end{Bmatrix}$$

onde o vetor de deslocamento de seis componentes contém os deslocamentos nodais e o vetor de força de seis componentes do lado direito contém as forças aplicadas externamente aos três nós. A matriz de 6 × 6 é chamada de matriz de rigidez global irrestrita. A derivação da expressão da matriz é dada em seguida. Os deslocamentos são expressos na unidade do metro (m) e as forças estão em meganewton (MN).

Equações de equilíbrio nos nós. O que torna a montagem de três barras numa única treliça é o fato de que as três barras estão conectadas por articulações nos nós numerados, na figura anterior. Isso significa que (a) as barras que se juntam num nó comum compartilham os mesmos deslocamentos nodais e (b) as forças que atuam sobre cada um dos três nós estão em equilíbrio com quaisquer forças aplicadas externamente a cada nó. A primeira é chamada de condição de compatibilidade, e a segunda é chamada de condição de equilíbrio. A condição de compatibilidade é automaticamente satisfeita pela definição dos seis deslocamentos nodais seguintes:

$$\Delta = \begin{Bmatrix} u_1 \\ v_1 \\ u_2 \\ v_2 \\ u_3 \\ v_3 \end{Bmatrix} \quad (1.13)$$

onde cada par de deslocamentos (u,v) se refere aos deslocamentos nodais nos respectivos nós. A condição de compatibilidade implica nos deslocamentos nas extremidades de cada barra serem os mesmos que os deslocamentos nos nós de conexão. De fato, podemos numerar as barras como mostrado na figura anterior e atribuir os nós inicial e final de cada barra como na tabela seguinte.

Número de nós iniciais e finais		
Barra	**Nó inicial**	**Nó final**
1	1	2
2	2	3
3	1	3

Depois, podemos estabelecer a correspondência seguinte entre os quatro deslocamentos nodais de cada barra (local) e os seis deslocamentos nodais da estrutura completa (global).

Números de GDL globais correspondentes			
	Número global		
Número local	**Barra 1**	**Barra 2**	**Barra 3**
1	1	3	1
2	2	4	2
3	3	5	5
4	4	6	6

Note que nós usamos a terminologia GDL, que é o acrônimo para graus de liberdade. Para a treliça inteira, a configuração é completamente definida pelos seis deslocamentos na equação 1.13. Assim, nós afirmamos que a treliça tem seis graus de liberdade. Da mesma forma, podemos afirmar que cada barra tem quatro GDLs, já que cada nó tem dois GDLs e há dois nós para cada barra. Também podemos usar a maneira pela qual o GDL é sequenciado para nos referirmos a um GDL em particular. Por exemplo, o segundo GDL da barra 2 é o quarto GDL no vetor de deslocamento nodal global. Por outro lado, o terceiro GDL no vetor de deslocamento nodal de GDL global é u_2 de acordo com a equação 1.13, e se mostra como terceiro GDL da barra 1 e primeiro GDL da barra 2, de acordo com a tabela anterior. Esta tabela será muito útil na montagem da matriz de rigidez global irrestrita, como será visto posteriormente.

A equação de rigidez global irrestrita é basicamente equações de equilíbrio expressas em termos de deslocamentos nodais. Partindo do arranjo da treliça de três barras e da equação 1.13, podemos ver que há seis deslocamentos nodais, ou seis GDLs, dois de cada um dos três nós. Podemos ver, pela figura seguinte, que haverá exatamente seis equações de equilíbrio, duas de cada um dos três nós.

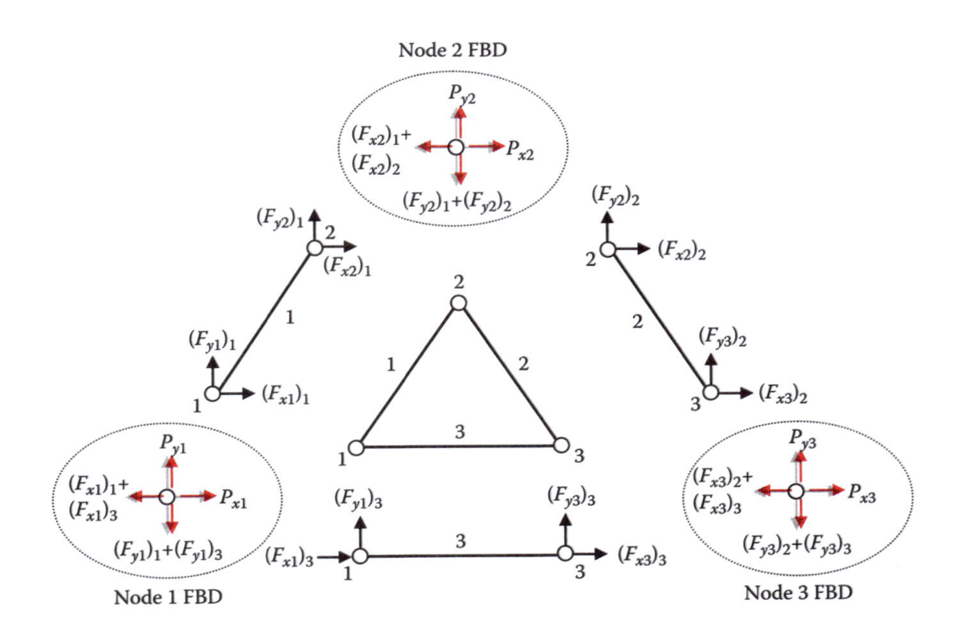

Diagramas de corpo livre de nós e barras.

A figura anterior, complicada como possa parecer, é composta de três partes. No centro, encontra-se um arranjo da treliça como um todo. Os três DCLs (diagramas de corpo livre) das barras são a segunda parte da figura. Note que não precisamos nos preocupar com o equilíbrio de cada barra, porque as forças nas extremidades das barras serão geradas a partir da equação de rigidez da barra, que garante que as condições de equilíbrio da barra são satisfeitas. A terceira parte, os DCLs envoltos por linhas pontilhadas, é a parte que precisamos examinar para encontrar as seis equações de equilíbrio nodal. Em cada um dos DCLs nodais, as forças nodais aplicadas externamente são representadas pelo símbolo P, enquanto as demais forças são internas, formando um par com as respectivas forças nodais que atuam na extremidade de cada barra. O subscrito fora dos parênteses dessas forças indicam o número da barra.

A partir dos três DCLs nodais e notando que o vetor de força nodal tem seis componentes, podemos facilmente chegar às seis equações de equilíbrio expressas em forma de matriz:

$$\boldsymbol{P} = \begin{Bmatrix} P_{x1} \\ P_{y1} \\ P_{x2} \\ P_{y2} \\ P_{x3} \\ P_{y3} \end{Bmatrix} = \begin{Bmatrix} F_{x1} \\ F_{y1} \\ F_{x2} \\ F_{y2} \\ 0 \\ 0 \end{Bmatrix}_1 + \begin{Bmatrix} 0 \\ 0 \\ F_{x2} \\ F_{y2} \\ F_{x3} \\ F_{y3} \end{Bmatrix}_2 + \begin{Bmatrix} F_{x1} \\ F_{y1} \\ 0 \\ 0 \\ F_{x3} \\ F_{y3} \end{Bmatrix}_3 \tag{1.14}$$

onde o subscrito fora de cada vetor, no lado direito, indica o número da barra. Cada um dos vetores do lado direito, porém, pode ser expresso em termos de seu respectivo vetor de deslocamento nodal, usando a equação 1.12, com os deslocamentos e forças nodais referindo-se à representação de deslocamentos e forças nodais globais:

$$\begin{Bmatrix} F_{x1} \\ F_{y1} \\ F_{x2} \\ F_{y2} \end{Bmatrix} = \begin{bmatrix} k_{11} & k_{12} & k_{13} & k_{14} \\ k_{21} & k_{22} & k_{23} & k_{24} \\ k_{31} & k_{32} & k_{33} & k_{34} \\ k_{41} & k_{42} & k_{43} & k_{44} \end{bmatrix}_1 \begin{Bmatrix} u_1 \\ v_1 \\ u_2 \\ v_2 \end{Bmatrix}$$

$$\begin{Bmatrix} F_{x2} \\ F_{y2} \\ F_{x3} \\ F_{y3} \end{Bmatrix} = \begin{bmatrix} k_{11} & k_{12} & k_{13} & k_{14} \\ k_{21} & k_{22} & k_{23} & k_{24} \\ k_{31} & k_{32} & k_{33} & k_{34} \\ k_{41} & k_{42} & k_{43} & k_{44} \end{bmatrix}_2 \begin{Bmatrix} u_2 \\ v_2 \\ u_3 \\ v_3 \end{Bmatrix}$$

$$\begin{Bmatrix} F_{x1} \\ F_{y1} \\ F_{x3} \\ F_{y3} \end{Bmatrix} = \begin{bmatrix} k_{11} & k_{12} & k_{13} & k_{14} \\ k_{21} & k_{22} & k_{23} & k_{24} \\ k_{31} & k_{32} & k_{33} & k_{34} \\ k_{41} & k_{42} & k_{43} & k_{44} \end{bmatrix}_3 \begin{Bmatrix} u_1 \\ v_1 \\ u_3 \\ v_3 \end{Bmatrix}$$

Cada uma das equações anteriores pode ser expandida para se conformar à forma da equação 1.14:

$$\begin{Bmatrix} F_{x1} \\ F_{y1} \\ F_{x2} \\ F_{y2} \\ 0 \\ 0 \end{Bmatrix}_1 = \begin{bmatrix} k_{11} & k_{12} & k_{13} & k_{14} & 0 & 0 \\ k_{21} & k_{22} & k_{23} & k_{24} & 0 & 0 \\ k_{31} & k_{32} & k_{33} & k_{34} & 0 & 0 \\ k_{41} & k_{42} & k_{43} & k_{44} & 0 & 0 \\ 0 & 0 & 0 & 0 & 0 & 0 \\ 0 & 0 & 0 & 0 & 0 & 0 \end{bmatrix}_1 \begin{Bmatrix} u_1 \\ v_1 \\ u_2 \\ v_2 \\ u_3 \\ v_3 \end{Bmatrix}$$

$$\begin{Bmatrix} 0 \\ 0 \\ F_{x2} \\ F_{y2} \\ F_{x3} \\ F_{y3} \end{Bmatrix}_2 = \begin{bmatrix} 0 & 0 & 0 & 0 & 0 & 0 \\ 0 & 0 & 0 & 0 & 0 & 0 \\ 0 & 0 & k_{11} & k_{12} & k_{13} & k_{14} \\ 0 & 0 & k_{21} & k_{22} & k_{23} & k_{24} \\ 0 & 0 & k_{31} & k_{32} & k_{33} & k_{34} \\ 0 & 0 & k_{41} & k_{42} & k_{43} & k_{44} \end{bmatrix}_2 \begin{Bmatrix} u_1 \\ v_1 \\ u_2 \\ v_2 \\ u_3 \\ v_3 \end{Bmatrix}$$

$$\begin{Bmatrix} F_{x1} \\ F_{y1} \\ 0 \\ 0 \\ F_{x3} \\ F_{y3} \end{Bmatrix}_3 = \begin{bmatrix} k_{11} & k_{12} & 0 & 0 & k_{13} & k_{14} \\ k_{21} & k_{22} & 0 & 0 & k_{23} & k_{24} \\ 0 & 0 & 0 & 0 & 0 & 0 \\ 0 & 0 & 0 & 0 & 0 & 0 \\ k_{31} & k_{32} & 0 & 0 & k_{33} & k_{34} \\ k_{41} & k_{42} & 0 & 0 & k_{43} & k_{44} \end{bmatrix}_3 \begin{Bmatrix} u_1 \\ v_1 \\ u_2 \\ v_2 \\ u_3 \\ v_3 \end{Bmatrix}$$

Quando cada um dos vetores do lado direito da equação 1.14 é substituído pelo lado direito das três equações anteriores, a equação resultante é a equação de rigidez global irrestrita,

$$\begin{bmatrix} K_{11} & K_{12} & K_{13} & K_{14} & K_{15} & K_{16} \\ K_{21} & K_{22} & K_{23} & K_{24} & K_{25} & K_{26} \\ K_{31} & K_{32} & K_{33} & K_{34} & K_{35} & K_{36} \\ K_{41} & K_{42} & K_{43} & K_{44} & K_{45} & K_{46} \\ K_{51} & K_{52} & K_{53} & K_{54} & K_{55} & K_{56} \\ K_{61} & K_{62} & K_{63} & K_{64} & K_{65} & K_{66} \end{bmatrix} \begin{Bmatrix} u_1 \\ v_1 \\ u_2 \\ v_2 \\ u_3 \\ v_3 \end{Bmatrix} = \begin{Bmatrix} P_{x1} \\ P_{y1} \\ P_{x2} \\ P_{y2} \\ P_{x3} \\ P_{y3} \end{Bmatrix} \tag{1.15}$$

onde os componentes da matriz de rigidez global irrestrita, K_{ij}, são a superposição dos componentes correspondentes em cada uma das três matrizes de rigidez expandidas nas equações anteriores.

No cálculo real, não é necessário expandir a equação de rigidez da equação 1.12 na forma das seis equações, como fizemos antes. Isso só foi necessário para o entendimento de como os resultados são derivados. Podemos usar a relação de DCL local para global na tabela de DCL global e colocar os componentes de rigidez de barra diretamente na matriz de rigidez global. Por exemplo, o componente (1,3) da matriz de rigidez da barra 2 é adicionado ao componente (3,5) da matriz de rigidez global. Esta maneira simples de montar a matriz de rigidez global é chamada de *método de rigidez direta*.

Para efetuar numericamente os procedimentos supramencionados, precisamos usar a dimensão e a propriedade de barra dadas no início desta seção para chegar à matriz de rigidez para cada uma das três barras:

$$(k_G)_1 = \left(\frac{EA}{L}\right)_1 \begin{bmatrix} C^2 & CS & -C^2 & -CS \\ CS & S^2 & -CS & -S^2 \\ -C^2 & -CS & C^2 & CS \\ -CS & -S^2 & CS & S^2 \end{bmatrix}_1 = \begin{bmatrix} 7.2 & 9.6 & -7.2 & -9.6 \\ 9.6 & 12.8 & -9.6 & -12.8 \\ -7.2 & -9.6 & 7.2 & 9.6 \\ -9.6 & -12.8 & 9.6 & 12.8 \end{bmatrix}$$

$$(k_G)_2 = \left(\frac{EA}{L}\right)_2 \begin{bmatrix} C^2 & CS & -C^2 & -CS \\ CS & S^2 & -CS & -S^2 \\ -C^2 & -CS & C^2 & CS \\ -CS & -S^2 & CS & S^2 \end{bmatrix}_2 = \begin{bmatrix} 7.2 & -9.6 & -7.2 & 9.6 \\ -9.6 & 12.8 & -9.6 & -12.8 \\ -7.2 & -9.6 & 7.2 & -9.6 \\ 9.6 & -12.8 & -9.6 & 12.8 \end{bmatrix}$$

$$(k_G)_3 = \left(\frac{EA}{L}\right)_3 \begin{bmatrix} C^2 & CS & -C^2 & -CS \\ CS & S^2 & -CS & -S^2 \\ -C^2 & -CS & C^2 & CS \\ -CS & -S^2 & CS & S^2 \end{bmatrix}_3 = \begin{bmatrix} 16.7 & 0 & -16.7 & 0 \\ 0 & 0 & 0 & 0 \\ -16.7 & 0 & 16.7 & 0 \\ 0 & 0 & 9.6 & 0 \end{bmatrix}$$

Quando as três matrizes de rigidez da barra são montadas de acordo com o método de rigidez direta, obtemos a equação de rigidez global irrestrita dada no início desta seção. Por exemplo, o componente k_{34} da matriz de rigidez global irrestrita é a superposição de $(k_{34})_1$ da barra 1 e $(k_{12})_2$ da barra 2. Note que a matriz de rigidez global irrestrita tem as mesmas características da matriz de rigidez da barra: simétrica e singular, e assim por diante.

1.5 A equação de rigidez global restrita e sua solução

Exemplo 1.2

Agora, considere a mesma treliça de três barras mostrada antes, com E = 70 GPa e A = 1430 mm^2 para cada barra, mas com as condições de suporte e carga adicionadas.

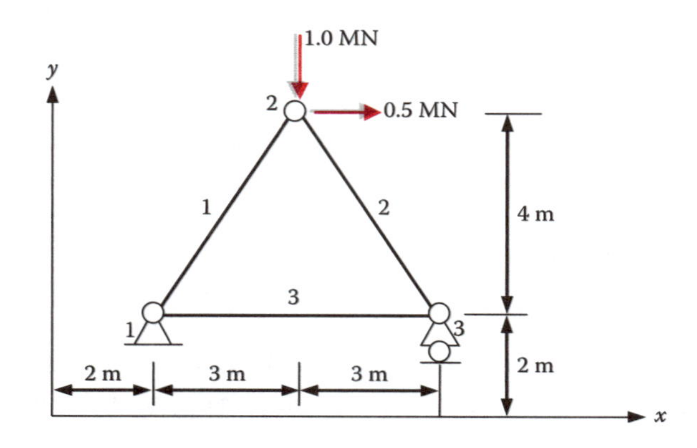

Uma treliça carregada e restrita num sistema de coordenadas globais.

Solução

As condições de suporte são $u_1 = 0$, $v_1 = 0$ e $v_3 = 0$. As condições de carga são $P_{x2} = 0{,}5$ MN, $P_{y2} = -1{,}0$ MN e $P_{x3} = 0$. A equação de rigidez dada no início da última seção agora se torna

$$\begin{bmatrix} 23.9 & 9.6 & -7.2 & -9.6 & -16.6 & 0 \\ 9.6 & 12.8 & -9.6 & -12.8 & 0 & 0 \\ -7.2 & -9.6 & 14.4 & 0 & -7.2 & 9.6 \\ -9.6 & -12.8 & 0 & 25.6 & 9.6 & -12.8 \\ -16.6 & 0 & -7.2 & 9.6 & 23.9 & 19.6 \\ 0 & 0 & 9.6 & -12.8 & -9.6 & 12.8 \end{bmatrix} \begin{Bmatrix} 0 \\ 0 \\ u_2 \\ v_2 \\ u_3 \\ 0 \end{Bmatrix} = \begin{Bmatrix} P_{x1} \\ P_{y1} \\ 0.5 \\ -1.0 \\ 0 \\ P_{y3} \end{Bmatrix}$$

Note que há exatamente seis incógnitas em seis equações. A solução das seis incógnitas é obtida em duas etapas. Na primeira, nós percebemos que as três equações, da terceira à quinta, são independentes das outras três e podem ser tratadas separadamente.

$$\begin{bmatrix} 14.4 & 0 & -7.2 \\ 0 & 25.6 & 9.6 \\ -7.2 & 9.6 & 23.9 \end{bmatrix} \begin{Bmatrix} u_2 \\ v_2 \\ u_3 \end{Bmatrix} = \begin{Bmatrix} 0.5 \\ -1.0 \\ 0 \end{Bmatrix} \tag{1.16}$$

A equação 1.16 é a *equação de rigidez restrita* da treliça carregada. A matriz de 3 × 3 de rigidez restrita é simétrica mas não singular. A solução da equação 1,16 é $u_2 = 0{,}053$ m, $v_2 = -0{,}053$ m, e $u_3 = 0{,}037$ m. Na segunda etapa, as reações são obtidas da substituição direta dos valores de deslocamento nas outras três equações, primeira, segunda e sexta:

$$\begin{bmatrix} 23.9 & 9.6 & -7.2 & -9.6 & -16.6 & 0 \\ 9.6 & 12.8 & -9.6 & -12.8 & 0 & 0 \\ 0 & 0 & 9.6 & -12.8 & -9.6 & 12.8 \end{bmatrix} \begin{Bmatrix} 0 \\ 0 \\ 0.053 \\ -0.053 \\ 0.037 \\ 0 \end{Bmatrix} = \begin{Bmatrix} -0.5 \\ 0.17 \\ 0.83 \end{Bmatrix}$$

$$= \begin{Bmatrix} P_{x1} \\ P_{y1} \\ P_{y3} \end{Bmatrix}$$

ou

$$\begin{Bmatrix} P_{x1} \\ P_{y1} \\ P_{y3} \end{Bmatrix} = \begin{Bmatrix} -0.5 \\ 0.17 \\ 0.83 \end{Bmatrix} \text{MN}$$

A deformação da barra representada pelo alongamento de barra pode ser calculada pela equação de deformação de barra, a equação 1.3:

$$\text{Barra 1: } : \Delta_1 = \lfloor -C \quad -S \quad C \quad S \rfloor_1 \begin{Bmatrix} u_1 \\ v_1 \\ u_2 \\ v_2 \end{Bmatrix}$$

$$= \lfloor -0.6 \quad -0.8 \quad 0.6 \quad 0.8 \rfloor_1 \begin{Bmatrix} 0 \\ 0 \\ 0.053 \\ -0.053 \end{Bmatrix} = -0.011\,\text{m}$$

Para as barras 2 e 3, os alongamentos são $\Delta_2 = -0{,}052$ m e $\Delta_3 = 0{,}037$ m.
As forças na barra são calculadas usando-se a equação 1.1.

$$F = k\Delta = \frac{EA}{L}\Delta \Rightarrow F_1 = -0.20\,\text{MN},\, F_2 = -1.04\,\text{MN},\, F_3 = 0.62\,\text{MN}$$

Os resultados são resumidos na tabela seguinte.

Soluções de barra e nodal				
	Deslocamento (m)		**Força (MN)**	
Nó	**direção x**	**direção y**	**direção x**	**direção y**
1	0	0	-0,50	0,17
2	0,053	-0,053	0,50	-1,00
3	0,037	0	0	0,83

Barra	**Alongamento (m)**	**Força (MN)**
1	-0,011	-0,20
2	-0,052	-1,04
3	0,037	0,62

Problema 1.2
Considere a mesma treliça de três barras do exemplo 1.2, mas com um sistema diferente de numeração para as barras. Construa a equação de rigidez restrita, equação 1.16.

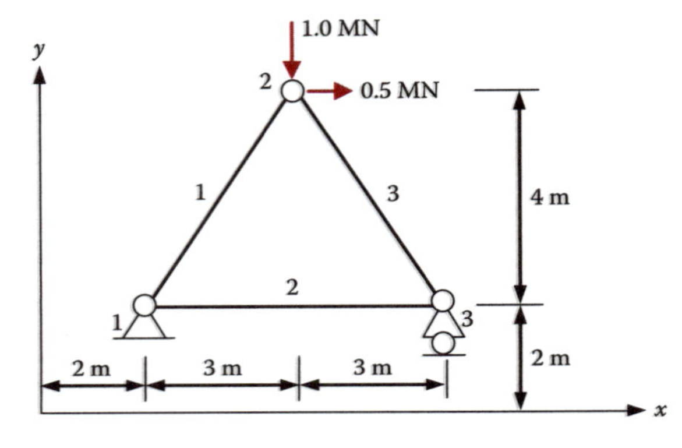

Problema 1.2

1.6 Procedimentos de análise de treliças

Exemplo 1.3

Considere os dois problemas de treliça seguintes, cada qual com propriedades de barras E = 70 GPa e A = 1430 mm^2. A única diferença é a existência de uma barra diagonal adicional na segunda treliça. É instrutivo ver como a análise e os resultados diferem.

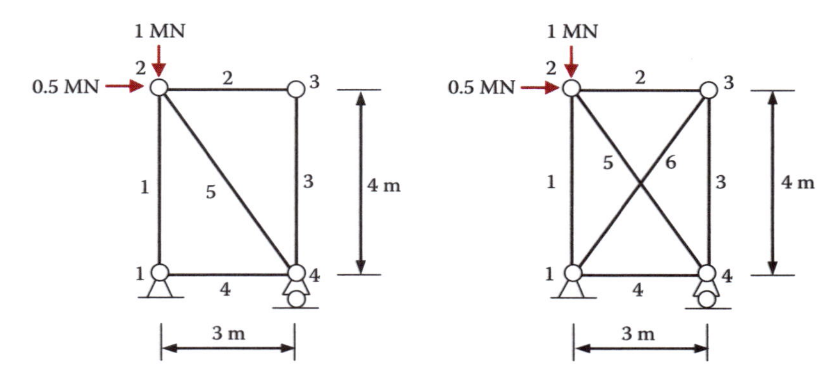

Dois problemas de treliças.

Solução

Nós efetuamos um procedimento de solução passo a passo para os dois problemas, referindo-nos às treliças da esquerda e da direita na figura anterior como primeira e segunda treliças, respectivamente. Também definimos o sistema de coordenadas globais em ambos os casos como tendo origem no nó 1 e suas direções x e y coincidindo com as direções horizontal e vertical, respectivamente.

1. Numere os nós e as barras, e defina as coordenadas nodais

Coordenadas nodais

Nó	x (m)	y (m)
1	0	0
2	0	4
3	3	4
4	3	0

2. Defina a propriedade da barra, os nós inicial e final e calcule os dados do barra

Dados do barra

Barra	Nó S	Nó E	EA (MN)	Δx	Δy	L	C	S	EA/L
	Dados de entrada*			**Dados computados**					
1	1	2	100	0	4	4	0,0	1,0	25,00
2	2	3	100	3	0	3	1,0	0,0	33,33
3	3	4	100	0	-4	4	0,0	-1,0	25,00
4	1	4	100	3	0	3	1,0	0,0	33,33
5	2	4	100	3	-4	5	0,6	-0,8	20,00
6	1	3	100	3	4	5	0,6	0,8	20,00

* Os nós *S* e *E* representam os nós inicial e final.

3. Calcule as matrizes de rigidez das barras

$$\boldsymbol{K_G} = \frac{EA}{L}\begin{bmatrix} C^2 & CS & -C^2 & -CS \\ CS & S^2 & -CS & -S^2 \\ -C^2 & -CS & C^2 & CS \\ -CS & -S^2 & CS & S^2 \end{bmatrix}$$

$$\text{Barra 1: } (\boldsymbol{K_G})_1 = \begin{bmatrix} 0 & 0 & 0 & 0 \\ 0 & 25 & 0 & -25 \\ 0 & 0 & 0 & 0 \\ 0 & -25 & 0 & 25 \end{bmatrix}$$

$$\text{Barra 2: } (\boldsymbol{k_G})_2 = \begin{bmatrix} 33.33 & 0 & -33.33 & 0 \\ 0 & 0 & 0 & 0 \\ -33.33 & 0 & 33.33 & 0 \\ 0 & 0 & 0 & 0 \end{bmatrix}$$

$$\text{Barra 3: } (\boldsymbol{K_G})_3 \begin{bmatrix} 0 & 0 & 0 & 0 \\ 0 & 25 & 0 & -25 \\ 0 & 0 & 0 & 0 \\ 0 & -25 & 0 & 25 \end{bmatrix}$$

$$\text{Barra 4: } (\boldsymbol{K_G})_4 = \begin{bmatrix} 33.33 & 0 & -33.33 & 0 \\ 0 & 0 & 0 & 0 \\ -33.33 & 0 & 33.33 & 0 \\ 0 & 0 & 0 & 0 \end{bmatrix}$$

$$\text{Barra 5: } (\boldsymbol{K_G})_5 = \begin{bmatrix} 7.2 & -9.6 & -7.2 & 9.6 \\ -9.6 & 12.8 & 9.6 & -25 \\ -7.2 & 9.6 & 7.2 & -9.6 \\ 9.6 & -25 & -9.6 & 12.8 \end{bmatrix}$$

Barra 6 (somente para a segunda treliça): $(\boldsymbol{k}_G)_6 = \begin{bmatrix} 7.2 & 9.6 & -7.2 & -9.6 \\ 9.6 & 12.8 & -9.6 & -12.8 \\ -7.2 & -9.6 & 7.2 & 9.6 \\ -9.6 & -12.8 & 9.6 & 12.8 \end{bmatrix}$

4. Monte a matriz de rigidez global irrestrita

Para usar o método de rigidez direta para montar a matriz de rigidez global, precisamos da tabela seguinte, que fornece o número do GDL global correspondente a cada GDL local de cada barra. Esta tabela é gerada usando-se os dados de barra fornecidos na tabela, na etapa 2, especificamente, os dados de nós inicial e final.

Número de GDL global para cada barra

Número de GDL local	**Número de GDL global para barra**					
	1	**2**	**3**	**4**	**5**	**6***
1	1	3	5	1	3	1
2	2	4	6	2	4	2
3	3	5	7	7	7	5
4	4	6	8	8	8	6

* Somente para a segunda treliça

Armados com esta tabela, podemos facilmente direcionar os componentes de rigidez da barra para a posição correta na matriz de rigidez global. Por exemplo, o componente (2,3) de $(k_G)_5$ será adicionado ao componente (4,7) da matriz de rigidez global. A matriz de rigidez global irrestrita é obtida após toda a montagem ser concluída.

Para a primeira treliça:

$$\boldsymbol{K}_1 = \begin{bmatrix} 33.33 & 0 & 0 & 0 & 0 & 0 & -33.33 & 0 \\ 0 & 25.00 & 0 & -25.00 & 0 & 0 & 0 & 0 \\ 0 & 0 & 40.53 & -9.60 & -33.33 & 0 & -7.20 & 9.60 \\ 0 & -25.00 & -9.60 & 37.80 & 0 & 0 & 9.60 & -12.8 \\ 0 & 0 & -33.33 & 0 & 33.33 & 0 & 0 & 0 \\ 0 & 0 & 0 & 0 & 0 & 25.00 & 0 & -25.00 \\ -33.33 & 0 & -7.20 & 9.60 & 0 & 0 & 40.53 & -9.60 \\ 0 & 0 & 9.60 & -12.80 & 0 & -25.00 & -9.60 & 37.80 \end{bmatrix}$$

Para a segunda treliça:

$$\boldsymbol{K}_2 = \begin{bmatrix} 40.53 & 9.60 & 0 & 0 & -7.20 & -9.60 & -33.33 & 0 \\ 9.60 & 37.80 & 0 & -25.00 & -9.60 & -12.80 & 0 & 0 \\ 0 & 0 & 40.53 & -9.60 & -33.33 & 0 & -7.20 & 9.60 \\ 0 & -25.00 & -9.60 & 37.80 & 0 & 0 & 9.60 & -12.8 \\ -7.20 & -9.60 & -33.33 & 0 & 40.52 & 9.60 & 0 & 0 \\ -9.60 & -12.80 & 0 & 0 & 9.60 & 37.80 & 0 & -25.00 \\ -33.33 & 0 & -7.20 & 9.60 & 0 & 0 & 40.53 & -9.60 \\ 0 & 0 & 9.60 & -12.80 & 0 & -25.00 & -9.60 & 37.80 \end{bmatrix}$$

Note que K_2 é obtido pela adição de $(K_G)_6$ a K_1 nas posições apropriadas, nas colunas e linhas 1, 2, 5 e 6 (envoltas em linhas pontilhadas, acima).

5. Monte a equação de rigidez global restrita

Depois que as condições de suporte e carga estiverem incorporadas nas equações de rigidez, nós obteremos:
Para a primeira treliça:

$$\begin{bmatrix} 33.33 & 0 & 0 & 0 & 0 & 0 & -33.33 & 0 \\ 0 & 25.00 & 0 & -25.00 & 0 & 0 & 0 & 0 \\ 0 & 0 & 40.53 & -9.60 & -33.33 & 0 & -7.20 & 9.60 \\ 0 & -25.00 & -9.60 & 37.80 & 0 & 0 & 9.60 & -12.8 \\ 0 & 0 & -33.33 & 0 & 33.33 & 0 & 0 & 0 \\ 0 & 0 & 0 & 0 & 0 & 25.00 & 0 & -25.00 \\ -33.33 & 0 & -7.20 & 9.60 & 0 & 0 & 40.53 & -9.60 \\ 0 & 0 & 9.60 & -12.80 & 0 & -25.00 & -9.60 & 37.80 \end{bmatrix} \begin{Bmatrix} 0 \\ 0 \\ u_2 \\ v_2 \\ u_3 \\ v_3 \\ u_4 \\ 0 \end{Bmatrix} = \begin{Bmatrix} P_{x1} \\ P_{y1} \\ 0.5 \\ -1.0 \\ 0 \\ 0 \\ 0 \\ P_{y4} \end{Bmatrix}$$

Para a segunda treliça:

$$\begin{bmatrix} 40.53 & 9.60 & 0 & 0 & -7.20 & -9.60 & -33.33 & 0 \\ 9.60 & 37.80 & 0 & -25.00 & -9.60 & -12.80 & 0 & 0 \\ 0 & 0 & 40.53 & -9.60 & -33.33 & 0 & -7.20 & 9.60 \\ 0 & -25.00 & -9.60 & 37.80 & 0 & 0 & 9.60 & -12.8 \\ -7.20 & -9.60 & -33.33 & 0 & 40.52 & 9.60 & 0 & 0 \\ -9.60 & -12.80 & 0 & 0 & 9.60 & 37.80 & 0 & -25.00 \\ -33.33 & 0 & -7.20 & 9.60 & 0 & 0 & 40.53 & -9.60 \\ 0 & 0 & 9.60 & -12.80 & 0 & -25.00 & -9.60 & 37.80 \end{bmatrix} \begin{Bmatrix} 0 \\ 0 \\ u_2 \\ v_2 \\ u_3 \\ v_3 \\ u_4 \\ 0 \end{Bmatrix} = \begin{Bmatrix} P_{x1} \\ P_{y1} \\ 0.5 \\ -1.0 \\ 0 \\ 0 \\ 0 \\ P_{y4} \end{Bmatrix}$$

6. Resolva a equação de rigidez global restrita

A equação de rigidez global restrita, em qualquer dos casos, contém cinco equações correspondentes às equações de três a sete (envoltas em linhas pontilhadas, acima) que são independentes das outras três equações e pode ser resolvida para encontrar os cinco deslocamentos nodais incógnitos.

Para a primeira treliça:

$$\begin{bmatrix} 40.53 & -9.60 & -33.33 & 0 & -7.20 \\ -9.60 & 37.80 & 0 & 0 & 9.60 \\ -33.33 & 0 & 33.33 & 0 & 0 \\ 0 & 0 & 0 & 25.00 & 0 \\ -7.20 & 9.60 & 0 & 0 & 40.53 \end{bmatrix} \begin{Bmatrix} u_2 \\ v_2 \\ u_3 \\ v_3 \\ u_4 \end{Bmatrix} = \begin{Bmatrix} 0.5 \\ -1.0 \\ 0 \\ 0 \\ 0 \end{Bmatrix}$$

Para a segunda treliça:

$$\begin{bmatrix} 40.53 & -9.60 & -33.33 & 0 & -7.20 \\ -9.60 & 37.80 & 0 & 0 & 9.60 \\ -33.33 & 0 & 40.52 & 9.60 & 0 \\ 0 & 0 & 9.60 & 37.80 & 0 \\ -7.20 & 9.60 & 0 & 0 & 40.53 \end{bmatrix} \begin{Bmatrix} u_2 \\ v_2 \\ u_3 \\ v_3 \\ u_4 \end{Bmatrix} = \begin{Bmatrix} 0.5 \\ -1.0 \\ 0 \\ 0 \\ 0 \end{Bmatrix}$$

As reações são calculadas por substituição direta.

Para a primeira treliça:

$$\begin{bmatrix} 33.33 & 0 & 0 & 0 & 0 & 0 & -33.33 & 0 \\ 0 & 25.00 & 0 & 25.00 & 0 & 0 & 0 & 0 \\ 0 & 0 & 9.60 & -12.80 & 0 & -25.00 & -9.60 & 37.80 \end{bmatrix}$$

$$\begin{Bmatrix} 0 \\ 0 \\ u_2 \\ v_2 \\ u_3 \\ v_3 \\ u_4 \\ 0 \end{Bmatrix} = \begin{Bmatrix} P_{x1} \\ P_{y1} \\ P_{y4} \end{Bmatrix}$$

Para a segunda treliça:

$$\begin{bmatrix} 40.53 & 9.60 & 0 & 0 & -7.20 & -9.60 & -33.33 & 0 \\ 9.60 & 37.80 & 0 & -25.00 & -9.60 & -12.80 & 0 & 0 \\ 0 & 0 & 9.60 & -12.80 & 0 & -25.00 & -9.60 & 37.80 \end{bmatrix}$$

$$\begin{Bmatrix} 0 \\ 0 \\ u_2 \\ v_2 \\ u_3 \\ v_3 \\ u_4 \\ 0 \end{Bmatrix} = \begin{Bmatrix} P_{x1} \\ P_{y1} \\ P_{y4} \end{Bmatrix}$$

Os resultados serão resumidos no final do exemplo.

7. Calcule as forças e alongamentos das barras

Para um típica barra i:

$$\Delta_i = \lfloor -C \quad -S \quad C \quad S \rfloor_i \begin{Bmatrix} u_1 \\ v_1 \\ u_2 \\ v_2 \end{Bmatrix}_i$$

$$F_i = (k\Delta)_i = \left(\frac{EA}{L}\Delta\right)_i$$

8. Resuma os resultados

Resultados para a primeira treliça

	Deslocamento (m)		Força (MN)	
Nó	**direção *x***	**direção *y***	**direção *x***	**direção *y***
1	0	0	–0,50	0,33
2	0,066	–0,013	0,60	–1,00
3	0,067	0	0	0
4	0,015	0	0	0,67

Barra	**Alongamento (m)**	**Força (MN)**
1	–0,013	–0,33
2	0	0
3	0	0
4	0,015	0,50
5	–0,042	–0,83

Resultados para a segunda treliça

	Deslocamento (m)		Força (MN)	
Nó	**direção *x***	**direção *y***	**direção *x***	**direção *y***
1	0	0	–0,50	0,33
2	0,033	–0,021	0,60	–1,00
3	0,029	–0,007	0	0
4	0,011	0	0	0,67

Barra	**Alongamento (m)**	**Força (MN)**
1	–0,021	–0,52
2	–0,004	–0,14
3	–0,008	–0,19
4	0,011	0,36
5	0,030	–0,60
6	0,012	0,23

Note que as reações nos nós 1 e 4 são idênticas nos dois casos, mas outros resultados são modificados pela adição de um ou mais barras diagonais.

9. Observações concludentes

Se o número de nós é N e o número de GDL restritos é C, então

a. O número de equações simultâneas na equação de rigidez irrestrita é $2N$;
b. O número de equações simultâneas para solução de deslocamentos nodais incógnitos é $2N - C$.

No presente exemplo, ambos os problemas de treliças têm cinco equações para os cinco deslocamentos nodais incógnitos. Essas equações não podem ser facilmente resolvidas com cálculo manual e devem sê-lo por computador.

Problema 1.3

A treliça mostrada a seguir é feita de barras com as propriedades E = 70 GPa e A = 1430 mm^2. Use um computador para encontrar as reações de suporte, as forças das barras, os alongamentos de barras e todos os deslocamentos nodais para (a) uma carga unitária aplicada verticalmente no nó de meia extensão das barras da corda inferior, e (b) uma carga unitária aplicada verticalmente no nó da primeira corda interna inferior. Desenhe a configuração deflexionada em cada caso.

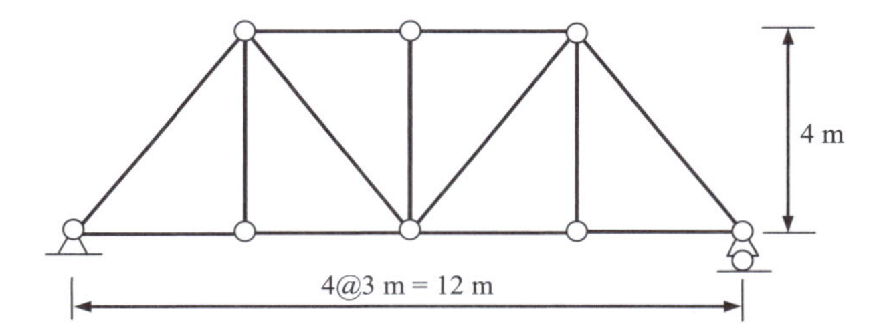

Problema 1.3

1.7 Estabilidade cinemática

Na análise anterior, nós aprendemos que a matriz de rigidez irrestrita é sempre singular, porque a treliça ainda não está suportada ou restrita. Mas, e se a treliça estiver suportada mas não suficiente ou apropriadamente, ou se as barras da treliça não estiverem apropriadamente postos? Considere os três exemplos seguintes. Cada um é uma variação do problema de exemplo 1.3 que acabamos de resolver.

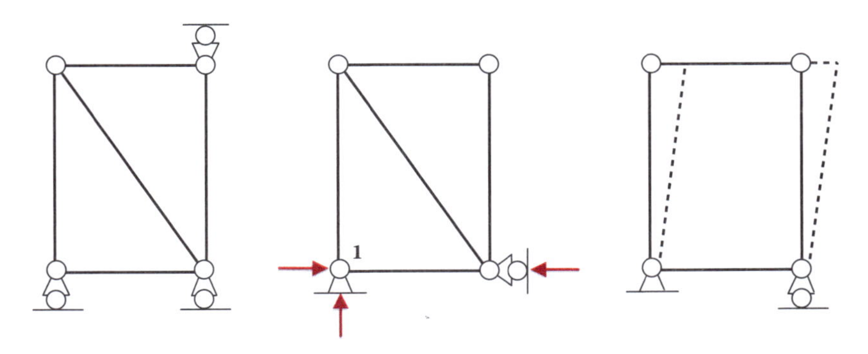

Três configurações de treliça instável.

1. A treliça da esquerda. Os três suportes de rodízio fornecem restrição apenas na direção vertical, mas não na horizontal. Como resultado, a treliça pode se mover indefinidamente na direção horizontal. Não há resistência à translação nessa direção;
2. A treliça do meio. As reações oferecidas pelos suportes apontam todas para o nó 1. Como resultado, as forças de reação não podem contrabalançar nenhuma força aplicada que produza um momento não zero em torno do nó 1. A treliça não está restrita contra rotação em torno deste nó;

3. A treliça da direita. Os suportes estão corretos, fornecendo restrição contra translação e rotação. As barras da treliça não estão apropriadamente colocados. Sem uma barra diagonal, a treliça mudará de forma como mostrado. A treliça não pode manter sua forma contra forças externas arbitrariamente aplicadas aos nós.

Os dois primeiros casos se apresentam de tal forma que as treliças são externamente instáveis. O último é internamente instável. A resistência contra mudança de forma ou localização como mecanismo é chamada de estabilidade cinemática. Embora a estabilidade ou instabilidade cinemática possam ser inspecionadas pela observação visual, matematicamente ela se manifesta nas características da matriz de rigidez global restrita. Se a matriz for singular, então sabemos que a treliça é cinematicamente instável. No problema de exemplo 1.3, na última seção, as duas matrizes de rigidez de 5 × 5 são ambas não singulares, do contrário, não teríamos podido obter as soluções de deslocamento. Portanto, a estabilidade cinemática de uma treliça pode ser testada matematicamente pela investigação da singularidade da matriz de rigidez global restrita dessa treliça. Na prática, se a solução do deslocamento parecer ser arbitrariamente grande ou desproporcional entre alguns deslocamentos, isso pode ser sinal de uma configuração de treliça instável.

Às vezes, a instabilidade cinemática pode ser detectada pela contagem de restrições ou forças desconhecidas, para instabilidade externa e interna. A instabilidade externa acontece se houver um número insuficiente de restrições. Como são necessários pelo menos três restrições para impedir a translação e a rotação de um objeto num plano, qualquer condição de suporte que ofereça apenas uma ou duas restrições resultará em instabilidade. A treliça da esquerda, na figura seguinte, só tem duas restrições de suporte e é instável. A instabilidade interna ocorre se o número total de incógnitas de força for menor que o número de GDL de deslocamento. Se denotarmos o número de incógnitas de força na barra como M e de incógnitas de reação de suporte como R, então a instabilidade interna resulta se $M + R < 2N$. A treliça da direita, na figura seguinte, tem $M = 4$ e $R = 3$, mas $2N = 8$. Ela é instável.

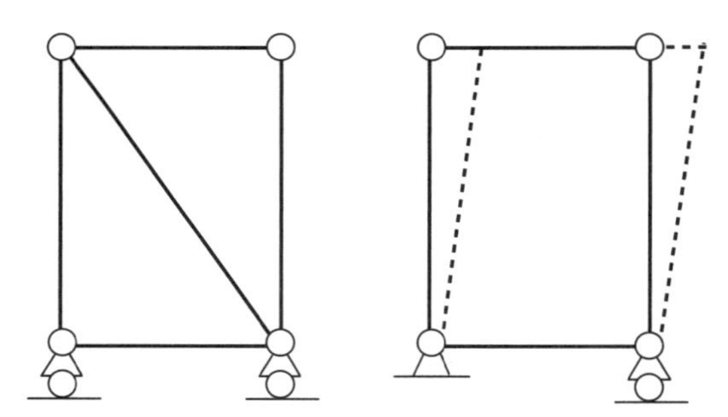

Instabilidade cinemática resultante do número insuficiente de suportes ou barras.

Problema 1.4.
Discuta a estabilidade cinemática de cada uma das treliças planas mostradas a seguir.

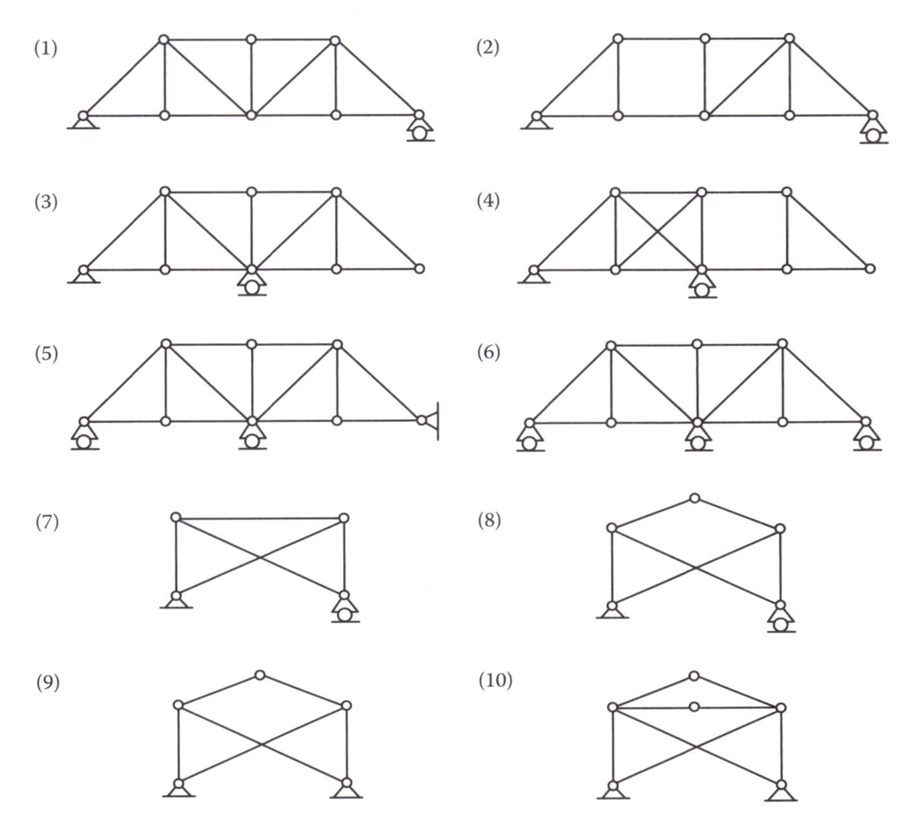

Problema 1.4

1.8 Resumo

O conceito fundamental no método de deslocamento e os procedimentos de solução são os seguintes:

1. Se todas as quantidades de deslocamento principais de um dado problema forem conhecidas, a deformação de cada barra pode ser calculada usando-se as condições de compatibilidade, que são manifestadas na forma das equações de 1.2 a 1.4;
2. Conhecendo a deformação da barra, podemos calcular a força na barra usando a equação de rigidez de barra, equação 1.1;
3. A força de uma barra pode ser relacionada às forças nodais expressas no sistema de coordenadas globais pela equação 1.7 ou equação 1.8, que é a equação de transformação forçada;
4. As forças nodais de barra e as forças externamente aplicadas estão em equilíbrio em cada nó, como expresso na equação 1.14, que é a equação de equilíbrio global, em termos de forças nodais;
5. A equação de equilíbrio global pode, então, ser expressa em termos de deslocamentos nodais pelo uso da equação de rigidez de barra, a equação 1.11. O resultado é a equação de rigidez global em termos de deslocamentos nodais, equação 1.15;
6. Como nem todos os deslocamentos nodais são conhecidos, nós podemos encontrar os deslocamentos incógnitos a partir da equação de rigidez global restrita, equação 1.16, no exemplo 1.3.

7. Depois que todos os deslocamentos nodais estão calculados, as demais quantidades incógnitas são calculadas por simples substituição.

O método de deslocamento é particularmente conveniente para solução por computador, porque os passos de solução podem ser facilmente programados através do método de rigidez direta, de montagem da equação de rigidez. A solução correta sempre pode ser calculada se a estrutura for estável (cinematicamente), o que significa que a estrutura está internamente conectada de forma conveniente e externamente suportada de forma apropriada para impedi-la de se tornar um mecanismo sob quaisquer condições de carga.

2

Análise de treliças: método das forças — Parte I

2.1 Introdução

No capítulo sobre o método de análise de treliças por deslocamento de matriz, a análise de treliças é formulada com as incógnitas de deslocamento nodal como variáveis fundamentais a serem determinadas. O método de análise resultante é simples e direto, e é muito fácil de ser implementado num programa de computador. A bem da verdade, praticamente todos os pacotes de computador de análise estrutural são codificados com o método de deslocamento de matriz.

A desvantagem do método de deslocamento de matriz é que ele não oferece nenhuma ideia de como as cargas externamente aplicadas são transmitidas e recebidas pelos barras da treliça. Tal ideia é crítica quando um engenheiro precisa não só analisar uma dada treliça, mas também projetar uma treliça a partir do zero.

Nós vamos apresentar uma abordagem diferente, o método da força. A essência do método da força é a formulação das equações governantes tendo as forças como variáveis incógnitas. O ponto de partida do método da força é as equações de equilíbrio expressas em termos de forças. Dependendo de como os diagramas de corpo livre (DCLs) são selecionados para o desenvolvimento dessas equações de equilíbrio, podemos usar o método de juntas, o método de seções ou uma combinação de ambos para resolver um problema de treliça.

No método de análise por força, se as incógnitas de força puderem ser resolvidas pelas equações de equilíbrio isoladas, então o processo de solução é muito simples: encontrar as forças nas barras a partir das equações de equilíbrio, encontrando o alongamento da barra a partir das forças que atuam sobre ela, e encontrando os deslocamentos nodais a partir do alongamento da barra. Supondo que as treliças consideradas aqui são todas cinematicamente estáveis, o único pré-requisito restante para tal procedimento de solução é que a treliça seja estaticamente determinada, isto é, que o número total de incógnitas de força seja igual ao número de equações independentes de equilíbrio. Ao contrário, uma treliça estaticamente indeterminada, que tem mais incógnitas de força que o número de equações independentes de equilíbrio, exige a introdução de equações adicionais baseadas na compatibilidade geométrica ou deformações consistentes para suplementar as equações de equilíbrio. Estudaremos primeiro os problemas estaticamente determinados, começando por uma breve discussão da determinância e dos tipos de treliças.

2.2 Tipos de treliças planas estaticamente determinadas

Para as treliças estaticamente determinadas, as incógnitas de forças, consistindo de M forças na barra se houver M barras e R reações, são iguais em número às equações de equilíbrio. Como uma pode gerar duas equações de equilíbrio de cada nó, o número de equações independentes de equilíbrio é $2N$, onde N é o número de nós. Assim, por definição, $M + R = 2N$ é a condição de determinância estática. Isto supõe que a treliça seja estável, porque não faz sentido questionar se a treliça é determinada se ela não for estável. Por esta razão, a estabilidade de uma treliça deve ser primeiro, examinada. Uma classe de treliças planas, chamada de *treliças simples*, é sempre estável e determinada se externamente suportada de forma apropriada. Uma treliça simples é aquela construída a partir de um triângulo básico de três barras e três nós, pela adição de duas barras e um nó de cada vez. Exemplos de treliças simples são mostrados em seguida.

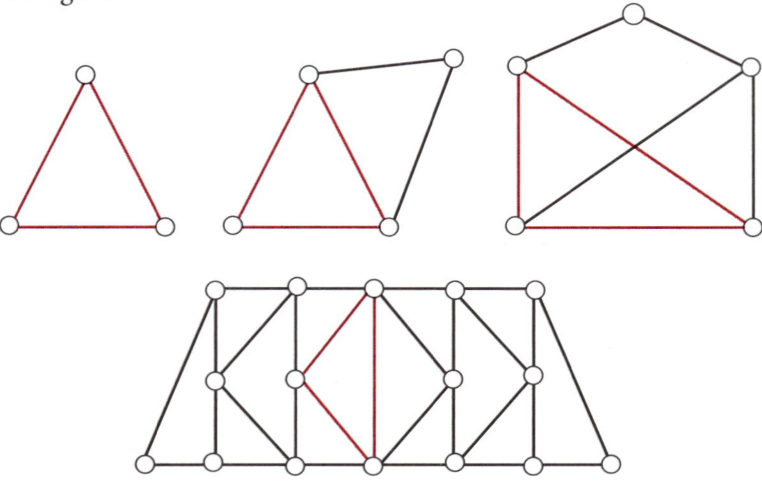

Treliças simples.

O triângulo básico de três barras ($M = 3$) e três nós ($N = 3$) é uma configuração estável e satisfaz $M + R = 2N$ se houver três forças de reação ($R = 3$). Adicionando-se duas barras e um nó, cria-se uma configuração diferente, mas estável. As duas incógnitas de força a mais, das duas barras, são compensadas exatamente pelas equações de equilíbrio do novo nó. Portanto, $M + R = 2N$ ainda é satisfeita.

Outra classe de treliças planas é chamada de *treliças compostas*. Uma treliça composta é aquela composta de duas ou mais treliças simples, reunidas. Se a ligação consistir de três barras devidamente colocadas, a treliça composta também será estável e determinada. Exemplos de treliças compostas estáveis e determinadas são mostrados em seguida, onde as linhas pontilhadas separam as ligações.

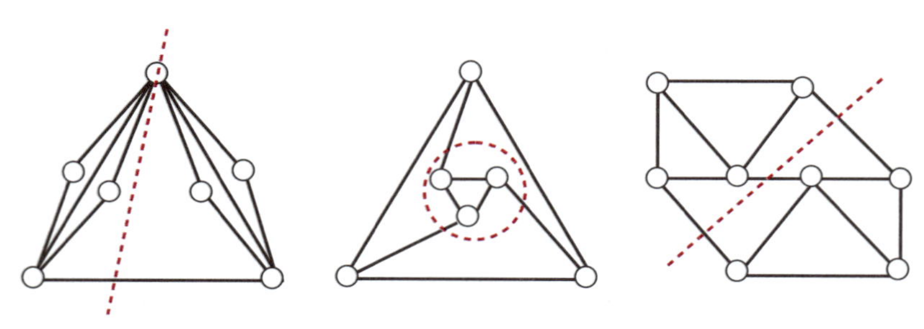

Treliças compostas.

Uma treliça plana que não pode ser classificada nem como simples nem como composta é uma *treliça complexa*. Uma treliça complexa é melhor resolvida pela versão de computador do método de juntas a ser descrito posteriormente. Um método especial, chamado de método de substituição, foi desenvolvido para treliças complexas, nos tempos anteriores ao computador. Ele não tem fins práticos, hoje em dia, e não será descrito aqui. Duas treliças complexas são mostradas na figura seguinte, sendo a da esquerda estável e determinada, e a da direita, instável. A instabilidade de treliças complexas não pode ser facilmente determinada. Há uma maneira, porém: o teste de autoequilíbrio. Se pudermos encontrar um sistema de forças internas que esteja em equilíbrio por si mesmas, sem nenhuma carga externamente aplicada, então a treliça é instável. Pode-se ver que a treliça à direita pode ter a mesma força de tensão de qualquer magnitude, S, nas três barras internas, e a força de compressão, $-S$, em todas as barras periféricas, e elas estarão em equilíbrio sem nenhuma força externamente aplicada.

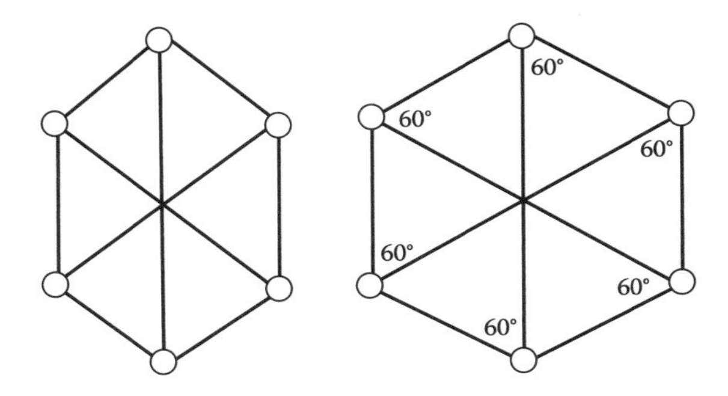

Treliças complexas estável e instável.

Matematicamente, tal situação indica que não haverá solução única para quaisquer conjuntos de cargas dados, porque a "solução" de autoequilíbrio sempre pode ser sobreposta a qualquer conjunto de soluções e criar um novo conjunto de soluções. A ausência de um conjunto único de soluções é sinal de que a estrutura é instável.

Podemos resumir as discussões mencionadas acima com as seguintes conclusões:

1. A estabilidade pode frequentemente ser determinada pelo exame da adequação dos apoios externos e das conexões internas de barras. Se $M + R < 2N$, porém, ela será sempre instável, porque não haverá número suficiente de barras ou apoios para oferecer restrições adequadas para impedir que uma treliça se torne um mecanismo, sob certas cargas;
2. Para uma treliça plana estável, se $M + R = 2N$, então ela é estaticamente determinada;
3. Uma treliça simples é estável e determinada;
4. Para uma treliça plana estável, se $M + R > 2N$, ela é estaticamente instável. A discrepância entre os dois números, $M + R - 2N$, é chamada de graus de indeterminância, ou número de forças redundantes. Problemas de treliças estaticamente indeterminadas não podem ser resolvidos pelas condições de equilíbrio isoladas. As condições de compatibilidade devem ser utilizadas para suplementar as condições de equilíbrio. Esta forma de solução é chamada de método de deformações consistentes e será descrita no próximo capítulo. Exemplos de treliças indeterminadas são mostrados a seguir.

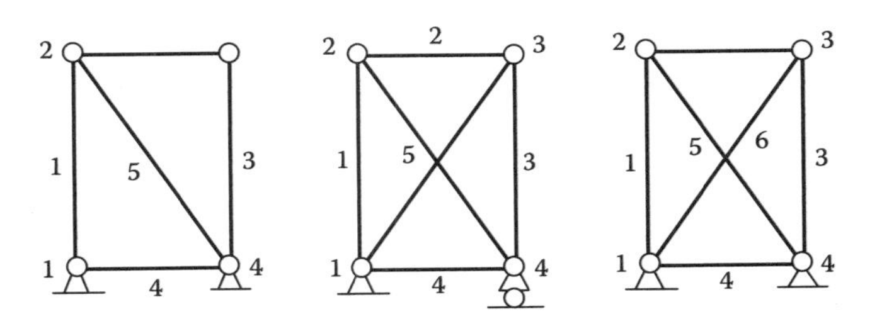

Treliças estaticamente indeterminadas.

Na figura anterior, a treliça da esquerda é estaticamente indeterminada em primeiro grau, porque há uma força de reação redundante: $M = 5$, $R = 4$ e $M + R - 2N = 1$. A treliça do meio também é estaticamente indeterminada em primeiro grau, por causa de um barra redundante: $M = 6$, $R = 3$ e $M + R - 2N = 1$. A treliça da direita é estaticamente indeterminada em segundo grau, porque $M = 6$, $R = 4$ e $M + R - 2N = 2$.

2.3 Método de nós e método de seções

O método de nós tira seu nome da maneira pela qual um DCL é selecionado: nos nós de uma treliça. A chave para o método de nós é o equilíbrio de cada nó. Partindo de cada DCL, duas equações de equilíbrio são derivadas. O método de nós dá uma ideia de como as forças externas são balanceadas pelas forças nas barras em cada nó, enquanto o método de seções dá uma ideia de como as forças na barra resistem às forças externas em cada "seção". A chave para o método de seções é o equilíbrio de uma porção da treliça definida por um DCL, que é uma porção da estrutura criada pela separação de uma ou mais seções. As equações de equilíbrio são escritas a partir do DCL dessa porção da treliça. Há três equações de equilíbrio, em oposição as duas num nó. Consequentemente, nos certificamos de não haver mais de três forças incógnitas na barra, no DCL, quando optamos por separar uma seção de uma treliça. Nos problemas de exemplo seguintes, e em toda parte, nós usamos os termos *junção* e *nó* indistintamente.

Exemplo 2.1

Encontre todas as reações de apoio e forças na barra da treliça carregada mostrada a seguir.

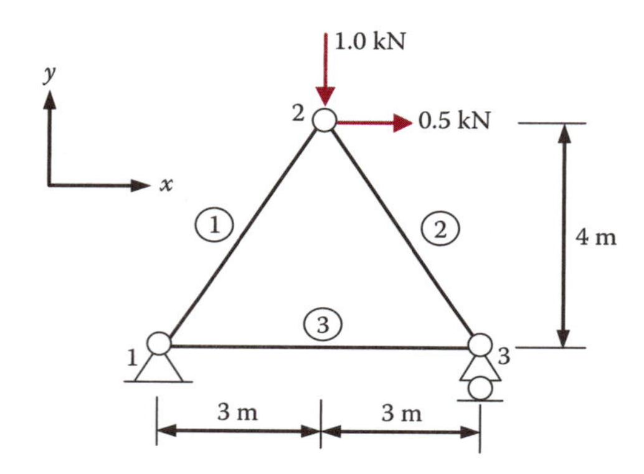

Problema de treliça a ser resolvido pelo método de nós.

Solução

Daremos uma solução detalhada passo a passo.

1. *Identifique todas as incógnitas de força.* O primeiro passo, em qualquer método de análise de forças, é identificar todas as incógnitas de força. Isso é feito pelo exame das forças de reação e das forças na barra. As forças de reação são expostas num DCL da estrutura completa

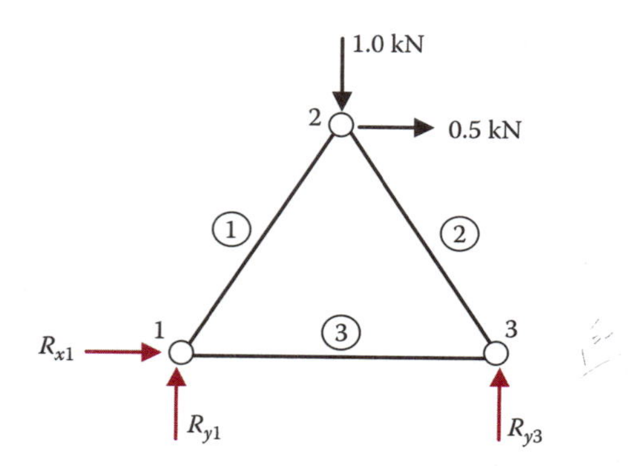

Diagrama de corpo livre da treliça de três barras para expor as forças de reação.

Note que, na figura, os subscritos das forças de reação indicam a direção (primeiro subscrito) e a localização das reações (segundo subscrito). As três forças de reação são R_{x1}, R_{y1} e R_{y3}. As forças na barra são F_1, F_2 e F_3.

2. *Examine a determinância estática da estrutura.* Antes de seguirmos para encontrar as incógnitas de força pelo método de nós, devemos nos certificar de que todas as incógnitas de força podem ser determinadas pelas condições de equilíbrio estático isoladas, porque esta é a essência do método de nós, especificamente, o uso de equações de equilíbrio de nós para encontrar incógnitas de força. Denote o número de todas as incógnitas de força na barra por M e o número de forças de reação por R, e o número total de incógnitas de força é $M + R$. No presente exemplo, $M = 3$, $R = 3$ e $M + R = 6$. Este número deve ser comparado ao número de equações de equilíbrio disponíveis.

Há três nós na treliça. Podemos escrever duas equações de equilíbrio em cada nó de uma treliça plana:

$$\Sigma F_x = 0, \quad \Sigma F_y = 0 \tag{2.1}$$

Assim, o número total de equações de equilíbrio disponíveis é $2N$, onde N é o número de nós na treliça. No presente exemplo, $N = 3$ e $2N = 6$. Portanto, o número de equações de equilíbrio estático disponíveis corresponde exatamente ao número total de incógnitas de força, $M + R = 2N$. O problema posto no presente exemplo é estaticamente determinado. Podemos chegar à mesma conclusão se notarmos que a treliça é simples.

3. *Encontre as incógnitas de força.* O passo seguinte mais óbvio é escrever as seis equações de equilíbrio nodal e encontrar as seis forças desconhecidas simultaneamente. Isso exigiria o uso de um computador. Para o exemplo presente, e muitos outros casos, um engenheiro de estruturas experiente pode resolver um problema por meio de cálculo manual mais rapidamente que usando um computador. Esse processo de cálculo manual dá ideia do fluxo de forças partindo da carga aplicada externamente, passando pelas barras e chegando até os apoios. Este é o processo que é apresentado aqui.

   a. *Encontre todas as reações.* Embora não necessário, encontrar todas as forças de reação a partir do DCL da estrutura completa logo de início é, muitas vezes, a maneira mais rápida de resolver um problema de treliça plana.

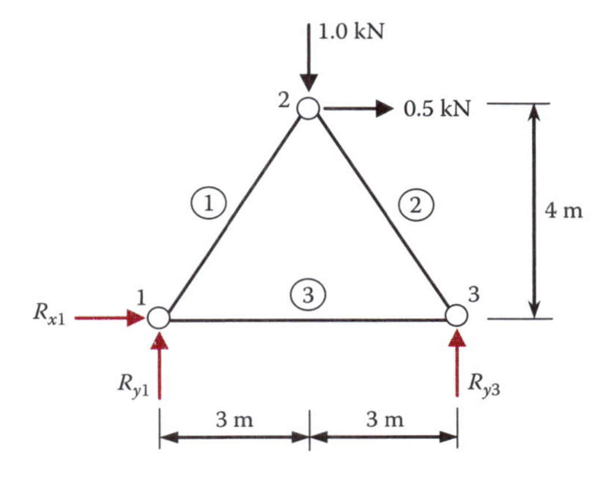

Diagrama de corpo livre para encontrar reações.

As três forças de reação podem ser resolvidas, uma de cada vez, pela aplicação das três equações de equilíbrio, uma a uma:

$$\sum F_x = 0 \Longrightarrow R_{x1} + 0.5 = 0 \qquad \Longrightarrow \qquad R_{x1} = -0.5 \text{ kN}$$

$$\sum M_1 = 0 \Longrightarrow R_{y3}(6) - (1.0)(3) - (0.5)(4) = 0 \qquad \Longrightarrow \qquad R_{y3} = -0.83 \text{ kN}$$

$$\sum F_y = 0 \Longrightarrow R_{y1} + 0.83 - 1.0 = 0 \qquad \Longrightarrow \qquad R_{y1} = 0.17 \text{ kN}$$

b. *Encontre as forças na barra.* As forças na barra são resolvidas pela aplicação das equações de equilíbrio nodal, nó a nó. A seleção da sequência pela qual cada nó é utilizado é baseada numa regra simples: nenhuma junção deve conter mais de duas incógnitas, sendo preferível uma incógnita em cada equação. Com base nesta regra, nós tomamos a sequência seguinte e usamos o DCL de cada junção para escrever as equações de equilíbrio:

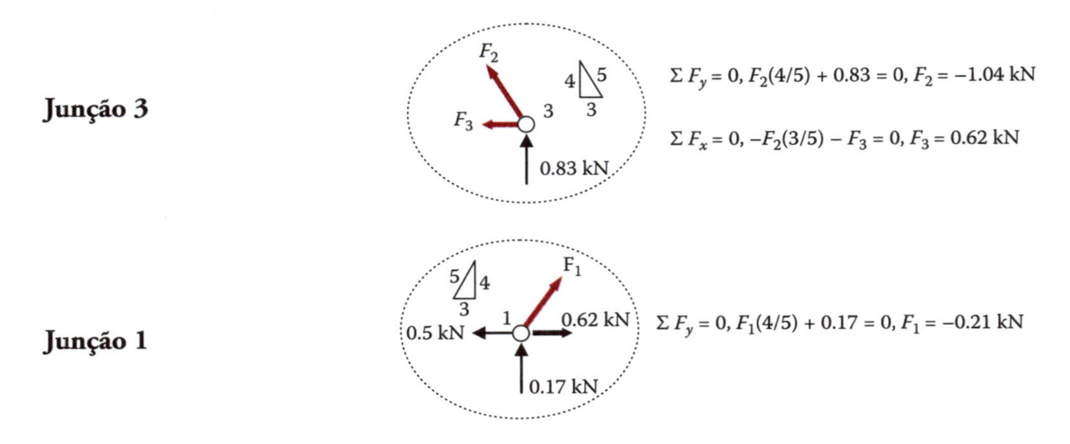

Note que apenas uma equação do DCL da junção 1 é necessária para encontrarmos a incógnita restante de F_1. A segunda equação de equilíbrio é identicamente satisfeita. As duas equações de equilíbrio do DCL da junção 2 também seria identicamente satisfeita. Essas três equações "não usadas" podem servir de "verificação" da precisão do cálculo. Não precisamos usar essas três equações de junção porque já usamos três equações do equilíbrio da estrutura completa, no início do processo de solução. Este fato também aponta para um ponto importante: não há mais que seis equações de equilíbrio independentes. Qualquer equação adicional não é "independente" das seis equações que acabamos de usar, porque não pode ser derivada da combinação linear das seis equações. Quaisquer seis equações "independentes" são igualmente válidas. A seleção de seis equações a serem usadas é questão de preferência e sempre selecionamos aquelas que nos oferecem a maneira mais fácil de obter a resposta para as forças incógnitas, como acabamos de fazer.

Exemplo 2.2

Encontre todas as forças de reação e na barra para a treliça carregada mostrada a seguir.

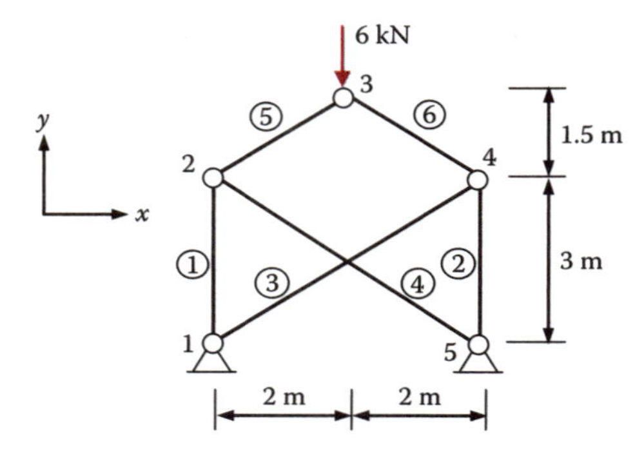

Outro problema de exemplo de treliça para o método de nós.

Solução

Uma estratégia de solução ligeiramente diferente é seguida, neste exemplo.

1. *Identifique todas as incógnitas de força.* O DCL da estrutura completa mostra que há quatro reações. Adicionando as seis forças na barra, temos $M = 6$, $R = 4$ e $M + R = 10$, um total de dez incógnitas de força.

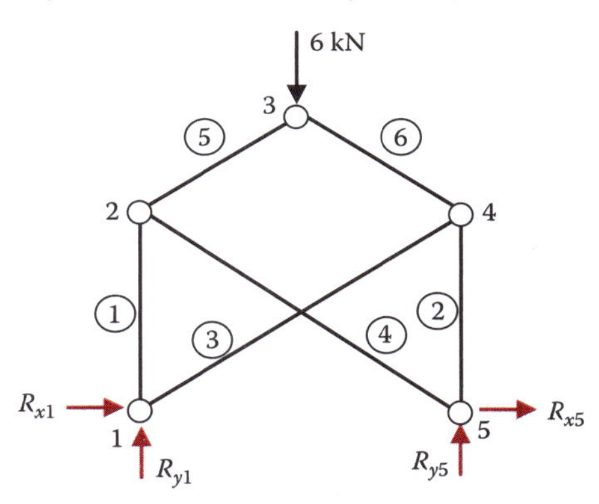

DCL da treliça completa.

2. *Examine a determinância estática da estrutura.* Há cinco nós, $N = 5$. Portanto, $M + R = 2N = 10$. Este é um problema estaticamente determinado.
3. *Encontre as incógnitas de força.* Este é um problema para o qual não há vantagem em encontrar primeiro as reações. O DCL da estrutura completa nos dará três equações de equilíbrio, enquanto temos quatro incógnitas de reação. Desta forma, não podemos encontrar as quatro reações com as equações do DCL da estrutura completa isoladas. Por outro lado, se seguirmos de nó em nó na seguinte ordem: 3, 2, 4, 1 e 5, seremos capazes de encontrar as forças na barra, um nó de cada vez, e, eventualmente, chegar às reações.

Junção 3

$\Sigma F_y = 0, \quad F_5(3/5) + F_6(3/5) = -6$

$\Sigma F_x = 0, \quad -F_5(4/5) + F_6(4/5) = 0$

$\Longrightarrow$ $F_5 = -5$ kN, $F_6 = -5$ kN

Neste caso, resolver as duas equações simultaneamente é inevitável.

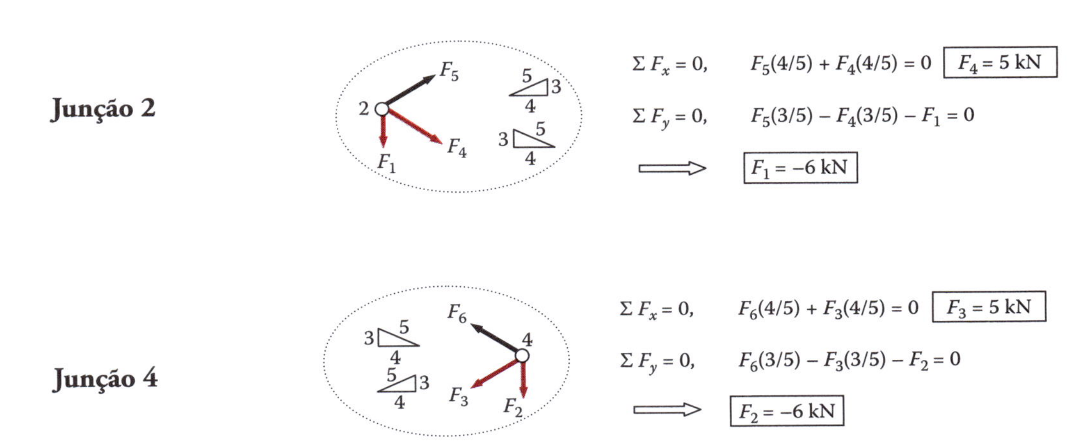

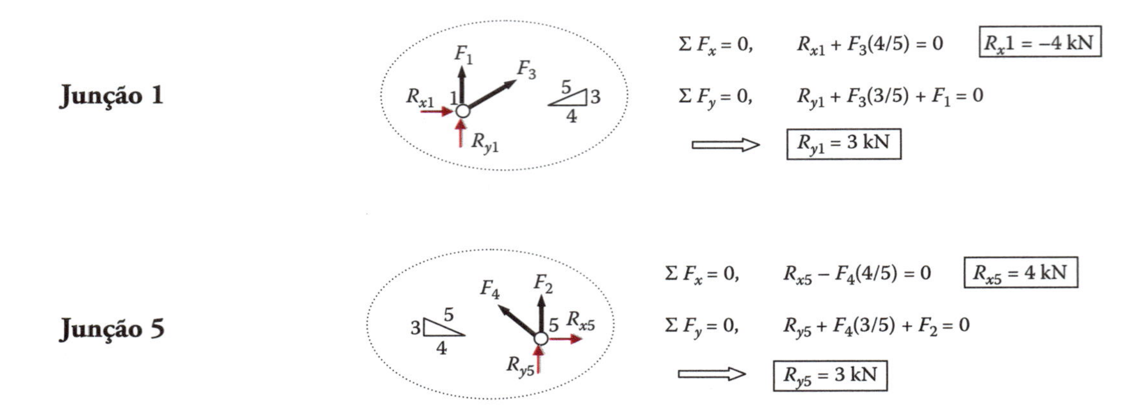

Note que, em ambos os problemas de exemplo, sempre supomos que as forças na barra estão em tensão. Isso resulta em DCLs que têm forças na barra apontando para fora das junções. Isso é simplesmente uma forma de atribuir direções às forças. Isso é altamente recomendável, porque evita a confusão desnecessária que frequentemente leva a erros.

Exemplo 2.3

Encontre as forças na barra nas barras 4, 5, 6 e 7 da treliça Fink carregada, mostrada a seguir.

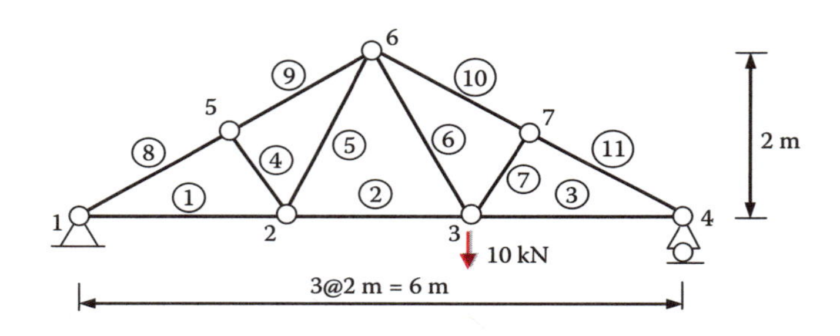

Treliça Fink a ser resolvida pelo método de nós.

Solução

Ilustraremos uma característica especial do método de nós.

1. *Identifique todas as incógnitas de força.* O DCL da estrutura completa teria mostrado que há três reações. Adicionando as forças das 11 barras, temos $M = 11$, $R = 3$ e $M + R = 14$, um total de 14 incógnita de força;
2. *Examine a determinância estática da estrutura.* Há sete nós, $N = 7$. Portanto, $M + R = 2N = 14$. Este é um problema estaticamente determinado;
3. *Encontre as incógnitas de força.* Normalmente, treliças Fink são usadas para suportar cargas de telhados nos nós da corda superior. Deliberadamente, nós aplicamos uma única carga a um nó da corda inferior para levantar a questão de uma característica especial do método de nós. Começamos por nos concentrar na junção 5.

Junção 5

$\Sigma F_y = 0$ $\boxed{F_4 = 0}$

$\Sigma F_x = 0, \quad -F_8 + F_9 = 0$

$\Longrightarrow \quad F_8 = F_9$

Neste caso, é vantajoso alinhar o sistema de coordenadas com a geometria local no nó. Percebemos que F_4 é zero porque ela é a única força naquela direção. O par de forças na direção x deve ser igual e oposta, porque elas são colineares.

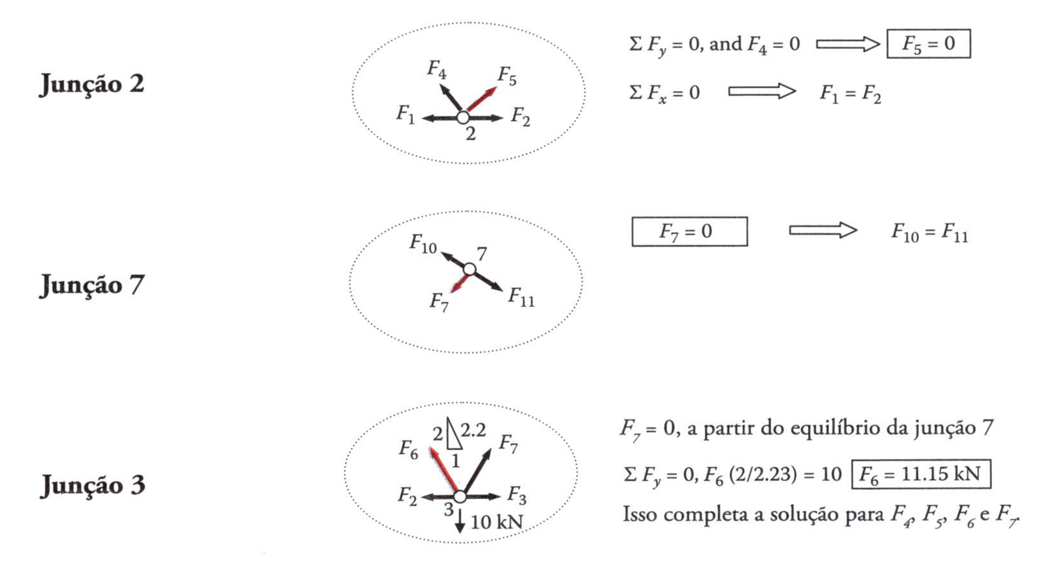

Destarte, com exceção da barra 6, todas as barras da teia são de força zero para este caso particular de carga. Para fins de análise sob a carga dada, a treliça Fink é equivalente à treliça mostrada em seguida.

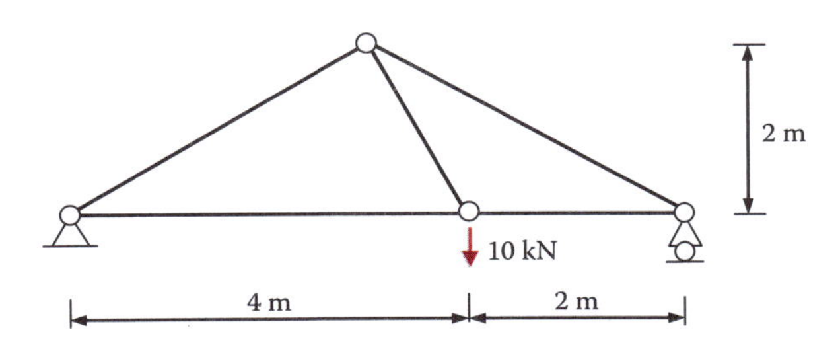

Treliça equivalente à treliça Fink para a carga dada.

Isso traz à tona uma interessante característica do método de nós: podemos facilmente identificar barras de força zero. Essa característica é melhor ilustrada no próximo exemplo.

Exemplo 2.4

Identifique barras de força zero e barras de força igual nas treliças carregadas da figura seguinte.

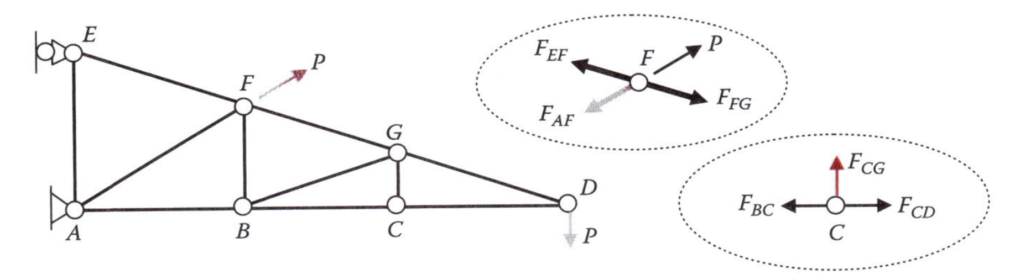

Exemplo de barras com força zero e barras com força igual.

Solução

O equilíbrio de forças na junção C leva a $F_{CG} = 0$ e $F_{BC} = F_{CD}$. Depois que conhecemos $F_{CG} = 0$, segue-se que $F_{BG} = 0$ e, então, $F_{BF} = 0$, com base no equilíbrio de forças nos nós G e B, respectivamente. O equilíbrio de forças no nó F leva a $F_{AF} = P$ e $F_{EF} = F_{FG}$.

Podemos identificar:

Barras de força zero. Em cada junção, todas as forças são concorrentes. Se todas as forças forem colineares, com exceção de uma, então a exceção deve ser zero.

Barras de força igual. Se duas forças, numa junção, forem colineares e todas as demais forças nessa junção forem também colineares em outra direção, então as duas forças devem ser iguais.

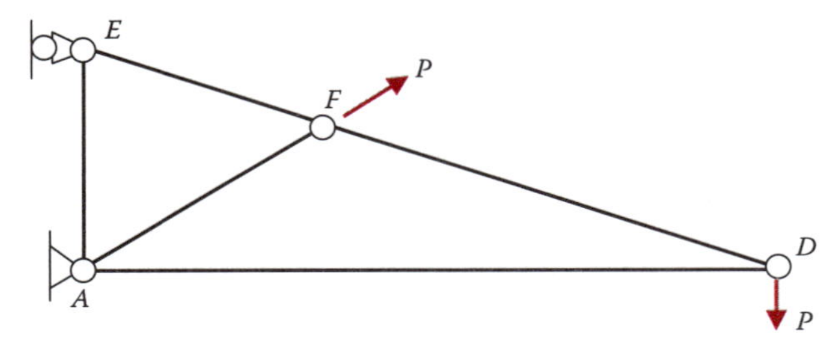

Uma treliça equivalente.

Para fins práticos, o problema original da treliça é equivalente ao problema da treliça mostrado neste exemplo para o caso de carga dado.

Problema 2.1

Use o método de nós para encontrar todas as forças de reação e na barra nas treliças mostradas a seguir.

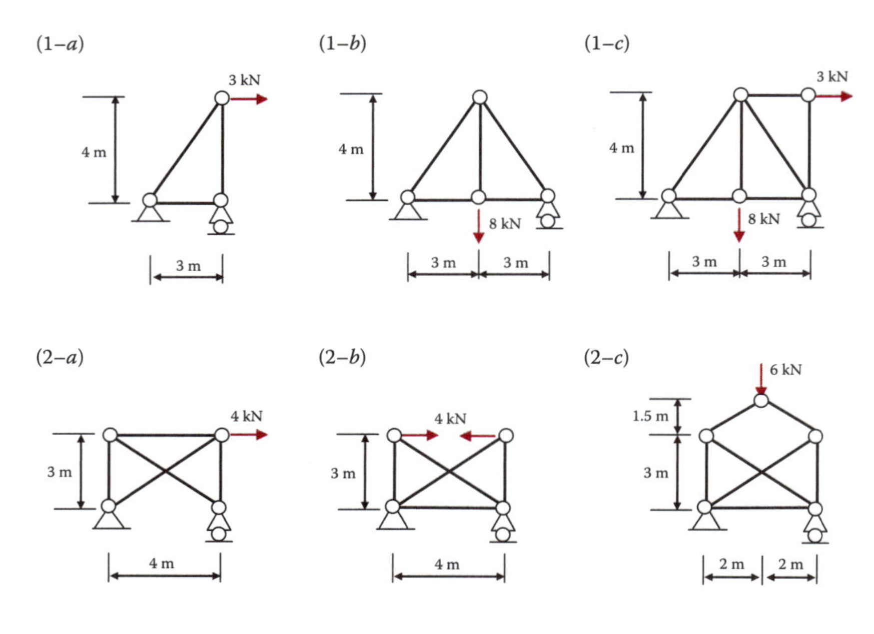

Problema 2.1

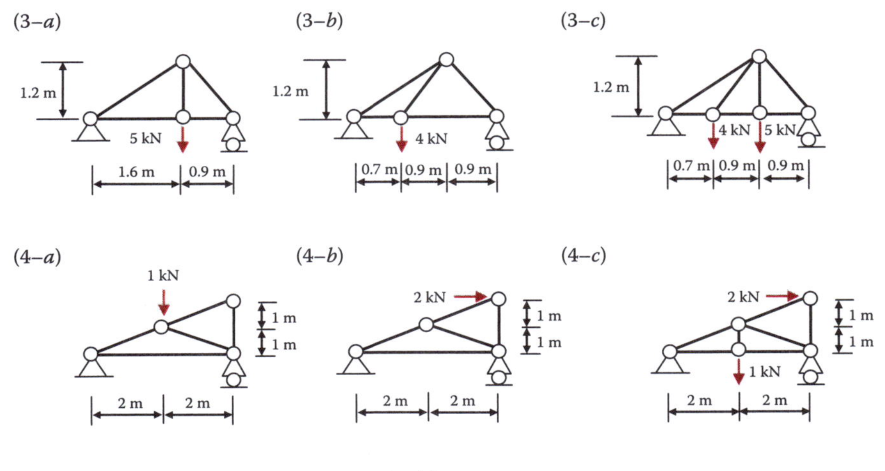

Problema 2.1

Exemplo 2.5

Encontre as forças na barra nas barras do terceiro painel, contado a partir da esquerda, da treliça da figura seguinte.

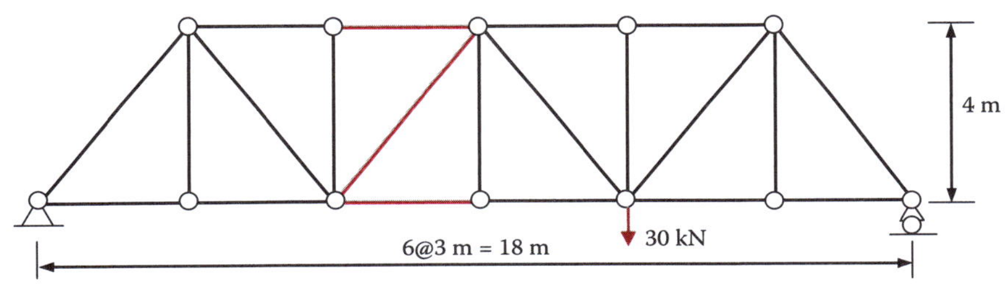

Exemplo de problema para o método de seções.

Solução

Resolveremos este problema pelo método de seções com os procedimentos seguintes.

1. *Atribua nomes a todos os nós.* Podemos nos referir a cada nó por um símbolo e a cada barra pelos dois nós das extremidades, como mostrado a seguir. Também definimos um sistema de coordenadas *x,y* como mostrado. Precisamos encontrar F_{IJ}, F_{CJ} e F_{CD}. A treliça é estável e determinada;
2. *Encontre as reações.* Precisamos examinar o DCL da treliça completa.

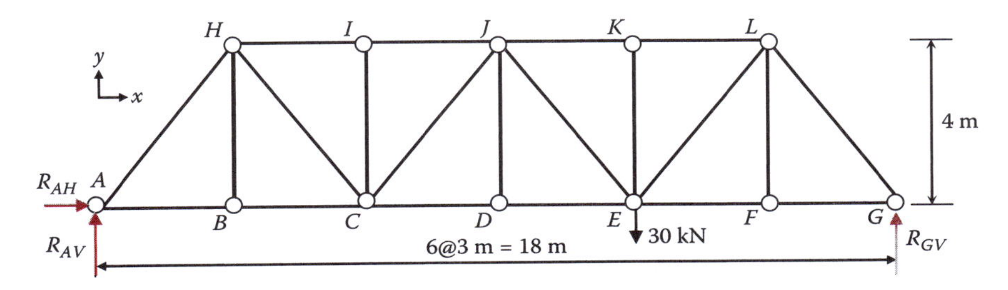

O DCL para encontrar as reações.

$$\sum M_A = 0, \quad (12)(30) - (18)\, R_{GV} = 0, \quad R_{GV} = 20 \text{ kN}$$

$$\sum F_x = 0, \ R_{AH} = 0$$

$$\sum M_G = 0, \ (18)\ R_{AV} - (6)(30) = 0, \ R_{AV} = 10 \text{ kN}$$

3. *Estabeleça o DCL.* Fazemos uma separação vertical da terceira barra, contada da esquerda, expondo, assim, a força das barras *IJ*, *CJ* e *CD*. Podemos tomar a porção esquerda ou direita como DCL. Nós optamos pela porção esquerda, porque ela tem um número menor de forças externas com que lidarmos. Sempre supomos que as forças na barra são tênseis. Já obtivemos $R_{AV} = 10$ kN.

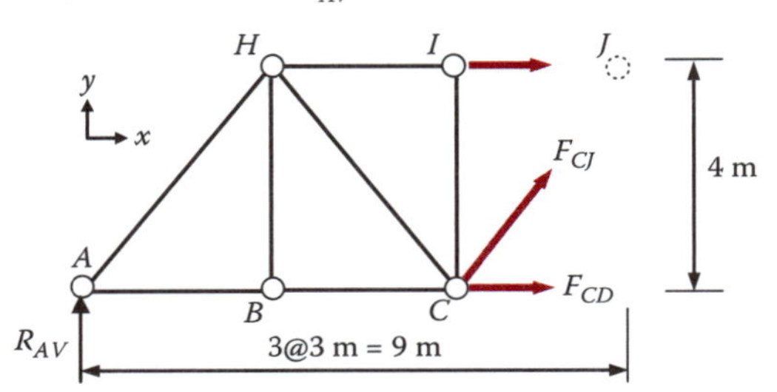

DCL expondo uma seção através do terceiro painel, contado da esquerda.

$\sum M_C = 0,\quad (4)\ F_{IJ} + (6)\ R_{AV} = 0 \quad \boxed{F_{IJ} = -1.5\ R_{AV} = -1.5 \text{ kN}}$

$\sum M_J = 0,\quad -(4)\ F_{CD} + (9)\ R_{AV} = 0 \quad \boxed{F_{CD} = 2.25\ R_{AV} = 22.5 \text{ kN}}$

$\sum F_y = 0,\quad (0.8)\ F_{CJ} + R_{AV} = 0 \quad \boxed{F_{CJ} = -1.25\ R_{AV} = -12.5 \text{ kN}}$

Note que nós escolhemos o centro de momento em *C* e *J*, respectivamente, porque, em cada caso, a equação resultante só tem uma incógnita e, portanto, pode ser facilmente resolvida.
Para ilustrar o efeito da tomada de um DCL diferente, vamos escolher a parte direita da seleção como DCL. Note que já conhecemos $R_{GV} = 20$ kN.

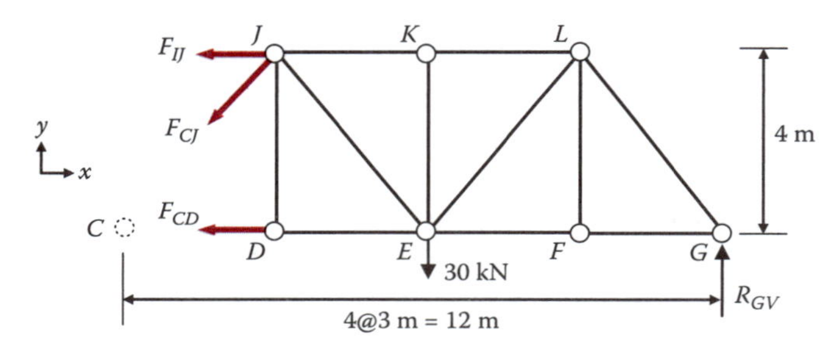

DCL alternativo expondo as forças na barra do terceiro painel.

Ao tomar a porção direita como DCL, nós incluímos a força aplicada de 30 kN no DCL, e ela aparecerá em todas as equações de equilíbrio.

$$\sum M_C = 0, \ -(4)\ F_{IJ} + (6)(30) - (12)\ R_{GV} = 0, \ F_{IJ} = -3\ R_{GV} + 45 = -15 \text{ kN}$$

$$\sum M_J = 0, \ (4)\ F_{CD} + (3)(30) - (9)\ R_{GV} = 0, \ F_{CD} = 2.25\ R_{GV} - 225 = 22.5 \text{ kN}$$

$$\sum F_y = 0, \ -(0.8)\ F_{CJ} - 30 + R_{GV} = 0, \ \text{FCJ} = 37.5 + 1.25\ R_{GV} = -12.5$$

Exemplo 2.6

Encontre as forças nas barras do segundo painel, contando a partir da esquerda, da treliça da figura seguinte.

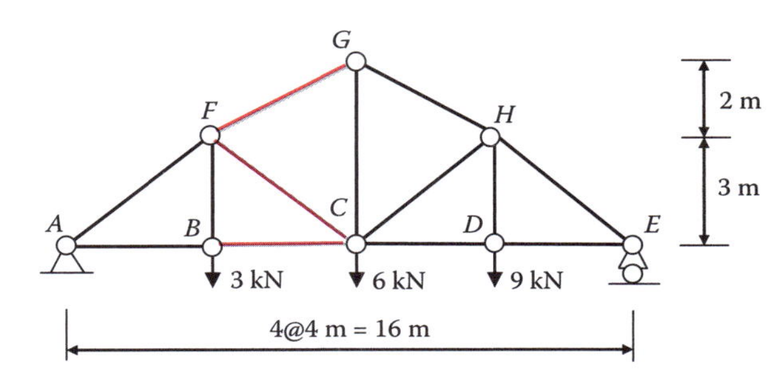

Outro problema de exemplo para o método de seções.

Solução

A geometria da corda inclinada causará complicações no cálculo, mas o processo é o mesmo que o do último exemplo.

1. *Encontre as reações.* Esta é uma treliça simples, estável e determinada.

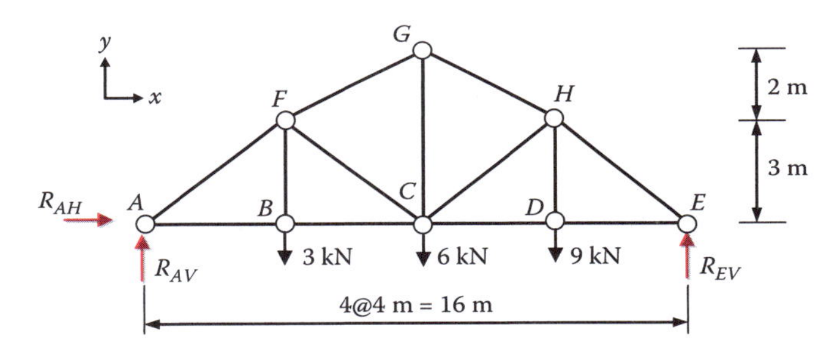

DCL para as forças de reação.

$$\Sigma M_A = 0,\quad -(16)\,R_{EV} + (4)3 + (8)6 + (12)9 = 0,\; R_{EV} = 10.5 \text{ kN}$$

$$\Sigma M_E = 0,\; (16)\,R_{AV} - (12)3 - 8(6) - (4)9 = 0,\qquad R_{AV} = 7.5 \text{ kN}$$

$$\Sigma F_x = 0,\qquad R_{AH} = 0\text{kN}$$

2. *Estabeleça o DCL.* Fazemos uma seleção através do segundo painel, contado da esquerda, e escolhemos a porção esquerda como DCL.

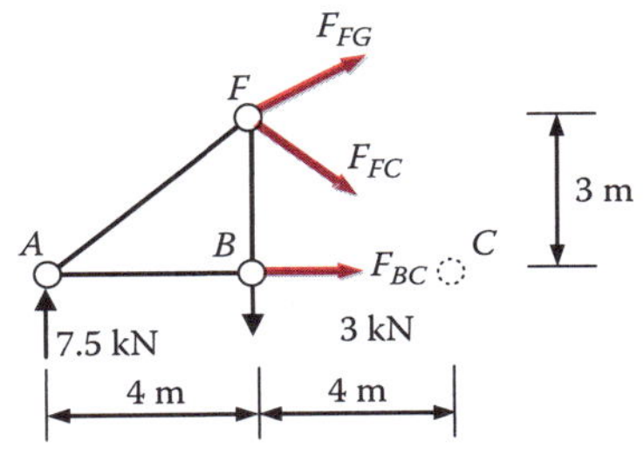

DCL para as forças na barra do segundo painel.

Para encontrarmos F_{BC} nós precisamos encontrar um centro de momento que seja a interseção das duas outras incógnitas. O ponto de interseção de F_{FG} com F_{FC} é o ponto F. Similarmente, tomamos o momento em torno do ponto C de modo que a única força desconhecida na equação de equilíbrio resultante será F_{FG}. Ao escrever a equação de equilíbrio do momento, nós utilizamos o fato de F_{FG} poder ser transmitida ao ponto K e a componente horizontal de F_{FG} em K não contribuir para a equação de equilíbrio, enquanto a componente vertical é (2/4,47) F_{FG} = 0,447 F_{FG}, como mostrado à esquerda da figura seguinte.

$$\Sigma M_F = 0 \quad -(3)\, F_{BC} + (4)\, 7.5 = 0 \quad \boxed{F_{BC} = 10.00 \text{ kN}}$$

$$\Sigma M_C = 0 \quad (10)\, 0.447\, F_{FG} + (8)7.5 - (4)3 = 0, \; F_{FG} = -10.74 \text{ kN}$$

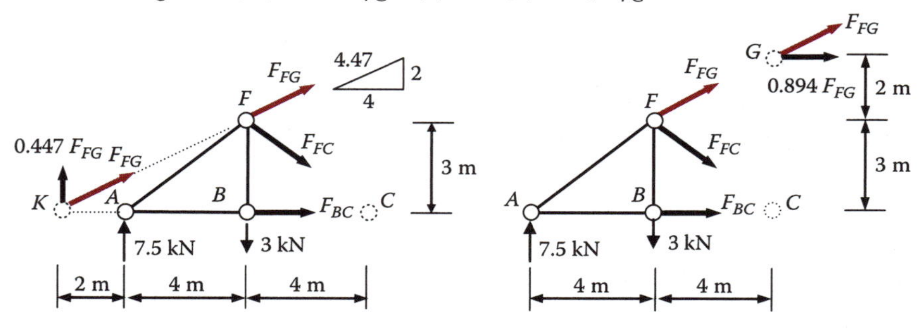

Dois DCL para encontrar F_{FG}.

Alternativamente, podemos transmitir F_{FG} para o ponto G, e usar a componente horizontal (4/4,47) F_{FG} = 0,894 F_{FG} na equação do momento, como mostrado à direita da figura acima.

$$M_C = 0,\ (5)\ 0.894\ F_{FC} + (8)7.5 - (4)3 = 0\ F_{FC} = -10.74 \text{ kN}$$

Para encontrar F_{FC} nós precisamos sair da região da treliça para encontrar o centro do momento (K), como mostrado à esquerda da figura anterior, e usar a componente vertical da F_{FC} transmitida no ponto C.

$$\Sigma M_K = 0 \quad (10)\, 0.6F_{FC} - (2)\, 7.5 + (6)3 = 0 \quad F_{FC} = \boxed{-0.50 \text{ kN}}$$

Note que todo esse esforço adicional é causado pela corda superior inclinada da treliça.

Exemplo 2.7

Encontre a força nas barras das cordas superior e inferior do terceiro painel, contado da esquerda, da treliça em K da figura seguinte.

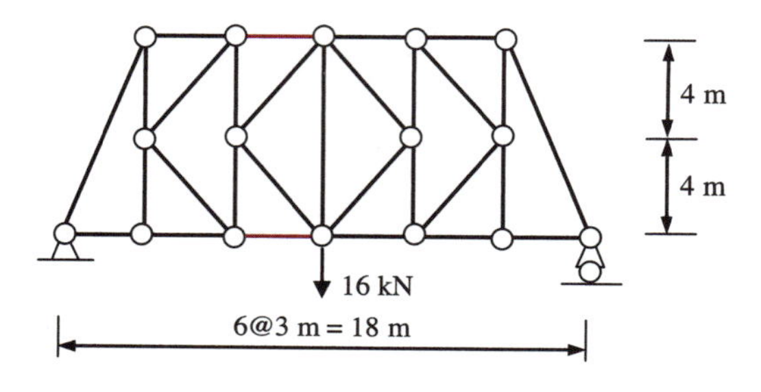

Exemplo de treliça em K.

Solução

A treliça em K é uma treliça simples que requer uma seleção especial para a solução das forças nas barras de corda superior e inferior, como veremos em breve. Ela é estável e determinada.

1. *Encontre as reações.* Como a treliça e a carga são simétricas, as reações em ambos os apoios são facilmente encontradas, sendo de 8 kN para cima, e não há reação horizontal no apoio da esquerda;
2. *Estabeleça o DCL.* A seleção especial é mostrada pela linha pontilhada na figura seguinte.

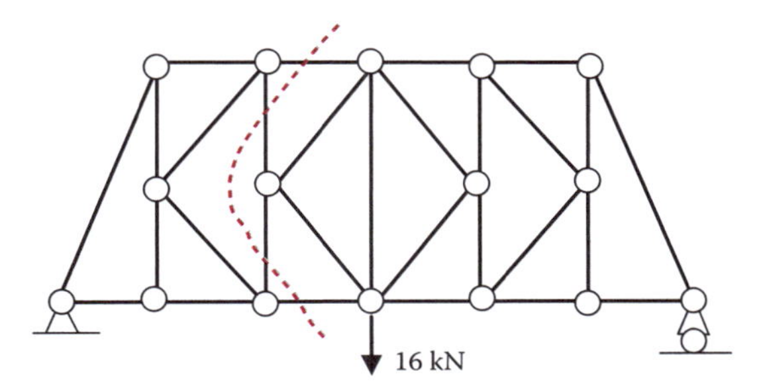

Seleção para estabelecer o DCL para as forças nas barras de corda superior e inferior.

Esta seleção em particular separa a treliça em duas partes. Usaremos a parte esquerda como o DCL seguinte.

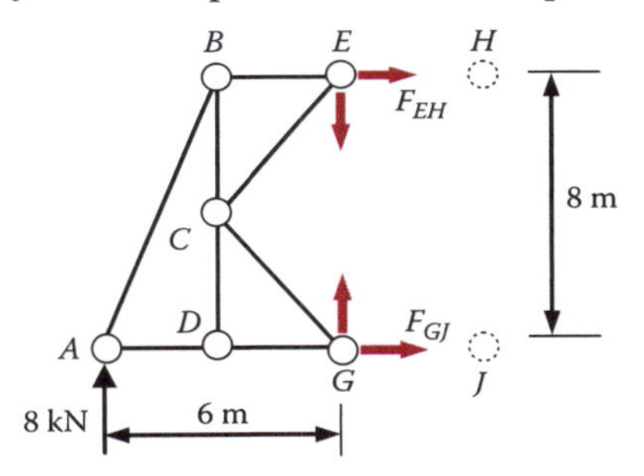

DCL para as forças nas barras de corda superior e inferior.

Embora haja quatro forças na seleção, duas delas estão na mesma linha. Quando o centro do momento é selecionado, seja no nó *E*, seja no nó *G*, essas duas forças não aparecem na equação de equilíbrio, deixando apenas uma incógnita em cada equação.

$$\Sigma M_E = 0, \quad (6)8 - (8)F_{GJ} = 0 \quad \Longrightarrow \quad \boxed{F_{GJ} = 6 \text{ kN}}$$

$$\Sigma M_G = 0, \quad (6)8 - (8)F_{EH} = 0 \quad \Longrightarrow \quad \boxed{F_{EH} = -6 \text{ kN}}$$

Alternativamente, podemos escolher a parte direita como DCL. Os mesmos resultados se seguirão, mas o cálculo é ligeiramente mais complicado.

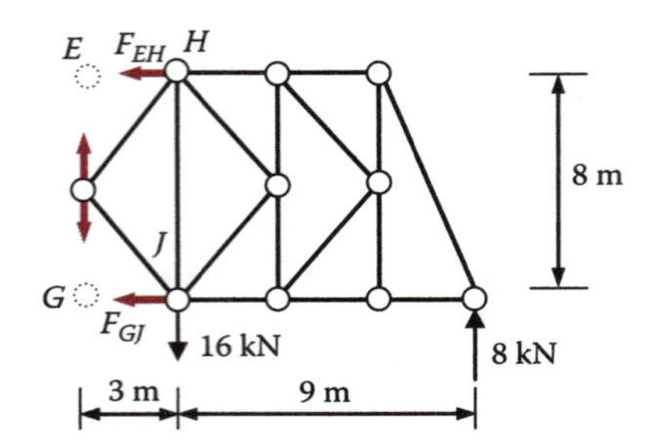

DCL alternativo para as forças nas barras de corda superior e inferior.

$$\Sigma M_E = 0, \quad (12)8 - (3)16 - (8)F_{GJ} = 0 \implies \boxed{F_{GJ} = 6 \text{ kN}}$$

$$\Sigma M_G = 0, \quad (12)8 - (3)16 + (8)F_{EH} = 0 \implies \boxed{F_{EH} = -6 \text{ kN}}$$

Exemplo 2.8

Encontre a força nas barras de teia inclinadas do terceiro painel, contado da esquerda, da treliça em K mostrada a seguir.

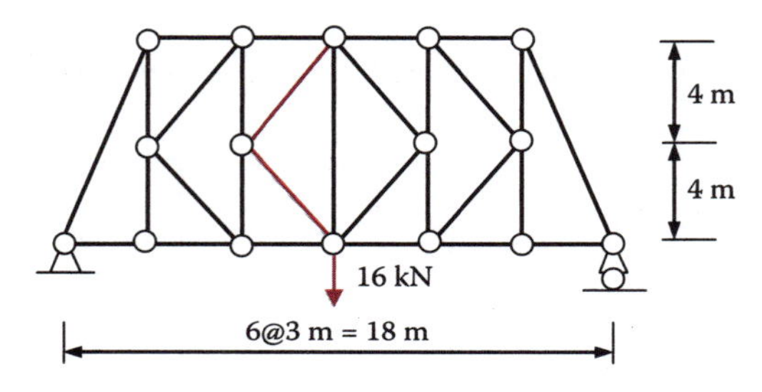

Exemplo de treliça em K, barras de teia inclinadas.

Solução

Uma seleção diferente daquela do último exemplo é necessária para expor as forças nas barras da teia. Primeiro, estabeleça o DCL. Para expor a força nas barras de teia inclinados, podemos fazer uma seleção através do terceiro painel.

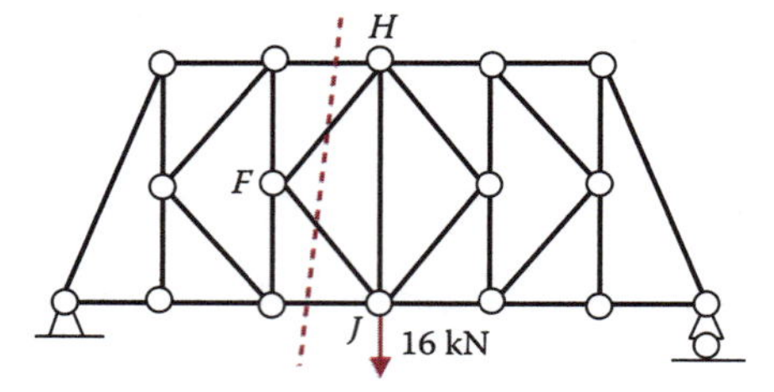

Uma seleção para expor as forças nas barras da teia.

Esta seleção expõe as forças nas barras superior e inferior, que são conhecidas da solução do último exemplo, e as duas forças desconhecidas das barras de teia inclinados, F_{FH} e F_{FJ}.

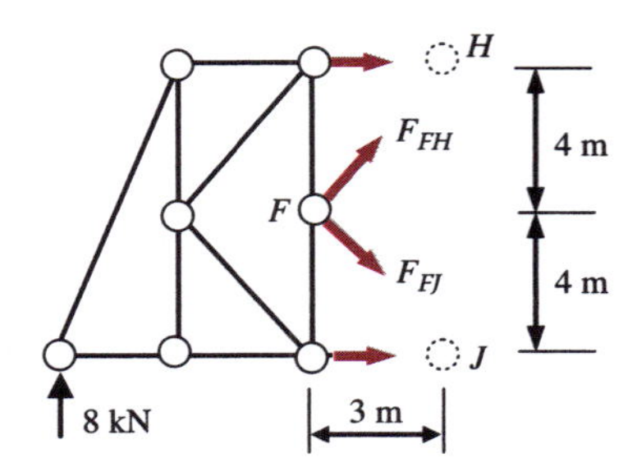

DCL para os barras de teia inclinados do terceiro painel.

Neste caso, a aplicação de duas equações de equilíbrio de forças produz os resultados desejados. Ao escrever a equação para as forças horizontais, percebemos que as forças nas barras de corda superior e inferior se cancelam mutuamente e não aparecerão na equação. Na verdade, esta é uma característica especial, que é útil para a análise de forças nas barras de teia.

$$\Sigma F_x = 0 \Longrightarrow (0.6)F_{FH} + (0.6)F_{FJ} = 0$$

$$\Sigma F_y = 0 \Longrightarrow (0.8)F_{FH} - (0.8)F_{FJ} = 8$$

Resolvendo as equações simultâneas, obtemos

$$F_{FH} = 5 \text{ kN e } F_{FJ} = -5 \text{ kN}$$

Observamos que não só os barras de corda superior e inferior têm forças de mesma magnitude, com sinais opostos, mas as barras inclinados de teia estão na mesma situação. Além do mais, no presente exemplo, as forças nas barras de teia inclinados são as mesmas no segundo e terceiro painéis, isto é,

$$F_{CE} = F_{FH} = 5 \text{ kN}$$

$$F_{CG} = F_{FJ} = -5 \text{ kN}$$

Isso se deve ao DCL para as forças dessas barras produzir equações idênticas àquelas para o terceiro painel.

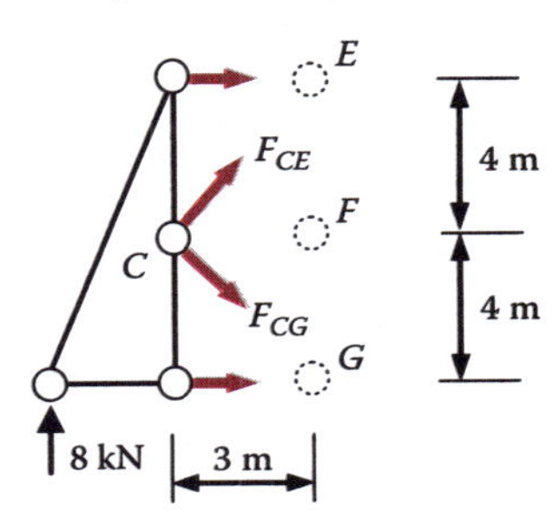

DCL para as barras de teia inclinados do segundo painel.

$$\Sigma F_x = 0 \Longrightarrow (0.6)F_{CE} + (0.6)F_{CG} = 0$$

$$\Sigma F_y = 0 \Longrightarrow (0.8)F_{CE} - (0.8)F_{CG} = 8$$

Exemplo 2.9

Discuta os métodos para encontrar a força nas barras de teia verticais da treliça em K mostrada a seguir.

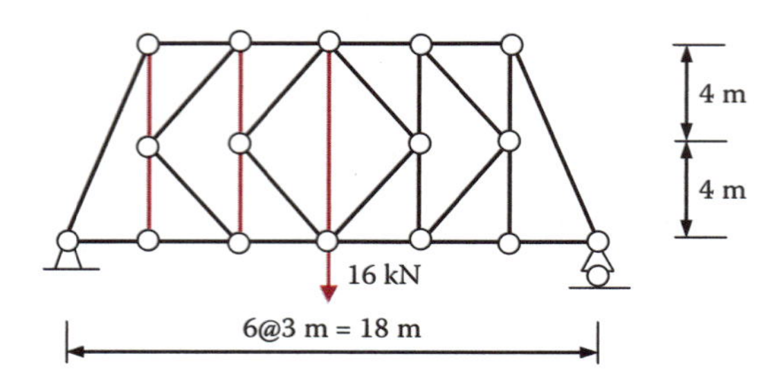

Análise de treliça em K, barras de teia verticais.

Solução

Podemos usar tanto o método de seções quanto o método de nós, mas o pré-requisito é o mesmo: precisamos primeiro conhecer a força, seja na barra de teia inferior inclinado, seja no superior.

1. Método de seções.

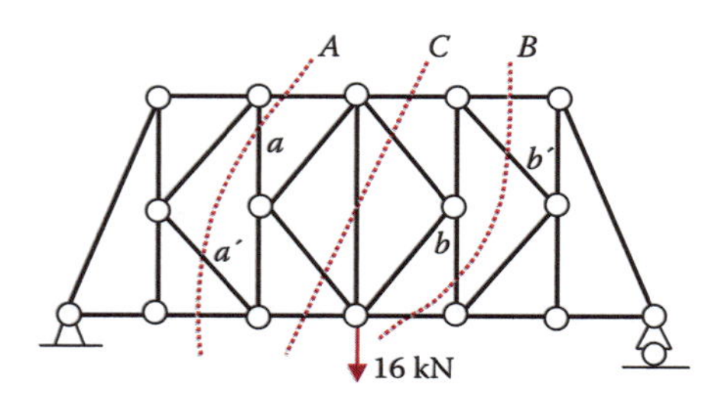

Seleções para exposição das barras de teia verticais.

A seleção *A* expõe um barra de teia vertical superior, *a*, e uma barra de teia inclinado inferior, *a*, cujas forças têm uma componente vertical. Uma vez que F_a seja conhecida, F_a pode ser calculada a partir da equação de equilíbrio para forças na direção vertical do DCL à esquerda da seleção.

A seleção *B* expõe as forças de um barra de teia vertical inferior, *b*, e de uma barra de teia inclinado superior, *b*; cada força tem uma componente vertical. Depois que F_b for conhecida, F_b pode ser calculada a partir da equação de equilíbrio para forças na direção vertical do DCL à direita da seleção.

A seleção *C* expõe as forças da barra de teia vertical central e dois barras de teia inclinados; cada força tem uma componente vertical. Quando as forças nos duas barras de teia inclinados forem conhecidas, a força na barra vertical central poderá ser calculado a partir da equação de equilíbrio para forças na direção vertical do DCL à esquerda ou à direita da seleção.

2. Método de nós.

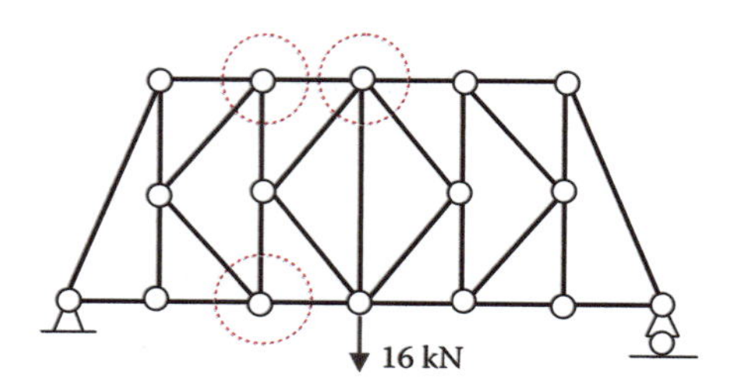

Nós usados para encontrar forças nas barras de teia verticais.

Em cada um dos nós circulados, as forças na barra de teia vertical podem ser calculadas se a força da barra de teia inclinado for conhecida. Para a barra de teia central vertical, precisamos conhecer as forças das duas barras de teia inclinados de junção. No caso presente, como a carga é simétrica, as duas barras de teia inclinados têm forças idênticas. Como resultado, a força na barra de teia vertical central é zero.

Exemplo 2.10

Encontre a força na barra *a* da treliça composta mostrada a seguir.

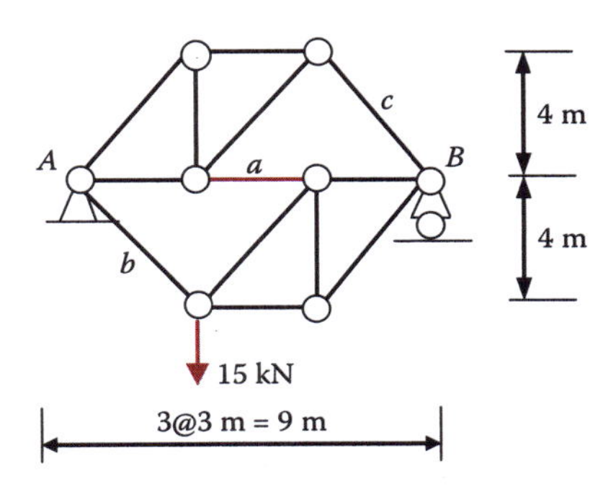

Um exemplo de treliça composta.

Solução

O método de seções é frequentemente conveniente para análise de treliças compostas.

1. *Identifique o tipo de treliça.* Esta é uma treliça estável e determinada. Ela é uma treliça composta com três ligações, *a*, *b* e *c*, ligando duas treliças simples. Cada nó tem ao menos três barras de junção. Assim, o método de nós não é uma boa opção. Precisamos usar o método de seções;
2. *Encontre as reações.* Como a geometria é bastante simples, podemos ver que a reação horizontal no apoio *A* é zero e as reações verticais nos apoios *A* e *B* são de 10 kN e 5 kN, respectivamente;
3. *Estabeleça o DCL.* Pela seleção através das três ligações, nós obtemos dois DCLs. Optamos pelo superior esquerdo, porque ele não envolve a força aplicada.

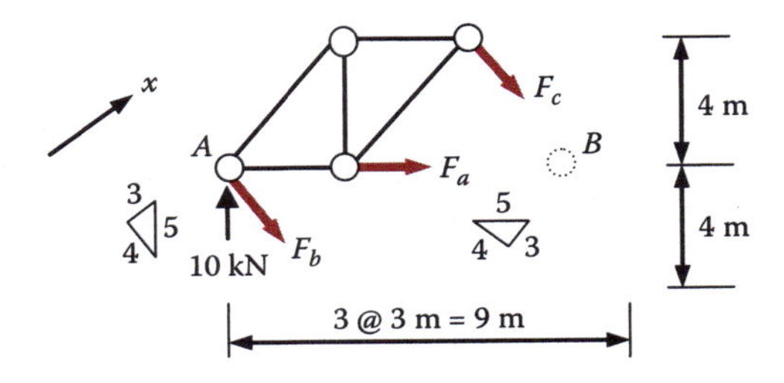

DCL para o enlace central.

Para encontrar F_a nós percebemos que as duas outras forças incógnitas, F_b e F_c, são paralelas uma à outra, tornando impossível a tomada do momento em torno de sua interseção. Por outro lado, torna-se útil o exame do equilíbrio de forças na direção perpendicular às duas forças paralelas. Esta direção é denotada na figura anterior como a direção *x*. Podemos decompor a reação de 10 kN no apoio *A* e a força incógnita F_a em componentes na direção *x* e escrever a equação de equilíbrio, apropriadamente.

$$\Sigma F_x = 0, \quad (0.6)10 + (0.6)F_a = 0 \implies \boxed{F_a = -10 \text{ kN}}$$

Problema 2.2

Encontre a força nas barras marcados em cada treliça mostrada a seguir.

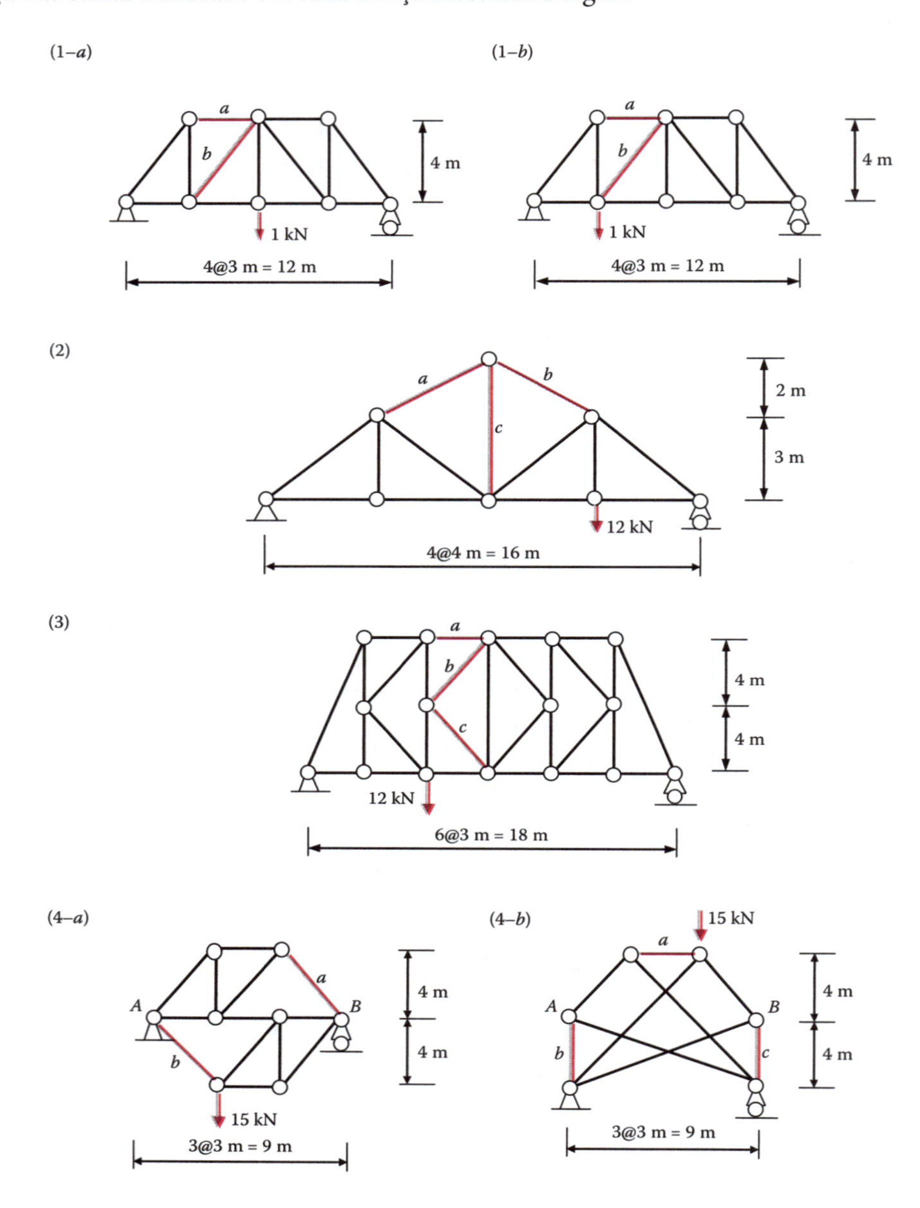

Problema 2.2

2.4 Método de nós em matriz

O desenvolvimento do método de nós e do método de seções é anterior ao advento do computador eletrônico. Embora ambos os métodos sejam fáceis de aplicar, eles não são práticos para treliças com muitas barras ou nós, especialmente quando todas as forças na barra são necessárias. Contudo, é fácil desenvolver uma formulação em matriz do método de nós. Em vez de estabelecer manualmente todas as equações de equilíbrio a partir de cada nó ou de toda a estrutura e depois pôr as equações resultantes em forma de uma matriz, há uma maneira automatizada de montar as equações de equilíbrio como mostrado aqui.

Considerando que há N nós e M incógnitas de força na barra e R incógnitas de força de reação e $2N = M + R$ para uma dada treliça, sabemos que haverá $2N$ equações de equilíbrio, duas de cada junção. Numeraremos as junções ou nós partindo de um até N. Em cada junção, há duas equações de equilíbrio. Definiremos um sistema de coordenadas globais x-y que seja comum a todas as junções. Percebemos, porém, que não é necessário que todos os nós tenham o mesmo sistema de coordenadas, mas é conveniente fazê-lo. A primeira equação de equilíbrio num nó será o equilíbrio de forças na direção x e o segundo será para a direção y. Essas equações são numeradas de um até $2N$ de tal forma que a equação de equilíbrio da direção x do $i$ésimo nó será a $(2i - 1)$ésima equação e a equação de equilíbrio da direção y do mesmo nó será a $(2i)$ésima. Em cada equação, haverá termos oriundos da contribuição de forças na barra, forças externamente aplicadas, ou forças de reação. Discutiremos cada uma dessas forças e desenvolveremos uma maneira automatizada de estabelecer os termos em cada equação de equilíbrio.

Contribuição de forças na barra. Um barra típico, k, tendo um nó inicial, i, e um nó final, j, é orientado com um ângulo θ a partir do eixo x como mostrado em seguida.

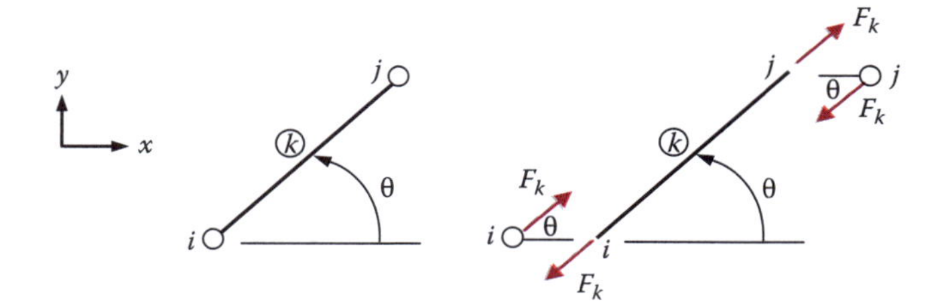

Orientação nas barras e a força na barra atuante sobre nós e pontas de barras.

A força na barra, considerada tênsil, apontando para fora da barra em ambas as pontas e em direção oposta quando atuando sobre os nós, contribui para quatro equações de equilíbrio nodal nos dois nós das pontas (designamos o lado direito de uma equação de equilíbrio como positivo e passamos as forças nodais internas para o lado esquerdo):

$(2i - 1)$ésima equação (direção x): $(-\text{Cos } \theta)F_k$ para o lado esquerdo

$(2i)$ésima equação (direção y): $(-\text{Sen } \theta)F_k$ para o lado esquerdo

$(2j - 1)$ésima equação (direção x): $(\text{Cos } \theta)F_k$ para o lado esquerdo

$(2j)$ésima equação (direção y): $(\text{Sen } \theta)F_k$ para o lado esquerdo

Contribuição de forças externamente aplicadas. Uma força externamente aplicada, sobre o nó i com uma magnitude de P_n fazendo um ângulo α em relação ao eixo x, contribui para:

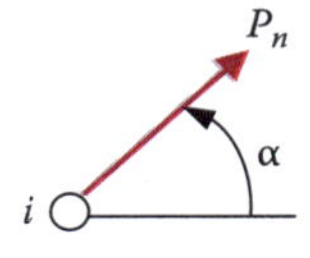

Força externamente aplicada atuando num nó.

$(2i - 1)$ésima equação (direção x): $(\text{Cos } \alpha)P_n$ para o lado direito

$(2i)$ésima equação (direção y): $(\text{Sen } \alpha)P_n$ para o lado direito

Contribuição de forças de reação. Uma força de reação no nó i com uma magnitude de R_n fazendo um ângulo β em relação ao eixo x, contribui para:

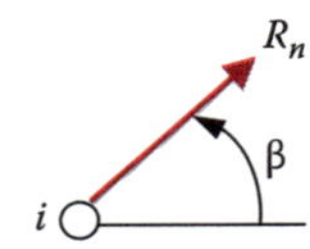

Força de reação atuando num nó.

$$(2i - 1)\text{ésima equação (direção } x\text{): } (-\text{Cos } \beta)R_n \text{ para o lado esquerdo}$$

$$(2i)\text{ésima equação (direção } y\text{): } (-\text{Sen } \beta)R_n \text{ para o lado esquerdo}$$

Entrada e procedimentos de solução. Da definição de forças mencionada acima, podemos desenvolver os seguintes procedimentos de solução.

1. Defina número de barra, número de nó global, coordenadas nodais globais e números de nós inicial e final das barras. A partir destas entradas, podemos calcular o comprimento do barra, L, e outros dados para cada barra com nó inicial i e nó final j:

$$\Delta x = x_j - x_i ; \Delta y = y_i ; \quad L = \sqrt{(\Delta x)^2 + (\Delta y)^2} ; \quad \text{Cos}\theta = \frac{\Delta x}{L} ; \quad \text{Sin}\theta = \frac{\Delta y}{L}$$

2. Defina as forças de reação, incluindo onde a reação se dá e sua orientação, uma de cada vez. O cosseno e o seno da orientação da força de reação devem ser entrados diretamente;
3. Defina as forças externamente aplicadas, incluindo onde elas são aplicadas e suas magnitude e orientação, definidas pelo cosseno e seno do ângulo de orientação;
4. Calcule a contribuição das forças na barra, das forças de reação e das forças externamente aplicadas para a equação de equilíbrio, e coloque-as na equação da matriz. As incógnitas de força são sequenciadas com as forças na barra, primeiro, F_1, F_2, ..., F_M, seguidas das incógnitas de forças de reação, F_{M+1}, F_{M+2}, ..., F_{M+R};
5. Use um solucionador de equações algébricas lineares simultâneas para encontrar as forças incógnitas.

Exemplo 2.11
Encontre todas as reações de apoio e forças nas barras da treliça carregada mostrada a seguir.

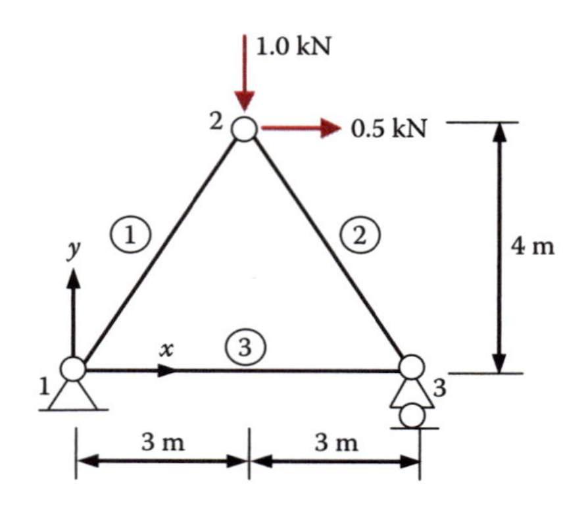

Um problema de treliça a ser resolvido pelo método de nós em matriz.

Solução

Forneceremos uma solução passo a passo.

1. Atribua número de barra, número de nó global, coordenadas nodais globais e números de nós de barra inicial e final, e calcule o comprimento de barra, L, e outros dados para cada barra.

Dados de nós de entrada

Nó	coordenada x	coordenada y
1	0,0	0,0
2	3,0	4,0
3	6,0	0,0

Dados de barras de entrada e calculados

Barra	Nó inicial	Nó final	Δx	Δy	L	Cos θ	Sen θ
1	1	2	3,0	4,0	5,0	0,6	0,8
2	2	3	3,0	-4,0	5,0	0,6	-0,8
3	1	3	6,0	0,0	6,0	1,0	0,0

2. Defina as forças de reação.

Dados das forças de reação

Reação	No nó	Cos β	Sen β
1	1	1,0	0,0
2	1	0,0	1,0
3	3	0,0	1,0

3. Defina as forças externamente aplicadas.

Dados das forças externamente aplicadas

Força	No nó	Magnitude	Cos α	Sen α
1	2	0,5	1,0	0,0
2	2	1,0	0,0	-1,0

4. Calcule a contribuição das forças na barra, forças de reação e forças externamente aplicadas para as equações de equilíbrio e monte a equação da matriz.

Forças nas barras de contribuição

		Número da equação e valor de entrada							
Número de barra	Número de força	$2i-1$	Coef.	$2i$	Coef.	$2j-1$	Coef.	$2j$	Coef.
1	1	1	–0,6	2	–0,8	3	0,6	4	0,8
2	2	3	–0,6	4	0,8	5	0,6	6	–0,8
3	3	1	–1,0	2	0,0	5	1,0	6	–0,0

Forças de reação de contribuição

		Número da equação e valor de entrada			
Número de reação	**Número de força**	**2*i* – 1**	**Coef.**	**2*i***	**Coef.**
1	4	1	–1,0	2	0,0
2	5	1	0,0	2	–1,0
3	6	5	0,0	6	–1,0

Contribuição de forças externamente aplicadas

	Número da equação e valor de entrada			
Força aplicada	**2*i* – 1**	**Coef.**	**2*i***	**Coef.**
1	1	1,0	2	0,0
2	1	0,0	2	1,0
3	5	0,0	6	1,0

Usando os dados supramencionados, obtemos a equação de equilíbrio em forma de matriz:

$$\begin{bmatrix} -0.6 & 0 & -1.0 & -1.0 & 0.0 & 0 \\ -0.8 & 0 & 0.0 & 0.0 & -1.0 & 0 \\ 0.6 & -0.6 & 0 & 0 & 0 & 0 \\ 0.8 & 0.8 & 0 & 0 & 0 & 0 \\ 0 & 0.6 & 1.0 & 0 & 0 & 0.0 \\ 0 & -0.8 & 0.0 & 0 & 0 & -1.0 \end{bmatrix} \begin{Bmatrix} F_1 \\ F_2 \\ F_3 \\ F_4 \\ F_5 \\ F_6 \end{Bmatrix} = \begin{Bmatrix} 0 \\ 0 \\ 0.5 \\ -1.0 \\ 0 \\ 0 \end{Bmatrix}$$

5. Encontre as forças incógnitas. Um solucionador de equações produz as soluções seguintes, onde as unidades são adicionadas pelo usuário:

$$F_1 = -0{,}21 \text{ kN}; \quad F_2 = -1{,}04 \text{ kN}; \quad F_3 = 0{,}62 \text{ kN};$$

$$F_4 = -0{,}50 \text{ kN}; \quad F_5 = 0{,}17 \text{ kN}; \quad F_6 = 0{,}83 \text{ kN}$$

Problema 2.3

A treliça carregada mostrada a seguir é diferente daquela do exemplo 2.11 apenas nas cargas externamente aplicadas. Modifique os resultados do exemplo 2.11 para estabelecer a equação de equilíbrio da matriz para este problema.

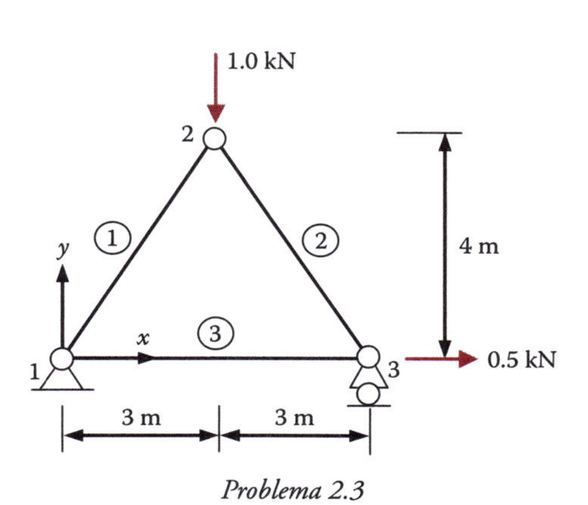

Problema 2.3

Problema 2.4

Estabeleça a equação de equilíbrio da matriz para a treliça carregada mostrada a seguir.

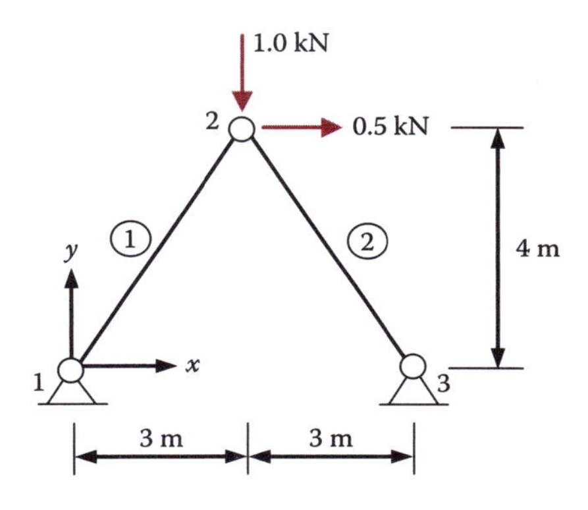

Problema 2.4

Matriz de transferência de forças. Considere a mesma treliça de três barras dos problemas de exemplo anteriores. Se aplicarmos uma força unitária a uma das seis possíveis posições de cada vez, isto é, nas direções x e y de cada um dos três nós, teremos seis problemas separados, como mostrado na figura seguinte.

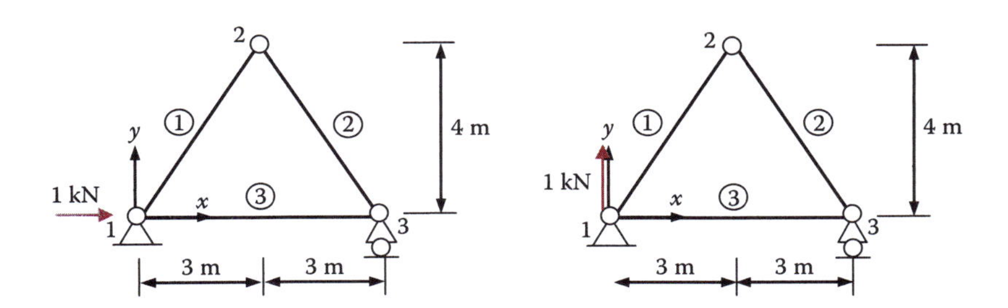

Treliça com cargas unitárias.

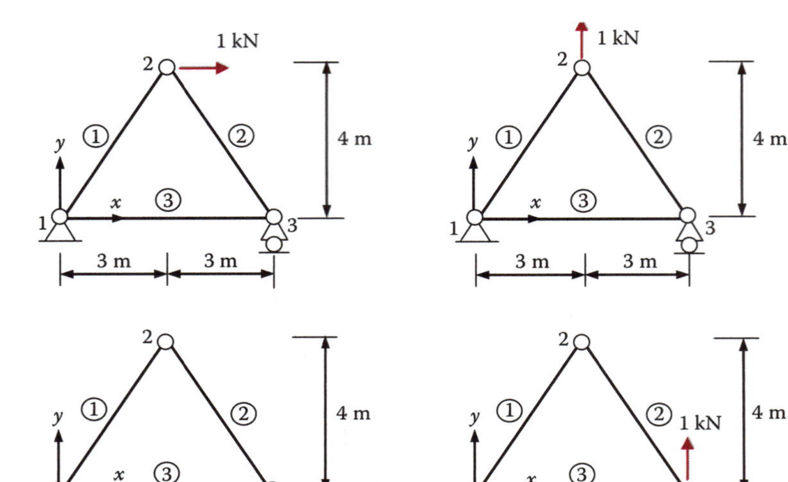

Treliça com cargas unitárias.

A equação de equilíbrio da matriz para o primeiro problema aparece da seguinte forma:

$$\begin{bmatrix} -0.6 & 0 & -1.0 & -1.0 & 0.0 & 0 \\ -0.8 & 0 & 0.0 & 0.0 & -1.0 & 0 \\ 0.6 & -0.6 & 0 & 0 & 0 & 0 \\ 0.8 & 0.8 & 0 & 0 & 0 & 0 \\ 0 & 0.6 & 1.0 & 0 & 0 & 0.0 \\ 0 & -0.8 & 0.0 & 0 & 0 & -1.0 \end{bmatrix} \begin{Bmatrix} F_1 \\ F_2 \\ F_3 \\ F_4 \\ F_5 \\ F_6 \end{Bmatrix} = \begin{Bmatrix} 1 \\ 0 \\ 0 \\ 0 \\ 0 \\ 0 \end{Bmatrix} \tag{2.2}$$

O lado direito da equação é um vetor unitário. Para os outros cinco problemas, a mesma equação de matriz será obtida, apenas com o lado direito modificado para vetores unitários com a carga unitária em diferentes localizações. Se compilarmos os seis vetores do lado direito numa matriz, ela se tornará uma matriz identidade:

$$\begin{bmatrix} 1 & 0 & 0 & 0 & 0 & 0 \\ 0 & 1 & 0 & 0 & 0 & 0 \\ 0 & 0 & 1 & 0 & 0 & 0 \\ 0 & 0 & 0 & 1 & 0 & 0 \\ 0 & 0 & 0 & 0 & 1 & 0 \\ 0 & 0 & 0 & 0 & 0 & 1 \end{bmatrix} = I \qquad (2.3)$$

As seis equações de matriz para os seis problemas podem ser postas numa única equação de matriz, se definirmos a matriz seis por seis do lado esquerdo da equação 2.2 como matriz A,

$$\begin{bmatrix} -0.6 & 0 & -1.0 & -1.0 & 0.0 & 0 \\ -0.8 & 0 & 0.0 & 0.0 & -1.0 & 0 \\ 0.6 & -0.6 & 0 & 0 & 0 & 0 \\ 0.8 & 0.8 & 0 & 0 & 0 & 0 \\ 0 & 0.6 & 1.0 & 0 & 0 & 0.0 \\ 0 & -0.8 & 0.0 & 0 & 0 & -1.0 \end{bmatrix} = \boldsymbol{A} \qquad (2.4)$$

e os seis vetores incógnitos de força como uma única matriz F seis por seis:

$$\boldsymbol{A}_{6\times6}\,\boldsymbol{F}_{6\times6} = \boldsymbol{I}_{6\times6} \qquad (2.5)$$

A solução para os seis problemas, obtida pela solução dos seis problemas, um de cada vez, pode ser compilada numa única matriz F,

$$\boldsymbol{F}_{6\times6} = \begin{bmatrix} 0.0 & 0.0 & 0.83 & 0.63 & 0.0 & 0.0 \\ 0.0 & 0.0 & -0.83 & 0.63 & 0.0 & 0.0 \\ 0.0 & 0.0 & 0.5 & -0.38 & 1.0 & 0.0 \\ -1.0 & 0.0 & -1.0 & 0.0 & -1.0 & 0.0 \\ 0.0 & -1.0 & -0.67 & -0.5 & 0.0 & 0.0 \\ 0.0 & 0.0 & 0.67 & -0.5 & 0.0 & -1.0 \end{bmatrix} \qquad (2.6)$$

onde cada coluna da matriz F é uma solução para um problema de carga unitária. A matriz F é chamada de matriz de transferência de forças. Ela transfere uma carga unitária para as incógnitas de força de reação e força na barra. Ela também é a "inversa" da matriz A, como se pode ver na equação 2.5.

Podemos concluir que as condições de equilíbrio nodal são completamente caracterizadas pela matriz A. A inversa de A, a matriz F, é a matriz de transferência de forças, que transfere qualquer carga unitária para forças na barra e de reação.

Se a matriz de transferência de forças for conhecida, seja pela solução dos problemas de carga unitária, um de cada vez, seja pela solução da equação da matriz, equação 2.5, com um solucionador de equações, então a solução para quaisquer outras cargas pode se obtida por uma combinação linear da matriz de transferência de forças. Assim, a matriz de transferência de forças também caracteriza por completo as condições de equilíbrio nodal da treliça. A matriz de transferência de forças é particularmente útil se houver muitas condições diferentes de carga que se queira encontrar. Em vez de encontrar cada carga separadamente, pode-se encontrar a matriz de transferência de forças e depois encontrar quaisquer outras cargas por uma combinação linear, como mostrado no exemplo seguinte.

Exemplo 2.12

Encontre todas as reações de apoio e forças na barra da treliça carregada mostrada a seguir, sabendo que a matriz de transferência de forças é dada na equação 2.6.

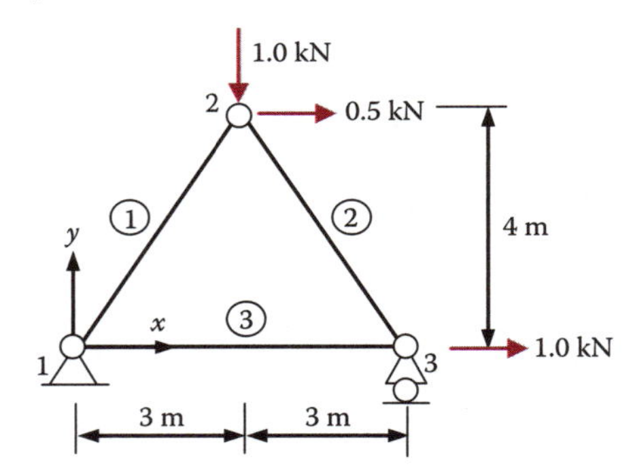

Um problema de treliça a ser resolvido com a matriz de transferência de forças.

Solução

As cargas dadas podem ser convertidas num vetor de cargas, que pode ser facilmente calculado como combinação dos terceiro e quarto vetores de carga unitários, como mostrado a seguir.

$$\begin{Bmatrix} 0 \\ 0 \\ 0.5 \\ -1.0 \\ 0 \\ 0 \end{Bmatrix} = (0.5) \begin{Bmatrix} 0 \\ 0 \\ 1.0 \\ 0 \\ 0 \\ 0 \end{Bmatrix} + (-1.0) \begin{Bmatrix} 0 \\ 0 \\ 0 \\ 1.0 \\ 0 \\ 0 \end{Bmatrix} \quad (2.7)$$

A solução é, então, a mesma combinação linear dos terceiro e quarto vetores da matriz de transferência de forças:

$$\begin{Bmatrix} F_1 \\ F_2 \\ F_3 \\ F_4 \\ F_5 \\ F_6 \end{Bmatrix} = (0.5)\begin{Bmatrix} 0.83 \\ -0.83 \\ 0.5 \\ -1.0 \\ -0.67 \\ 0.67 \end{Bmatrix} + (-1.0)\begin{Bmatrix} 0.63 \\ 0.63 \\ -0.38 \\ 0.0 \\ -0.5 \\ -0.5 \end{Bmatrix} = \begin{Bmatrix} -0.21 \\ -1.04 \\ 0.62 \\ -0.50 \\ 0.17 \\ 0.83 \end{Bmatrix} \text{kN}$$

Problema 2.5

A treliça carregada mostrada em seguida é diferente daquela do exemplo 2.11 apenas nas cargas externamente aplicadas. Use a matriz de transferência de forças da equação 2.6 para encontrar a solução.

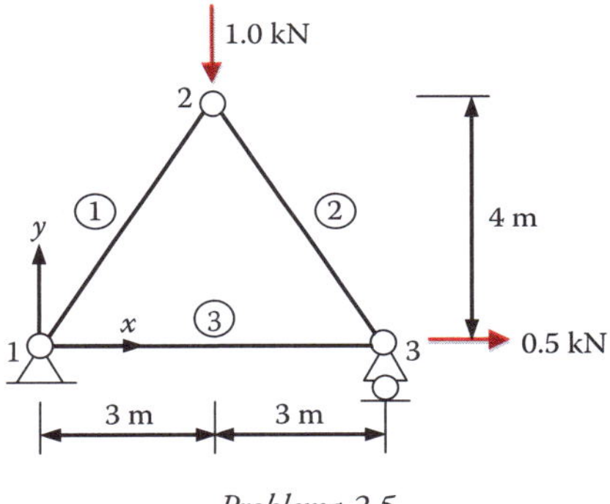

Problema 2.5

Problema 2.6

A treliça carregada a seguir é diferente daquela do exemplo 2.11 somente nas cargas externamente aplicadas. Use a matriz de transferência de forças da equação 2.6 para encontrar a solução.

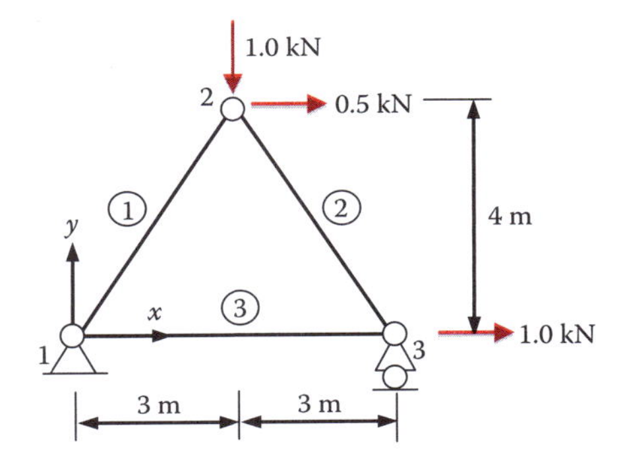

Problema 2.6

3

Análise de treliças: método das forças — Parte II

3.1 Deflexão de treliças

Uma treliça tem uma geometria projetada e uma geometria de construção. O deslocamento de nós das posições projetadas pode ser causado por erros de fabricação ou construção. O deslocamento de nós de suas posições de construção é induzido por cargas aplicadas ou mudanças de temperatura. Por deflexão de treliças entende-se o desvio das posições projetadas ou das posições de construção. A despeito da causa da deflexão, uma ou mais barras da treliça podem ter experimentado uma mudança de comprimento. Essa mudança de comprimento torna necessário que a treliça se ajuste, deslocando os nós de sua posição original, como mostrado na figura seguinte. A deflexão de treliças é resultado de deslocamentos de alguns ou de todos os seus nós, e os deslocamentos nodais são causados pela mudança do comprimento de uma ou mais barras.

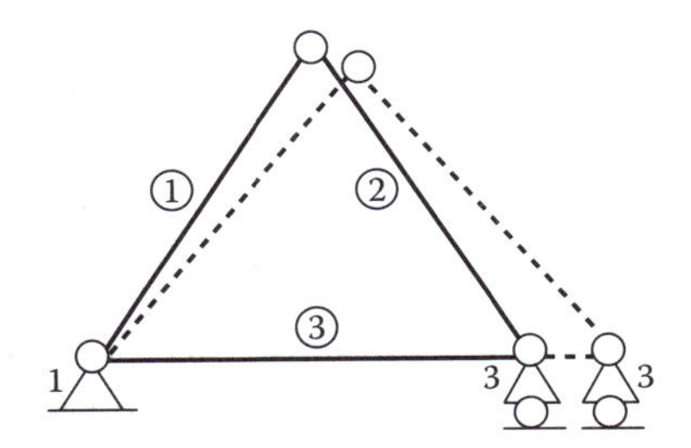

O alongamento da barra 3 induz deslocamentos nodais e deflexão da treliça.

A partir da figura, fica claro que relações geométricas determinam deslocamentos nodais. Na verdade, deslocamentos nodais podem ser obtidos graficamente para quaisquer mudanças de comprimento dadas, como ilustrado na figura seguinte.

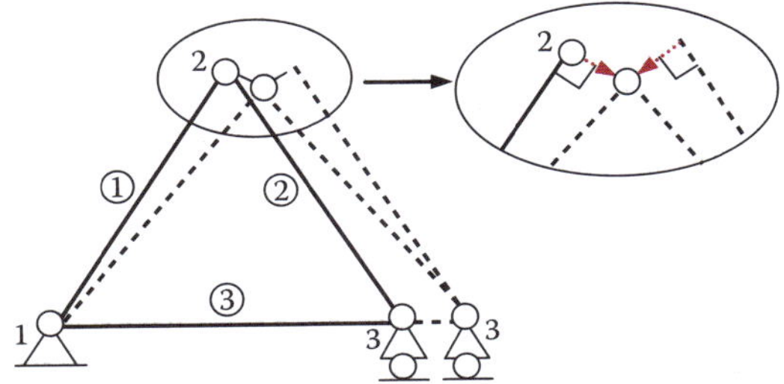

Deslocamentos dos nós 3 e 2 determinados graficamente.

Mesmo para geometrias de treliça mais complexas, um método gráfico pode ser desenvolvido para se determinar todos os deslocamentos nodais. Na era dos computadores, porém, tal método gráfico não é mais prático e necessário. Deslocamentos nodais de treliças podem ser calculados usando-se o método de deslocamento de matriz ou, como veremos, usando-se o método das forças, especialmente quando todos os alongamentos de barras são conhecidos. O método que apresentaremos é o de carga unitária, cuja derivação exige um entendimento do conceito de trabalho feito por uma força. Uma breve revisão do conceito segue.

Trabalho e trabalho virtual. Considere uma barra fixada numa extremidade e sendo puxada pela outra extremidade por uma força P. O deslocamento no ponto de aplicação da força P é Δ, como mostrado na figura seguinte.

Força e deslocamento no ponto de aplicação da força.

Como considerado ao longo do texto, a força é estática, isto é, sua aplicação é tal que nenhum efeito dinâmico é induzido. Para deixar mais simples, a força é aplicada gradualmente, partindo de zero e aumentando sua magnitude lentamente até a magnitude final P ser alcançada. Consequentemente, à medida que a força é aplicada, o deslocamento aumenta de zero até a magnitude final Δ proporcionalmente, como mostrado a seguir, supondo-se que o material é linearmente elástico.

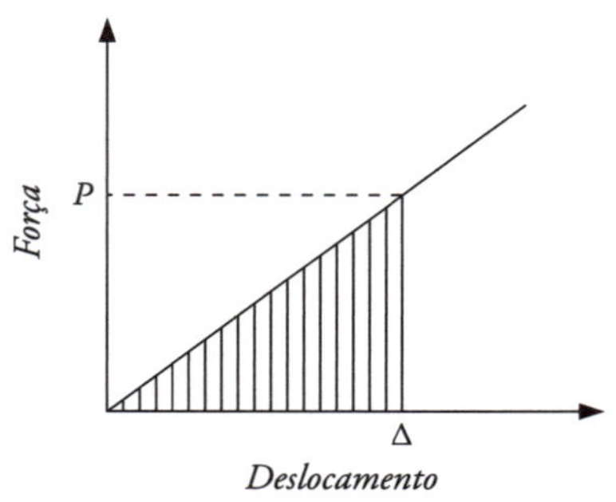

Relação força-deslocamento.

O trabalho realizado pela força P é a integração da função força-deslocamento e é igual à área triangular mostrada na figura anterior. Denotando trabalho por W, obtemos

$$W = \tfrac{1}{2}P\Delta \tag{3.1}$$

Agora, considere dois casos adicionais de deslocamento de carga após a carga P ser aplicada. O primeiro é o caso com o nível de carga P mantido constante e uma quantidade adicional de deslocamento δ ser induzida. Se o deslocamento não for real, mas que nós imaginemos estar acontecendo, então esse deslocamento é chamado de deslocamento virtual. O segundo é o caso com o nível de deslocamento mantido constante, mas uma carga adiciona p ser aplicada. Se a carga não for real, mas que nós imaginemos estar ocorrendo, então a força é chamada de força virtual. Em ambos os casos, podemos construir o histórico de carga-deslocamento como mostrado na figura seguinte.

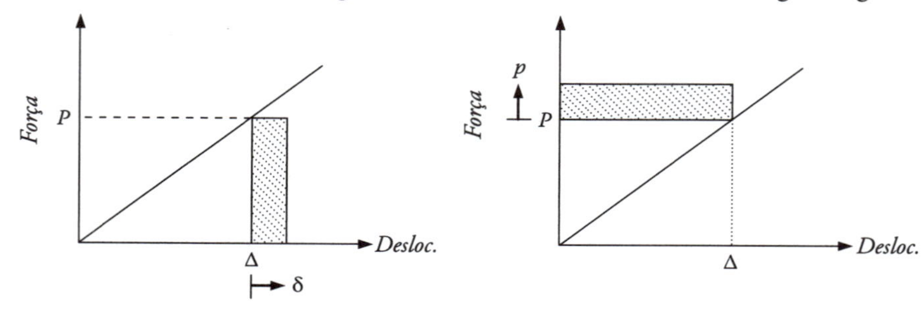

Um caso de deslocamento virtual (esquerda) e outro de força virtual (direita).

O trabalho adicional realizado é chamado de trabalho virtual em ambos os casos, embora sejam induzidos por meios diferentes. O símbolo para trabalho virtual é δW, que deve ser diferenciado de dW, o incremento real de W. O símbolo δ pode ser considerado como um operador que gera um incremento virtual tal como o símbolo d é um operador que gera um incremento real. A partir da figura anterior, podemos ver que o trabalho virtual é diferente do trabalho real na equação 3.1.

$$\delta W = P\delta \text{ devido ao deslocamento virtual } \delta \tag{3.2}$$

$$\delta W = p\Delta \text{ devido à força virtual } p \tag{3.3}$$

Em ambos os casos, o fator ½ na equação 3.1 não está presente.

Princípios de energia. O trabalho, ou trabalho virtual, por si mesmo, não oferece nenhuma equação para análise de uma estrutura, mas está associado a numerosos princípios de energia que contém equações úteis para a análise estrutural. Apresentaremos apenas três: conservação de energia mecânica, princípio de deslocamento virtual, e princípio de força virtual – o método de carga unitária.

O princípio de conservação de energia mecânica afirma que o trabalho realizado por todas as forças externas sobre um sistema é igual ao trabalho realizado por todas as forças internas no sistema, para um sistema em equilíbrio.

$$W_{ext} = W_{int} \tag{3.4}$$

onde

W_{ext} = trabalho realizado por forças externas
W_{int} = trabalho realizado por forças internas

Exemplo 3.1
Encontre o deslocamento na extremidade carregada, dado que a barra mostrada a seguir tem um módulo de Young E, área de seção transversal A, e comprimento L.

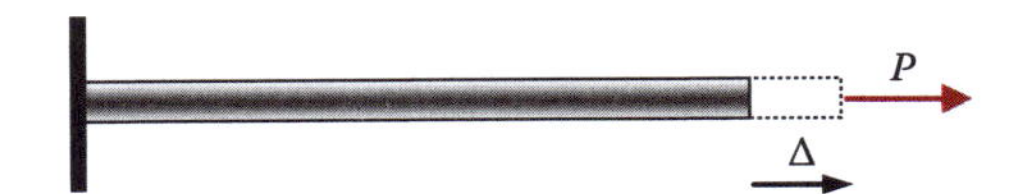

Problema de exemplo sobre conservação de energia mecânica.

Solução
Podemos usar a equação 3.4 para encontrar a extremidade de deslocamento Δ. O trabalho interno realizado pode ser calculado usando-se a informação contida na figura seguinte.

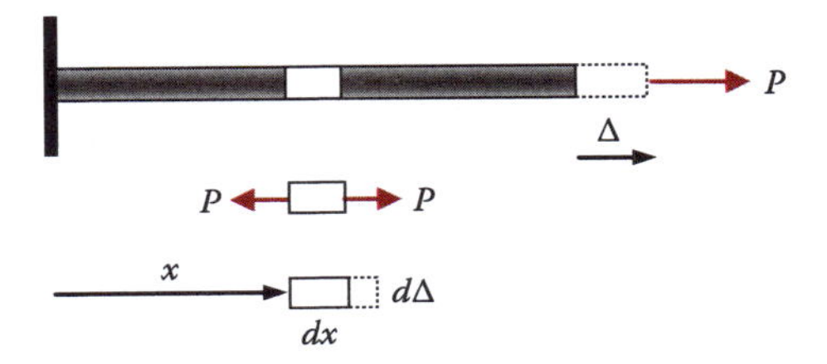

Forças internas atuando sobre um elemento infinitesimal.

O alongamento do elemento infinitesimal, $d\Delta$, guarda relação com a força axial P por

$$d\Delta = \varepsilon\, dx = \frac{\sigma dx}{E} = \frac{Pdx}{EA}$$

onde δ e δ são a tensão e o estresse normais na direção axial, respectivamente. O trabalho interno realizado por P sobre o elemento infinitesimal é, então,

$$dW_{int} = \frac{1}{2}P(d\Delta) = \frac{1}{2}P\left(\frac{Pdx}{EA}\right)$$

O trabalho interno total realizado é a soma do trabalho sobre todos os elementos infinitesimais:

$$W_{int} = \int dW = \int \frac{1}{2}P\left(\frac{Pdx}{EA}\right) = \frac{1}{2}\frac{P^2L}{EA}$$

O trabalho externo realizado é simplesmente:

$$W_{ext} = \frac{1}{2}P\Delta$$

A equação 3.4 leva a

$$\frac{1}{2}P\Delta = \frac{1}{2}\frac{P^2L}{EA}$$

da qual obtemos

$$\Delta = \frac{PL}{EA}$$

Esta é, claro, a familiar fórmula para o alongamento de uma barra prismática axialmente carregada. Passamos pela derivação para mostrar como o princípio de conservação de energia é aplicado. Percebemos as limitações do princípio de conservação de energia: a menos que haja uma única carga aplicada e o deslocamento que queiramos seja o deslocamento no ponto de aplicação da única carga, a equação de conservação de energia, equação 3.4, não é muito útil para encontrar deslocamentos. Este princípio de conservação de energia é frequentemente usado para a derivação de outras fórmulas úteis.
Imagine que um deslocamento virtual ou sistema de deslocamento é imposto sobre uma estrutura após um sistema de carga real já ter sido aplicado à estrutura. Este *princípio de deslocamento virtual* é expresso como

$$\delta W = \delta U \tag{3.5}$$

onde

δW = trabalho virtual realizado por forças externas sobre o deslocamento virtual
δU = trabalho virtual realizado por forças internas sobre o deslocamento virtual

A aplicação da equação 3.5 produzirá uma equação de equilíbrio relacionando as forças externas com as forças internas. Este princípio é, às vezes, chamado de *princípio de trabalho virtual.* Ele é frequentemente usado em conjunto com o método de análise de deslocamento. Como estamos desenvolvendo o método de análise de forças, aqui, não exploraremos a aplicação deste princípio mais além, a esta altura.

Para desenvolver o método de cargas unitárias, expressamos o princípio de força virtual como

$$\delta W = \delta U \tag{3.6}$$

onde

δW = trabalho realizado por forças virtuais externas sobre um sistema de deslocamento real
δU = trabalho realizado por forças virtuais internas sobre um sistema de deslocamento real

Ilustramos este princípio no contexto dos problemas de treliças. Considere um sistema de treliças representado por quadros como na figura seguinte.

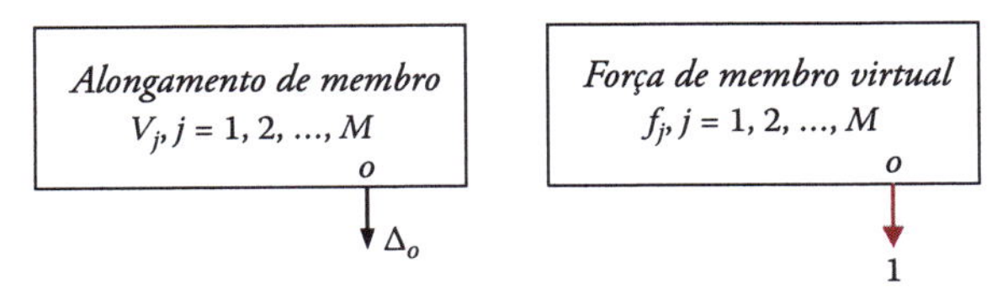

Um sistema real (esquerda) e um sistema de carga virtual (direita).

A figura da esquerda representa uma treliça com alongamentos de barras conhecidos, $V_j, j = 1, 2, \ldots, M$. A causa do alongamento não é relevante para o princípio de força virtual. Queremos encontrar o deslocamento, Δ_o, numa certa direção no ponto o. Criamos uma treliça idêntica e aplicamos uma carga unitária (virtual) imaginária no ponto o na direção que queremos, como mostrado na figura da direita. A carga unitária produz um sistema de forças de barra internas $f_j, j = 1, 2, \ldots, M$.

O trabalho realizado pela carga unitária (sistema virtual) sobre o deslocamento real é

$$\delta W = 1\ (\Delta_o)$$

O trabalho realizado pelas forças virtuais internas sobre um sistema de deslocamento real (alongamento de cada barra) é

$$\delta U = \sum_{j=1}^{M} f_j V_j$$

O princípio de força virtual afirma que

$$1(\Delta_o) = \sum_{j=1}^{M} f_j V_j \tag{3.7}$$

A equação 3.7 dá o deslocamento que queremos. Ela também mostra o quanto é simples calcular o deslocamento. Apenas dois conjuntos de dados são necessários: o alongamento de cada barra e a força virtual interna de cada barra correspondendo à carga unitária virtual.

Antes de fornecer uma prova do princípio, ilustraremos a aplicação dele no exemplo seguinte.

Exemplo 3.2
Encontre o deslocamento vertical no nó 2 da treliça mostrada a seguir, dado que (a) a barra 3 experimentou um aumento de temperatura de 14°C, (b) a barra 3 tem um erro de fabricação de 1 mm de excesso de comprimento, e (c) a carga horizontal de 16 kN foi aplicada no nó 3 atuando da esquerda para a direita. Todas as barras têm módulo de Young E = 200 GPa, área de seção transversal A = 500 mm^2, e comprimento L conforme mostrado. O coeficiente de expansão térmica linear é $\alpha = 1{,}2(10^{-5})$/°C.

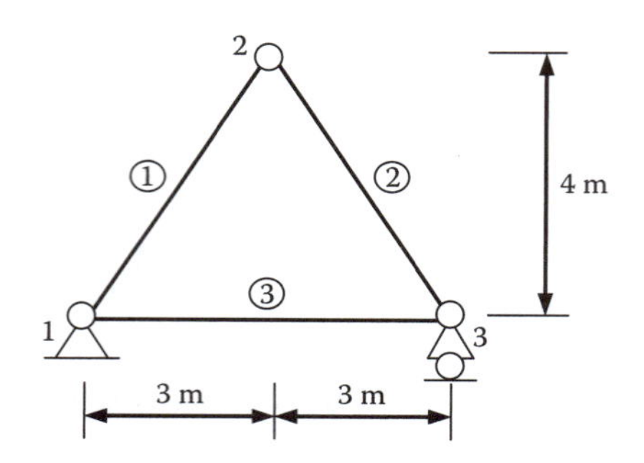

Exemplo para o método de carga unitária.

Solução

Todas as três condições resultam nas mesmas consequências, o alongamento da barra 3, somente, mas os nós 2 e 3 serão deslocados, como resultado. Denotando o alongamento da barra 3 como V_3, temos

a. $V_3 = \alpha\,(\Delta T)L = 1{,}2(10^{-5})/°C\ (14°C)\ (6000\ mm) = 1\ mm$
b. $V_3 = 1mm$
c. $V_3 = 16\ kN\ (6\ m)/[200(10^6)\ kN/m^2\ (500)(10^{-6})m^2] = 0{,}001\ m = 1\ mm$

Em seguida, precisamos encontrar f_3. Notamos que não precisamos de f_1 e f_2 porque V_1 e V_2 são ambos zero. Ainda assim, precisamos resolver o problema de carga unitária posto na figura seguinte, para encontrar f_3.

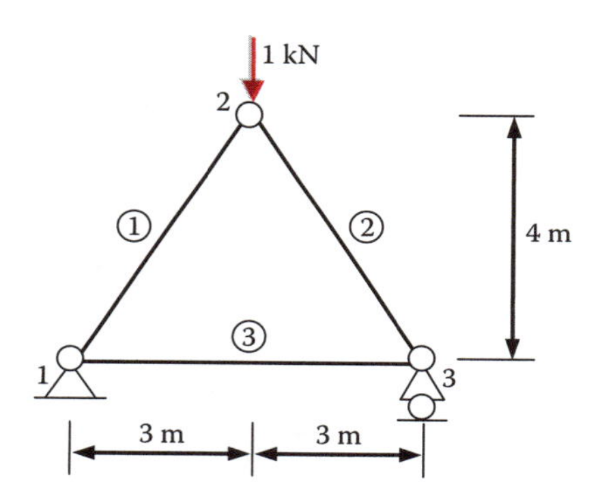

Um sistema de carga virtual com uma carga unitária aplicada.

As forças de barra são facilmente obtidas e f_3 = 0,375 kN para a carga unitária aplicada de cima para baixo. Uma aplicação direta da equação 3.7 produz

$$1\,\text{KN}\,(\Delta_o) = \sum_{j=1}^{M} f_j V_j = f_3\, V_3 = 0.375\,\text{kN}\,(1\,\text{mm})$$

e

$$\Delta_o = 0{,}38\ \text{mm (para baixo)}$$

Agora, nós damos uma derivação deste princípio no contexto de alongamento de barra de treliça causado por cargas aplicadas. Considere um sistema de treliças, representado pelos quadros na figura seguinte, carregado com dois sistemas de cargas diferentes: um sistema de cargas reais e uma carga unitária virtual. O sistema de cargas reais é a carga real aplicada à treliça em consideração. A carga unitária é uma carga virtual de magnitude unitária aplicada a um ponto cujo deslocamento queremos, e aplicada na direção deste deslocamento. Essas cargas são mostradas fora dos quadros, juntamente com os deslocamentos sob as cargas. A força de barra interna e o alongamento da barra são mostrados dentro dos quadros.

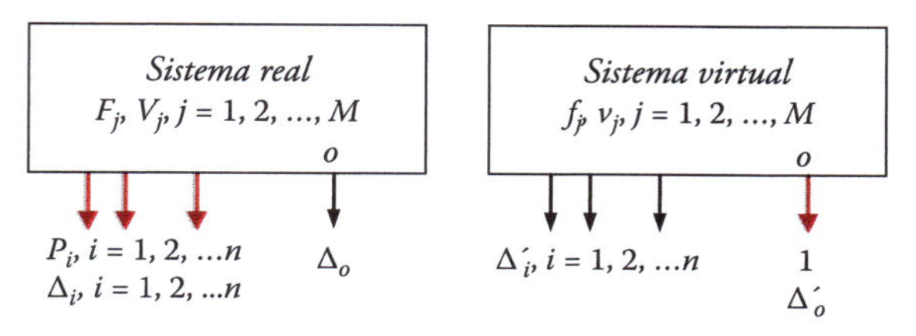

Um sistema real (esquerda) e um sistema virtual (direita).

Na figura,

P_i: *i*ésima carga real aplicada
Δ_i: deslocamento real sob a *i*ésima carga aplicada
Δ_o: deslocamento que queremos encontrar
F_j: *i*ésima força de barra devida à carga real aplicada
V_j: *i*ésimo alongamento de barra devido à carga real aplicada
f_j: *j*ésima força de barra devida à carga unitária virtual
v_j: *j*ésimo alongamento de barra devido à carga unitária virtual
Δ'_i: deslocamentos na direção da *i*ésima carga real aplicada mas induzidos pela carga virtual unitária

Agora, consideraremos três casos de cargas:

1. O caso de cargas externamente aplicadas atuarem isoladamente. As cargas aplicadas, P_i, e as forças de barra internas, F_j, geram trabalho de acordo com os históricos de força-deslocamento mostrados na figura seguinte.

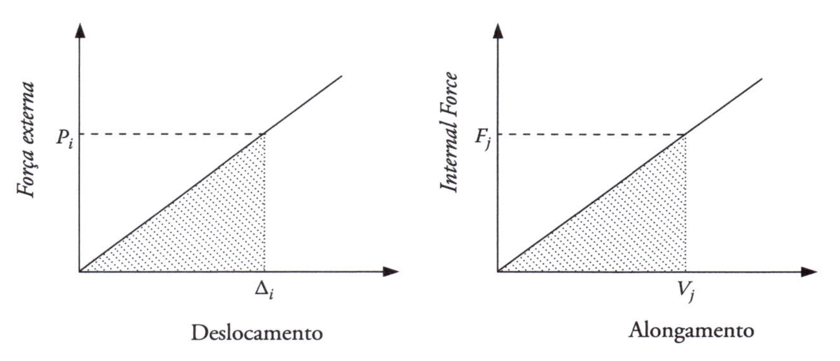

Trabalho realizado pela força externa (esquerda) e trabalho realizado pela força interna (direita), caso 1.

O princípio de conservação de energia mecânica pede

$$\frac{1}{2}\sum_{i=1}^{n} P_i \Delta_i = \frac{1}{2}\sum_{j=1}^{M} F_j V_j \tag{3.8}$$

2. O caso de carga unitária virtual atuar isoladamente. A figura seguinte ilustra o histórico de força-deslocamento.

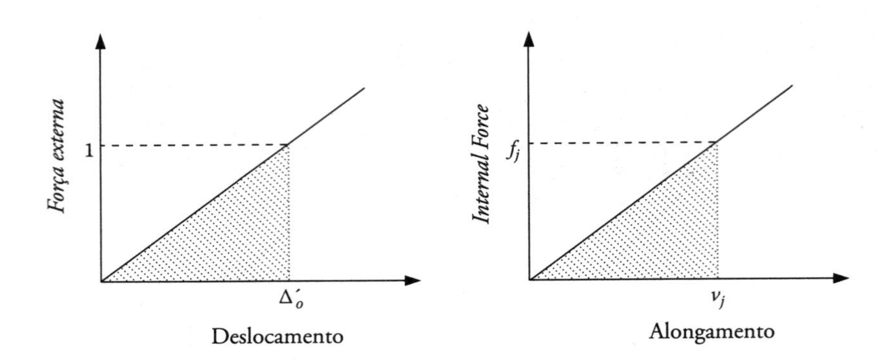

Trabalho realizado por força externa (esquerda) e trabalho realizado por força interna (direita), caso 2.

Novamente, o princípio de conservação de energia pede

$$\frac{1}{2}(1)\,\Delta_o' = \frac{1}{2}\sum_{j=1}^{M} f_j v_j \tag{3.9}$$

3. O caso da carga unitária virtual aplicada primeiro, seguida da aplicação das cargas reais. Os históricos de força-deslocamento são mostrados na figura seguinte.

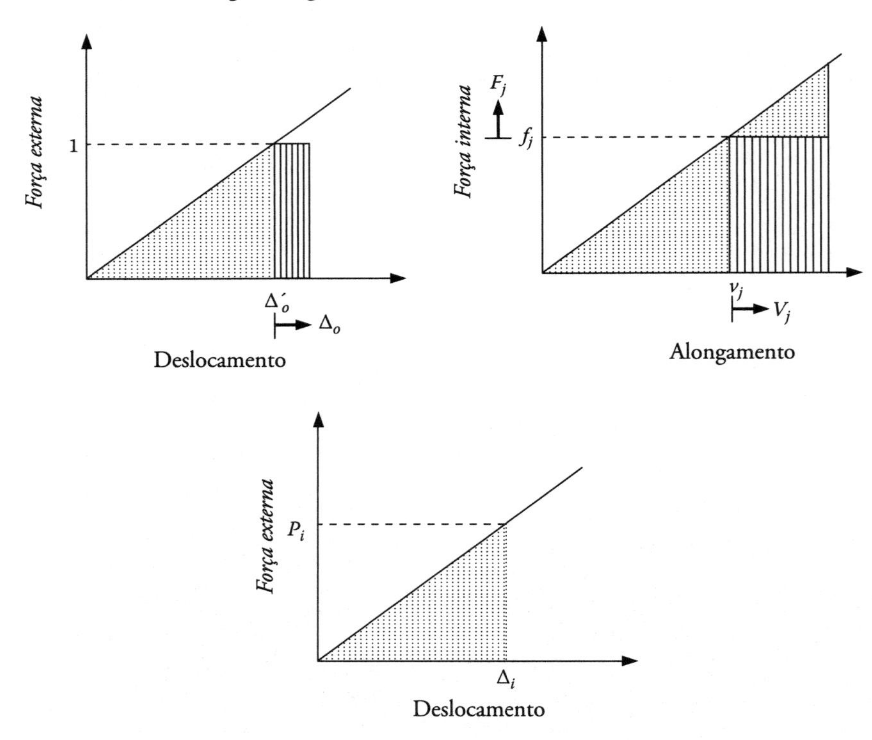

Trabalho realizado por forças externas (esquerda) e trabalho realizado por forças internas (direita), caso 3.

A aplicação do princípio de conservação de energia leva a

$$\frac{1}{2}(1)\,\Delta_o' + \frac{1}{2}\sum_{i=1}^{n} P_i\Delta_i + (1)\,(\Delta_o) = \frac{1}{2}\sum_{j=1}^{M} f_j v_j + \frac{1}{2}\sum_{j=1}^{M} F_j V_j + \sum_{j=1}^{M} f_j V_j \tag{3.10}$$

Subtraindo-se da equação 3.10 as equações 3.8 e 3.9 produz-se

$$(1)\,(\Delta_o) = \sum_{j=1}^{M} f_j V_j$$

que é a afirmação do princípio de força virtual (equação 3.7) expressa no contexto de carga unitária.

Exemplo 3.3

Encontre o deslocamento vertical no nó 2 da treliça mostrada a seguir, dados E = 10 GPa e A = 100 cm^2 para todas as barras.

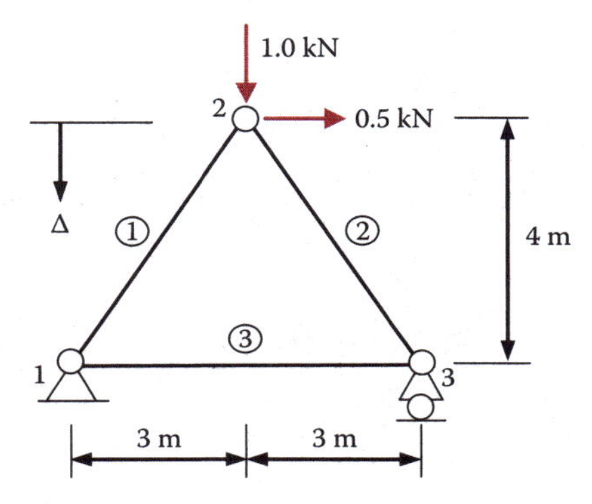

Exemplo para se encontrar um deslocamento nodal pelo método de carga unitária.

Solução

O uso do método de carga unitária exige a solução do alongamento da barra, V_i, sob a carga aplicada e da força de barra virtual, f_i, sob a carga unitária, como mostrado.

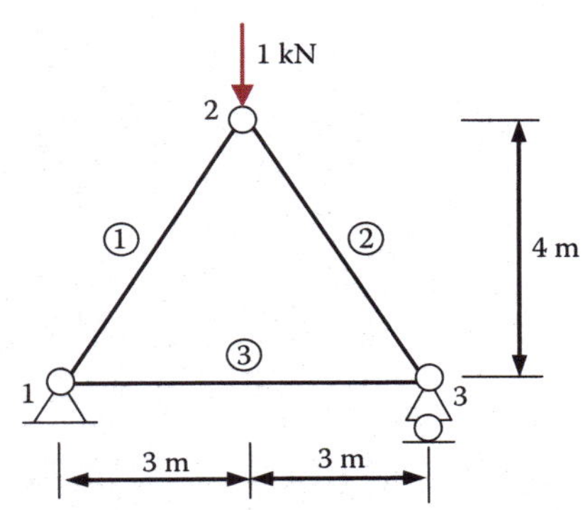

Uma carga unitária aplicada na direção do deslocamento a ser resolvido.

O cálculo na equação 3.7 é executado na tabela seguinte, tendo-se em mente que as forças de barra virtuais estão associadas à carga unitária virtual e o deslocamento nodal está associado ao alongamento da barra, como indicado a seguir.

$$1\,(\Delta) = \Sigma f_i\,(V_i)$$

Uma vez que, tanto o problema de carga real quanto o de carga unitária virtual foram resolvidos em exemplos anteriores, não repetiremos o processo, exceto para destacar que, para encontrar o alongamento V_i da barra, devemos encontrar primeiro a força F_i da barra. A sequência de cálculo está implícita no arranjo da tabela seguinte.

Calculando o deslocamento vertical no nó 2

	Carga real			Carga unitária	Termo cruzado
Barra	**F (kN)**	**EA/L (kN/M)**	**V_i (mm)**	**f_i (kN)**	**f_iV_i (kN-mm)**
1	–0,20	20.000	–0,011	–0,625	0,0069
2	–1,04	20.000	–0,052	–0,625	0,0325
3	0,62	16.700	0,037	0,375	0,0139
Σ					0,0533

Portanto, o deslocamento vertical no nó 2 é de 0,0533 mm, de cima para baixo.

Exemplo 3.4

Encontre (a) o movimento relativo dos nós 2 e 6 na direção de sua junção e (b) a rotação da barra 2, dados E = 10 GPa e A = 100 cm^2 para todas as barras.

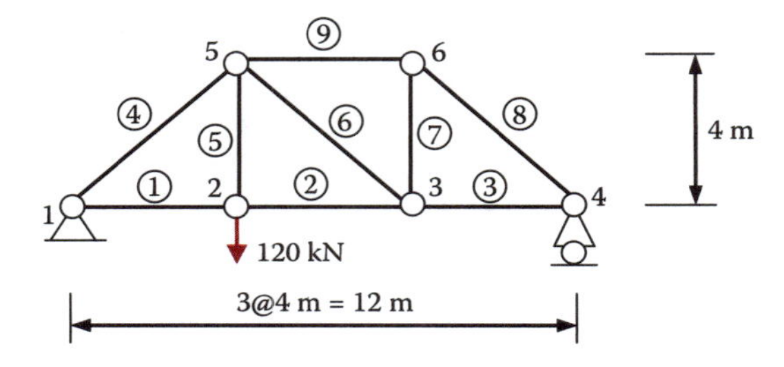

Exemplo a respeito de se encontrar deslocamentos relativos.

Solução

Os deslocamentos nodais relacionados ao movimento e à rotação relativos em questão são descritos na figura seguinte.

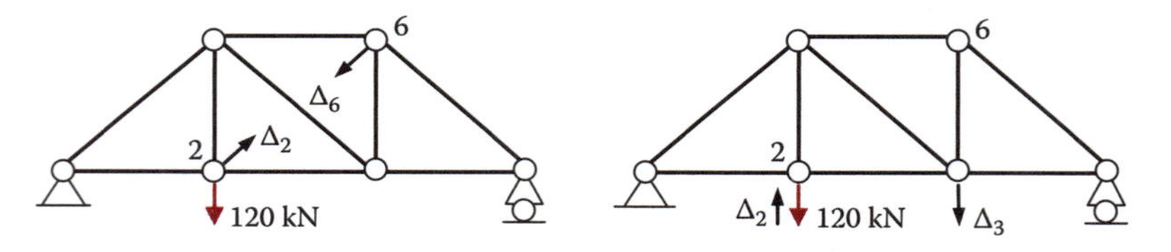

Deslocamentos nodais relevantes.

Para encontrar o movimento relativo entre os nós 2 e 6, podemos aplicar um par de cargas unitárias, como mostrado a seguir. Chamaremos este caso de caso (a).

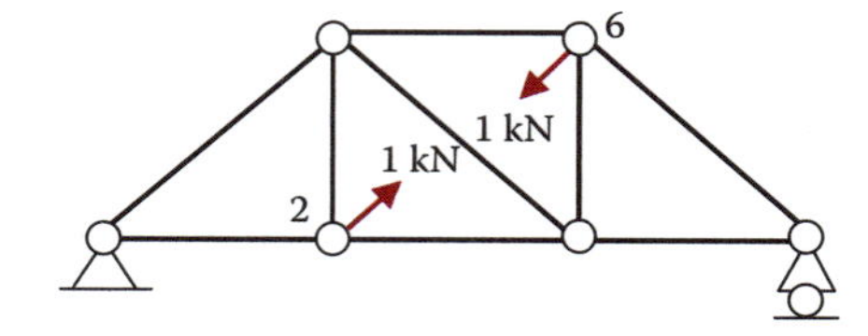

Carga unitária para movimento entre os nós 2 e 6 na direção de 2–6, caso (a).

Para encontrar a rotação da barra 2, podemos aplicar um par de cargas unitárias, como mostrado em seguida. Chamaremos este caso de caso (b).

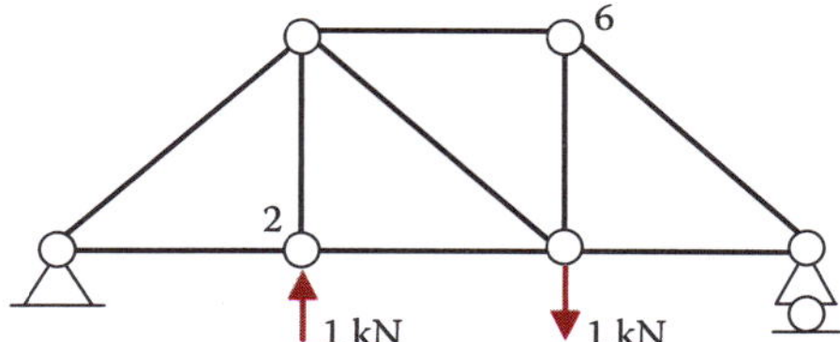

Carga unitária para encontrar a rotação da barra 2, caso (b).

O cálculo inclui o seguinte:

1. Encontre as forças de barra, F_i, correspondentes à carga real aplicada;
2. Calcule o alongamento da barra, V_i;
3. Encontre a força de barra, f_{ia}, correspondente à carga do caso (a);
4. Encontre a força de barra, f_{ib}, correspondente à carga do caso (b);
5. Aplique a equação 3.7 para encontrar as quantidades de deslocamento;
6. Faça os ajustes necessários para pôr a rotação da barra na unidade correta.

Os passos de 1 a 5 são resumidos na tabela seguinte.

Calculando quantidades de deslocamento relativo

	Carga real			Carga unitária		Termo cruzado	
Barra	**F (kN)**	**EA/L (kN/m)**	**V_i (mm)**	**f_{ia} (kN)**	**f_{ib} (kN)**	**$f_{ia}V_i$ (kN-mm)**	**$f_{ib}V_i$ (kN-mm)**
1	80,00	25.000	3,20	0,00	–0,33	0,00	–1,06
2	80,00	25.000	3,20	–0,71	–0,33	–2,26	–1,06
3	40,00	25.000	1,60	0,00	0,33	0,00	0,53
4	–113,13	17.680	–6,40	0,00	0,47	0,00	–3,00
5	120,00	25.000	4,80	–0,71	–1,00	–3,40	–4,80
6	–56,56	17.680	–3,20	1,00	0,94	–3,20	–3,00
7	40,00	25.000	1,60	–0,71	0,33	–1,14	0,53
8	–56,56	17.680	–3,20	0,00	–0,47	0,00	1,50
9	–40,00	25.000	–1,60	–0,71	–0,33	1,14	0,53
Σ						–8,86	–9,83

Para o caso (a), a equação 3.7 se torna

$$(1)(\Delta_2 + \Delta_6) = \sum_{j=1}^{M} f_j V_j = -8.86 \text{ mm}$$

O movimento relativo na direção de 2–6 é de 8,86 mm na direção oposta do que foi suposto para a carga unitária, isto é, afastando um do outro, e não forçando um para o outro.

Para o caso (b), a equação 3.7 se torna

$$(1)\,(\Delta_2 + \Delta_3) = \sum_{j=1}^{M} f_j\, V_j = -9.83 \text{ mm}$$

4 m

9.83 mm

Para a rotação da barra 2, percebemos que os –9,83 mm calculados representam um movimento vertical relativo entre os nós 2 e 3 de 9,83 mm na direção oposta do que foi suposto para o par de cargas unitárias. Esse movimento vertical relativo se traduz numa rotação anti-horária de 9,83 mm/4000 mm = 0,0025 rad.

Problema 3.1

Encontre o deslocamento horizontal do nó 2 da treliça carregada mostrada a seguir, dados E = 10 GPa e A = 100 cm^2 para todas as barras.

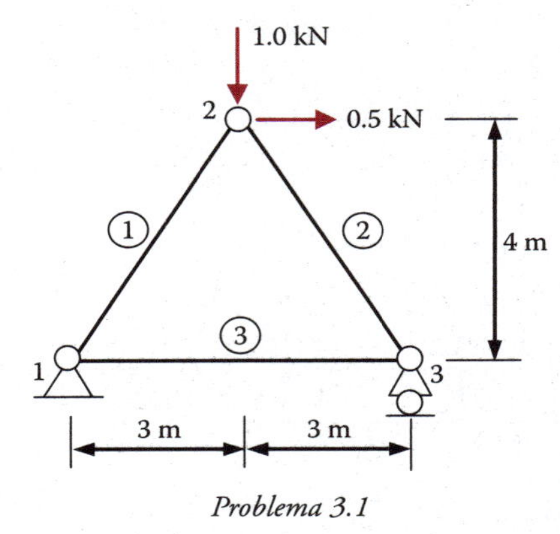

Problema 3.1

Problema 3.2

Encontre o deslocamento horizontal do nó 2 da treliça carregada mostrada a seguir, dados E = 10 GPa e A = 100 cm^2 para todas as barras. A magnitude do par de cargas é de 141,4 kN.

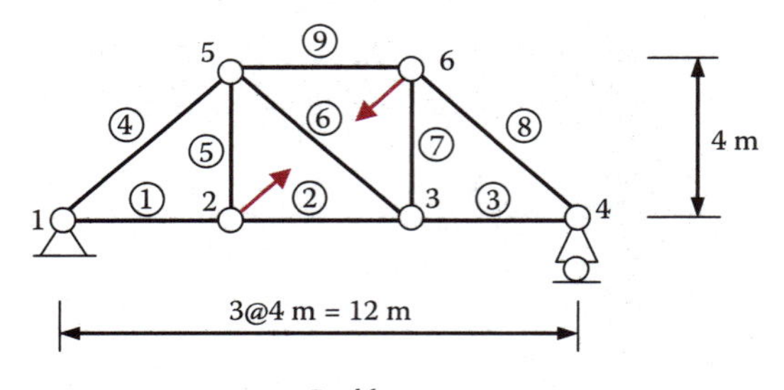

Problema 3.2.

Problema 3.3

As barras 1, 2 e 3 da corda inferior da treliça mostrada a seguir estão sofrendo um acréscimo de 20°C na temperatura. Encontre o deslocamento horizontal do nó 5, dados E = 10 GPa e A = 100 cm^2 para todas as barras e o coeficiente térmico linear de $\alpha = 5(10^{-6})$/°C.

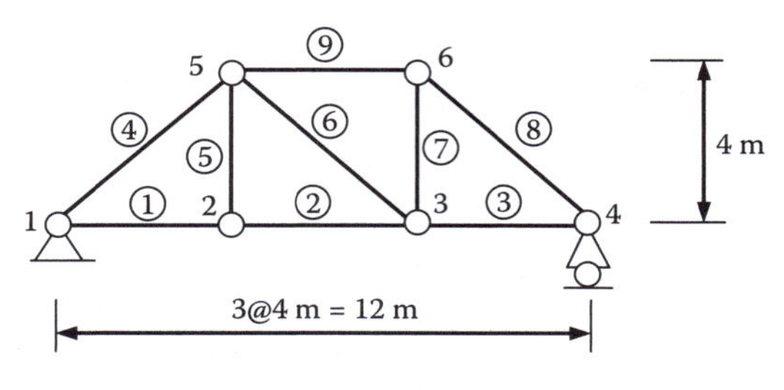

Problema 3.3

3.2 Problemas de treliças indeterminas: método de deformações consistentes

A treliça mostrada na figura seguinte tem 15 barras (M = 15) e quatro forças de reação (R = 4). O número total de incógnitas de força é 19. Há nove nós (N = 9). Portanto, $M + R - 2N = 1$. O problema é estaticamente indeterminado em primeiro grau. Além das 18 equações de equilíbrio que podemos estabelecer a partir dos nove nós, precisamos encontrar uma equação a mais para encontrar as 19 incógnitas. Esta equação adicional pode ser estabelecida considerando-se a consistência das deformações (deflexões) em relação às restrições geométricas.

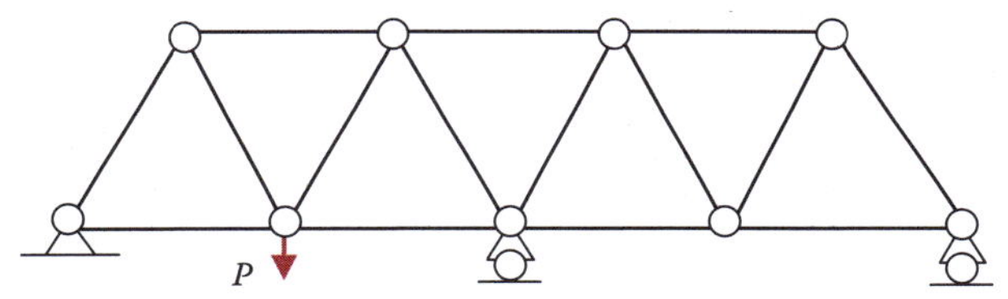

Treliça estaticamente indeterminada com grau um de redundância.

Percebemos que, se a reação vertical no apoio central é conhecida, então o número de incógnitas de força se torna 18 e o problema pode ser resolvido pelas 18 equações de equilíbrio dos nove nós. A chave para a solução é, então, encontrar a reação do apoio central, que é chamada de força redundante. Denotando a reação vertical do apoio central por R_c, o problema original é equivalente ao mostrado a seguir, até onde concerne o equilíbrio de forças.

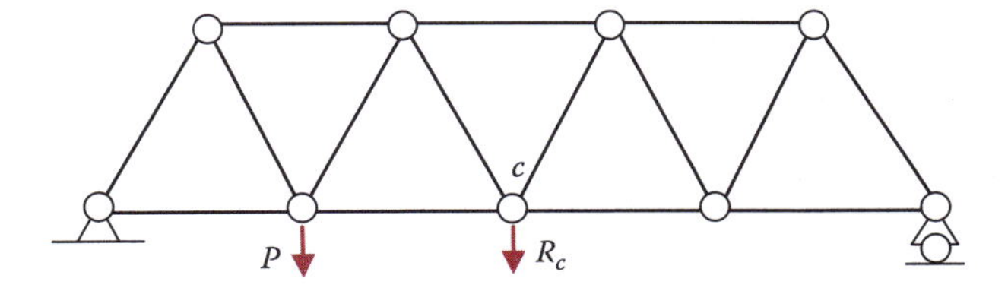

Problema estaticamente equivalente com a força redundante R_c como incógnita.

A treliça acima, com o apoio central removido, é chamada de *estrutura primária*. Note que a estrutura primária é estaticamente determinada. A magnitude de R_c é determinada pela condição de que o deslocamento vertical do nó c da estrutura primária, devido (1) à carga P aplicada e (2) à força redundante R_c, é zero. Esta condição é consistente com a restrição geométrica imposta pelo apoio central na estrutura original. O deslocamento vertical no nó c devido à carga P aplicada pode ser determinado pela solução do problema associado à estrutura primária, como mostrado a seguir.

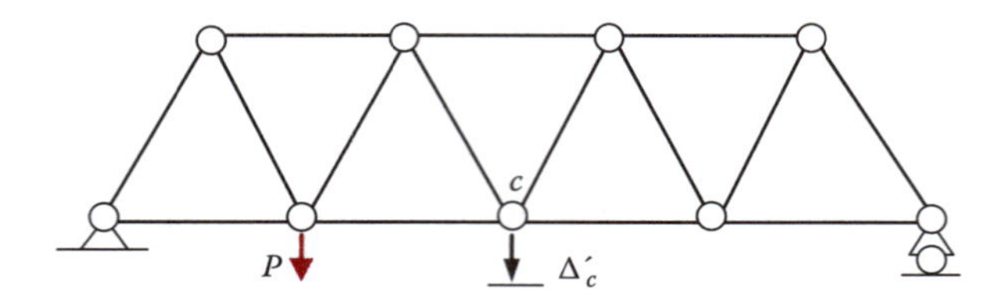

Deslocamento do nó c da estrutura primária devido à carga aplicada.

O deslocamento do nó c devido à força redundante R_c não pode ser calculado diretamente porque a própria R_c é incógnita. Podemos calcular, porém, o deslocamento do nó c da estrutura primária devido à carga unitária na direção de R_c. Este deslocamento é denotado por δ_{cc}, onde o duplo subscrito cc significa o deslocamento em c (primeiro subscrito) devido à carga unitária em c (segundo subscrito).

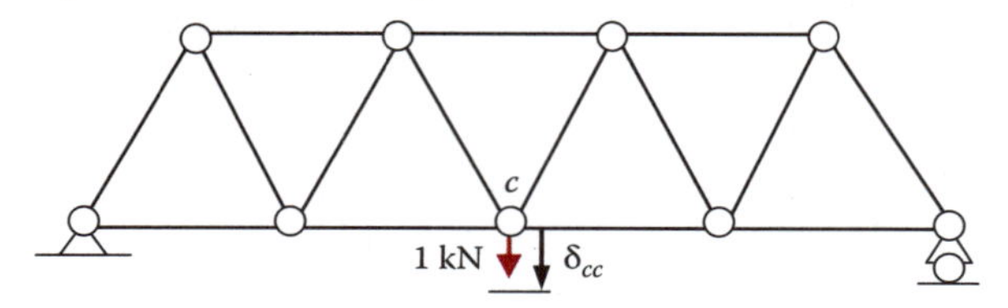

Deslocamento em c devido à carga unitária em c.

O deslocamento vertical em c devido à força redundante R_c é, então, $R_c\delta_{cc}$, como mostrado na figura seguinte.

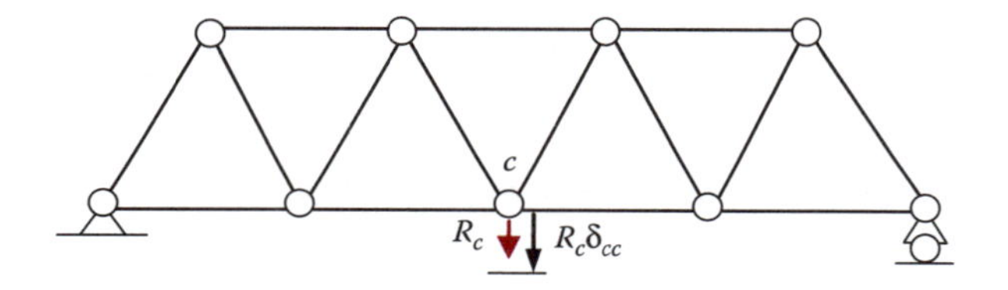

Deslocamento em c devido à força redundante R_c.

A condição de que o deslocamento total vertical no nó c, Δ_c, seja zero é expressa como

$$\Delta_c = \Delta'_c + R_c\delta_{cc} = 0 \tag{3.11}$$

Esta é a equação adicional necessária para se encontrar a força redundante R_c. Uma vez que R_c seja obtida, o restante das incógnitas de força pode ser calculado a partir das equações de equilíbrio de junção regulares. A equação 3.11 é chamada de *condição de compatibilidade*.

Podemos resumir o conceito por trás dos procedimentos mencionados acima destacando que o problema original é resolvido pela substituição da treliça indeterminada por uma estrutura primária determinada e pela sobreposição das soluções dos dois problemas, ambos determinados, como mostrado a seguir.

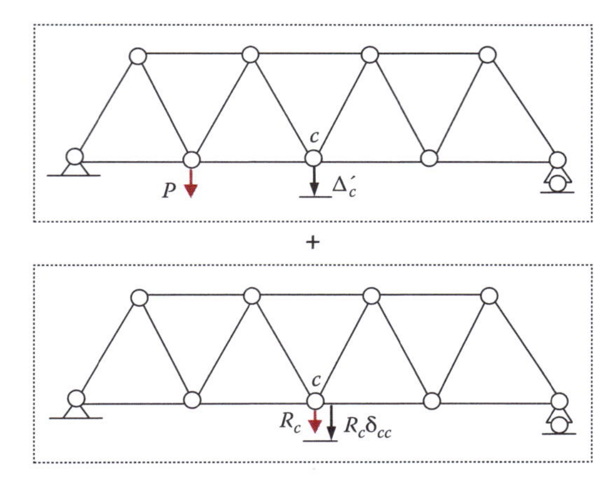

A sobreposição das duas soluções.

E a equação chave é a condição de que o deslocamento total vertical no nó *c* deve ser zero, consistente com a condição de apoio no nó *c*, no problema original. Este método de análise para estruturas estaticamente indeterminadas é chamado de *método de deformações consistentes.*

Exemplo 3.5

Encontre a força na barra 6 da treliça mostrada a seguir, dados E = 10 GPa e A = 100 cm^2 para todas as barras.

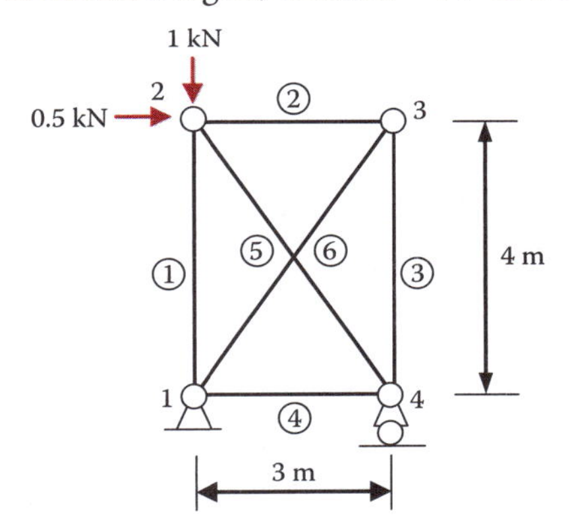

Exemplo de treliça indeterminada com uma força redundante.

Solução

A estrutura primária é obtida pela introdução de um corte na barra 6, como mostrado no painel esquerdo da figura seguinte. O problema original é substituído pelo do painel esquerdo e pelo do painel do meio.

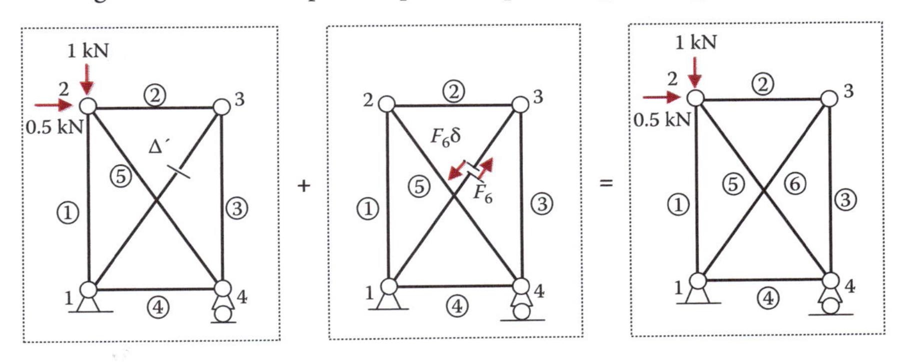

Sobreposição de duas soluções.

A condição de compatibilidade neste caso requer que o deslocamento total relativo no corte, obtido pela sobreposição das duas soluções seja zero:

$$\Delta = \Delta' + F_6\delta = 0$$

onde Δ' é o comprimento da sobreposição (em oposição ao espaçamento) no corte devido à carga aplicada e δ é, como definido na figura seguinte, o comprimento da sobreposição no corte devido a um par de cargas unitárias aplicadas no corte.

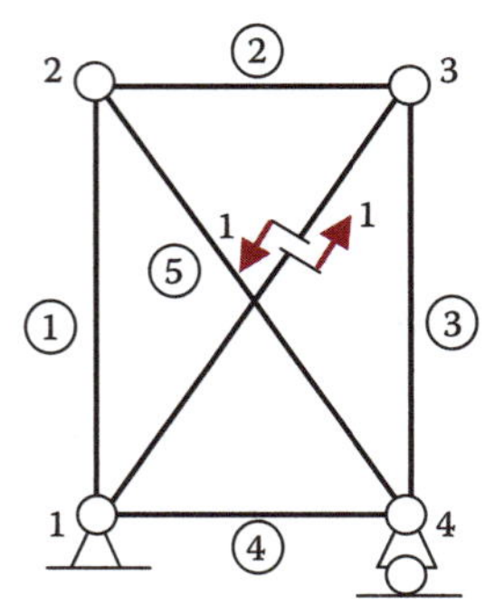

Deslocamento de sobreposição no corte devido ao par de força-unitária.

O cálculo necessário para encontrar Δ' e δ está tabulado a seguir.

Calculando Δ' e δ

	Carga real			Para Δ'		Para δ	
Barra	**F_i (kN)**	**EA/L (kN/m)**	**V_i (mm)**	**f_i (kN/kN)**	**f_iV_i (mm)**	**v_i (mm/kN)**	**f_iv_i (mm/kN)**
1	–0,33	25.000	–0,013	–0,8	0,010	–0,032	0,026
2	0	33.333	0	–0,6	0	–0,018	0,011
3	0	25.000	0	–0,8	0	–0,032	0,026
4	0,50	33.333	0,015	–0,6	–0,009	–0,018	0,011
5	–0,83	20.000	–0,042	1,0	–0,042	0,050	0,050
6	0	20.000	0	1,0	0	0,050	0,050
Σ					–0,040		0,174

Nota: F_i = força na *i*ésima barra devida à carga real aplicada; $V_i = F_i/(EA/L)_i$ = alongamento da *i*ésima barra devido à carga real aplicada; f_i = força na *i*ésima barra devida ao par de cargas unitárias virtuais no corte; $v_i = f_i/(EA/L)_i$ é o alongamento da *i*ésima barra devido ao par de cargas unitárias virtuais no corte; $\Delta' = -0{,}040$ mm; $\delta = 0{,}174$ mm/kN.

$$\Delta' = -0{,}040 \text{ mm}, \qquad \delta = 0{,}174 \text{ mm/kN}$$

A partir da condição de compatibilidade:

$$\Delta' + F_6\,\delta = 0 \implies F_6 = -\frac{-0.040}{0.174} = 0.23 \text{ kN}$$

Exemplo 3.6

Formule as condições de compatibilidade para o problema de treliça mostrado.

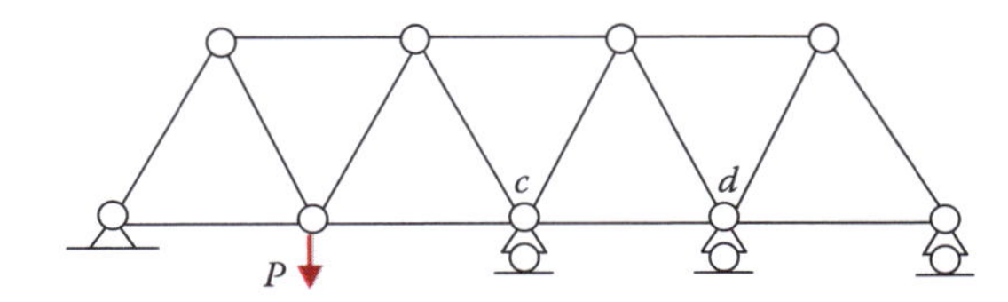

Treliça estaticamente indeterminada com dois graus de redundância.

Solução

A estrutura primária pode ser obtida pela remoção dos apoios nos nós *c* e *d*. Denotando a reação nos nós *c* e *d* como R_c e R_d, respectivamente, o problema original é equivalente à sobreposição dos três problemas, como mostrado na figura seguinte.

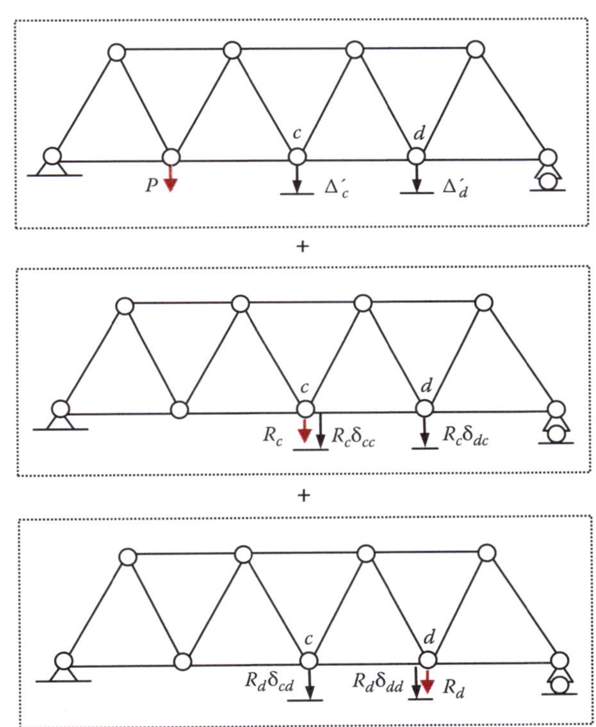

Sobreposição de três problemas determinados.

Na figura:

Δ'_c: deslocamento vertical no nó *c* devido à carga real aplicada
Δ'_d: deslocamento vertical no nó *d* devido à carga real aplicada
δ_{cc}: deslocamento vertical no nó *c* devido à carga unitária em *c*
δ_{cd}: deslocamento vertical no nó *c* devido à carga unitária em *d*
δ_{dc}: deslocamento vertical no nó *d* devido à carga unitária em *c*
δ_{dd}: deslocamento vertical no nó *d* devido à carga unitária em *d*

As condições de compatibilidade são que os deslocamentos verticais nos nós *c* e *d* sejam zero:

$$\Delta_c = \Delta'_c + R_c\delta_{cc} + R_d\delta_{cd} = 0$$
$$\Delta_d = \Delta'_d + R_c\delta_{dc} + R_d\delta_{dd} = 0 \qquad (3.12)$$

A equação 3.12 pode ser resolvida para se encontrar as duas forças redundantes R_c e R_d. Denote

V_i: alongamento da *i*ésima barra devido à carga real aplicada
f_{ic}: força na *i*ésima barra devida à carga unitária em *c*
v_{ic}: alongamento da *i*ésima barra devido à carga unitária em *c*
f_{id}: força na *i*ésimo barra devida à carga unitária em *d*
v_{id}: alongamento da *i*ésima barra devido à carga unitária em *d*

Podemos expressar os deslocamentos de acordo com o método de cargas unitárias como

$\Delta'_c = \Sigma f_{ic}(V_\iota)$
$\Delta'_d = \Sigma f_{id}(V_\iota)$
$\delta_{cc} = \Sigma f_{ic}(v_{\iota c})$
$\delta_{dc} = \Sigma f_{ic}(v_{\iota d})$
$\delta_{cd} = \Sigma f_{id}(v_{\iota c})$
$\delta_{dd} = \Sigma f_{id}(v_{\iota d})$

As quantidades de alongamento de barra nas equações estão relacionadas com as forças nas barras através de

$$V_i = \frac{F_i L_i}{E_i A_i}$$

$$v_{ic} = \frac{f_{ic} L_i}{E_i A_i}$$

$$v_{id} = \frac{f_{id} L_i}{E_i A_i}$$

Destarte, precisamos encontrar apenas as forças F_i, f_{ic} e f_{id} nas barras, correspondentes à carga real, uma carga unitária no nó *c*, e uma carga unitária no nó *d*, respectivamente, a partir da estrutura primária.

3.3 Leis de reciprocidade

No último exemplo, chegamos a δ_{cd} e δ_{dc}, que podem ser expressos em termos de forças nas barras:

$$\delta_{cd} = \Sigma f_{id}\ (v_{ic}) = \Sigma f_{id}\left(\frac{f_{ic} L_i}{E_i A_i}\right)$$

$$\delta_{dc} = \Sigma f_{ic}\ (v_{id}) = \Sigma f_{ic}\left(\frac{f_{id} L_i}{E_i A_i}\right)$$

Comparando as duas equações, concluímos que

$$\delta_{cd} = \delta_{dc} \tag{3.13}$$

A equação 3.13 afirma que "o deslocamento no ponto *c* devido a uma carga unitária no ponto *d* é igual ao deslocamento em *d* devido a uma carga unitária no ponto *c*". Aqui, todos os deslocamentos e cargas unitárias são na direção vertical, mas a sentença também é válida se os deslocamentos e cargas unitárias forem em direções diferentes, desde que haja uma correspondência cruzada, como mostrado na figura seguinte.

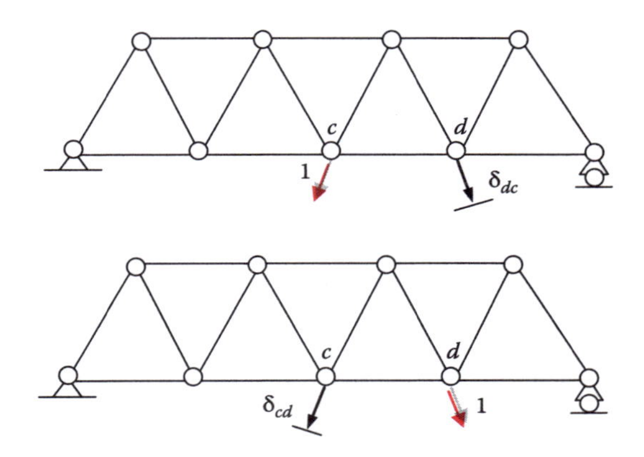

Deslocamentos recíprocos.

A equação 3.13 é chamada de *lei de deslocamentos recíprocos de Maxwell.* Como resultado da lei de Maxwell, as equações de compatibilidade, a equação 3.12, quando posta em forma de matriz, sempre dará uma matriz simétrica, porque δ_{cd} é igual a δ_{dc}.

$$\begin{bmatrix} \delta_{cc} & \delta_{cd} \\ \delta_{dc} & \delta_{dd} \end{bmatrix} \begin{Bmatrix} R_c \\ R_d \end{Bmatrix} = \begin{Bmatrix} -\Delta'_c \\ -\Delta'_d \end{Bmatrix} \tag{3.14}$$

Considere agora dois sistemas, *A* e *B*, cada qual derivado das duas figuras pela substituição da carga unitária por cargas de magnitude *P* e *Q*, respectivamente. Então, a magnitude dos deslocamentos será proporcionalmente ajustada ao que é mostrado na próxima figura.

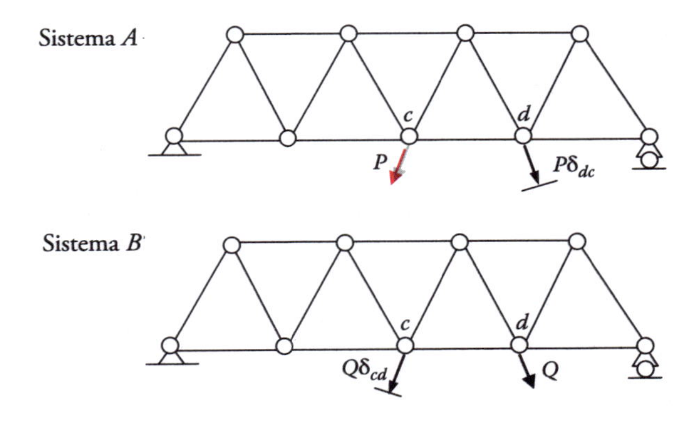

Dois sistemas de carga e deslocamento.

Nós afirmamos "o trabalho realizado pela carga no sistema *A* diante do deslocamento do sistema *B* é igual ao trabalho realizado pela carga no sistema *B* diante do deslocamento no sistema *A*". Esta sentença é válida porque $P(Q\delta_{cd}) = Q(P\delta_{dc})$, de acordo com a lei de deslocamento recíproco de Maxwell. Esta sentença pode ser ainda mais generalizada para incluir múltiplas cargas: "o trabalho realizado pelas cargas no sistema *A* diante dos deslocamentos do sistema *B* é igual ao trabalho realizado pelas cargas no sistema *B* diante dos deslocamentos no sistema *A*". Esta sentença é chamada de *lei de reciprocidade de* Betti. Ela é a generalização da lei dos recíprocos de Maxwell. Ambas são aplicáveis a estruturas elásticas lineares.

3.4 Notas conclusivas

O método da força é fácil de ser aplicado com cálculo manual a problemas estaticamente determinados ou indeterminados com uma ou duas redundantes. Para três ou mais redundantes, uma abordagem sistemática usando uma formulação de matriz pode ser desenvolvida. Tal formulação de método de força em matriz é de interesse apenas teórico e sua aplicação prática é virtualmente inexistente.

Problema 3.4

Encontre a força na barra 10 da treliça carregada mostrada, dados $E = 10$ GPa e $A = 100$ cm^2 para todas as barras.

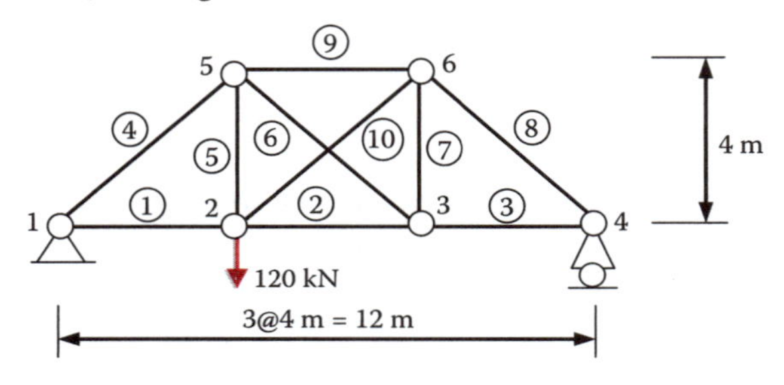

Problema 3.4

Problema 3.5

Encontre a força na barra 6 da treliça mostrada, dados $E = 10$ GPa e $A = 100$ cm^2 para todas as barras.

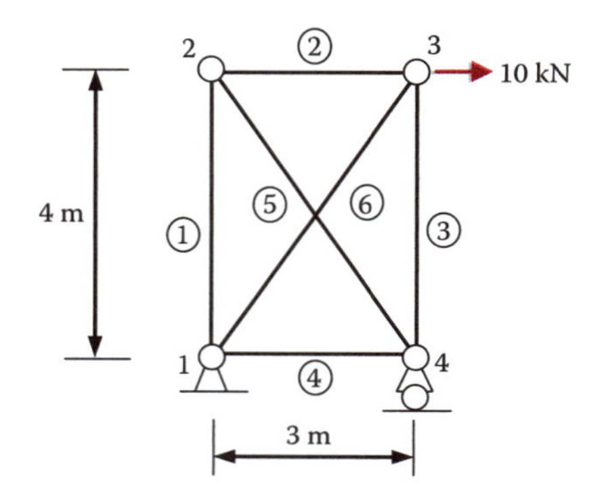

Problema 3.5

4

Análise de vigas e quadros: método das forças — Parte I

4.1 Que são vigas e quadros?

A figura seguinte ilustra os vários componentes num sistema de quadro plano. Cada um desses componentes pode receber cargas atuando em qualquer direção em qualquer ponto ao longo de sua extensão. Um quadro consiste de vigas e colunas. Num campo gravitacional, os componentes verticais são chamados de colunas e os horizontais de vigas. Uma vez que a carga gravitacional é a predominante, nós esperamos que as colunas apoiem a maior parte da carga axial e as vigas a carga transversal, muito embora ambas possam receber cargas axiais e transversais.

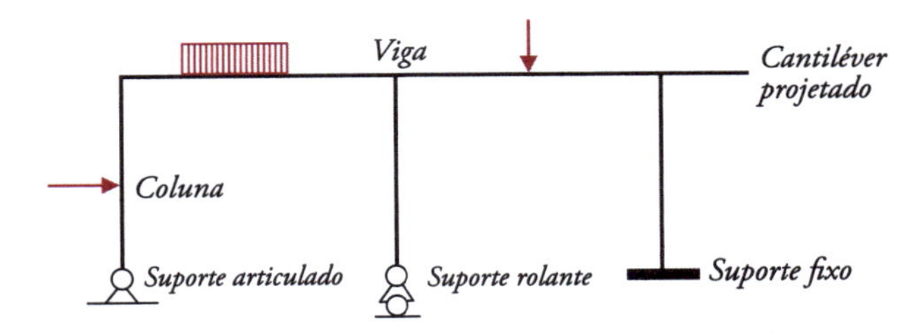

Um sistema de quadro plano.

Como mostrado na figura, um quadro pode ser suportado por apoios articulados ou rolantes, como uma treliça, mas também pode ser suportado por assim chamados apoios fixos, que impedem não só movimentos translacionais, mas também o movimento rotacional numa seção. Como resultado, um apoio fixo fornece três reações — duas forças e um momento. Os quadros a que nos referimos aqui são chamados de quadros rígidos, o que significa que a conexão entre seus componentes é rígida, não permitindo nenhum movimento translacional ou rotacional através da conexão. Na figura, como se trata de um quadro rígido, todos os ângulos na junção viga-coluna se manterão em 90 graus antes ou após quaisquer deformações. Para outros sistemas de quadro rígido, os ângulos nas conexões entre todos os componentes se manterão os mesmos, antes e após deformações.

Vamos examinar um elemento de uma viga ou coluna e mostrar todas as forças internas e externas atuando sobre o elemento.

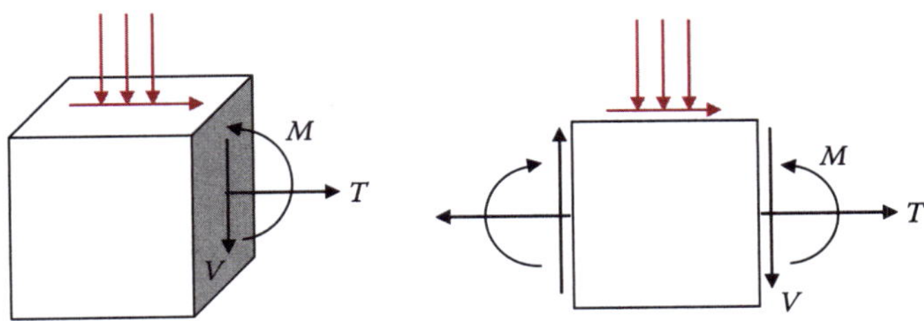

Elemento de viga ou coluna com forças internas e externas.

Como podemos ver, numa seção típica há três ações ou forças internas possíveis, o momento fletor, M, a força de cisalhamento, V, e a força axial, T. No caso de uma viga, as forças internas dominantes são momentos fletores e forças de torção; numa coluna, a força axial domina. Em qualquer caso, as ações internas são muito mais complicadas que numa barra de treliça, o qual só tem uma força axial constante.

4.2 Determinância estática e estabilidade cinética

Instabilidade devida a apoio inadequado. Uma viga ou quadro é cinematicamente instável se as condições de apoio forem tais que toda a estrutura possa se mover como um mecanismo. Exemplos de apoio inadequado e apoio insuficiente são mostrados a seguir.

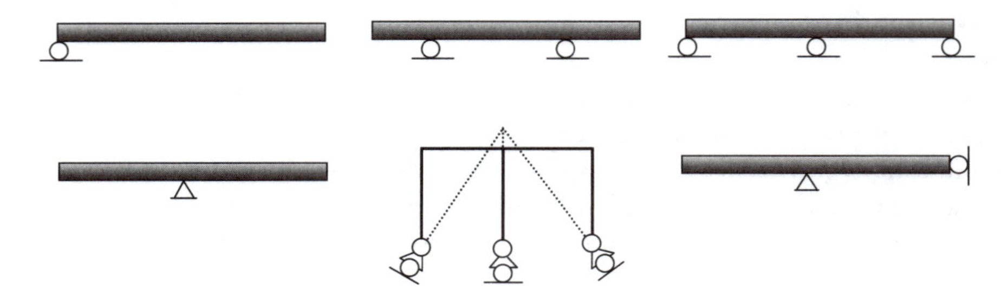

Condições de apoio inadequado ou insuficiente.

Instabilidade devida a conexão inadequada. Uma viga ou quadro é cinematicamente instável se as condições de conexão internas forem tais que em parte ou no todo a estrutura puder se mover como um mecanismo. Exemplos de conexões inadequadas são mostrados a seguir.

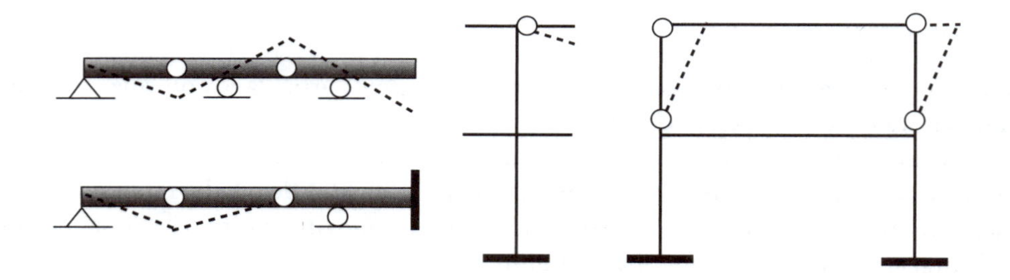

Conexões internas inadequadas.

Determinância estática. Uma viga ou quadro estável é estaticamente indeterminado se o número de incógnitas de força for maior que o de equações de equilíbrio. A diferença entre os dois números é o grau de indeterminação. O número de incógnitas de força é a soma do número de forças de reação com o número de incógnitas de força interna de barra. Com relação às forças de reação, um rolete tem uma reação, uma articulação tem duas reações, e um engaste tem três reações, como mostrado a seguir.

Forças de reação para diferentes apoios.

Para contar as incógnitas de força interna de barra, precisamos primeiro contar quantos barras há num quadro. A barra de um quadro é definido por dois nós de extremidade. Em qualquer seção de uma barra há três forças incógnitas internas: T, V e M. O estado da força na barra é completamente definido pelas seis forças nodais, três em cada nó de extremidade, porque as três forças internas, em qualquer seção, podem ser determinadas a partir das três equações de equilíbrio tiradas do corte de um diagrama de corpo livre (DCL) através da seção, como mostrado abaixo, se as forças nodais forem conhecidas.

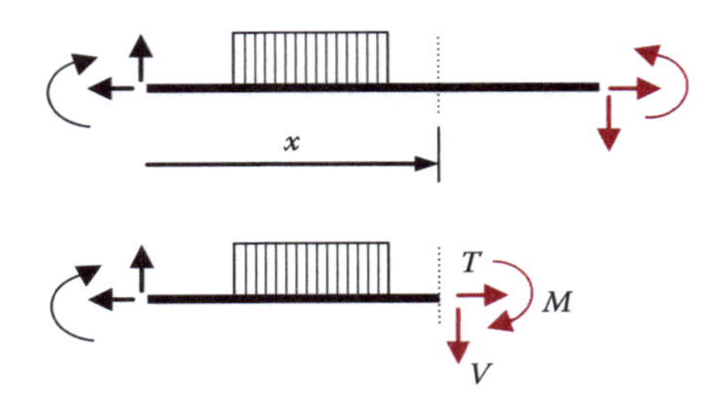

As forças internas de seção são funções das forças nodais de uma barra.

Assim, cada barra tem seis forças nodais como incógnitas. Denotando-se o número de barras por M e o número de forças de reação em cada apoio por R, o número total de incógnitas de força num quadro é, então, $6M + \sum R$.

Por outro lado, cada barra gera três equações de equilíbrio e cada nó também gera três equações de equilíbrio. Denotando-se o número de nós por N, o número total de equações de equilíbrio é $3M + 3N$.

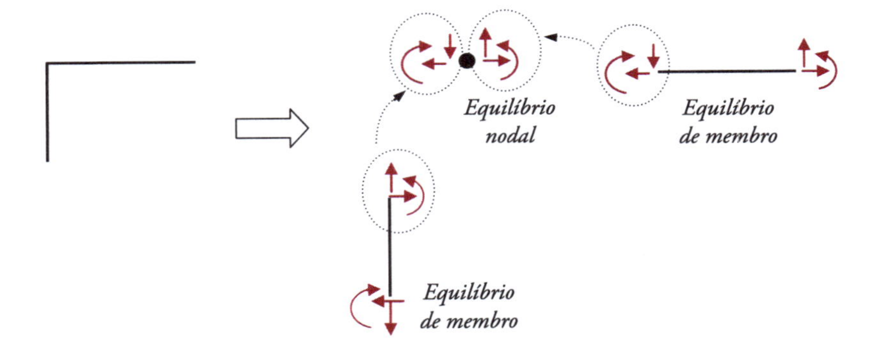

DCLs de um nó e dois barras.

Como o número de barras, M, aparece tanto na contagem de incógnitas quanto na contagem de equações, podemos simplificar a expressão da contagem de incógnitas como mostrado a seguir.

Número de incógnitas $= 6M + \sum R$	$\Longrightarrow$	*Número de incógnitas* $= 3M + \sum R$
Número de equações $= 3M + 3N$		*Número de equações* $= 3N$

Contagem de incógnitas com relação às equações disponíveis.

Isso equivale a considerar-se que cada barra tem apenas três incógnitas de força. As três outras forças nodais podem ser calculadas usando-se essas três forças nodais e as três equações de equilíbrio de barra. Assim, um quadro é estaticamente determinado se $3M + \sum R = 3N$.

Se uma ou mais articulações estiverem presentes num quadro, precisamos considerar as condições geradas por sua presença. Como mostrado na figura seguinte, a presença de uma articulação numa barra introduz mais uma equação, que pode ser chamada de condição de construção. Uma articulação na junção de três barras introduz duas condições de construção. O momento numa articulação é automaticamente zero, porque a soma de todos os momentos na articulação (ou em qualquer outro ponto) deve ser zero. Nós generalizamos para afirmar que as condições de construção, C, são iguais ao número de barras em junção numa articulação, m, menos a unidade, $C = m - 1$. As condições de construção em mais de uma articulação é $\sum C$.

Como as condições de construção fornecem equações adicionais, a equação disponível se torna $3N + C$. Portanto, na presença de uma ou mais articulações internas, um quadro é estaticamente determinado se $3M + \sum R = 3N + \sum C$.

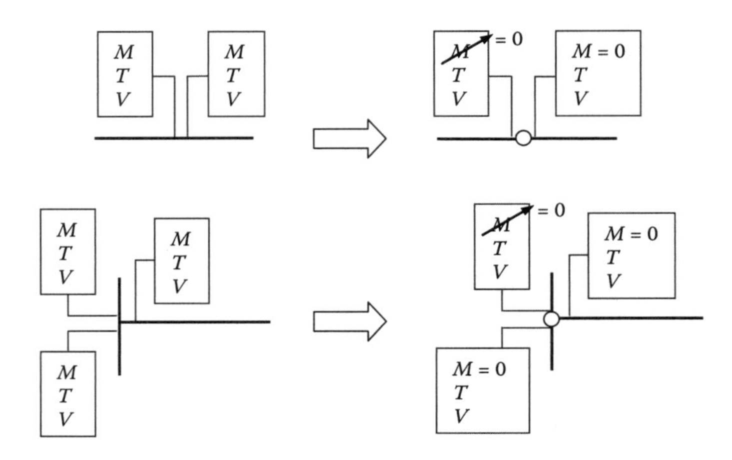

A presença de articulações introduz equações adicionais.

Exemplo 4.1

Discuta a determinância das vigas e quadros mostrados.

Solução

O cálculo é mostrado com as figuras.

$R = 3$ $M = 1, N = 2, C = 0$ $R = 2$

Número de incógnitas $= 3M + \sum R = 8$
Número de equações $= 3N + \sum C = 6$
Indeterminada ao 2º grau.

$R = 3$ $M = 1, N = 2, C = 1$ $R = 1$

Número de incógnitas $= 3M + R = 7$
Número de equações $= 3N + \sum C = 7$
Estaticamente determinada.

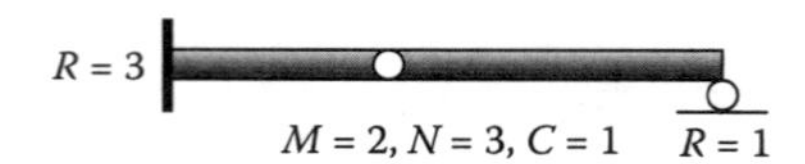

Número de incógnitas $= 3M + \sum R = 10$
Número de equações $= 3N + C = 10$
Estaticamente determinada

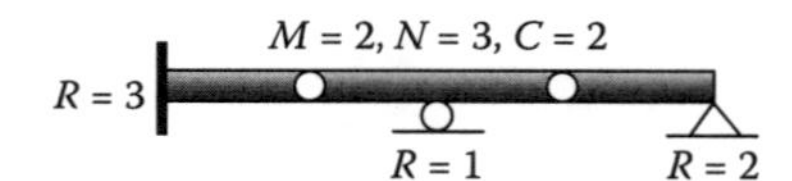

Número de incógnitas $= 3M + \sum R = 12$
Número de equações $= 3N + \sum C = 11$
Indeterminada ao 1º grau.

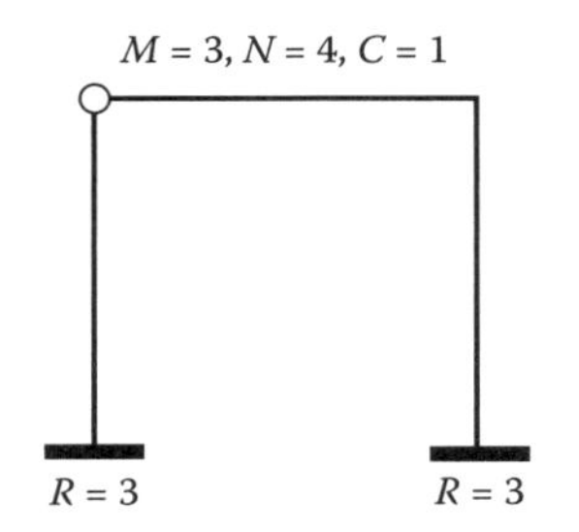

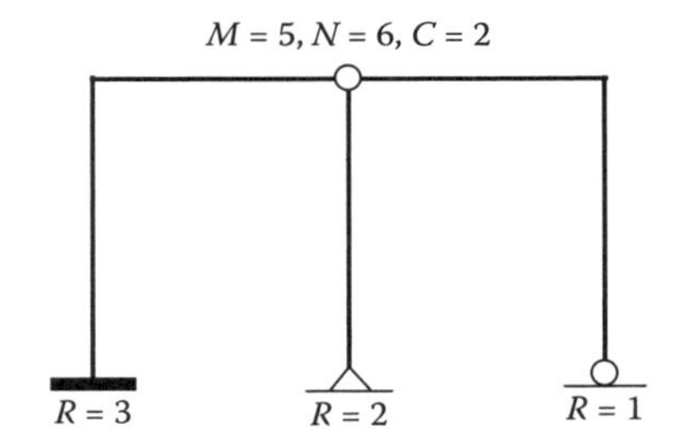

Número de incógnitas $= 3M + \sum R = 15$
Número de equações $= 3N + C = 13$
Indeterminada ao 2º grau.

Número de incógnitas $= 3M + \sum R = 21$
Número de equações $= 3N + C = 20$
Indeterminada ao 1º grau.

Contagem das incógnitas de força interna, reações e equações disponíveis.

Para quadros com muitos pavimentos e vãos, uma forma mais simples de se contar incógnitas e equações pode ser realizado pelo corte através de barras para produzir "árvores" de quadros separados; cada um é estável e determinado. O número de incógnitas nos cortes é o número de graus de indeterminação, como mostrado no exemplo 4.2.

Exemplo 4.2
Discuta a determinância do quadro mostrado.

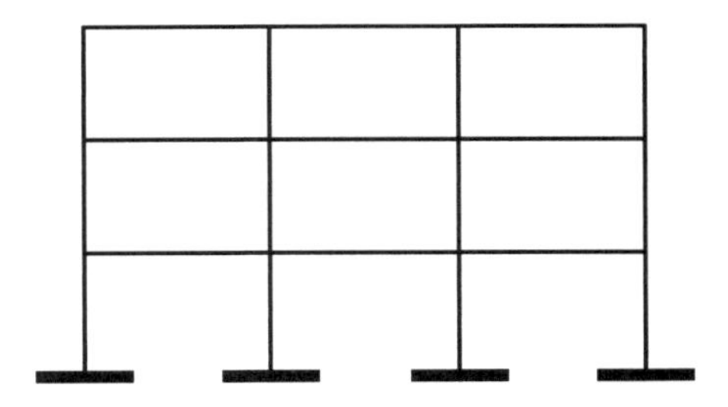

Quadro indeterminado com múltiplos andares e múltiplos vãos.

Solução
Fazemos nove cortes que separam o quadro original em quatro "árvores" de quadros, como mostrado.

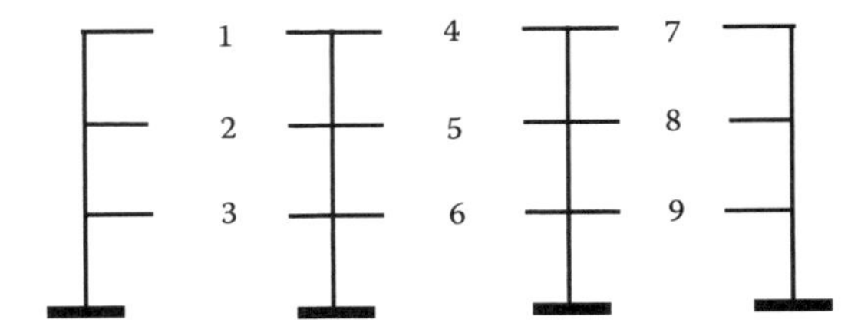

Nove cortes mostrando 27 graus de indeterminação.

Podemos facilmente verificar que cada uma das árvores isoladas é estável e estaticamente determinada, isto é, o número de incógnitas é igual ao número de equações em cada um dos três problemas. Em cada um dos nove cortes, três forças internas estão presentes ante o corte. Tudo reunido, removemos 27 forças internas para obter números iguais de incógnitas e equações. Se refizermos os cortes, introduziremos mais 27 incógnitas, o que é o grau de indeterminação do quadro original, sem cortes.

Esta maneira simples de contagem pode ser estendida a quadros com múltiplos vãos e andares com articulações: simplesmente tratamos as condições de construção de cada articulação como "liberações" e subtraímos o número $\sum C$ dos graus de indeterminação do quadro com as articulações removidas. Para apoios outros que não fixos, podemos substitui-los por apoios fixos e contar as liberações para subtraí-las dos graus de indeterminação.

Exemplo 4.3
Discuta a determinância do quadro mostrado.

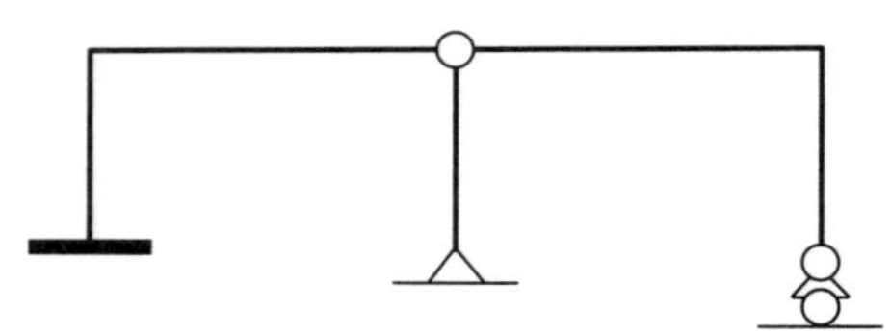

Exemplo de quadro indeterminado.

Solução
Dois cortes e cinco liberações totalizam $2 \times 3 - 5 = 1$. O quadro é indeterminado ao primeiro grau.

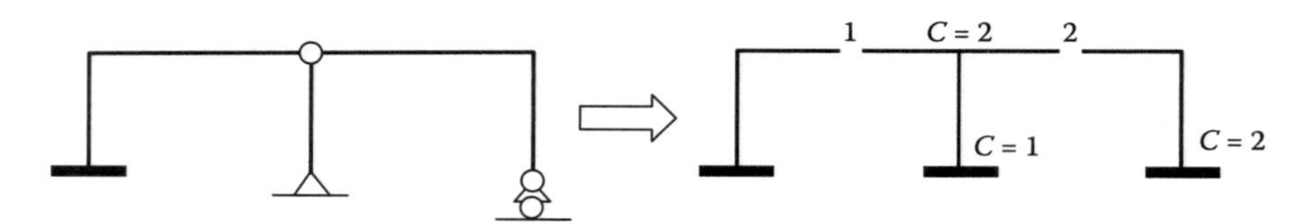

Atalho para contar graus de indeterminação.

Problema 4.1
Discuta a determinância das vigas e quadros mostrados.

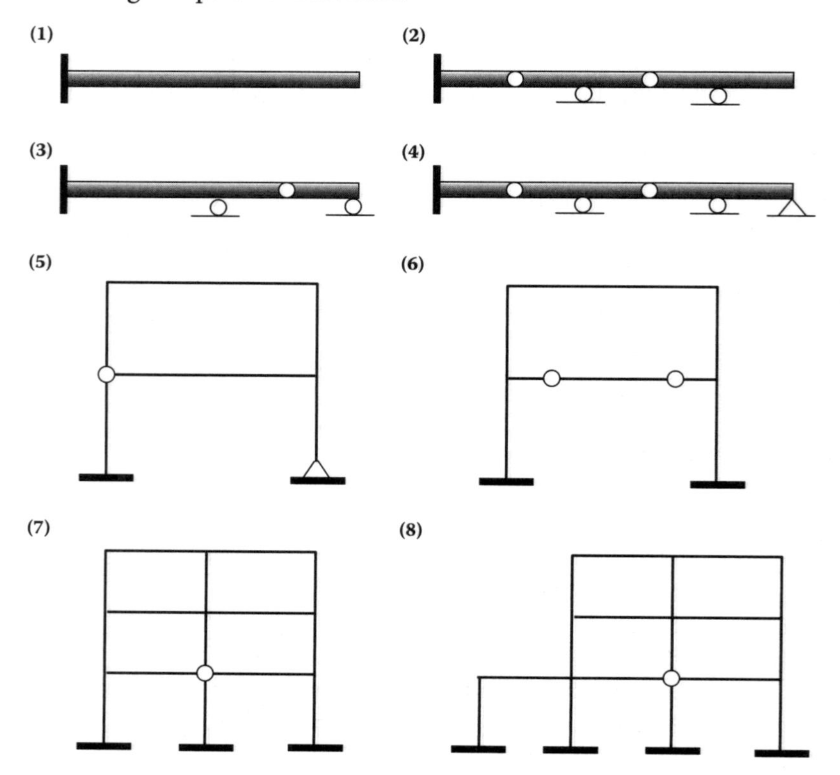

Problema 4.1

4.3 Diagramas de momento e cisalhamento

Uma viga é suportada sobre um rolete e uma articulação e está recebendo uma carga concentrada, um momento concentrado, e cargas distribuídas, como mostrado a seguir.

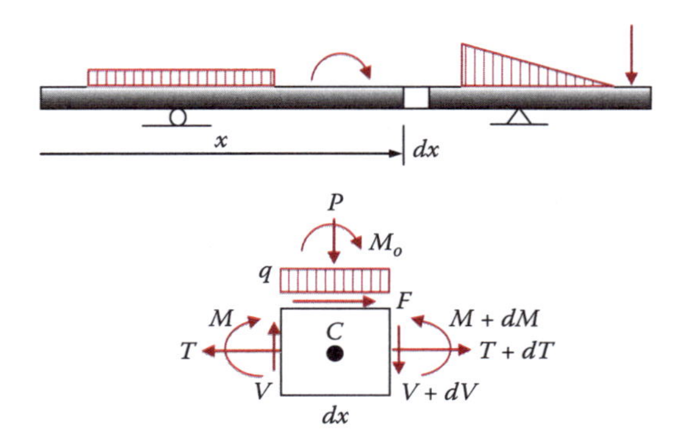

Uma viga carregada e o DCL de um elemento infinitesimal típico.

Um elemento típico de largura *dx* é isolado como um DCL e as forças atuantes sobre o DCL são mostradas. Todas as quantidades são descritas em sua direção positiva. É importante lembrar que a direção positiva de T, V e M depende da face sobre a qual elas estão atuando. É necessário lembrar as figuras seguintes para a convenção de sinal de T, V e M.

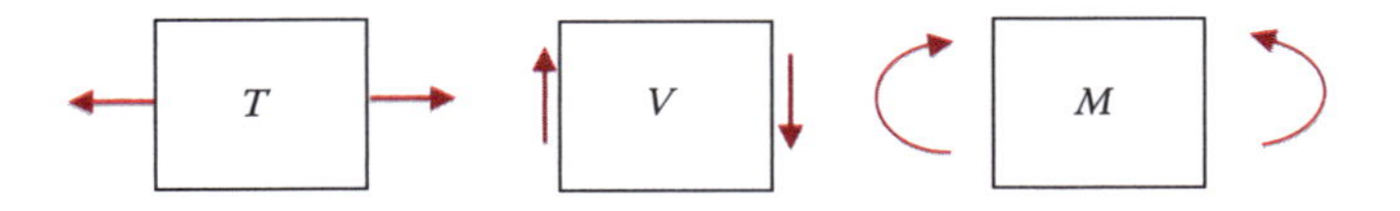

Direções positivas para T, V e M.

Podemos determinar três equações independentes de equilíbrio a partir do DCL.

$$\Sigma F_x = 0 \;\Rightarrow\; -T + F + (T + dT) = 0 \qquad \Rightarrow\; dT = -F$$

$$\Sigma F_y = 0 \;\Rightarrow\; V - P - qdx - (V + dV) = 0 \qquad \Rightarrow\; dV = -P - qdx$$

$$\Sigma M_c = 0 \;\Rightarrow\; M + M_o - (M + dM) + Vdx = 0 \Rightarrow\; dM = M_o + Vdx$$

A primeira equação lida com o equilíbrio de todas as forças atuantes na direção axial. Ela afirma que o incremento da força axial, dT, é igual à força axial aplicada externamente, F. Se uma força distribuída estiver atuando na direção axial, então F será substituída por fdx, onde f é a intensidade da força axialmente distribuída por unidade de comprimento. No caso de uma viga, mesmo que as forças axiais estejam presentes, podemos considerar estas e seus efeitos nas deformações em separado daqueles das forças transversais. Agora nos concentraremos apenas no cisalhamento e no momento.

A segunda e a terceira equações levam às seguintes relações diferencial e integral

$$\frac{dV}{dx} = -q(x), V = \int -q\,dx \text{ para cargas distribuídas} \tag{4.1a}$$

$$\Delta V = -P \text{ para cargas concentradas} \tag{4.1b}$$

$$\frac{dM}{dx} = V, M = \int V\,dx \tag{4.2a}$$

$$\Delta M = M_o \text{ para momentos concentrados} \tag{4.2b}$$

Note que nós substituímos o operador diferencial d pelo símbolo Δ nas equações 4.1b e 4.2b para indicar o fato de que haverá uma mudança súbita através de uma seção quando houver uma carga concentrada ou um momento concentrado externamente aplicado ao local da seção.

Diferenciando a equação 4.2a uma vez com relação a x e eliminando V usando a equação 4.1a, chegamos a

$$\frac{d^2M}{dx^2} = -q, M = -\iint q\,dxdx \tag{4.3}$$

As equações anteriores revelam as seguintes características importantes da variação do cisalhamento e do momento ao longo da extensão de uma viga.

1. A mudança de cisalhamento e de momento ao longo da extensão da viga em função de x. As funções de cisalhamento e de momento, $V(x)$ e $M(x)$, são chamadas de diagramas de cisalhamento e de momento, respectivamente, quando plotadas em relação a x;
2. De acordo com a equação 4.1a, a inclinação do diagrama de cisalhamento é igual ao valor negativo da intensidade da carga distribuída, e a integração da função de intensidade de carga negativa fornece o diagrama de cisalhamento;
3. De acordo com a equação 4.1b, sempre que há uma carga concentrada, o valor de cisalhamento muda em proporção igual ao valor negativo da carga;
4. De acordo com a equação 4.2a, a inclinação do diagrama de momento é igual ao valor do cisalhamento, e a integração da função de cisalhamento fornece o diagrama de momento;
5. De acordo com a equação 4.2b, sempre que há um momento concentrado, o valor desse momento muda em proporção igual ao valor do momento concentrado;
6. De acordo com a equação 4.3, a função de momento e a intensidade da carga estão em relação de duas vezes diferenciação/integração.

Além disso, integrando-se uma vez as equações 4.1a e 4.2a obtém-se

$$V_b = V_a + \int_a^b -q\,dx \tag{4.4}$$

e

$$M_b = M_a + \int_a^b V\,dx \tag{4.5}$$

onde *a* e *b* são dois pontos numa viga.

As equações 4.4 e 4.5 revelam diretrizes práticas para a plotagem dos diagramas de cisalhamento e de momento:

1. Quando plotando um diagrama de cisalhamento, partindo do ponto mais à esquerda numa viga, o diagrama entre quaisquer dois pontos é plano se não houver carga aplicada entre esses dois pontos (q = 0). Se houver uma carga aplicada ($q \neq 0$), a direção de mudança do diagrama segue a direção da carga e a mudança é igual à intensidade da carga. Se uma carga concentrada for encontrada, o diagrama de cisalhamento, da esquerda para a direita, segue para cima ou para baixo na quantidade da carga concentrada e na direção dessa carga (equação 4.1b). Essas regras práticas são ilustradas na figura abaixo.

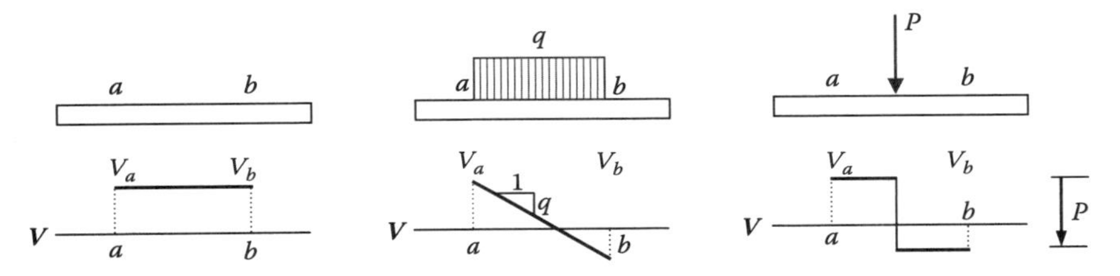

Regras de diagramas de cisalhamento para diferentes cargas.

2. Quando plotando um diagrama de momento, partindo do ponto mais à esquerda numa viga, esse diagrama entre quaisquer dois pontos é (a) linear, se o cisalhamento for constante, (b) parabólico se o cisalhamento for linear, e assim por diante. O diagrama de momento tem inclinação zero no ponto em que o cisalhamento é zero. Se um momento concentrado for encontrado, o diagrama de momento, seguindo da esquerda para a direita, move-se para cima ou para baixo na quantidade do momento concentrado se este for anti-horário ou horário, respectivamente (equação 4.2b). Essas regras práticas são ilustradas na figura seguinte.

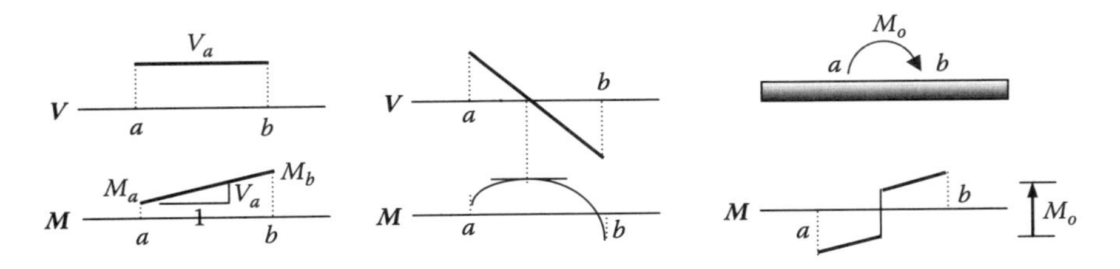

Regras de diagramas de momento para diferentes cargas e diagramas de cisalhamento.

Exemplo 4.4
Trace os diagramas de cisalhamento e de momento da viga carregada mostrada.

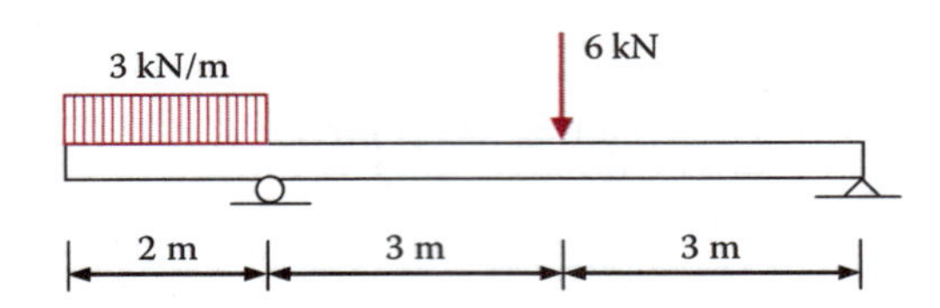

Exemplo para diagramas de cisalhamento e de momento de uma viga.

Solução
Daremos uma solução detalhada passo a passo.

1. Encontre as reações. O primeiro passo na construção dos diagramas de cisalhamento e de momento é encontrar as reações. Os leitores são encorajados a verificar os valores de reações mostrados na figura seguinte, que é o DCL da viga com todas as forças mostradas.

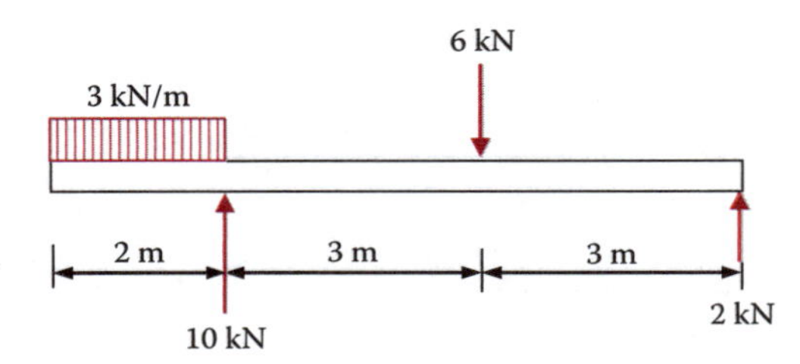

DCL da viga mostrando as forças aplicadas e de reação.

2. Trace o diagrama de cisalhamento da esquerda para a direita.

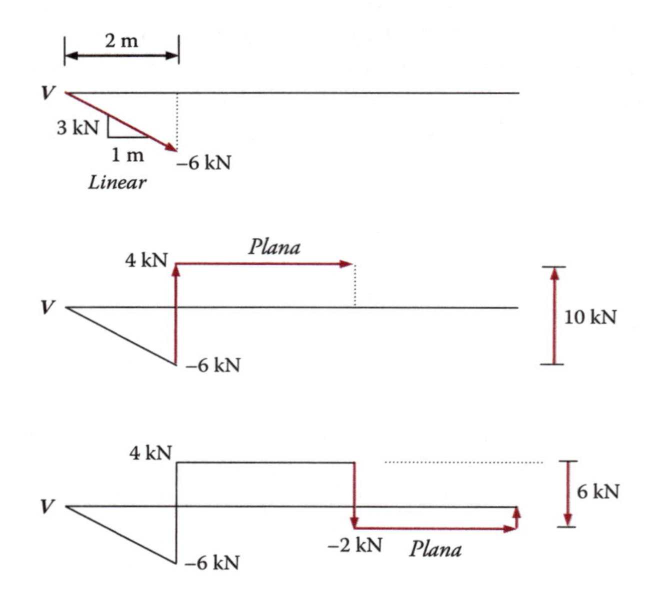

Traçando o diagrama de cisalhamento da esquerda para a direita.

3. Trace o diagrama de momento da esquerda para a direita.

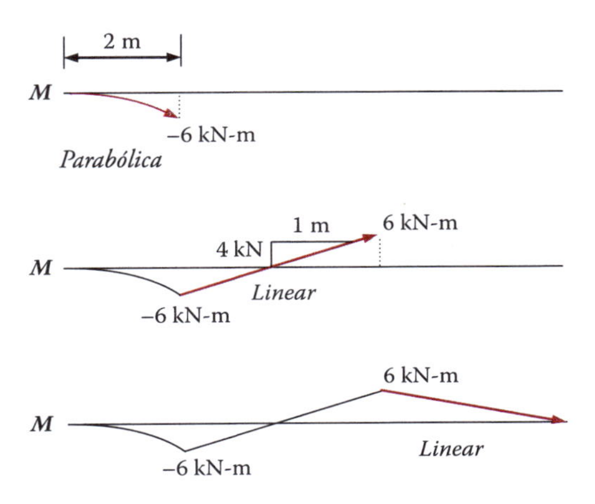

Traçando o diagrama de momento da esquerda para a direita.

Exemplo 4.5

Trace os diagramas de cisalhamento e de momento da viga carregada mostrada.

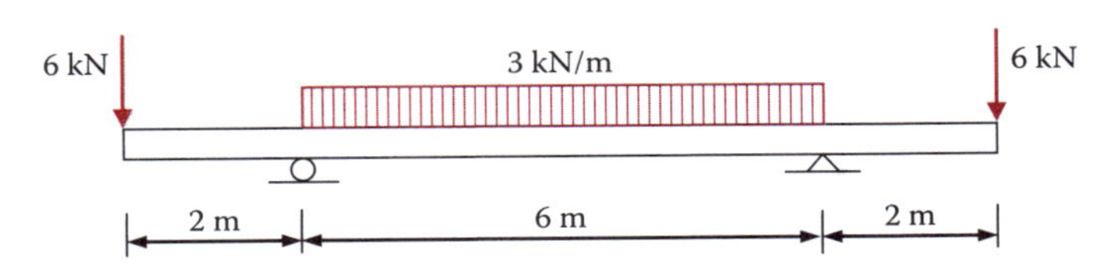

Exemplo para diagramas de cisalhamento e de momento de uma viga.

Solução

Traçaremos os diagramas de cisalhamento e de momento diretamente.

1. Encontre as reações.

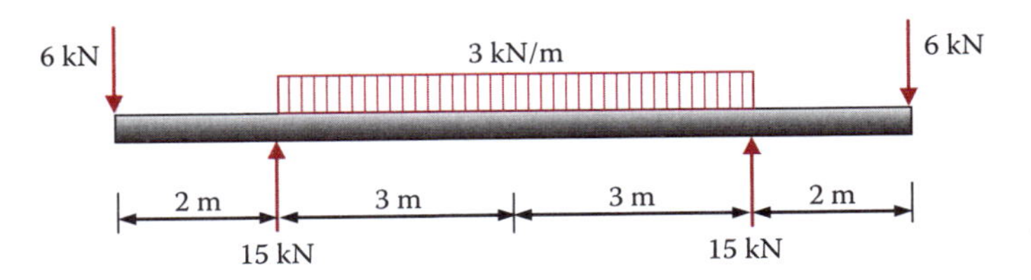

DCL mostrando todas as forças.

2. Trace o diagrama de cisalhamento da esquerda para a direita.

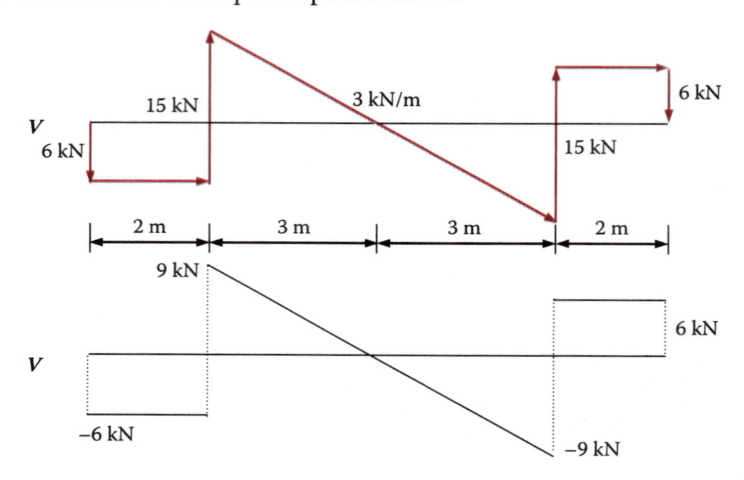

Traçando o diagrama de cisalhamento da esquerda para a direita.

3. Trace o diagrama de momento da esquerda para a direita.

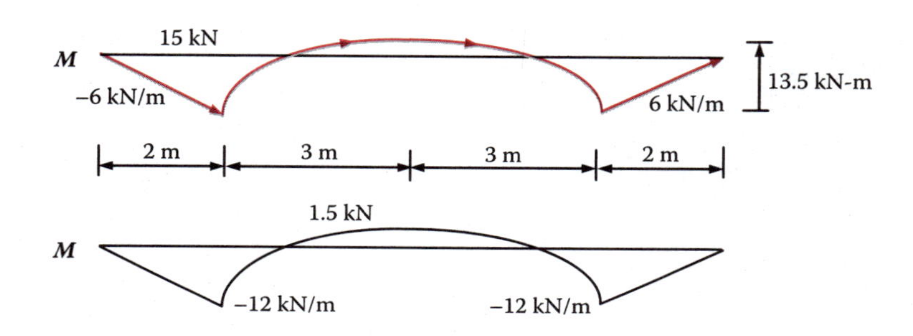

Traçando o diagrama de momento da esquerda para a direita.

Exemplo 4.6

Trace os diagramas de cisalhamento e de momento da viga carregada mostrada a seguir.

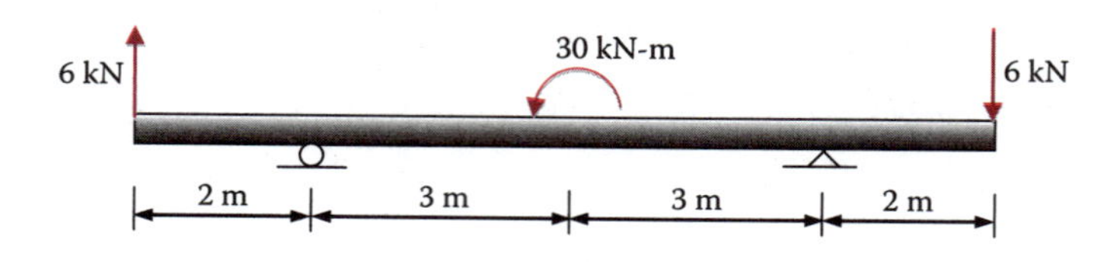

Exemplo para diagramas de cisalhamento e de momento de uma viga.

Solução

1. Encontre as reações.

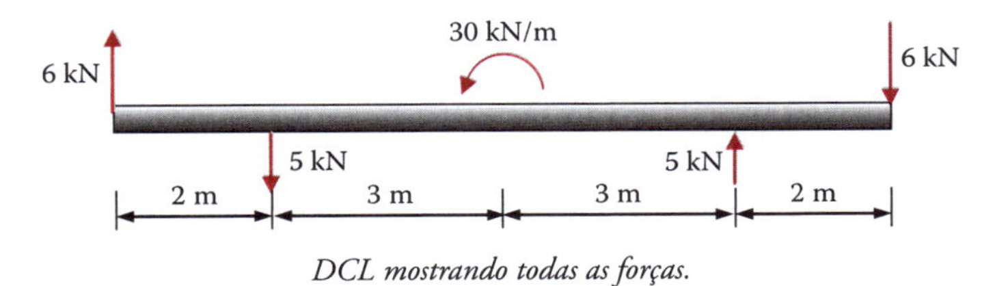

DCL mostrando todas as forças.

2. Trace o diagrama de cisalhamento da esquerda para a direita.

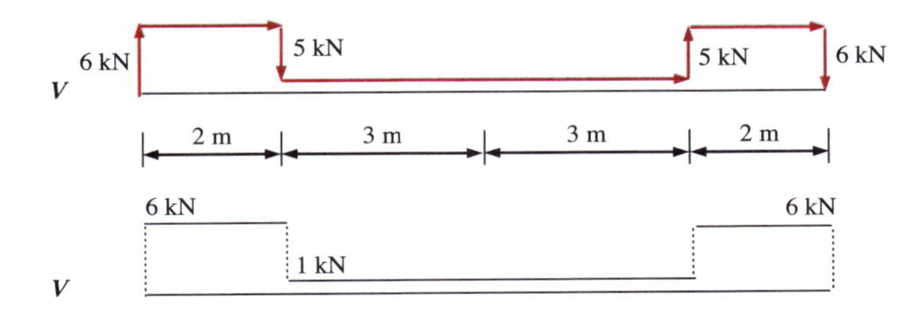

Traçando o diagrama de cisalhamento da esquerda para a direita.

3. Trace o diagrama de momento da esquerda para a direita.

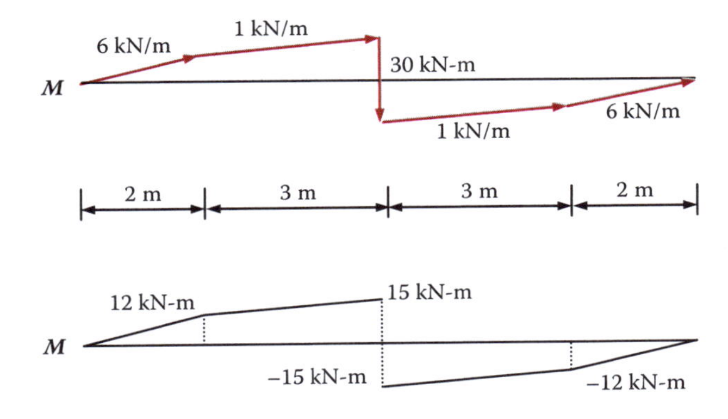

Traçando o diagrama de momento da esquerda para a direita.

4.4 Vigas e quadros estaticamente determinados

A análise de vigas e quadros estaticamente determinados começa com a definição dos DCLs dos barras e, então, utiliza as equações de equilíbrio de cada DCL para encontrar as incógnitas de força. O processo é melhor ilustrado através de problemas de exemplo.

Exemplo 4.7
Analise a viga carregada da figura seguinte e trace os diagramas de cisalhamento e de momento.

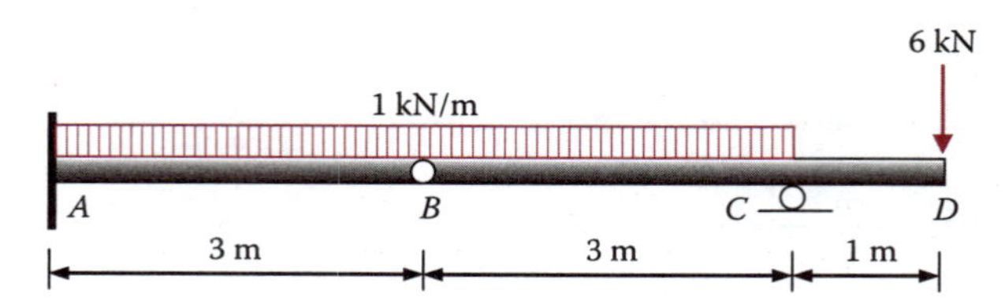

Um problema de viga estaticamente determinada.

Solução
A presença de uma articulação interna pede um corte na articulação para produzir dois DCLs separados. Esta é a melhor maneira de expor a força na articulação.

1. Defina DCLs e encontre reações e forças nodais internas.

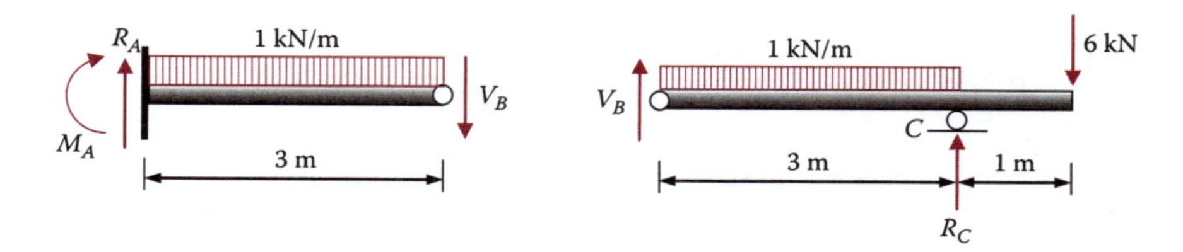

Dois DCLs expondo todas as forças nodais e reações de apoio.

O cálculo em cada DCL é autoexplicativo. Começamos com o DCL do lado direito, porque ele contém apenas duas incógnitas e temos exatamente duas equações para usar. A terceira equação de equilíbrio é o balanço de forças na direção horizontal, que não produz nenhuma equação útil, já que não há força nessa direção.

$$\Sigma M_C = 0, \quad V_B(3) - 3(1.5) + 6(1) = 0$$

$$\Longrightarrow \quad V_B = -0.5 \text{ kN}$$

$$\Sigma F_y = 0, \quad -0.5 - 3 - 6 + R_C = 0$$

$$\Longrightarrow \quad R_C = 9.5 \text{ kN}$$

$$\Sigma M_A = 0, \quad M_A + 3(1.5) - 0.5(3) = 0$$

$$\Longrightarrow \quad M_A = -3 \text{ kN-m}$$

$$\Sigma F_y = 0, \quad 0.5 - 3 + R_A = 0$$

$$\Longrightarrow \quad R_A = 2.5 \text{ kN}$$

2. Trace o DCL de toda a viga e depois os diagramas de cisalhamento e de momento.

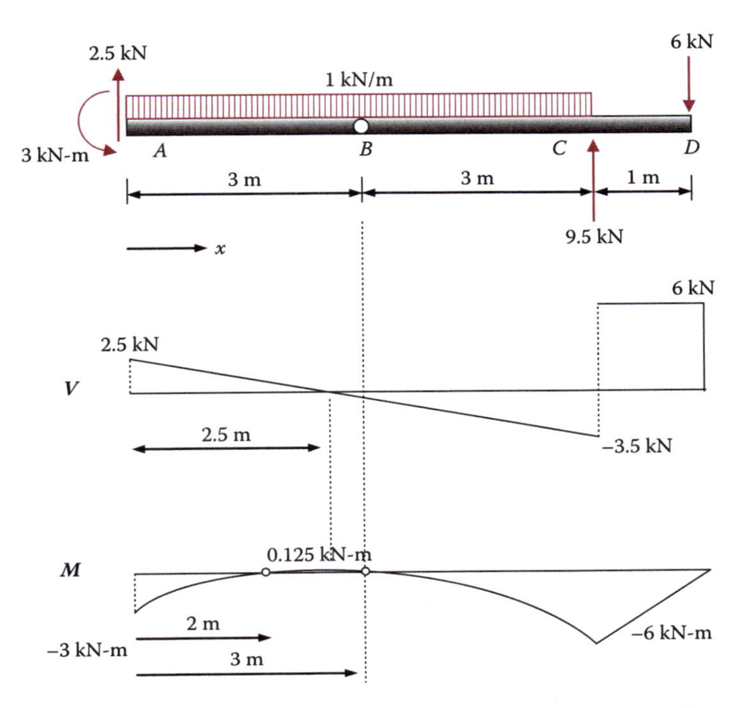

Diagramas de cisalhamento e de momento traçados a partir dos dados de força do DCL.

Note que o ponto de momento zero é determinado pela solução da equação de segunda ordem derivada do DCL mostrado a seguir.

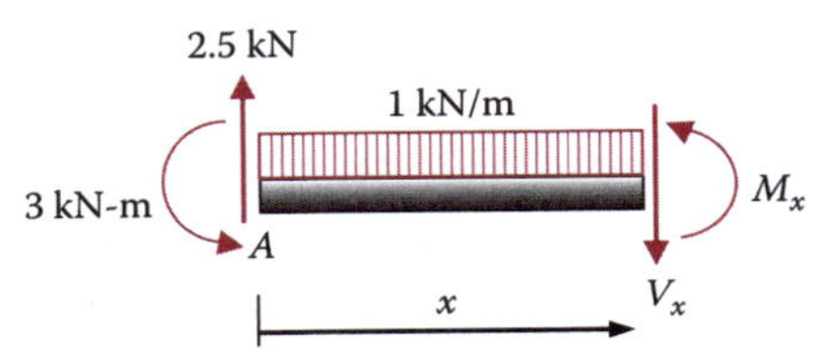

DCL para determinar o momento numa seção x típica.

$$M(x) = -3 + 2.5\,x - 0.5\,x^2 = 0, \Longrightarrow x = 2\text{ m}, 3\text{ m}$$

O momento positivo máximo local é determinado a partir do ponto de cisalhamento zero em x = 2,5 m, do qual obtemos $M(x = 2{,}5) = -3 + 2{,}5\,(2{,}5) - 0{,}5\,(2{,}5)2 = 0{,}125$ kN-m.

Exemplo 4.8

Analise a viga carregada mostrada a seguir e trace os diagramas de cisalhamento e de momento.

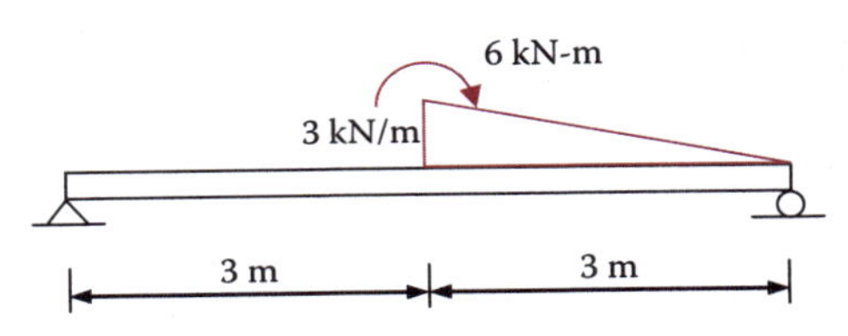

Uma viga carregada com uma força distribuída e um momento.

Solução

O problema é resolvido usando-se o princípio da superposição, que afirma que para uma estrutura linear a solução da estrutura sob dois sistemas de carga é a soma das soluções da estrutura sob cada sistema de forças. O processo de solução é ilustrado na sequência de figuras autoexplicativas seguinte.

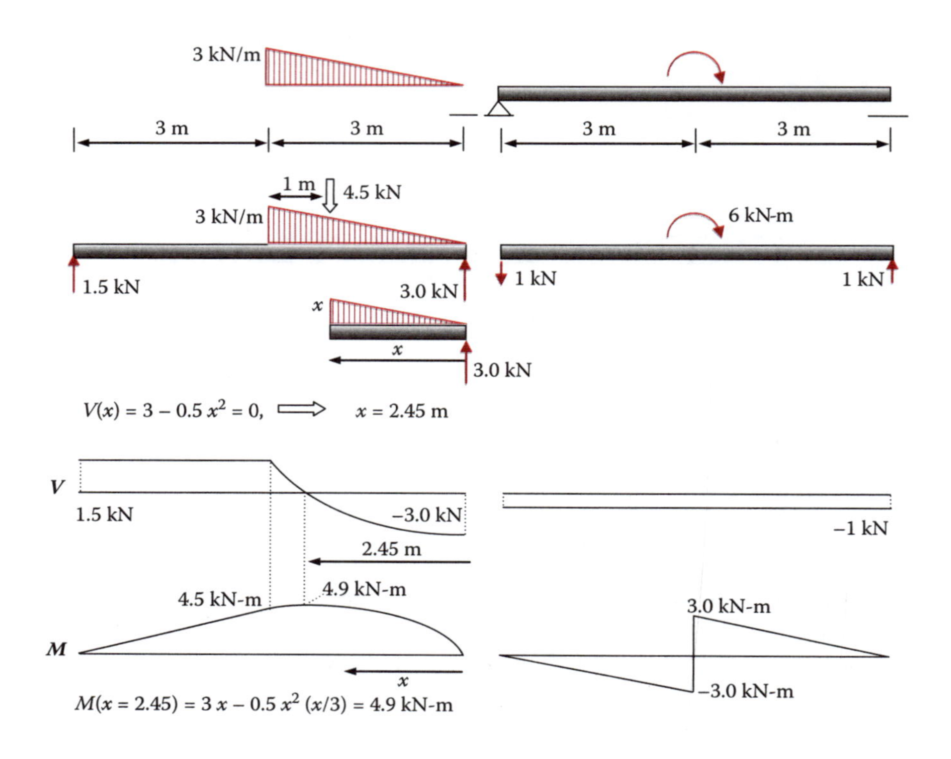

Resolvendo dois problemas separados.

Os diagramas de cisalhamento e de momento sobrepostos dão a resposta final.

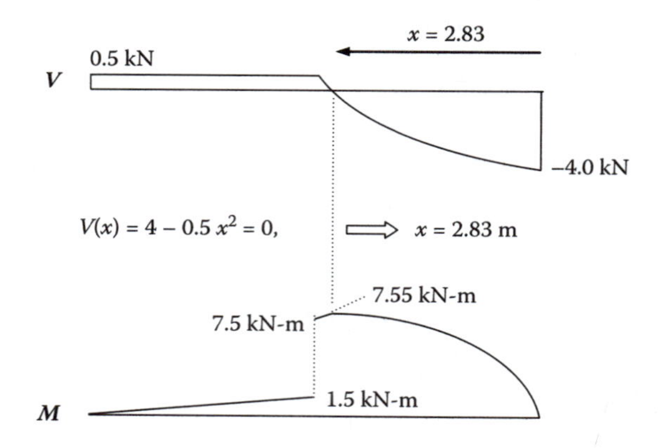

Diagramas combinados de cisalhamento e de momento.

Exemplo 4.9
Analise o quadro carregado mostrado a seguir, e trace os diagramas de força axial, de cisalhamento e de momento.

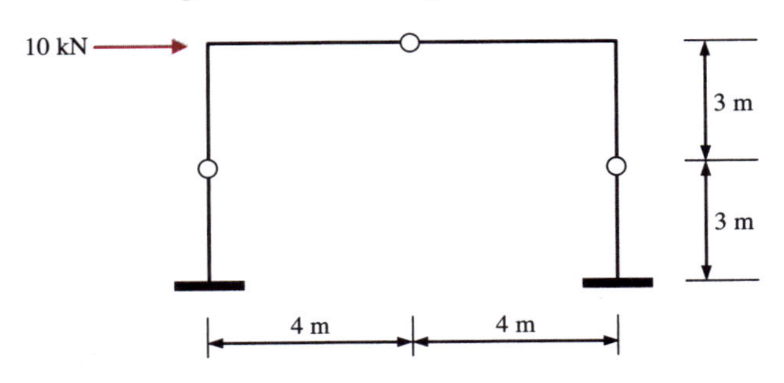

Um quadro estaticamente determinado.

Solução
O processo de solução para um quadro não é diferente do de uma viga.

1. Defina DCLs e encontre reações e forças nodais internas. Muitos DCLs diferentes podem ser definidos para este problema, mas eles podem não levar a soluções simples. Após tentativas e erros, o DCL seguinte oferece uma solução simples para a força axial nas duas colunas.

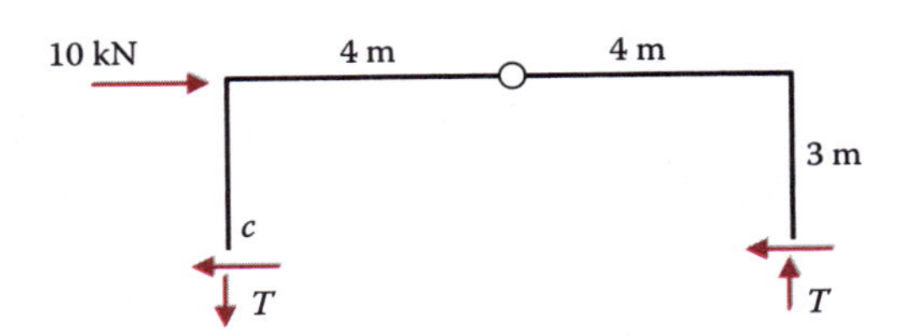

DCL para encontrar a força axial nas colunas.

$$\Sigma M_c = 0, \implies T(8) = 10(3), \implies T = 3.75 \text{ kN}$$

Depois que a força axial nas duas colunas for conhecida, poderemos passar para a definição de quatro DCLs para expor todas as forças nodais nas articulações internas, como mostrado na figura seguinte, e encontrar quaisquer forças nodais desconhecidas, uma a uma, usando equações de equilíbrio de cada DCL. A sequência de solução é mostrada pelos números afixados a cada DCL. Em cada DCL, os valores de força em negrito são os que são conhecidos de cálculos prévios, e as outras três incógnitas são obtidas das equações de equilíbrio do próprio DCL.

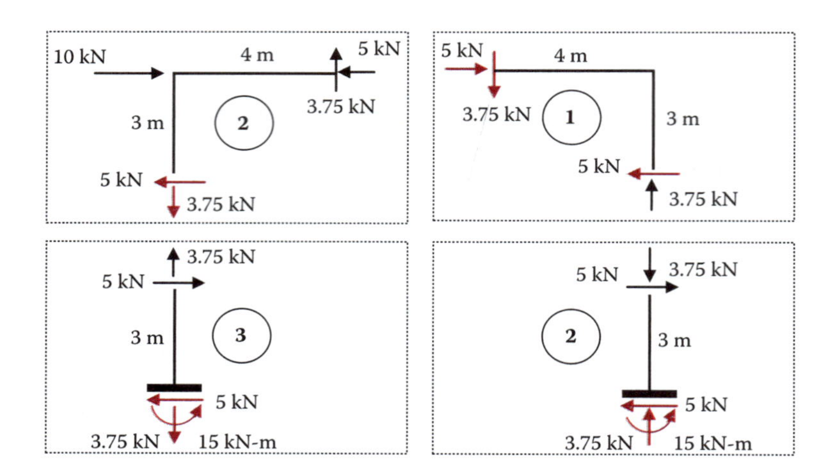

Quatro DCLs expondo todas as forças internas nas articulações.

Percebemos que poderíamos ter usado as 12 equações de equilíbrio dos quatro DCLs acima para encontrar as doze incógnitas de força se a ajuda do DCL anterior para encontrar, primeiro, a força axial nas duas colunas. Mas a estratégia de solução apresentada oferece a sequência de cálculo mais simples, sem ter-se de encontrar nenhuma equação simultânea.

2. Trace os diagramas de força axial, de cisalhamento e de momento. Para o diagrama de força axial, nós definimos a força de tensão como positiva, e a força de compressão como negativa. Para os diagramas de cisalhamento e de momento, nós usamos a mesma convenção de sinal para ambos, vigas e colunas. Para as colunas orientadas verticalmente, é costume igualar o "interior" de uma coluna ao "lado inferior" de uma viga e traçar os diagramas de cisalhamento e de momento positivos e negativos convenientemente.

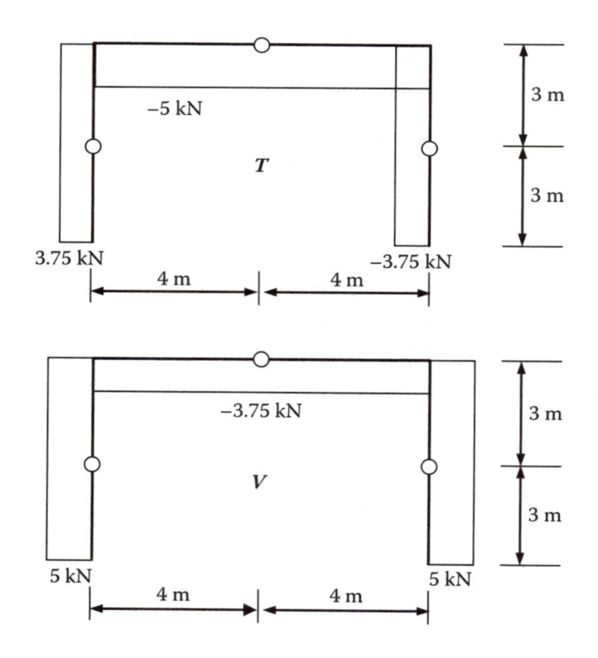

Diagramas de força axial, de cisalhamento e de momento do problema de exemplo.

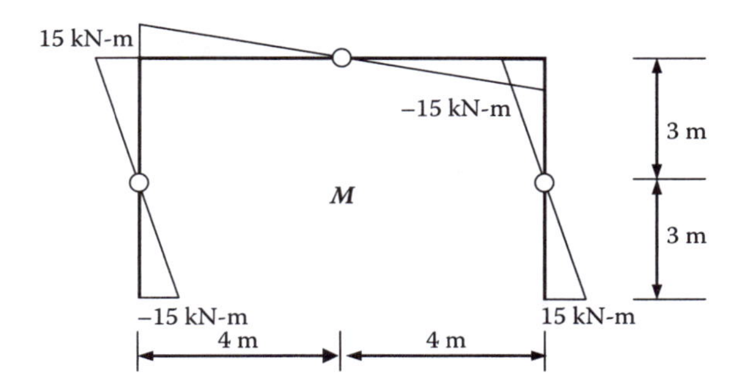

Exemplo 4.10

Analise o quadro carregado seguinte, e trace os diagramas de força axial, de cisalhamento e de momento. A intensidade da força horizontal é de 15 kN por unidade de extensão vertical.

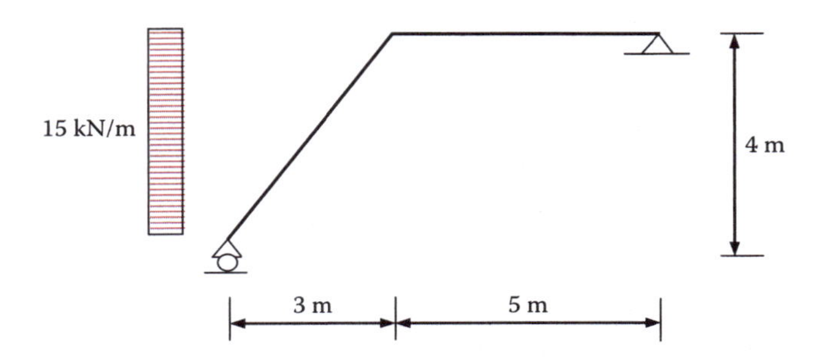

Problema de exemplo de quadro estaticamente determinado.

Solução

A barra inclinada requer um tratamento especial para encontrar seu diagrama de cisalhamento.

1. Encontre as reações e trace o DCL da estrutura completa.

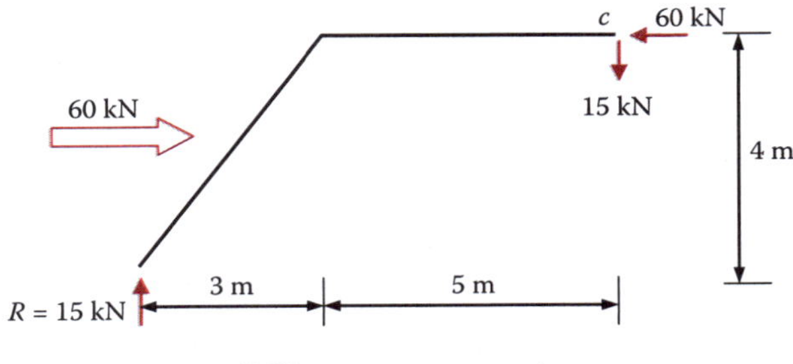

DCL para encontrar reações.

$$\Sigma M_c = 0, \Longrightarrow 60(2) - R(8) = 0, \Longrightarrow R = 15 \text{ kN}$$

2. Trace os diagramas de força axial, de cisalhamento e de momento. Antes de traçar os diagramas, precisamos encontrar as forças nodais que estão na direção da força axial e da força de cisalhamento. Isso significa que precisamos decompor todas as forças não perpendiculares ou paralelas aos eixos das barras naquelas que o são. A parte superior da figura seguinte reflete esse passo. Uma vez que as forças nodais estejam apropriadamente orientadas, o traçado dos diagramas é facilmente conseguido.

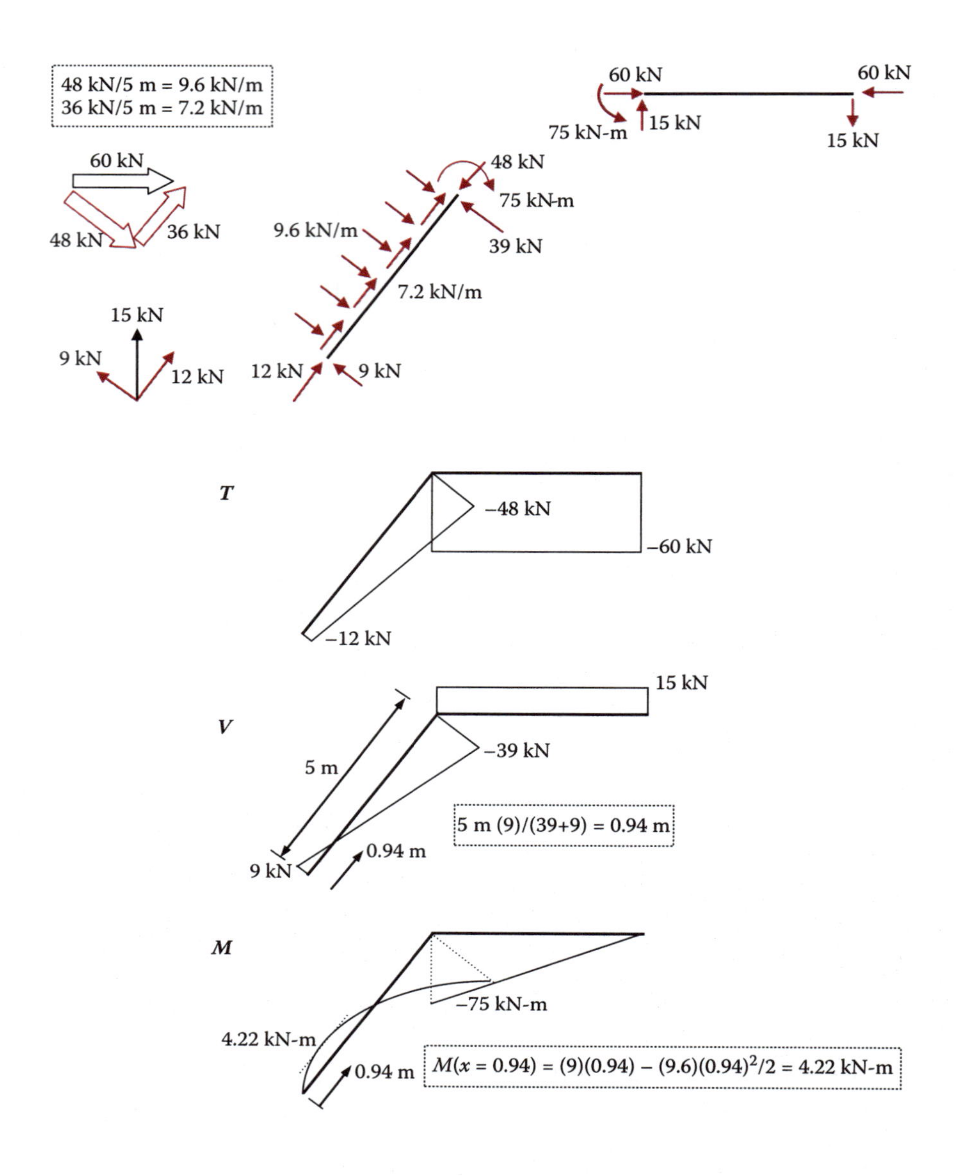

Diagramas de força axial, de cisalhamento e de momento do problema de exemplo.

Problema 4.2

Analise as vigas e os quadros mostrados, e trace os diagramas de força axial (somente para os quadros), de cisalhamento e de momento.

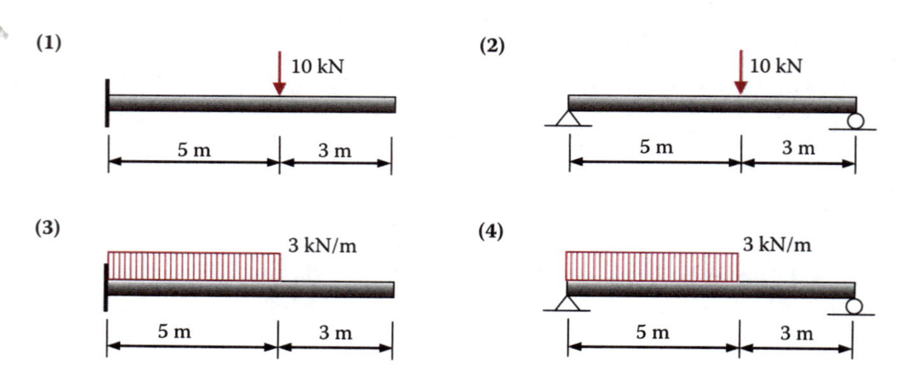

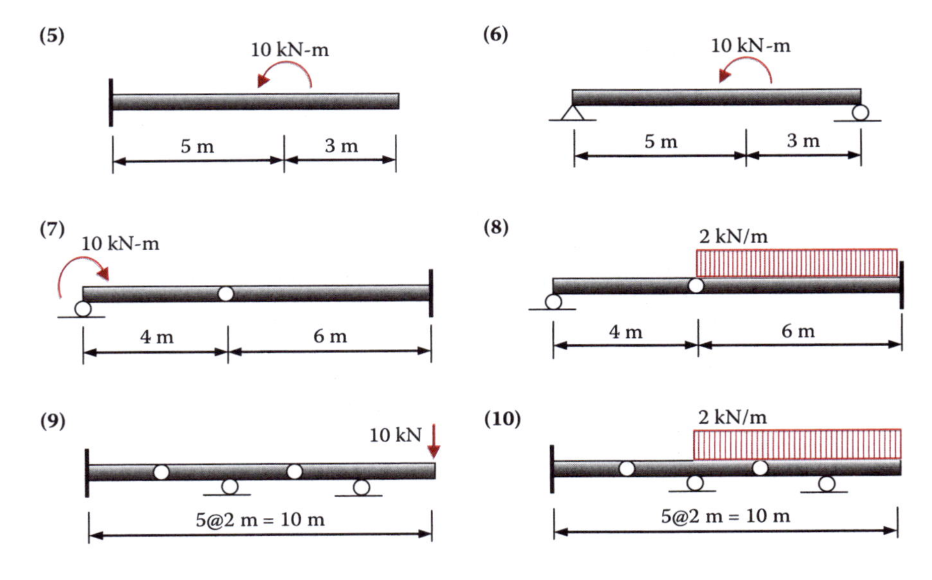

Problema 4.2 – problemas de vigas.

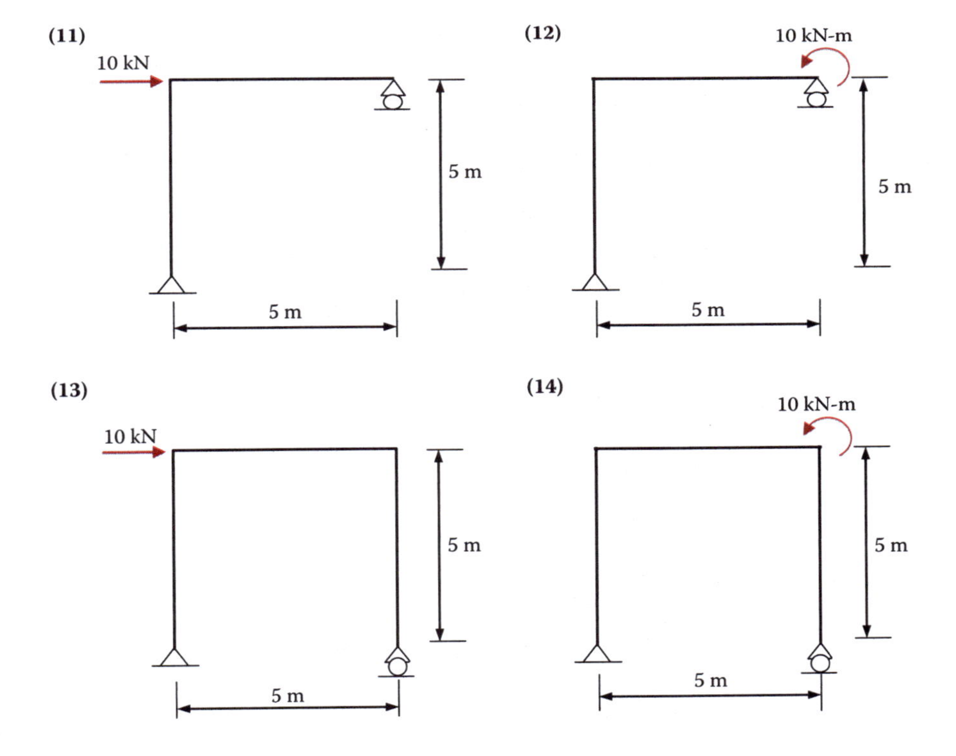

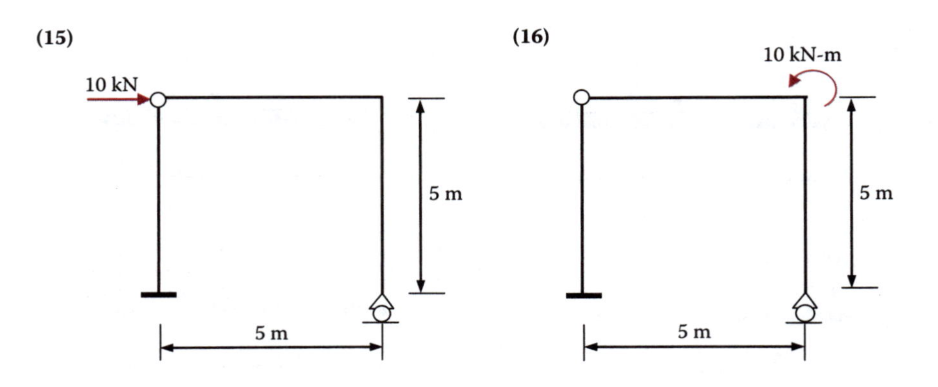

Problema 4.2 – problemas de quadros.

5

Análise de vigas e quadros: método das forças – Parte II

5.1 Deflexão de vigas e quadros

Deflexão de vigas e quadros é o desvio da configuração de vigas e quadros de seu estado não deslocado para o estado deslocado, medido a partir do eixo neutro de uma viga ou de uma barra do quadro. É o efeito cumulativo da deformação dos elementos infinitesimais de uma viga ou barra de quadro. Como mostrado na figura seguinte, um elemento infinitesimal da largura dx pode ser submetido a todas as três ações: força axial (T), de cisalhamento (V) e momento (M). Cada uma dessas ações tem um efeito diferente na deformação do elemento.

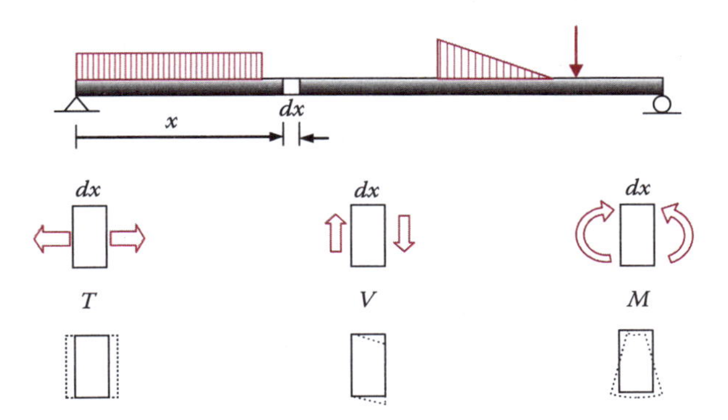

Efeito da força axial, do cisalhamento e do momento na deformação de um elemento.

O efeito da deformação axial numa barra é o alongamento ou encurtamento axial, que é calculado da mesma forma que a barra de uma treliça. O efeito da deformação por cisalhamento é a distorção da forma do elemento, que resulta em deflexões transversais de uma barra. O efeito da deformação fletora é a flexão do elemento, resultando na deflexão transversal e no encurtamento axial. Esses efeitos são ilustrados a seguir.

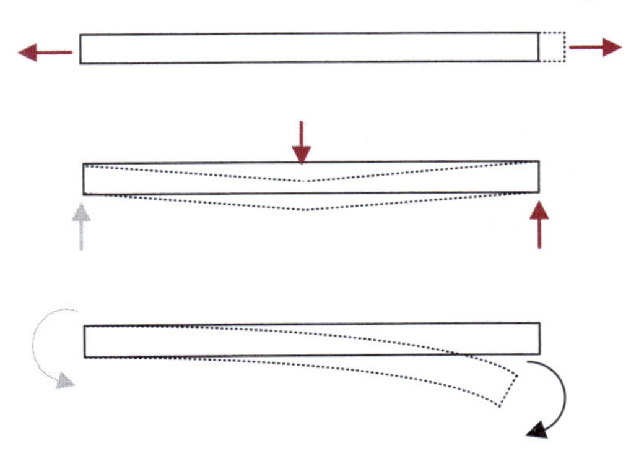

Efeitos das deformações axial, por cisalhamento e fletora numa barra.

Apesar de ambas as deformações, axial e fletora, resultar no alongamento ou encurtamento axial, o efeito da deformação fletora no alongamento axial é considerada insignificante para aplicações práticas. Assim, o encurtamento induzido pela flexão, Δ, não cria tensão axial na figura seguinte, mesmo quando o deslocamento axial é restringido por duas articulações, como na parte direita da figura, porque o encurtamento axial é muito pequeno para ter qualquer significância. Como resultado, as deflexões axial e transversa podem ser consideradas em separado e independentemente.

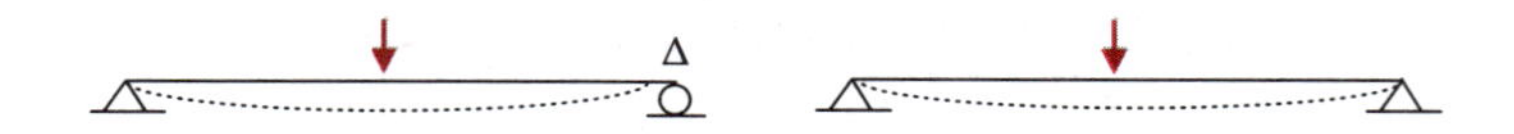

O encurtamento induzido por flexão é insignificante.

Deveremos nos preocupar apenas com a deflexão transversa, daqui por diante. O efeito da deformação por cisalhamento na deflexão transversa, porém, também é insignificante se a razão entre comprimento e profundidade de uma barra for maior que 10, como regra geral. Consequentemente, o único efeito a ser incluído na análise da deflexão de vigas e quadros é o da deformação fletora causada pelos momentos de flexão. Como tal, não há necessidade de se distinguir quadros de vigas. Apresentaremos agora a teoria aplicável à deflexão transversa de vigas.

5.2 Métodos de integração

Teoria de flexão linear de vigas – teoria clássica de vigas. A teoria clássica de vigas é baseada nas seguintes suposições:

1. O efeito da deformação por cisalhamento é insignificante; e
2. A deflexão transversa é pequena (<< profundidade da viga).

Consequentemente:

1. A normal a uma seção transversal permanece normal após a deformação; e
2. O comprimento do arco de um elemento de viga deformada é igual ao comprimento do elemento da viga antes da deformação.

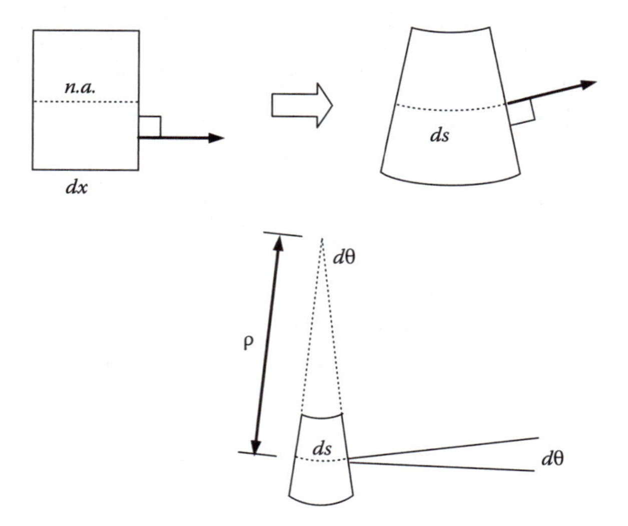

Deformação de elementos de viga e a curvatura resultante do eixo neutro (n.a.).

Desta figura, fica claro que a rotação de uma seção é igual à rotação do eixo neutro. A taxa de mudança do ângulo do eixo neutro é definida como a curvatura. A recíproca da curvatura é chamada de raio da curvatura, denotado por ρ.

$$\frac{d\theta}{ds} = \text{taxa de mudança do ângulo} = \text{curvatura}$$

$$\frac{d\theta}{ds} = \frac{1}{\rho} \tag{5.1}$$

Para uma viga feita de materiais linearmente elásticos, a curvatura de um elemento, representada pela curvatura de seu eixo neutro, é proporcional ao momento de flexão atuando sobre o elemento. A constante proporcional, conforme derivada nos livros sobre resistência de materiais ou mecânica de corpos deformáveis, é o produto do módulo de Young, E, e o momento de inércia da seção transversa com relação à linha de superfície horizontal neutra da seção, I. Coletivamente, EI é chamada de rigidez fletora seccional.

$$M(x) = k\frac{1}{\rho(x)}$$

onde $k = EI$.

Rearranjando a equação anterior, obtemos a seguinte fórmula para momento-curvatura:

$$\frac{M}{EI} = \frac{1}{\rho} \tag{5.2}$$

A equação 5.2 é aplicável a todas as vigas feitas de materiais linearmente elásticos e é independente de quaisquer sistemas de coordenadas. Para calcular a deflexão de qualquer viga, medida pela deflexão de seu eixo neutro, porém, precisamos definir um sistema de coordenadas, como mostrado a seguir. Doravante, fica entendido que a linha ou curva mostrada para uma viga representa a do eixo neutro da viga.

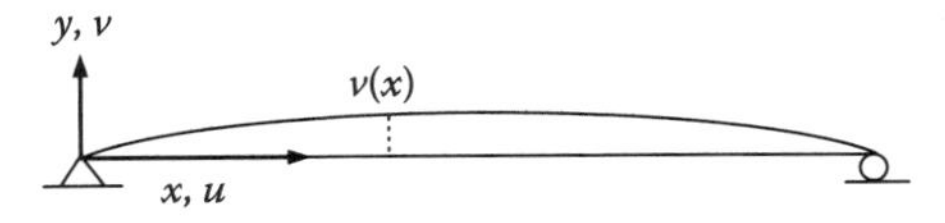

Curva de deflexão e o sistema de coordenadas.

Na figura anterior, u e v são os deslocamentos de um ponto do eixo neutro na direção x e y, respectivamente. Como explicado anteriormente, o deslocamento axial, u, é considerado em separado e nos concentraremos no deslocamento transversal, v. Numa localização típica, x, o comprimento do arco, ds, e sua relação com suas componentes x e y são apresentados na figura seguinte.

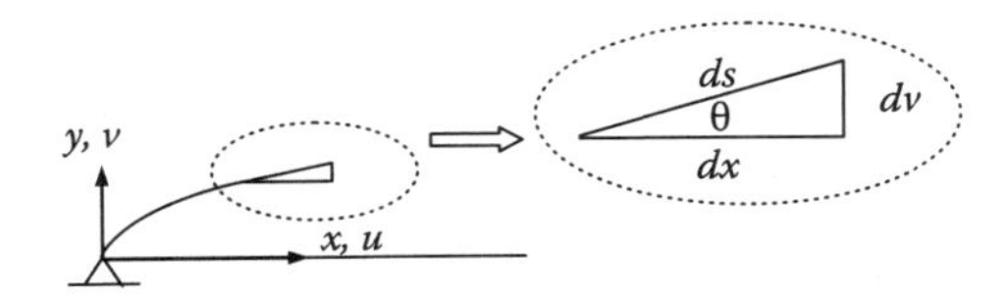

Comprimento do arco, suas componentes x e y, e o ângulo de rotação.

A suposição da pequena deflexão da teoria clássica de vigas nos permite escrever

$$Tan\,\theta = \theta = \frac{dv}{dx} = v' \text{ and } ds = dx \tag{5.3}$$

onde substituímos o operador de diferencial *d*/*dx* pelo símbolo mais simples, linha (′).

Uma substituição direta das fórmulas anteriores na equação 5.1 leva a

$$\frac{d\theta}{ds} = \frac{1}{\rho} = \frac{d\theta}{dx} = \theta' = v'' \tag{5.4}$$

que, por sua vez, leva da equação 5.2 a

$$\frac{M}{EI} = \frac{1}{\rho} = v'' \tag{5.5}$$

Esta última equação, 5.5, é a base para a solução da curva de deflexão, representada por $v(x)$. Podemos encontrar v' e v a partir das equações 5.4 e 5.5 por integração direta.

Integração direta. Se expressarmos M como uma função de x a partir do diagrama de momento, poderemos integrar a equação 5.5 uma vez para obter a rotação

$$\theta = v' = \int \frac{M}{EI} dx \tag{5.6}$$

Integre novamente para obter a deflexão

$$v = \iint \frac{M}{EI} dx\, dx \tag{5.7}$$

Agora, ilustraremos o processo de solução pelo exemplo seguinte.

Exemplo 5.1
A viga seguinte tem uma EI constante e um comprimento L. Encontre as fórmulas de rotação e deflexão.

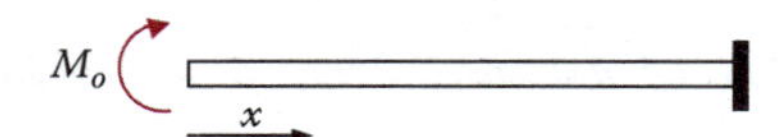

Uma viga cantiléver carregada por um momento na extremidade.

Solução
O diagrama de momento é facilmente obtido como mostrado a seguir.

M_o

M

Diagrama de momento.

Claramente,

$$M(x) = M_o$$

Integre uma vez: $EIv'' = M_o \Longrightarrow EIv' = M_o x + C_1$

Condição 1: $v' = 0$ at $x = L \Longrightarrow C_1 = -M_o L$

$\Longrightarrow EIv' = M_o (x - L)$

Integre novamente: $EIv' = M_o (x - L)$ $\quad EIv = M_o (\frac{x^2}{2} - Lx) + C_2$

Condição 2: $v = 0$ at $x = L \Longrightarrow C_2 = M_o \frac{L^2}{2}$

$\Longrightarrow EIv = M_o (\frac{x^2 + L^2}{2} - Lx)$

Rotação: $\theta = v' = \frac{M_o}{EI}(x - L) \Longrightarrow$ at $x = 0$, $v' = -\frac{M_o}{EI} L$

Deflexão: $v = \frac{M_o}{EI}(\frac{x^2 + L^2}{2} - Lx) \Longrightarrow$ at $x = 0$, $v = \frac{M_o}{EI}\frac{L^2}{2}$

A rotação e a deflexão em $x = 0$ são comumente chamadas de rotação de extremidade e deflexão de extremidade, respectivamente.

O exemplo 5.1 demonstra o longo processo a ser seguido para se obter uma solução de deflexão. Por outro lado, percebemos que o processo nada mais é que o de integração, similar ao que usamos para as soluções de diagramas de cisalhamento e de momento. Podemos divisar uma maneira de traçar os diagramas de rotação e de deflexão de maneira muito semelhante ao traçado dos diagramas de cisalhamento e de momento? A resposta é sim, e o método é chamado de método da viga conjugada.

Método da viga conjugada. No traçado dos diagramas de cisalhamento e de momento, as equações básicas em que nos baseamos são as equações 4.1 e 4.3, que são reproduzidas a seguir, respectivamente, em formas equivalentes

$$V = \int -q\,dx$$

$$M = \iint -q\,dxdx$$

Claramente, as operações nas equações 5.6 e 5.7 são paralelas às das equações anteriores. Se definirmos $-M/EI$ como a "carga elástica" em paralelo a q como a carga real, então os dois processos de encontrar os diagramas de cisalhamento e de momento e os diagramas de rotação e de deflexão serão idênticos.

Diagramas de cisalhamento e de momento: $q \Longrightarrow V \Longrightarrow M$

Diagramas de rotação e de deflexão: $-\frac{M}{EI} \Longrightarrow \theta \Longrightarrow v$

Agora, podemos definir uma "viga conjugada", em que uma carga elástica de magnitude $-M/EI$ é aplicada. Podemos traçar os diagramas de cisalhamento e de momento desta viga conjugada e os resultados serão, na verdade, os diagramas rotação e de deflexão da viga original. Antes de podermos fazer isso, porém, temos de descobrir que tipo de condições de apoio ou conexão precisamos especificar para a viga conjugada. Isso pode ser facilmente conseguido seguindo-se o raciocínio na tabela seguinte, da esquerda para a direita, notando-se que M e V da viga conjugada correspondem à deflexão e à rotação da viga real, respectivamente.

Condições de apoio e conexão de uma viga conjugada

Viga original					Viga conjugada		
Apoio/conexão	v	$v' = '$	M	V	M	V	Apoio/Conexão
Fixo	0	0	≠0	≠0	0	0	Livre
Livre	≠0	≠0	0	0	≠0	≠0	Fixo
Extremidade com rolete/articulada	0	≠0	0	≠0	0	≠0	Extremidade com rolete/ articulada
Apoio interno	0	≠0	≠0	≠0	0	≠0	Conexão interna
Conexão interna	≠0	≠0	0	≠0	≠0	≠0	Apoio interno

Numa extremidade fixa da viga original, a rotação e a deflexão devem ser zero e o cisalhamento e o momento, não. No mesmo local da viga conjugada, para preservar o paralelo, o cisalhamento e o momento devem ser zero. Mas, essa é a condição de uma extremidade livre. Assim, a viga conjugada deve ter uma extremidade livre onde a viga original tem uma extremidade fixa. As outras condições são derivadas de forma similar.

Note que a conversão de apoio e conexão resumida na tabela anterior pode ser resumida na figura seguinte, que é fácil de memorizar. As várias quantidades também estão anexadas, mas o que é importante lembrar é que um apoio fixo se torna apoio livre, e vice-versa, enquanto que uma conexão interna se torna um apoio interno e vice-versa.

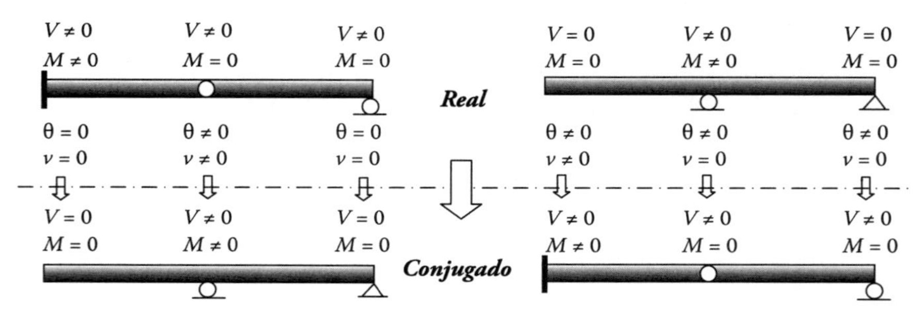

Conversão de uma viga real numa viga conjugada.

Agora, podemos sumarizar o processo de construção da viga conjugada e o traçado dos diagramas de rotação e de deflexão:

1. Construa uma viga conjugada de mesma dimensão que a original;
2. Substitua os apoios e as conexões na viga original pelo conjunto de apoios e conexões da viga conjugada, de acordo com a tabela anterior, isto é, o que é fixo se torna livre, o que é livre se torna fixo, articulação interna se torna apoio interno, e assim por diante;
3. Coloque o diagrama M/EI da viga original na viga conjugada, como uma carga distribuída, tornando momento positivo em carga para cima;
4. Trace o diagrama de cisalhamento da viga conjugada; cisalhamento positivo indica rotação anti-horária da viga original;
5. Trace o diagrama de momento da viga conjugada; momento positivo indica deflexão para cima.

Exemplo 5.2
A viga seguinte tem um EI constante e um comprimento L. Trace os diagramas de rotação e de deflexão.

Uma viga cantiléver carregada por um momento na extremidade.

Solução

1. Trace o diagrama de momento da viga original.

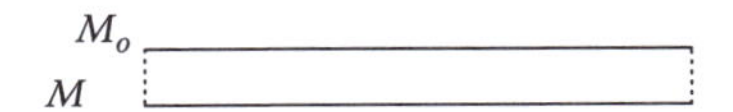

Diagrama de momento.

2. Construa a viga conjugada e aplique a carga elástica.

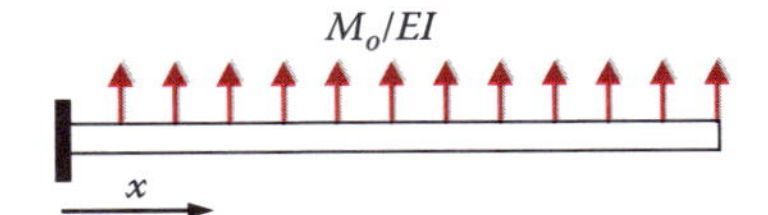

Viga conjugada e carga elástica.

3. Analise a viga conjugada para encontrar todas as reações.

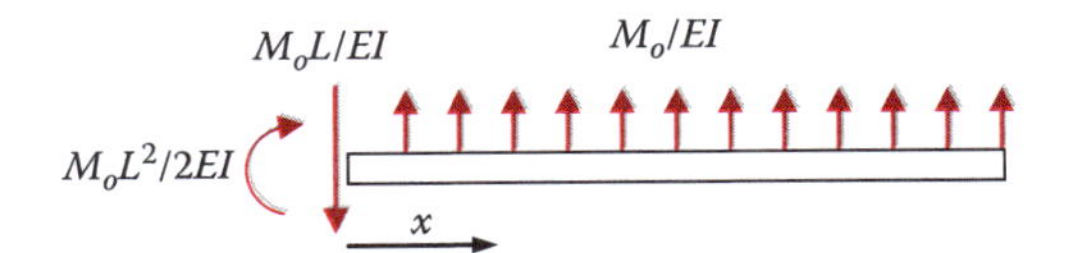

Viga conjugada, carga elástica e reações.

4. Trace o diagrama de rotação (o diagrama de cisalhamento da viga conjugada).

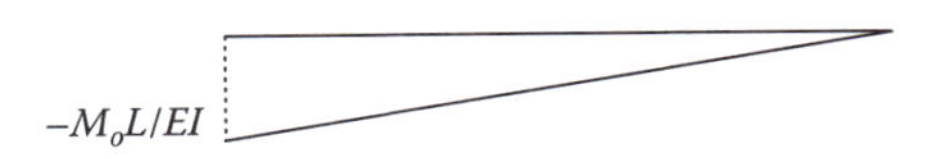

Diagrama de cisalhamento (rotação) indicando rotação no sentido horário.

5. Trace o diagrama de deflexão (o diagrama de momento da viga conjugada).

Diagrama de momento (deflexão) indicando deflexão para cima.

Exemplo 5.3

Encontre a rotação e a deflexão na extremidade da viga carregada mostrada. *EI* é constante.

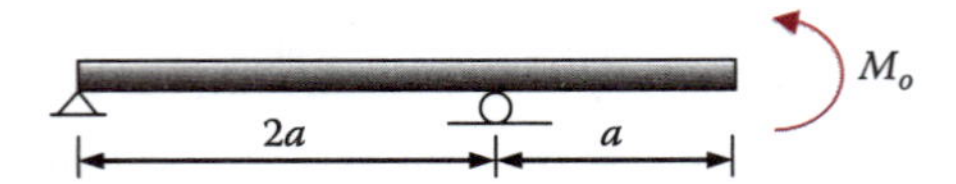

Encontre a rotação e a deflexão na extremidade.

Solução

A solução é apresentada em seguida, numa série de diagramas.

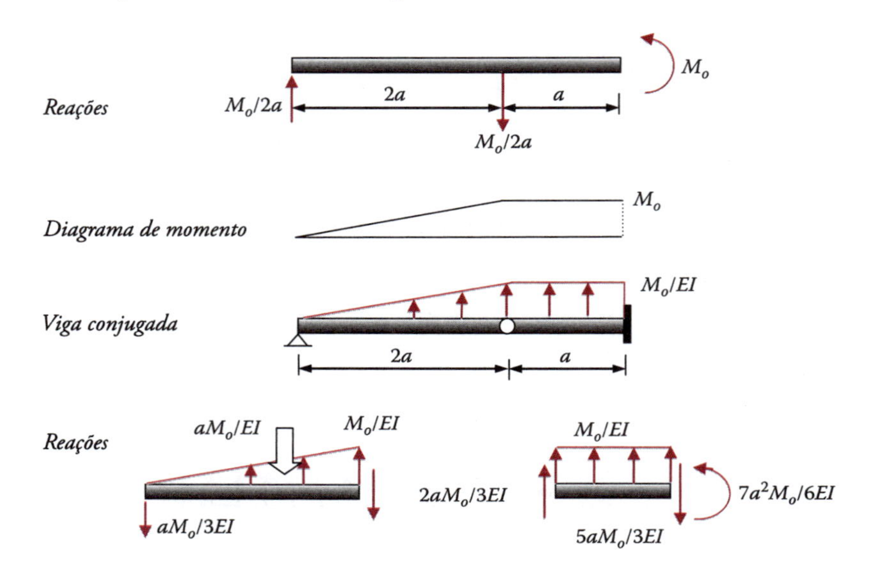

Processo de solução para encontrar a rotação e a deflexão na extremidade.

Na extremidade à direita (extremidade da viga real):

$$\text{Cisalhamento} = 5aM_o/3EI \implies \theta = 5aM_o/3EI$$

$$\text{Momento} = 7a^2M_o/6EI \implies v = 7a^2M_o/6EI$$

Exemplo 5.4

Trace os diagramas de rotação e de deflexão da viga carregada mostrada. *EI* é constante.

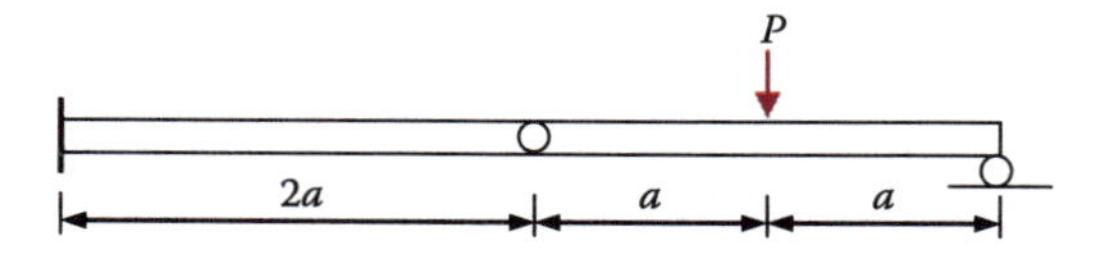

Exemplo de viga para diagramas de rotação e de deflexão.

Solução

A solução é apresentada a seguir, numa série de diagramas. Os leitores são encorajados a verificar todos os resultados numéricos.

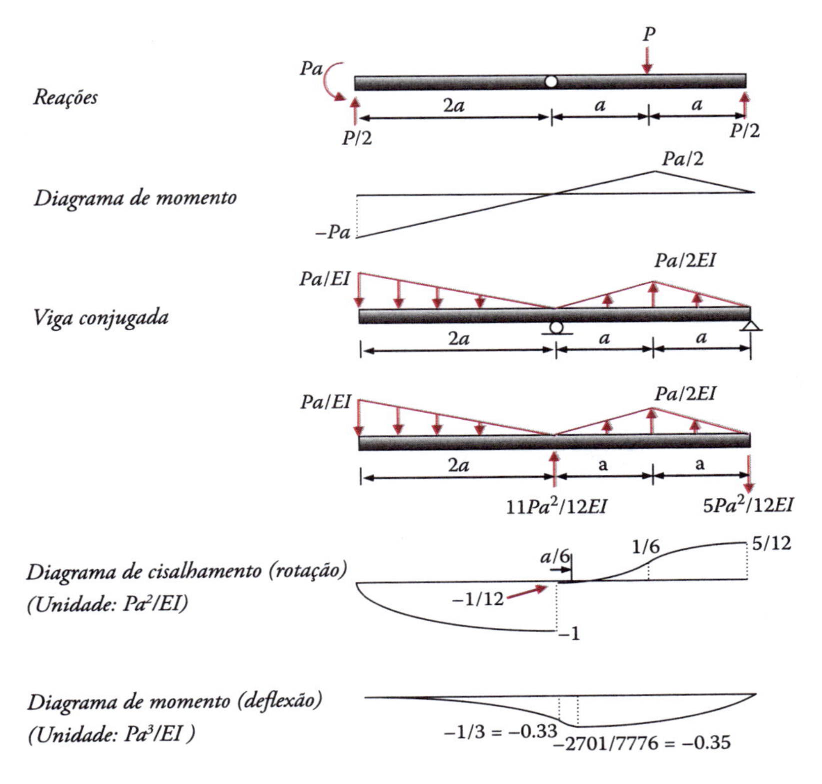

Processo de solução para os diagramas de rotação e de deflexão.

Problema 5.1

Trace os diagramas de rotação e de deflexão das vigas carregadas mostradas. EI é constante em todos os casos.

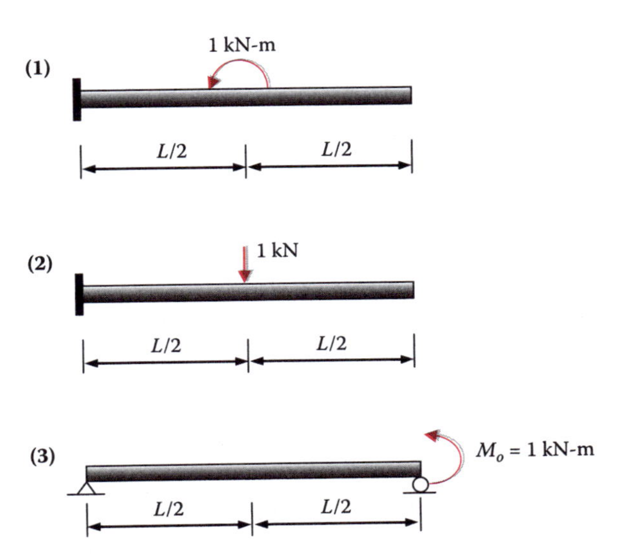

(4)

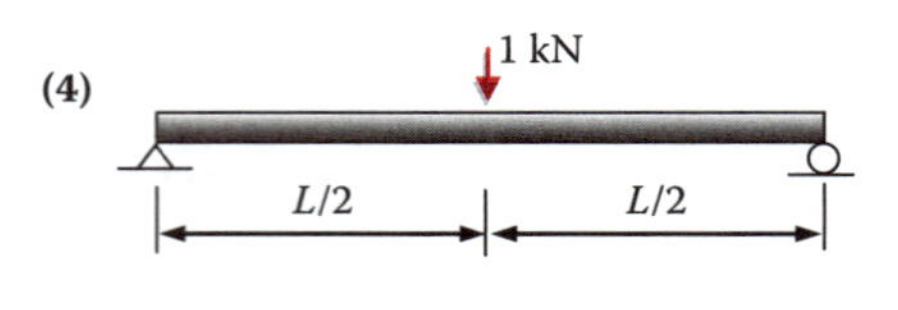

(5)

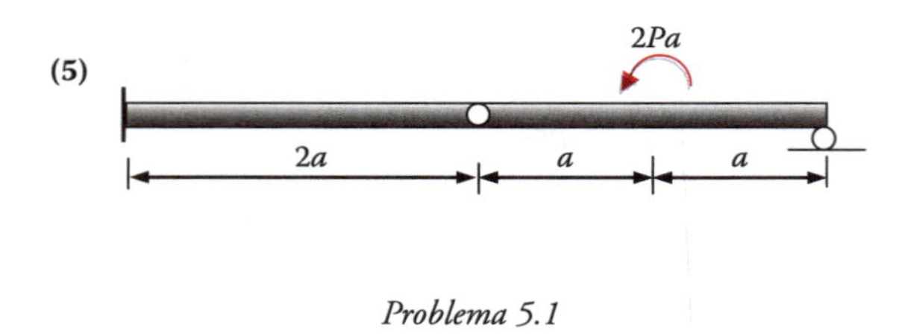

Problema 5.1

5.3 Métodos de energia

O método de vigas conjugadas é o preferido para deflexões de vigas, mas não pode ser facilmente generalizado para deflexões de quadros rígidos. Exploraremos agora os métodos de energia e introduziremos o método de carga unitária para vigas e quadros.

Uma das fórmulas fundamentais que podemos usar é o *princípio de conservação de energia mecânica*, que afirma que, num sistema em equilíbrio, o trabalho realizado por forças externas é igual ao trabalho realizado por forças internas:

$$W_{ext} = W_{int} \tag{5.8}$$

Para uma viga ou quadro carregado por um grupo de forças concentradas, P_i, forças distribuídas, q_j, e momentos concentrados, M_k, onde i, j e k vão de um até o número total no grupo respectivo, o trabalho realizado pelas forças externas é

$$W_{ext} = \Sigma\frac{1}{2}P_i\Delta_i + \Sigma\int\frac{1}{2}(q_j dx)\, v_j + \Sigma\frac{1}{2}M_k\theta_k \tag{5.9}$$

onde Δ_i, v_j e θ_k são a deflexão e a rotação correspondentes a P_i, q_j e M_k. Para uma carga concentrada, a relação carga-deslocamento para um sistema linear é mostrada a seguir e o trabalho realizado é representado pela área triangular hachurada. Diagramas similares podem ser traçados para qdx e M.

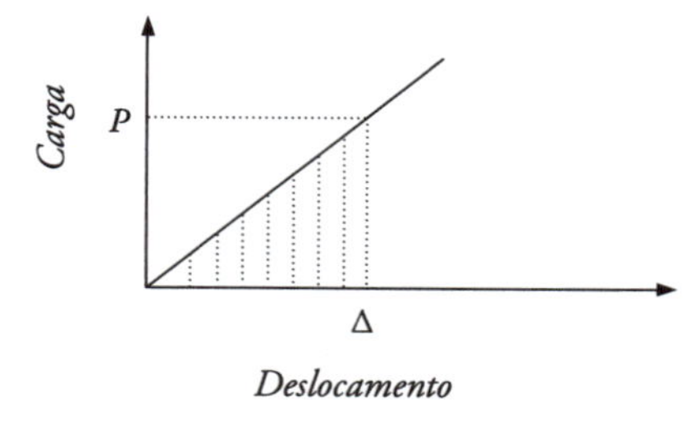

Trabalho realizado por uma carga concentrada.

Para o trabalho realizado por forças internas, consideraremos apenas os momentos internos, porque o efeito das forças de cisalhamento e axial na deflexão é insignificante. Introduziremos uma nova entidade, a energia de deformação, U, que é definida como o trabalho realizado pelas forças internas. Assim,

$$W_{int} = U = \Sigma \int \frac{1}{2} M d\theta = \Sigma \int \frac{1}{2} \frac{M^2 dx}{EI} \tag{5.10}$$

onde o somatório é sobre o número de barras do quadro, e a integração é sobre o comprimento de cada barra. Para uma viga única, o somatório é redundante. A equação 5.10 é derivada como ângulo de rotação de um elemento infinitesimal induzido por um par de momentos internos.

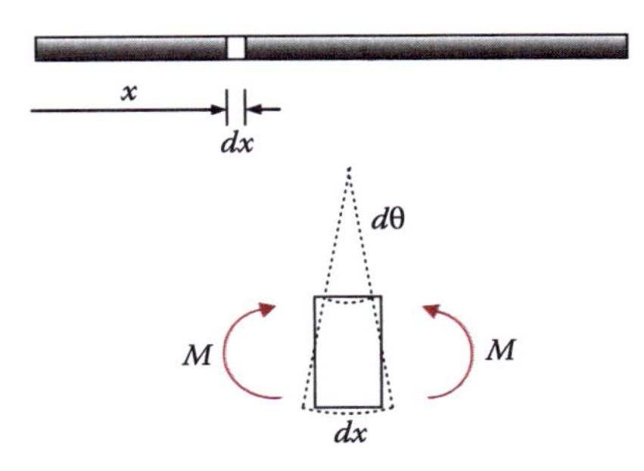

Mudança de ângulo induzida por momentos internos.

A mudança de ângulo está relacionada com o momento interno, de acordo com as equações 5.2 e 5.4,

$$d\theta = \frac{Mdx}{EI}$$

que leva à equação 5.10.

Exemplo 5.5
Encontre a rotação na extremidade da viga mostrada. EI é constante e o comprimento da viga é L.

Exemplo sobre a rotação de extremidade.

Solução
Usaremos o princípio de conservação de energia mecânica para encontrar a rotação na extremidade, que é denotada por θ_o. O trabalho realizado pelas forças externas é

$$W_{ext} = \frac{1}{2} M_o \theta_o$$

Para encontrar a expressão para energia de deformação, percebemos que

$$M(x) = M_o$$

$$U = \int \frac{1}{2} \frac{M^2 dx}{EI} = \frac{1}{2} \frac{M_o^2 L}{EI}$$

Igualando W_{ext} a U temos

$$\theta_o = \frac{M_o L}{EI}$$

Está claro que o princípio de conservação de energia mecânica só pode ser usado para encontrar a deflexão sob uma única carga externa. Um método mais geral é o da carga unitária, que é baseado no princípio de força virtual. O *princípio de força virtual* afirma que o trabalho virtual realizado por uma força virtual externa sobre um sistema de deslocamento real é igual ao trabalho virtual realizado pelas forças virtuais internas, que estão em equilíbrio com a força virtual externa, sobre a deformação real. Denotando o trabalho virtual externo por δW e o trabalho virtual interno por δU, podemos expressar o princípio de força virtual como

$$\delta W = \delta U \tag{5.11}$$

Em face da equação 5.10, que define a energia de deformação como o trabalho realizado pelas forças internas, podemos chamar δU de energia de deformação virtual. Quando aplicando o princípio da força virtual para encontrar uma determinada deflexão num ponto, nós aplicamos uma carga unitária fictícia ao ponto de interesse e na direção da deflexão que estamos procurando. Essa carga unitária é a força virtual externa. A força virtual interna para uma viga, correspondente à carga unitária, é o momento de flexão em equilíbrio com a carga unitária, e é denotado por $m(x)$. Denotando o momento interno induzido pela carga real aplicada como $M(x)$, a deformação real correspondente ao momento virtual $m(x)$ é, então

$$d\theta = \frac{M(x)dx}{EI}$$

A energia de deformação de um elemento infinitesimal é $m(x)d\theta$ e a integração de $m(x)d\theta$ sobre o comprimento da viga dá a energia de deformação virtual.

$$\delta U = \int m(x)\frac{M(x)dx}{EI}$$

O trabalho virtual externo é o produto da carga unitária pela deflexão que queremos, denotado por Δ.

$$\delta W = 1(\Delta)$$

O princípio de força virtual leva, então, à seguinte fórmula útil do método de carga unitária.

$$1\,(\Delta) = \int m(x)\,\frac{M(x)dx}{EI}$$

Na equação 5.12, nós indicamos a ligação entre a força virtual externa, *1*, e o momento virtual interno, $m(x)$, e a ligação entre a deflexão real externa, Δ, e a rotação real do elemento interno, $M(x)dx/EI$.

Exemplo 5.6

Encontre a rotação e a deflexão do ponto médio C da viga mostrada. EI é constante e o comprimento da viga é L.

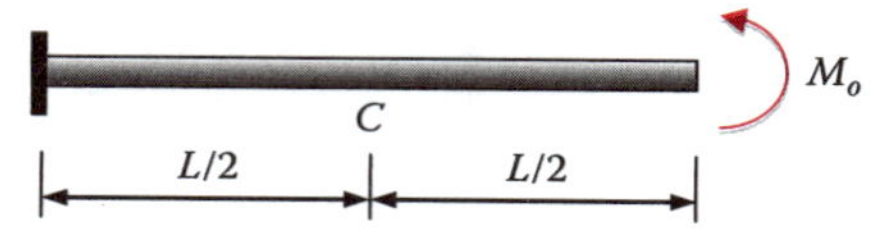

Exemplo de viga do método de carga unitária.

Solução

1. Trace o diagrama de momento do problema original da viga.

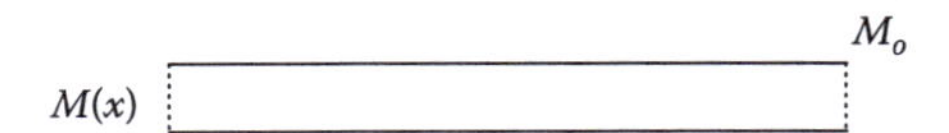

Diagrama de momento do problema original da viga.

2. Trace o diagrama de momento da viga com um momento unitário em C.

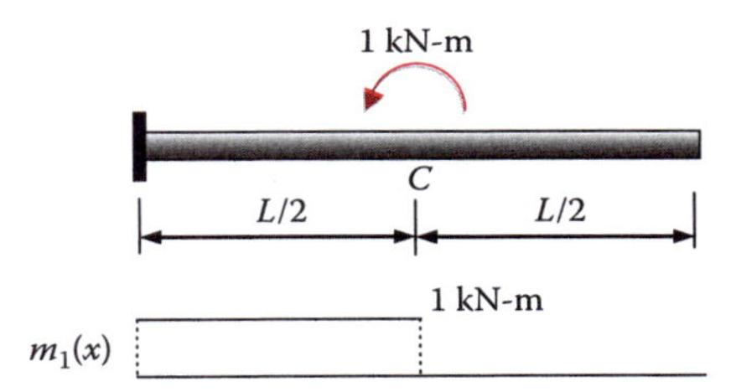

Diagrama de momento da viga sob a primeira carga unitária.

3. Calcule a rotação em C.

$$1(\theta_c) = \int m_1(x)\frac{M(x)dx}{EI} = 1\left(\frac{M_o}{EI}\right)\left(\frac{L}{2}\right) = 1\frac{M_oL}{2EI}\text{radian}$$

$$(\theta_C) = \frac{M_oL}{2EI}\text{ radian}$$

4. Trace o diagrama de momento da viga com uma força unitária em C.

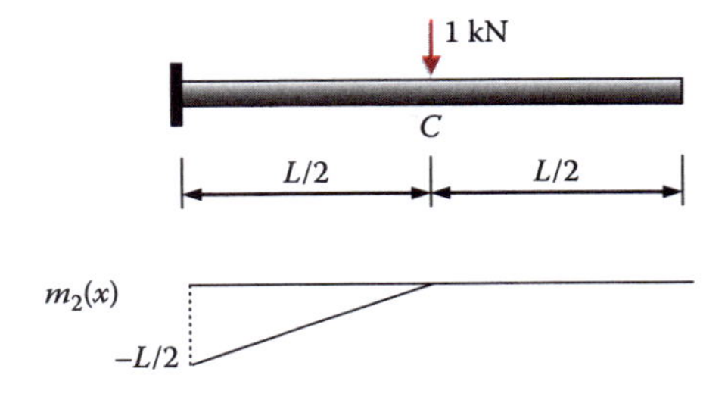

Diagrama de momento da viga sob a segunda carga unitária.

5. Calcule a deflexão em C.

$$1(\Delta_c) = \int m_2(x)\frac{M(x)dx}{EI} = 1\left(\frac{1}{2}\right)\left(-\frac{L}{2}\right)\left(\frac{M_o}{EI}\right)\left(\frac{L}{2}\right) = 1\left(-\frac{M_oL^2}{8EI}\right)$$

$$(\Delta_C) = -\frac{M_oL^2}{8EI}\text{ m} \quad \text{Para cima}$$

Na última integração, nós usamos um atalho. Para funções polinomiais simples, a tabela seguinte é fácil de lembrar e de usar.

Tabela de integração para integrandos como produto de duas funções simples

Case	(1)	(2)	(3)	(4)
$f_1(x)$	a	a	a	a
$f_2(x)$	b	b	b	b
$\int_o^L f_1 f_2 dx$	$\frac{1}{2} a\, b\, L$	$\frac{1}{3} a\, b\, L$	$\frac{1}{6} a\, b\, L$	$a\, b\, L$

Exemplo 5.7

Encontre a deflexão no ponto médio C da viga mostrada. EI é constante e o comprimento da viga é L.

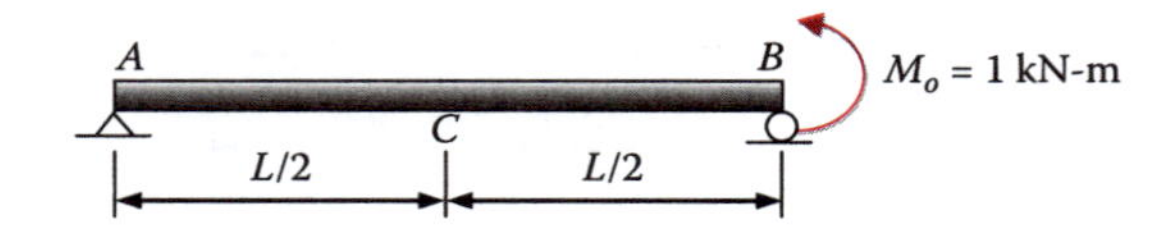

Problema de exemplo para encontrar a deflexão no ponto médio.

Solução

A solução é apresentada a seguir, numa série de figuras.

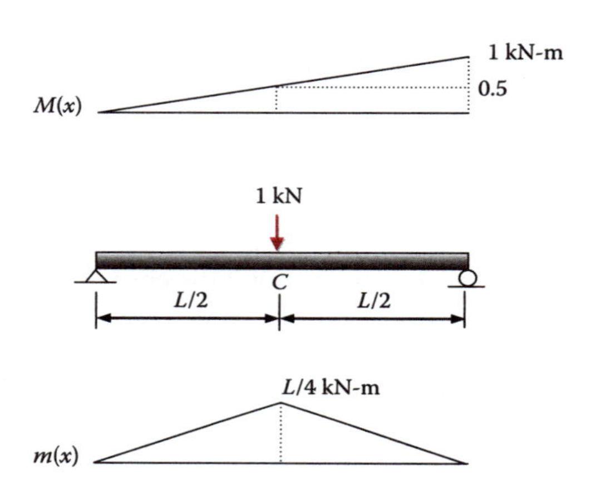

Solução para encontrar a deflexão no ponto médio.

O cálculo é feito usando-se a tabela de integração como atalho. A função grande de forma triangular em $M(x)$ está partida em dois triângulos e um retângulo, como indicado pelas linhas tracejadas, para aplicar as fórmulas da tabela.

$$1(\Delta_c) = \int m(x)\frac{M(x)dx}{EI}$$

$$= \left(\frac{1}{EI}\right)\left[\left(\frac{1}{3}\right)\left(\frac{1}{2}\right)\left(\frac{L}{4}\right)\left(\frac{L}{2}\right)+\left(\frac{1}{2}\right)\left(\frac{1}{2}\right)\left(\frac{L}{4}\right)\left(\frac{L}{2}\right)+\left(\frac{1}{6}\right)\left(\frac{1}{2}\right)\left(\frac{L}{4}\right)\left(\frac{L}{2}\right)\right]$$

$$\Delta_C = \frac{L^2}{16EI}\ \text{m} \quad \text{Para baixo} \ \downarrow$$

Exemplo 5.8

Encontre a rotação na extremidade B da viga mostrada. EI é constante e o comprimento da viga é L.

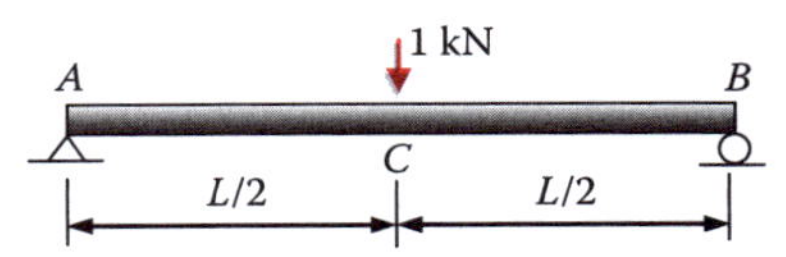

Problema de exemplo para encontrar a rotação em B.

Solução

A solução é apresentada em seguida, numa série de figuras.

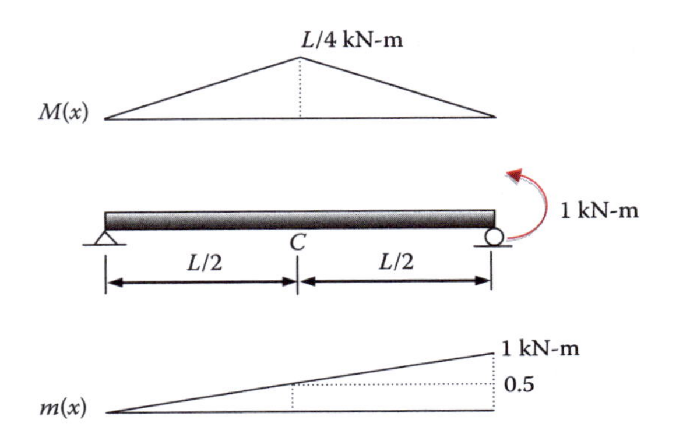

Solução para encontrar a rotação na extremidade direita.

O cálculo é feito usando-se a tabela de integração como atalho. A função grande de forma triangular em $m(x)$ está partida em dois triângulos e um retângulo, como indicado pelas linhas tracejadas, para aplicar as fórmulas da tabela.

$$1(\theta_B) = \int m(x)\frac{M(x)dx}{EI}$$

$$= \left(\frac{1}{EI}\right)\left[\left(\frac{1}{3}\right)\left(\frac{1}{2}\right)\left(\frac{L}{4}\right)\left(\frac{L}{2}\right)+\left(\frac{1}{2}\right)\left(\frac{1}{2}\right)\left(\frac{L}{4}\right)\left(\frac{L}{2}\right)+\left(\frac{1}{6}\right)\left(\frac{1}{2}\right)\left(\frac{L}{4}\right)\left(\frac{L}{2}\right)\right]$$

$$\theta_B = \frac{L^2}{16EI} \text{ radianos} \qquad \text{Anti-horário}$$

O fato de que os resultados dos dois últimos exemplos são numericamente idênticos pede que examinemos uma comparação dos dois processos computacionais.

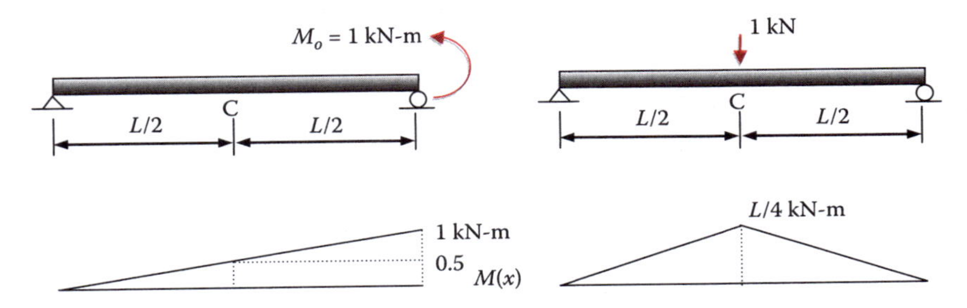

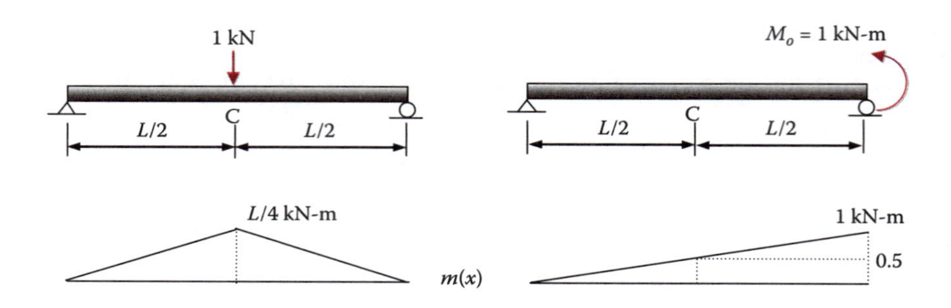

Comparação lado a lado dos dois processos dos exemplos 5.7 e 5.8.

Está claro, pela comparação, que os papéis de $M(x)$ e $m(x)$ são inversos nos dois exemplos. Como os integrandos usados para calcular os resultados são os produtos de $M(x)$ e $m(x)$ e são idênticos, não é de admirar que os resultados sejam idênticos em seus valores numéricos. Podemos identificar graficamente os resultados de deflexão que obtivemos nos dois exemplos, como mostrado a seguir.

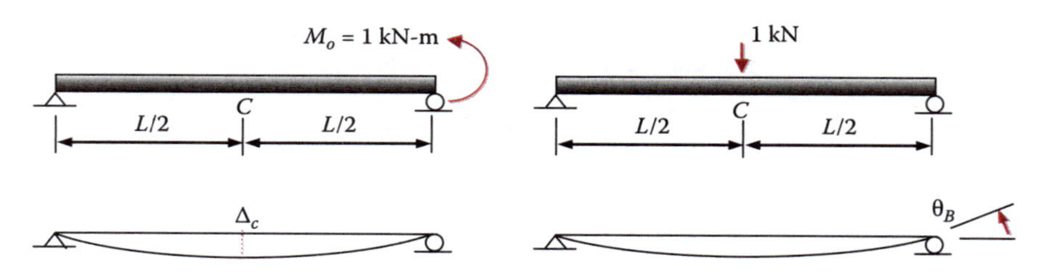

Deflexões recíprocas.

Dizemos que a deflexão em C devida a um momento unitário em B é numericamente igual à rotação em B devida a uma força unitária em C. Esta é a *lei de recíprocos de Maxwell*, que pode ser expressa como:

$$\delta_{ij} = \delta_{ji} \tag{5.13}$$

onde

δ_{ij} = deslocamento em i devido à carga unitária em j

δ_{ji} = deslocamento em j devido à carga unitária em i

A figura seguinte ilustra melhor a reciprocidade.

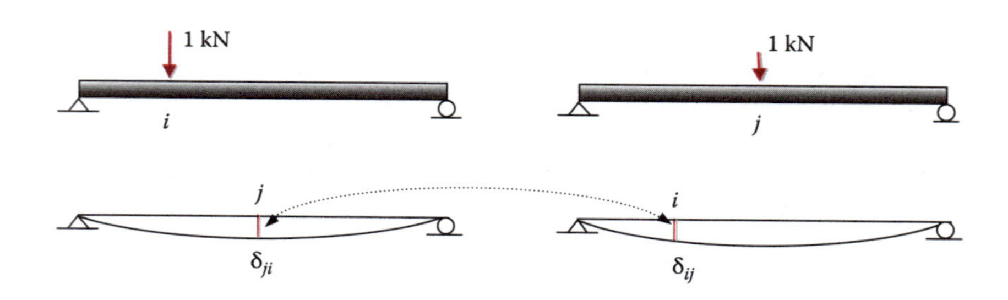

Ilustração do teorema de recíprocos.

Exemplo 5.9

Encontre o deslocamento vertical no ponto *C* devido a uma carga unitária aplicada a uma posição x a partir da extremidade esquerda da viga mostrada. *EI* é constante e o comprimento da viga é *L*.

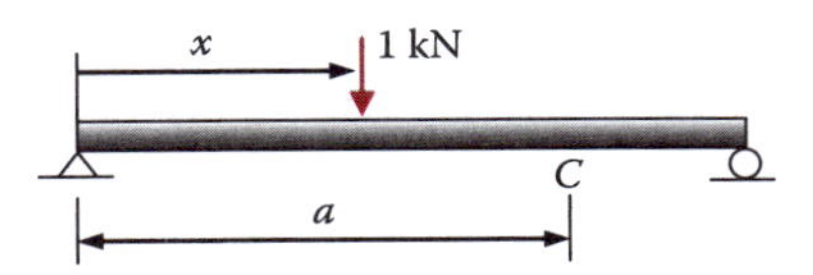

Encontre a deflexão em C em função da localização da carga unitária, x.

Solução

Claramente, a deflexão em *C* é uma função de x, que representa a localização da carga unitária. Se plotarmos esta função contra x, então um diagrama ou curva será estabelecida. Chamamos esta curva de linha de influência de deflexão em *C*. Agora, mostramos que a lei de recíprocos de Maxwell é bem conveniente para encontrar deflexões nesta linha de influência.

De acordo com a lei de recíprocos de Maxwell, a deflexão em *C* devida a uma carga unitária em x é igual à deflexão em x devida a uma carga unitária em *C*. Uma aplicação direta da equação 5.13 produz

$$\delta_{cx} = \delta_{xc}$$

A linha de influência de deflexão em *C* é δ_{cx}, mas ela é igual, em valor, a δ_{xc}, que é simplesmente a curva de deflexão da viga sob uma carga unitária em *C*. Pela aplicação da lei de recíprocos de Maxwell, nós transformamos o problema mais difícil de encontrar a deflexão para uma carga em várias localizações num problema mais simples, de encontrar a deflexão de toda a viga sob uma carga unitária fixa.

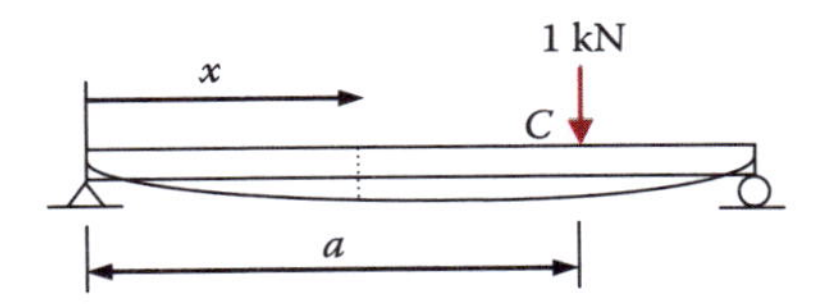

Deflexão da viga devida a uma carga unitária em C.

Podemos usar o método de vigas conjugadas para encontrar a deflexão da viga. Os leitores são encorajados a encontrar o diagrama de momento (deflexão) a partir da viga conjugada.

Problema 5.2

EI é constante em todos os casos. Use o método da carga unitária em todos os problemas.

(1) Encontre a deflexão no ponto *C*.

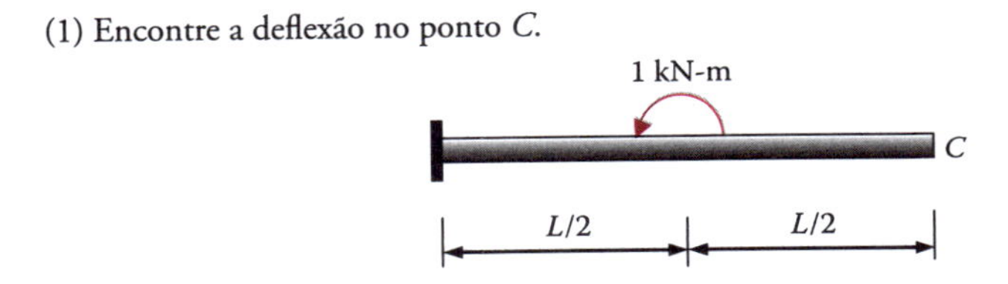

(2) Encontre a rotação seccional no ponto *B*.

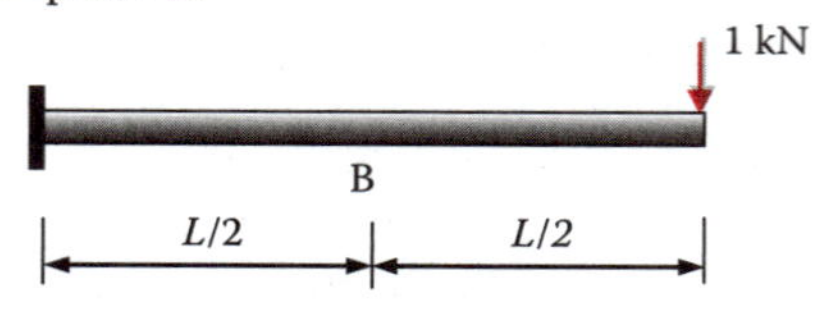

(3) Encontre a deflexão no ponto *B*.

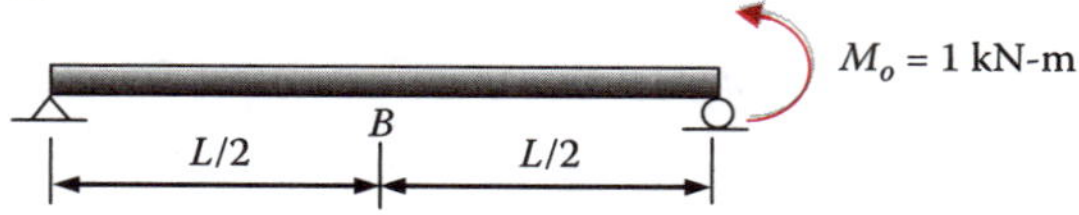

(4) Encontre a rotação seccional no ponto *C*.

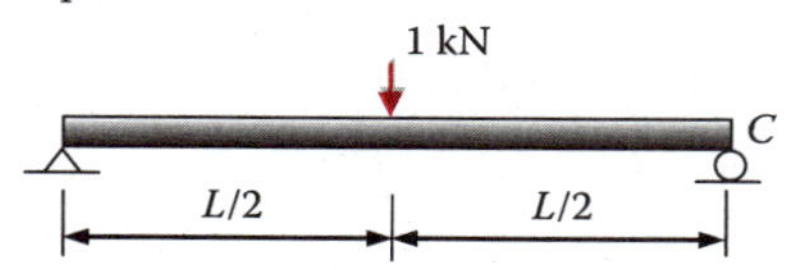

(5) Encontre a deflexão e a rotação seccional no ponto *C*.

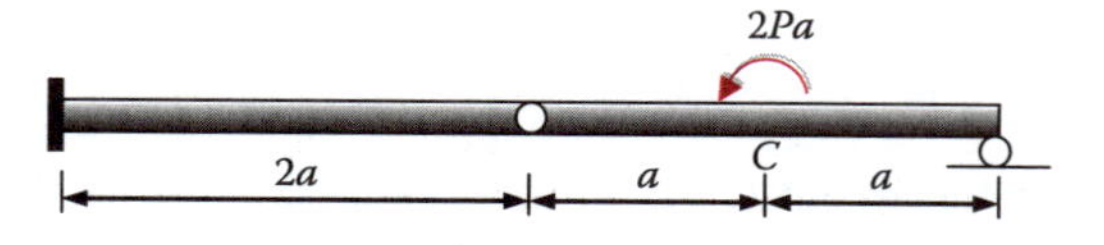

Problema 5.2

Rascunhar a curva de deflexão. Apenas o método de vigas conjugadas dá o diagrama de deflexão. O método da carga unitária dá a deflexão num ponto. Se quisermos ter uma ideia da aparência da curva de deflexão, poderemos rascunhar uma curva baseada no que sabemos sobre o diagrama de momento.

A equação 5.5 indica que a curvatura de uma curva de deflexão é proporcional ao momento. Isso implica na curvatura variar de maneira similar conforme o momento varia ao longo da viga, se *EI* é constante. Em qualquer localização de uma viga, a correspondência entre o momento e a aparência da curva de deflexão pode ser resumida na tabela seguinte. No ponto de momento zero, a curvatura é zero e o ponto se torna um ponto de inflexão.

Rascunho de deflexão a partir do momento

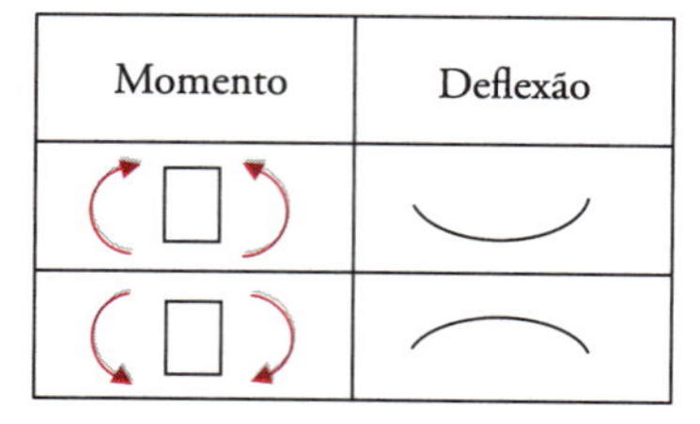

Momento	Deflexão

Exemplo 5.10

Rascunhe a curva de deflexão da viga mostrada. EI é constante e o comprimento da viga é L.

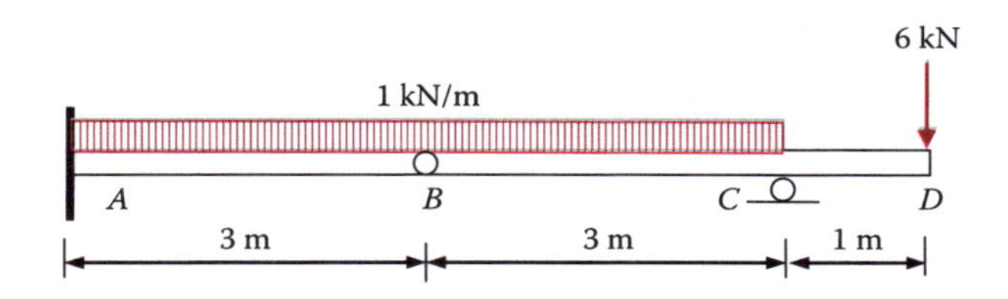

Exemplo de viga sobre o rascunho da deflexão.

Solução

O processo de solução é ilustrado numa série de figuras.

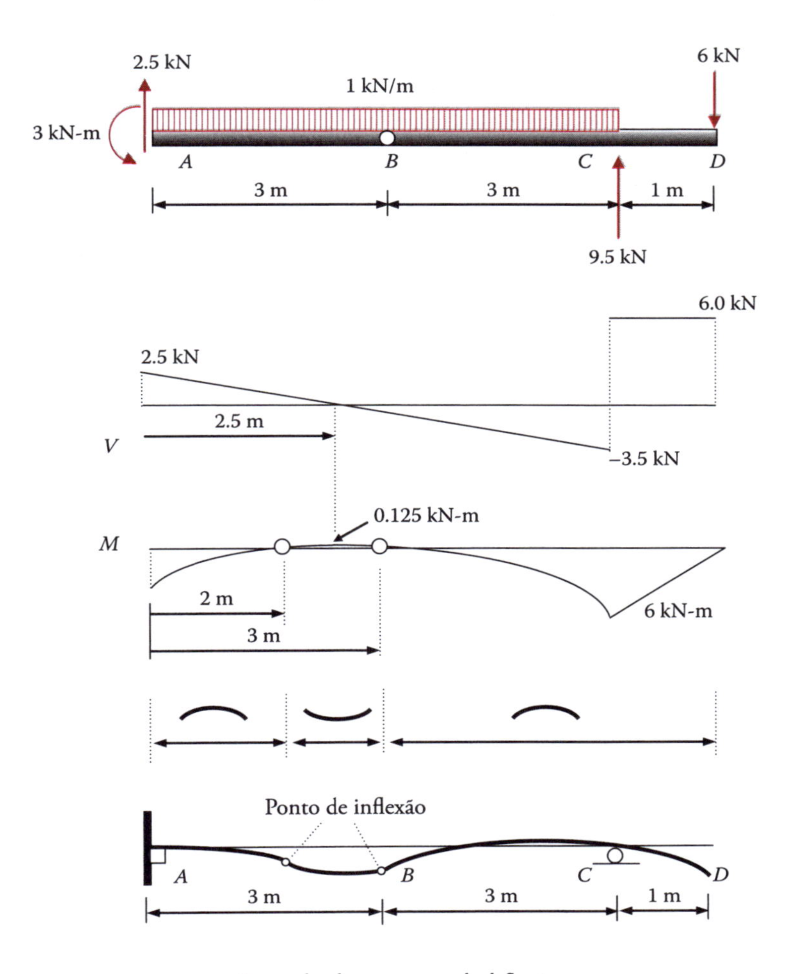

Rascunho de uma curva de deflexão.

5.4 Deflexão de quadros

O método de carga unitária pode ser aplicado a quadros rígidos usando-se a equação 5.12 e somando-se a integração sobre todas as barras.

$$1(\Delta) = \Sigma \int m(x) \frac{M(x)dx}{EI} \qquad (5.12)$$

Em cada barra, o cálculo é idêntico ao de uma viga.

Exemplo 5.11
Encontre o deslocamento horizontal no ponto *b*.

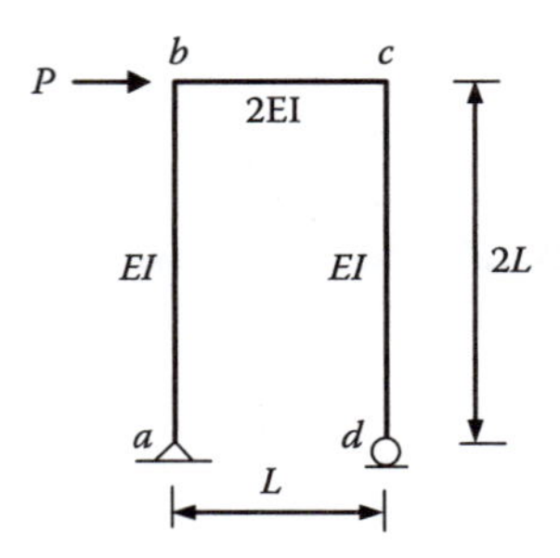

Exemplo de quadro para encontrar o deslocamento num ponto.

Solução

1. Encontre todas as reações e trace o diagrama de momento *M* de todo o quadro.

$$\Sigma M_a = 0 \implies R_{dV} = 2P$$

$$\Sigma M_d = 0 \implies R_{aV} = 2P$$

$$\Sigma F_x = 0 \implies R_{aH} = P$$

Diagramas de reação e de momento de todo o quadro.

2. Coloque a carga unitária e trace o diagrama de momento m correspondente.

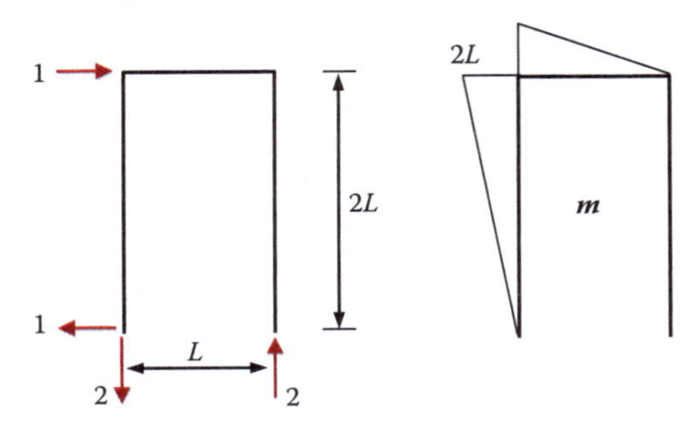

Diagrama de momento correspondente a uma carga unitária.

3. Calcule a integraçáa barra a barra.

$$\text{Membro a} \sim \text{b}: \int m\frac{M}{EI}dx = \left(\frac{1}{EI}\right)\left(\frac{1}{3}\right)(2L)(2PL)(2L) = \frac{8PL^3}{3EI}$$

$$\text{Membro b} \sim \text{c}: \int m\frac{M}{EI}dx = \left(\frac{1}{2EI}\right)\left(\frac{1}{3}\right)(2L)(2PL)(L) = \frac{2PL^3}{3EI}$$

$$\text{Membro c} \sim \text{d}: \int m\frac{M}{EI}dx = 0$$

4. Some toda a integração para obter o deslocamento.

$$1(\Delta_b) = \Sigma\int m(x)\frac{M(x)dx}{EI} = \frac{8PL^3}{3EI} + \frac{2PL^3}{3EI} = \frac{10PL^3}{3EI}$$

$$\Delta_b = \frac{10PL^3}{3EI} \quad \text{para a direita} \longrightarrow$$

Exemplo 5.12

Encontre o deslocamento horizontal no ponto d e as rotações em b e c.

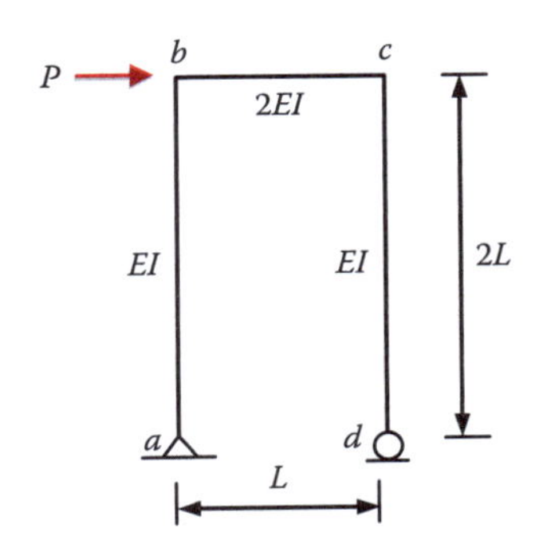

Problema de exemplo para encontrar o deslocamento e a rotação.

Solução

Este é o mesmo problema que o do exemplo 5.11. Em vez de encontrar Δ_b, nós agora precisamos encontrar θ_b, θ_c e Δ_d. Não precisamos repetir a solução para *M*, que já foi obtida. Para cada uma das três quantidades, podemos colocar a carga unitária como mostrado na figura seguinte.

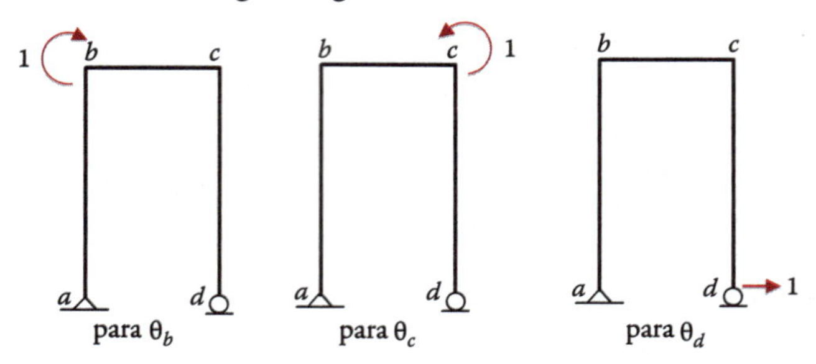

Colocando cargas unitárias para θ_b, θ_c e Δ_d

O processo de cálculo, incluindo o diagrama de reações, o diagrama de momento para *m* e a integração pode ser tabulado como mostrado a seguir. Na tabela, o cálculo do exemplo 5.11 também está incluído, de forma que os leitores podem ver como a tabulação é feita.

Processo de cálculo para quatro deslocamentos diferentes

	Carga real	Carga para Δ_b	Carga para Δ_b	Carga para Δ_c	Carga para Δ_d
Diagrama de carga	P; P; $2P$; $2P$	1; 1; 2; 2	1; $1/L$; $1/L$	1; $1/L$; $1/L$	1; 1
Diagrama de momento	(M) $2PL$	(m) $2L$	(m) 1	(m) 1	(m) $2L$ $2L$
$\int m \frac{Mdx}{EI}$	a~b	$\frac{1}{EI}(\frac{1}{3})(2PL)(2L)(2L) = \frac{8PL^3}{3EI}$	0	0	$\frac{1}{EI}(\frac{1}{3})(2PL)(2L)(2L) = \frac{8PL^3}{3EI}$
	b~c	$\frac{1}{2EI}(\frac{1}{3})(2PL)(2L)(L) = \frac{2PL^3}{3EI}$	$\frac{1}{2EI}(\frac{1}{3})(2PL)(1)(L) = \frac{PL^2}{3EI}$	$\frac{1}{2EI}(\frac{1}{6})(2PL)(1)(L) = \frac{PL^2}{6EI}$	$\frac{1}{2EI}(\frac{1}{2})(2PL)(2L)(L) = \frac{PL^3}{EI}$
	c~d	0	0	0	0
$\Sigma\int m \frac{Mdx}{EI}$		$\Delta_b = \frac{10PL^3}{3EI}$	$\theta_b = \frac{PL^2}{3EI}$	$\theta_c = \frac{PL^2}{6EI}$	$\Delta_d = \frac{11PL^3}{3EI}$

Conhecendo a rotação e o deslocamento em pontos-chaves, nós podemos traçar a configuração de deslocamento do quadro, conforme mostrado a seguir.

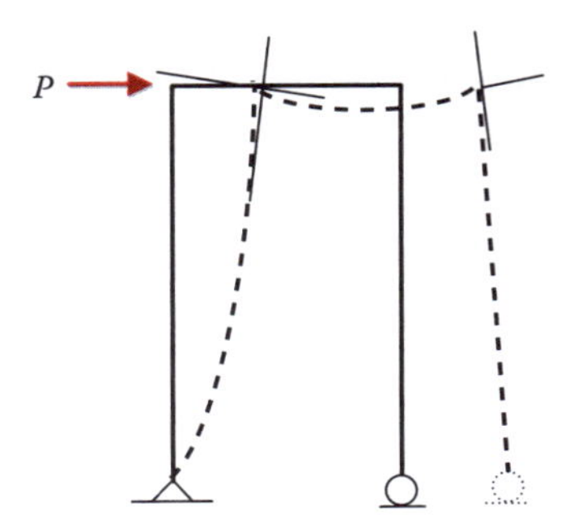

Configuração deslocada.

Exemplo 5.13

Encontre o deslocamento horizontal no ponto *b* e a rotação em *b* da barra *b-c*.

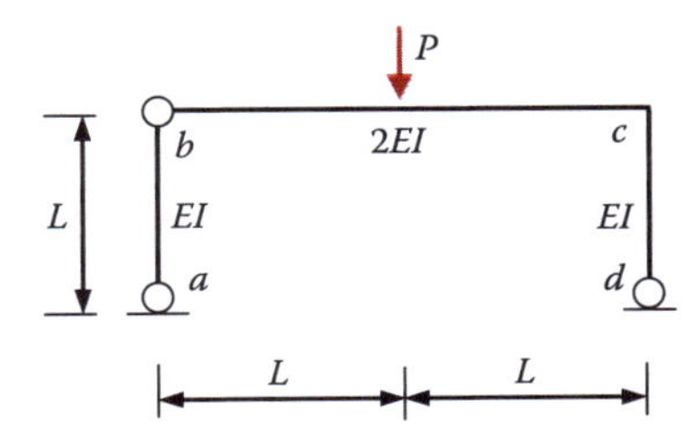

Exemplo de quadro para encontrar a rotação numa articulação.

Solução

É necessário especificar claramente que a rotação em *b* é para a extremidade da barra *b-c*, porque a rotação em *b* para a barra *a-b* é diferente. O processo de solução é ilustrado a seguir, numa série de figuras.

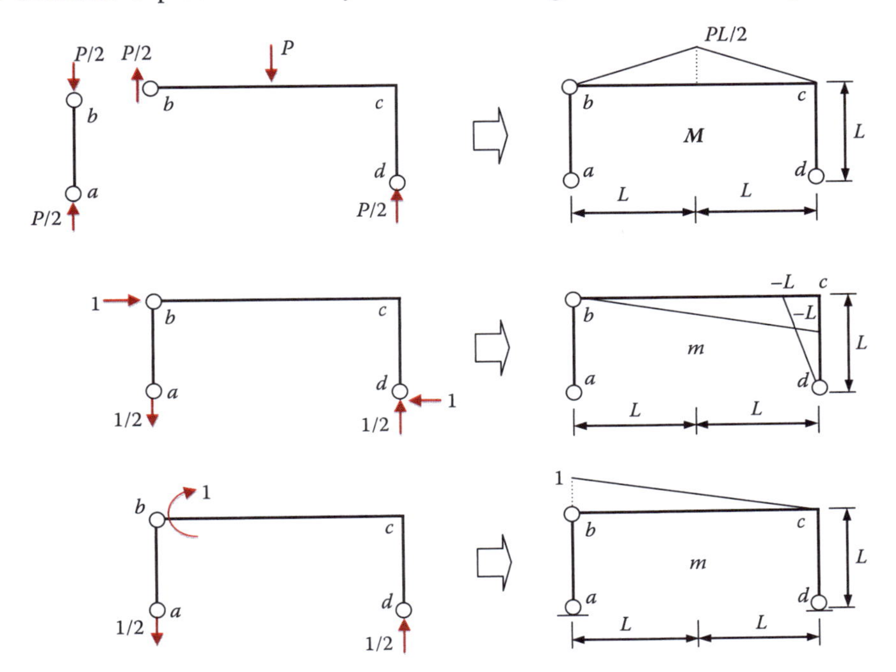

Traçando diagramas de momento.

Processo de cálculo para um deslocamento e uma rotação

	Carga real	Carga para Δ_b	Carga para θ_b
Diagrama de carga	P; $P/2$, $P/2$	1; 1; 1/2, 1/2	1; 1/2L, 1/2L
Diagrama de momento	(M) $PL/2$	(m) L	(m) 1
$\int m \frac{Mdx}{EI}$	$a \sim b$	0	0
	$b \sim c$	$\frac{-1}{2EI}[(\frac{PL}{2})(\frac{L}{2})(L)$ $+\frac{1}{2}(\frac{PL}{2})(\frac{L}{2})(L)$ $+\frac{1}{6}(\frac{PL}{2})(\frac{L}{2})(L)]$ $=-\frac{5PL^3}{48EI}$	$\frac{1}{2EI}[\frac{1}{6}(\frac{PL}{2})(\frac{1}{2})(L)$ $+\frac{1}{2}(\frac{PL}{2})(\frac{1}{2})(L)$ $+\frac{1}{3}(\frac{PL}{2})(\frac{1}{2})(L)]$ $=\frac{PL^2}{8EI}$
	$c \sim d$	0	0
$\Sigma\int m \frac{Mdx}{EI}$		$\Delta_b = -\frac{5PL^3}{48EI}$	$\theta_b = \frac{PL^2}{8EI}$

A configuração deslocada é mostrada a seguir.

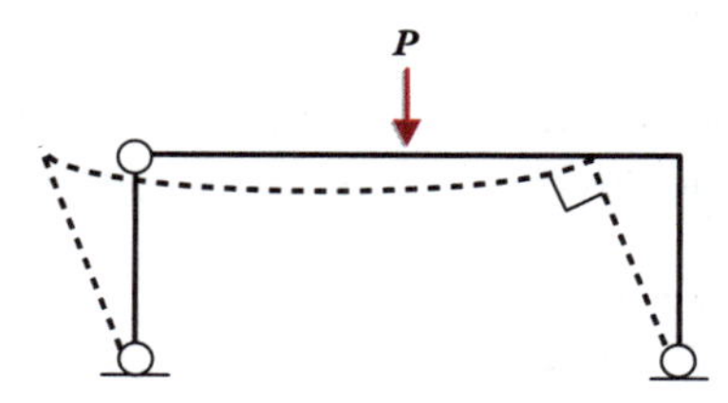

Configuração deslocada.

Nos problemas seguintes, use o método de carga unitária para encontrar os deslocamentos indicados.

Problema 5.3

Encontre a rotação em a e a rotação em d.

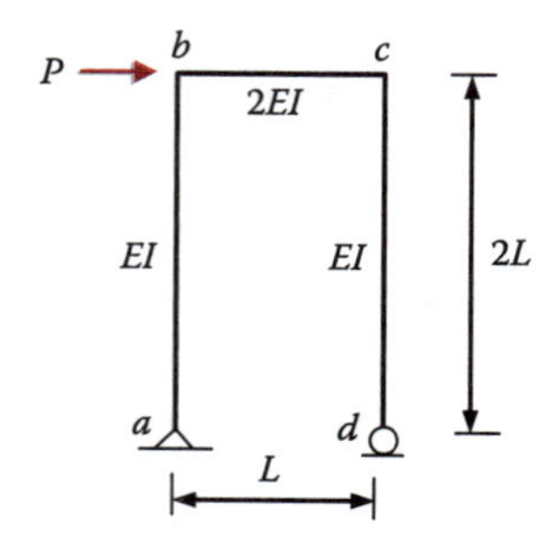

Problema 5.3

Problema 5.4

Encontre o deslocamento horizontal em *b* e a rotação em *d*.

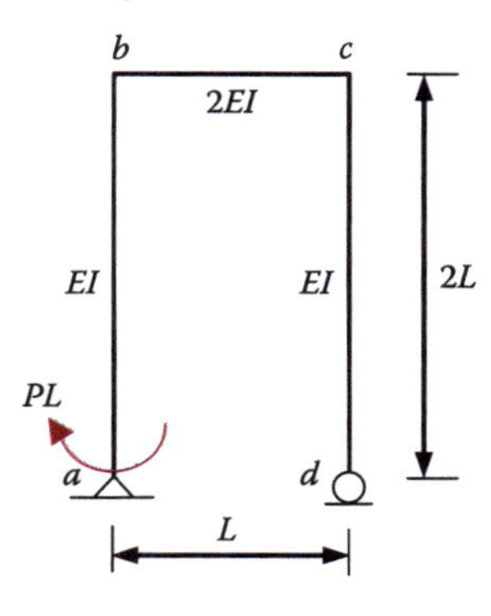

Problema 5.4

Problema 5.5

Encontre o deslocamento horizontal em *b* e a rotação em *d*.

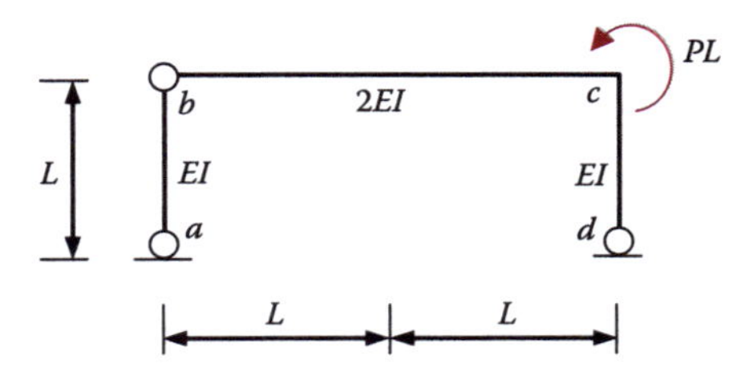

Problema 5.5

6

Análise de vigas e quadros: método das forças — Parte III

6.1 Vigas e quadros estaticamente indeterminados

Quando o número de incógnitas de força excede o de equações de equilíbrio independentes, o método de forças de análise pede condições adicionais baseadas em considerações de deformação de apoio ou de barra. Estas são condições de compatibilidade e o método de solução é chamado de método de deformações consistentes. Os procedimentos do método de deformações consistentes são:

1. Determinar os graus de hiperasticidade, selecionar as forças redundantes e estabelecer a estrutura principal;
2. Identificar equações de compatibilidade, expressas em termos das forças de redundância;
3. Solucionar as equações de compatibilidade para as forças redundantes;
4. Completar a solução resolvendo as equações de equilíbrio para todas as forças incógnitas.

6.2 Análise de vigas indeterminadas

Exemplo 6.1

Encontre todas as forças de reação, trace os diagramas de cisalhamento e de momento e rascunhe a curva de deflexão. *EI* é constante.

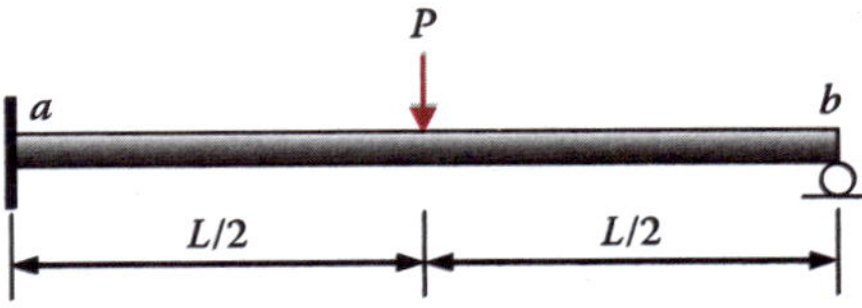

Viga estaticamente indeterminada ao primeiro grau.

Solução

1. O grau de indeterminação é um. Escolhemos a reação em *b*, R_b, como força redundante.

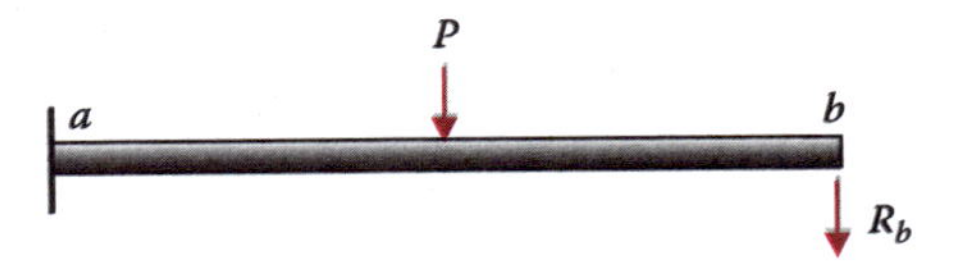

A estrutura primária estaticamente determinada e a força redundante.

2. Estabelecemos a equação de compatibilidade. Comparando as duas figuras anteriores, observamos que o efeito combinado da carga P com a reação R_b deve ser tal que o deslocamento vertical total em b é zero, o que é ditado pela condição de apoio de rolete do problema original. Denotando o deslocamento total em b como Δ_b, podemos expressar a equação de compatibilidade como

$$\Delta_b = \Delta'_b + R_b\delta_{bb} = 0$$

onde Δ'_b é o deslocamento em b devido à carga aplicada, e δ_{bb} é o deslocamento em b devido a uma carga unitária em b. Juntos, $R_b\delta_{bb}$ representam o deslocamento em b devido à reação R_b. A combinação de Δ'_b e $R_b\delta_{bb}$ é baseada no princípio da sobreposição, que afirma que o deslocamento de uma estrutura linear devido a duas cargas é a sobreposição do deslocamento devido a cada uma das duas cargas. Este princípio é ilustrado a seguir.

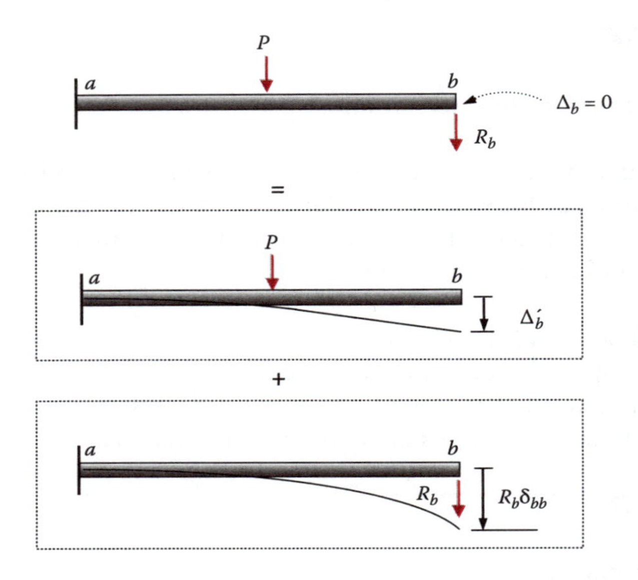

Equação de compatibilidade baseada no princípio da sobreposição.

3. Encontramos a força redundante. Claramente, a força redundante é expressa por

$$R_b = -\frac{\Delta'_b}{\delta_{bb}} \quad \uparrow$$

Para encontrar Δ'_b e δ_{bb}, podemos usar o método de vigas conjugadas para cada uma em separado, como mostrado a seguir.

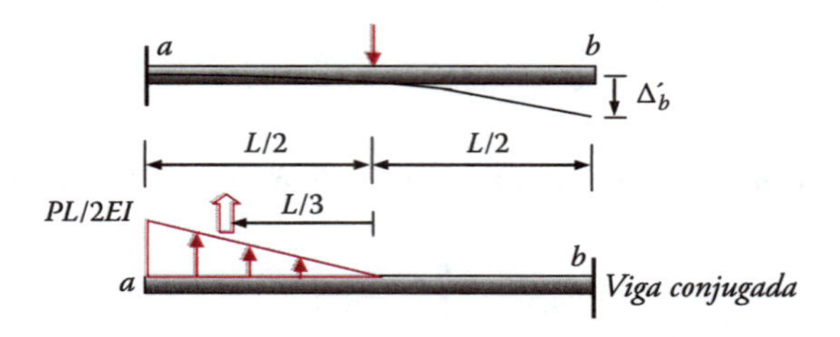

Método de vigas conjugadas para encontrar Δ'_b.

Usamos o método de vigas conjugadas para encontrar Δ'_b. A deflexão é calculada como o momento em b da viga conjugada.

$$\Delta'_b = (\Sigma M_b) = \frac{1}{EI}\left(\frac{1}{2}\,\frac{PL}{2}\,\frac{L}{2}\right)\left(\frac{L}{3}+\frac{L}{2}\right) = \frac{5PL^3}{48EI} \quad \text{Para baixo} \downarrow$$

Use o método de vigas conjugadas para encontrar δ_{bb}.

$$\delta_{bb} = (\Sigma M_b) = \frac{1}{EI}\left[\left(\frac{1}{2}\right)(L)(L)\right]\left(\frac{2}{3}L\right) = \frac{L^3}{3EI} \quad \text{Para baixo} \downarrow$$

$$R_b = -\frac{\Delta'_b}{\delta_{bb}} = -\frac{5}{16}P \quad \text{Para cima} \uparrow$$

4. Encontramos outras forças de reação e traçamos os diagramas de cisalhamento e de momento. Isso é conseguido através de uma série de diagramas.

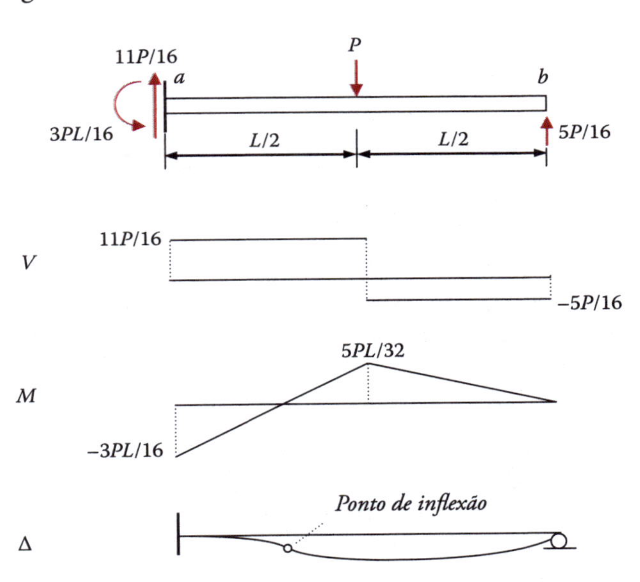

Diagramas de reação, de cisalhamento, de momento e de deflexão.

Exemplo 6.2

Encontre todas as reações da mesma viga do exemplo 6.1, mas escolha uma força redundante diferente. EI é constante.

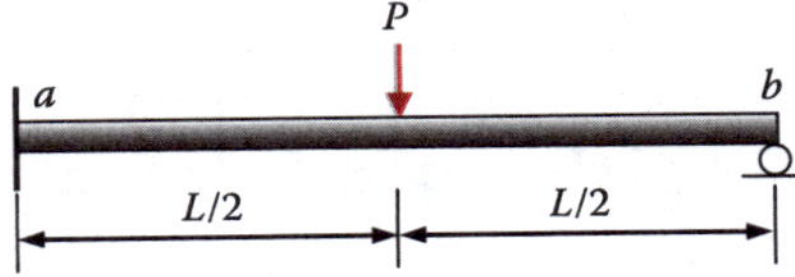

Viga estaticamente indeterminada ao primeiro grau.

Solução

Há diferentes maneiras de estabelecer uma estrutura primária. Por exemplo, inserindo uma conexão articulada em qualquer ponto ao longo da viga, introduzimos uma condição de construção e tornamos a estrutura resultante estaticamente determinada. Escolhemos colocar a articulação na extremidade fixa, selecionando efetivamente o momento da extremidade, M'_a, como força redundante.

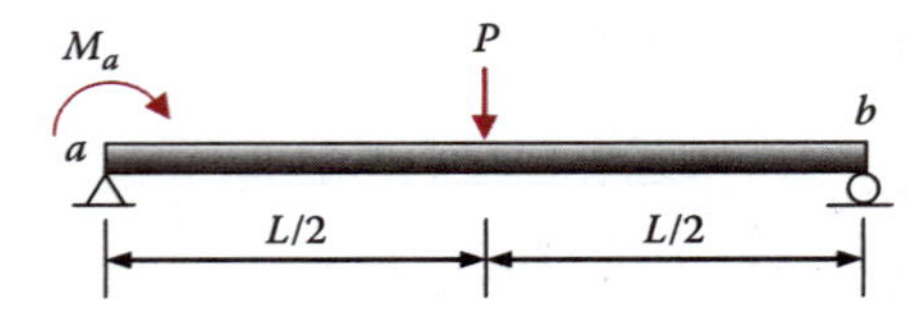

Estrutura primária e momento redundante M'_a.

A equação de compatibilidade é estabelecida a partir da condição de que a rotação total em a da estrutura primária, devida ao efeito combinado da carga aplicada e da força redundante M_a, deve ser zero, o que é exigido pelo apoio de extremidade fixo.

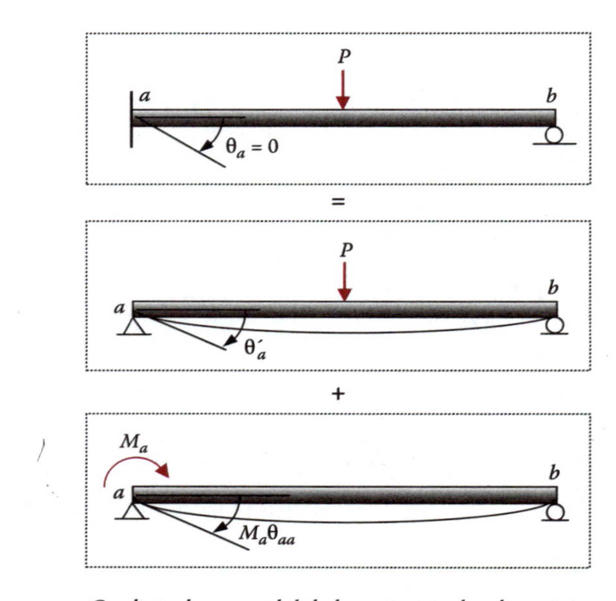

Condição de compatibilidade e princípio da sobreposição.

$$\theta_a = \theta'_a + M_a\theta_{aa} = 0$$

O método de vigas conjugadas é usado para encontrar θ'_a e θ_{aa}.

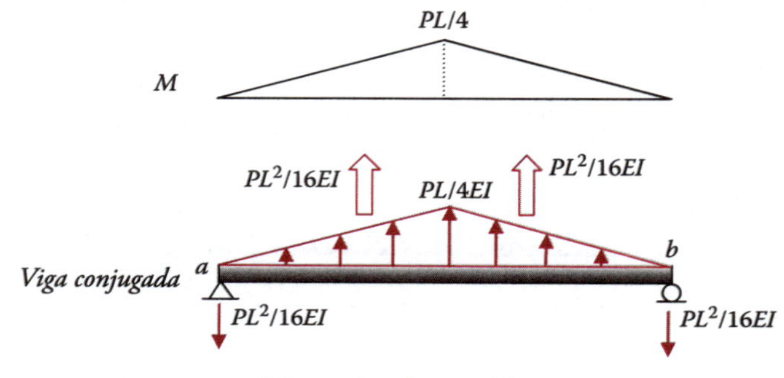

Viga conjugada para θ'_a.

A partir da viga conjugada, a rotação no ponto *a* é calculada como a força de cisalhamento da viga conjugada em *a*.

$$\theta'_a = (V_a) = -\left(\frac{PL^2}{16EI}\right)$$

Para encontrar θ_{aa}, a figura seguinte é aplicada.

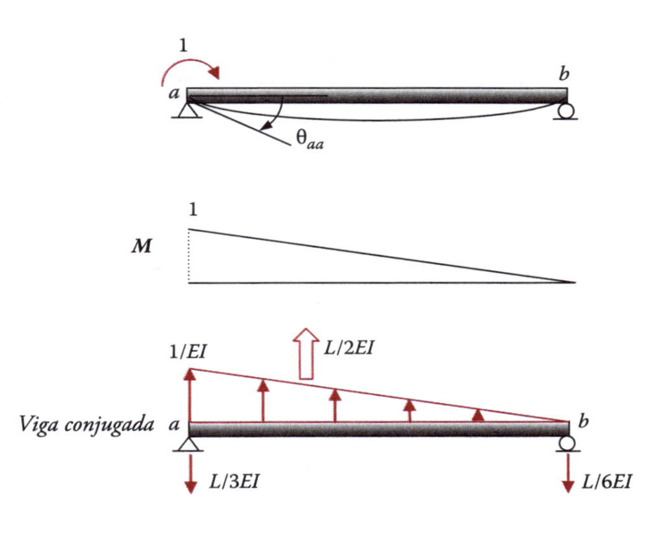

Viga conjugada para θ_{aa}.

A partir da viga conjugada, a rotação no ponto *a* é calculada como a força de cisalhamento da viga conjugada em ª

$$\theta_{aa} = (V_a) = \left(\frac{L}{3EI}\right)$$

O momento redundante é calculado a partir da equação de compatibilidade como

$$M_a = -\frac{\theta'_a}{\theta_{aa}} = -\frac{3PL}{16}$$

Este é o mesmo momento de extremidade que o obtido no exemplo 6.1. Todas as forças de reação são mostradas a seguir.

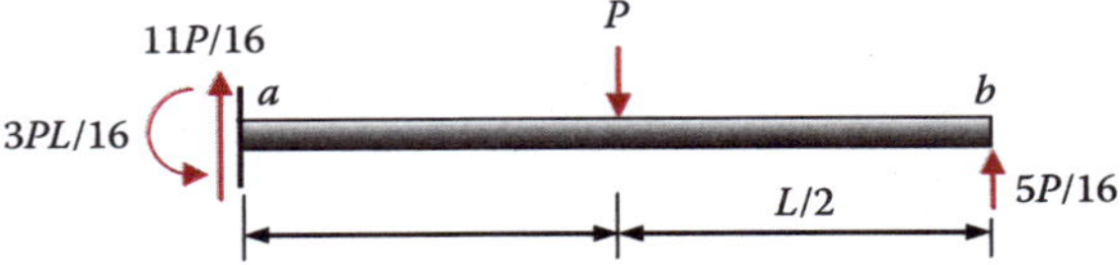

Solução mostrando todas as forças de reação.

Exemplo 6.3

Analise a viga indeterminada mostrada a seguir, e trace os diagramas de cisalhamento, de momento e de deflexão. *EI* é constante.

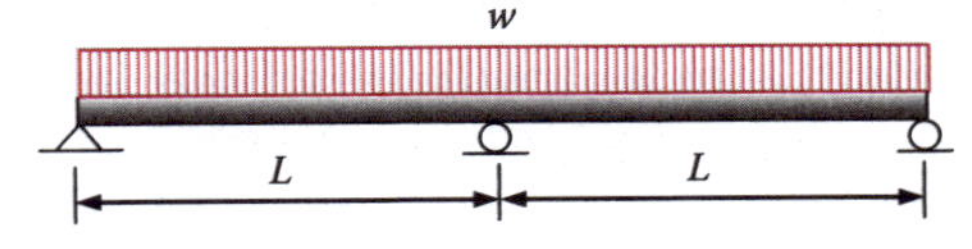

Viga estaticamente indeterminada com uma força redundante.

Solução

Escolhemos a reação no apoio central como força redundante. A condição de compatibilidade é que o deslocamento vertical no apoio central seja zero. A estrutura primária, as deflexões no centro devidas à carga, a força redundante, e assim por diante, são mostradas a seguir. O cálculo resultante é evidente.

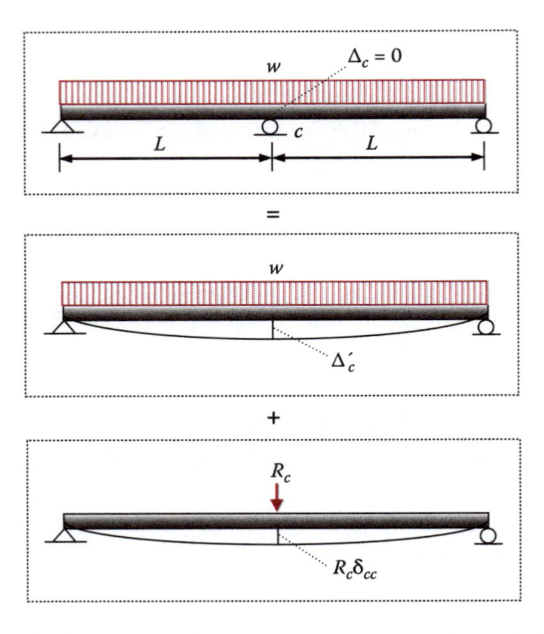

Princípio de sobreposição usado para encontrar a equação de compatibilidade.

A condição de compatibilidade é

$$\Delta_c = \Delta_c' + R_c\delta_{cc} = 0$$

Para uma geometria tão simples, podemos encontrar as deflexões a partir das fórmulas de deflexão publicadas.

$$\Delta_c' = \frac{5w(length)^4}{384EI} = \frac{5w(2L)^4}{384EI} = \frac{5wL^4}{24EI}$$

$$\delta_{cc} = \frac{P(length)^3}{48EI} = \frac{P(2L)^3}{48EI} = \frac{PL^3}{6EI}$$

Daí,

$$R_c = -\frac{5wL}{4} \text{ Para cima} \uparrow$$

Os diagramas de reação, de cisalhamento, de momento e de deflexão são mostrados a seguir.

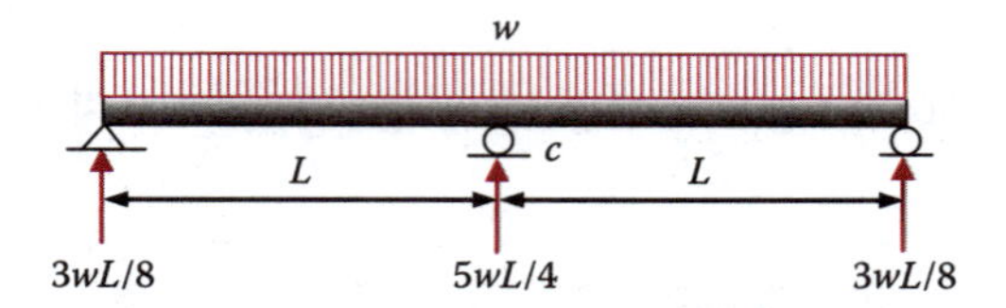

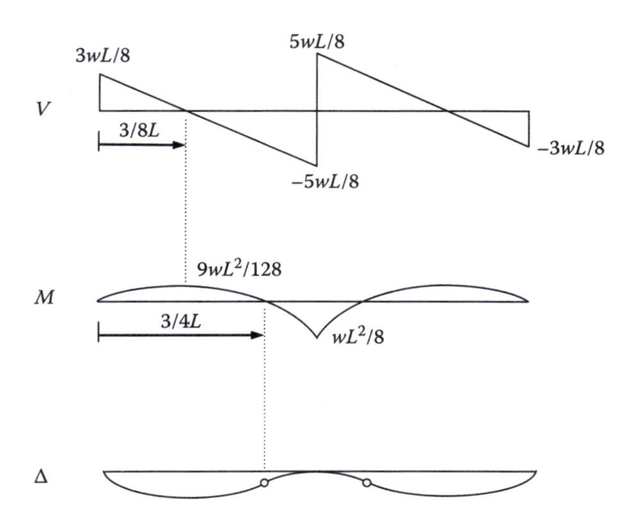

Diagramas de reação, de cisalhamento, de momento e de deflexão.

Exemplo 6.4

Delineie a formulação da equação de compatibilidade para a viga mostrada.

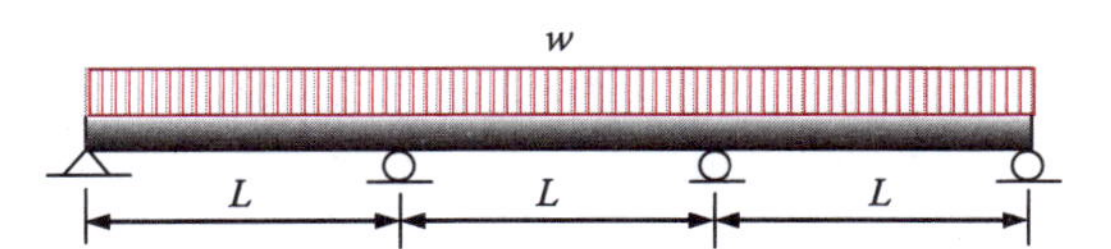

Viga estaticamente indeterminada com duas forças redundantes.

Solução

Escolhemos as forças de reação nos dois apoios internos como forças redundantes. Como resultado, as duas condições de compatibilidade são os deslocamentos verticais nos pontos de apoio interno serem zero. A sobreposição de deslocamentos envolve três condições de carga, como mostrado na figura seguinte.

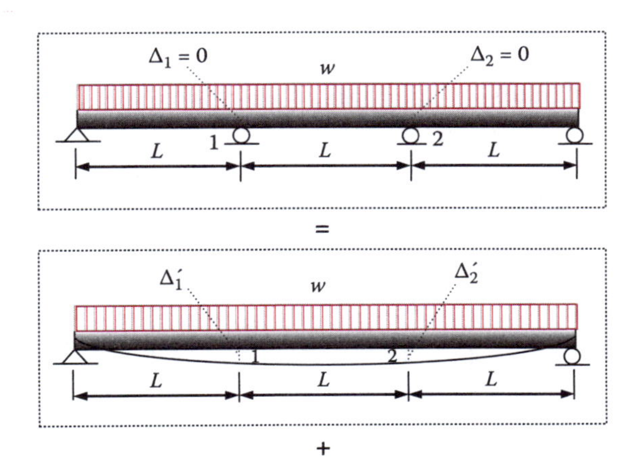

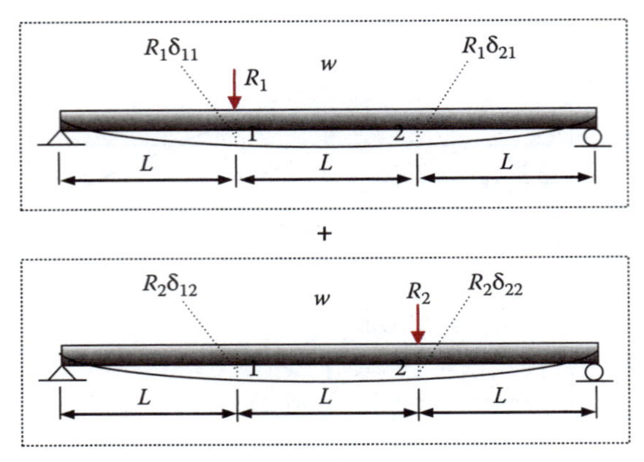

Sobreposição de soluções de estrutura primária.

As duas equações de compatibilidade são:

$$\Delta_1 = \Delta'_1 + R_1\delta_{11} + R_2\delta_{12} = 0$$

$$\Delta_2 = \Delta'_2 + R_1\delta_{21} + R_2\delta_{22} = 0$$

Estas duas equações podem ser postas na forma da matriz seguinte.

$$\begin{bmatrix} \delta_{11} & \delta_{12} \\ \delta_{21} & \delta_{22} \end{bmatrix} \begin{Bmatrix} R_1 \\ R_2 \end{Bmatrix} = - \begin{Bmatrix} \Delta'_1 \\ \Delta'_2 \end{Bmatrix}$$

Note que a matriz quadrada do lado esquerdo é simétrica por causa da lei de recíprocos de Maxwell. Para problemas com mais de duas forças redundantes, os mesmos procedimentos se aplicam e a matriz quadrada é sempre simétrica.

Embora tenhamos escolhido reações de apoio como forças redundantes nos exemplos de viga precedentes, às vezes é mais vantajoso escolher momentos internos como forças redundantes, como mostrado no próximo exemplo de quadro.

6.3 Análise de quadro indeterminado

Exemplo 6.5

Analise o quadro mostrado e trace os diagramas de momento e de deflexão. *EI* é constante para todas as barras.

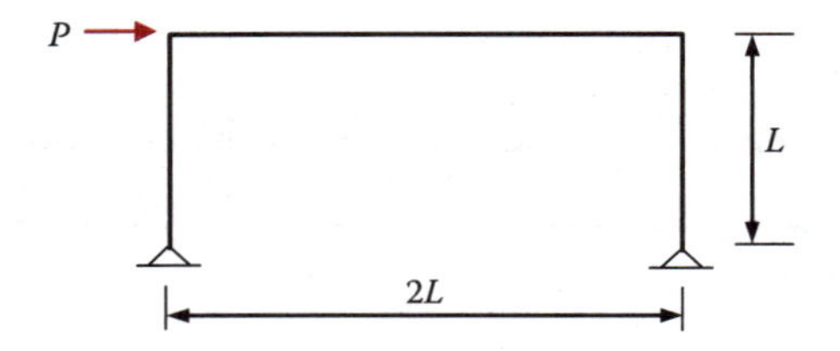

Um quadro rígido com um grau de redundância.

Solução

Escolhemos o momento no meio da viga como força redundante: M_c.

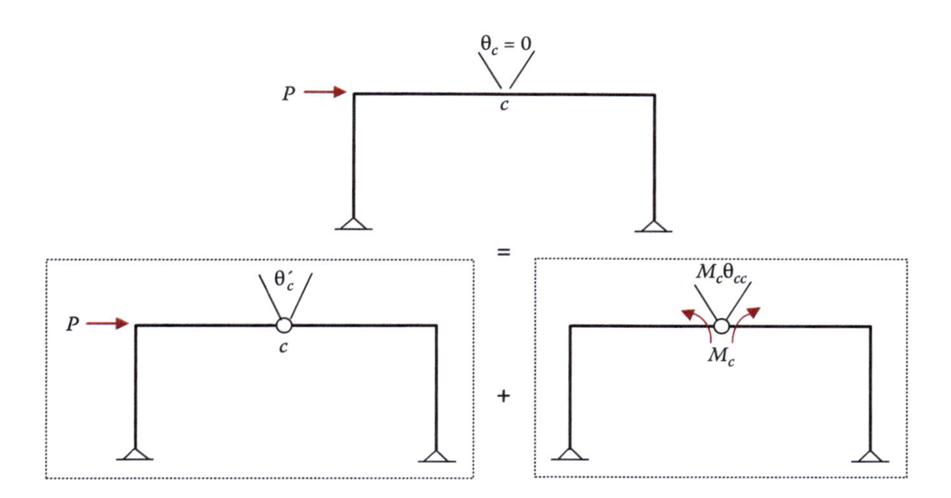

Princípio de sobreposição e equação de compatibilidade.

A equação de compatibilidade é

$$\theta_c = \theta'_c + M_c\theta_{cc} = 0$$

Para encontrar θ'_c, nós usamos o método da carga unitária. Vê-se que $\theta'_c = 0$, porque a contribuição das barras de coluna cancelam uma à outra e a contribuição da barra de viga é zero devido à antissimetria de M e à simetria de m. Consequentemente, não há necessidade de se encontrar θ_{cc} e M_c é identicamente zero.

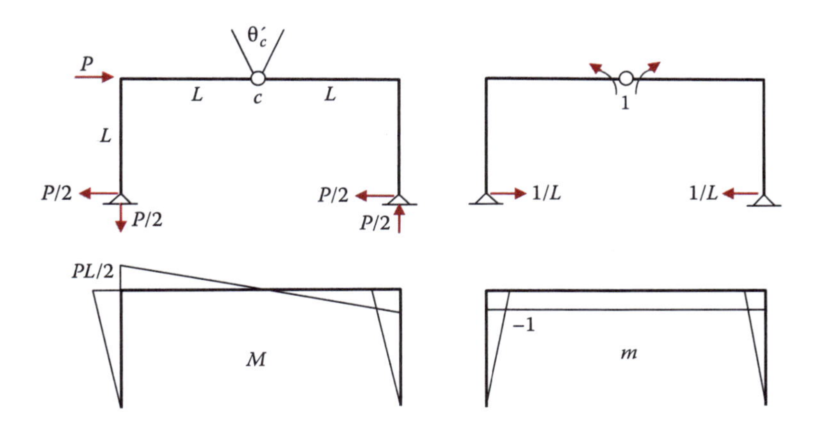

Método de carga unitária para encontrar o ângulo relativo de rotação em C.

O diagrama de momento mostrado acima é o correto para o quadro e o diagrama de deflexão é mostrado a seguir.

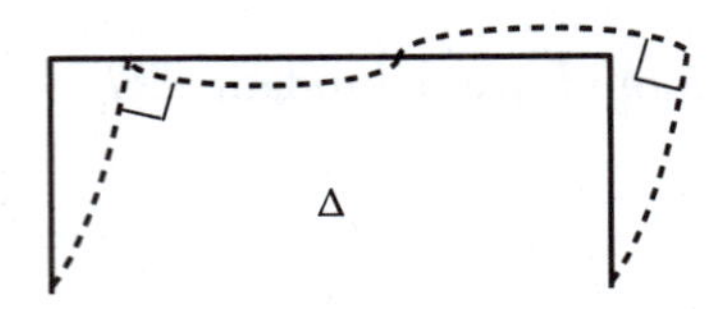

Diagrama de deflexão do quadro.

Exemplo 6.6

Analise o quadro mostrado e trace os diagramas de momento e de deflexão. EI é constante para as duas barras.

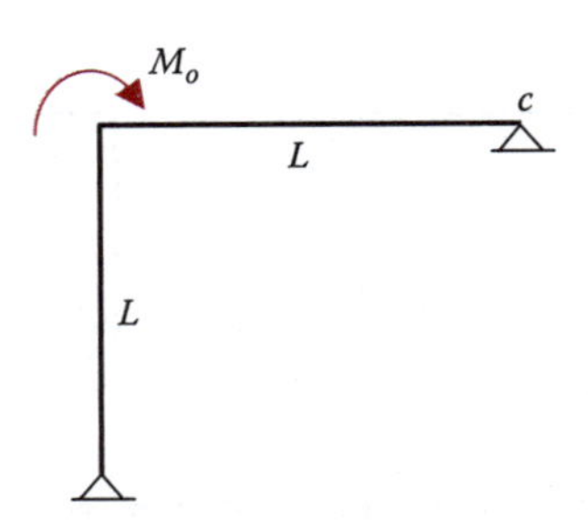

Exemplo de quadro com um grau de redundância.

Solução

Escolhemos a reação horizontal em C como força redundante: R_{ch}.

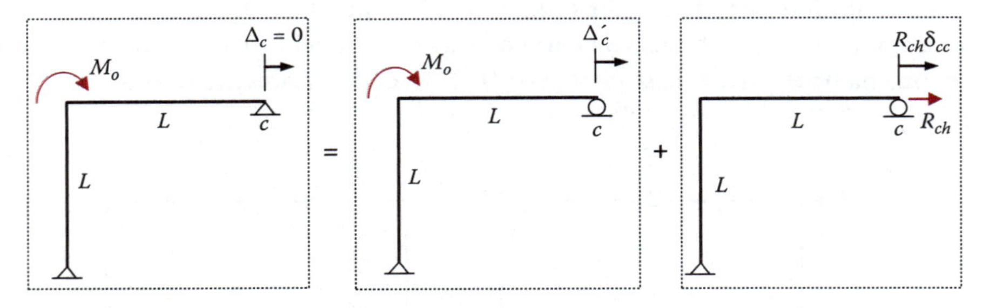

Princípio da sobreposição e equação de compatibilidade.

A equação de compatibilidade é

$$\Delta_c = \Delta'_c + R_{ch}\delta_{cc} = 0$$

Usamos o método de carga unitária para calcular Δ'_c e δ_{cc}.

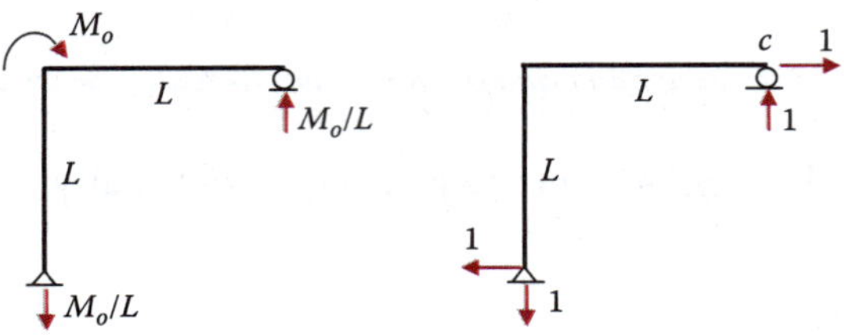

Diagramas de carga para carga aplicada e carga unitária.

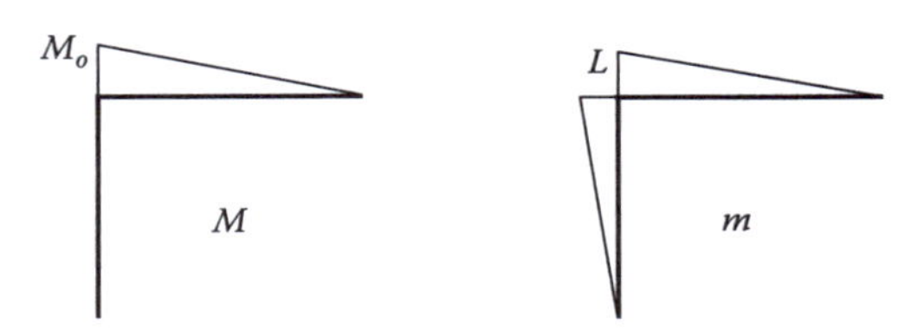

Diagramas de momento para carga aplicada e carga unitária.

$$\Delta'_c = \Sigma \int m \frac{Mdx}{EI} = \frac{1}{EI}\frac{1}{3}(M_o)(L)(L) = \frac{M_oL^2}{3EI}$$

$$\delta_{cc} = \Sigma \int m \frac{mdx}{EI} = \frac{1}{EI}\frac{1}{3}(L)(L)(L)(2) = \frac{2L^3}{3EI}$$

$$\Delta'_c + R_{ch}\delta_{cc} = 0 \quad \Longrightarrow \quad R_{ch} = -\frac{M_o}{2L} \leftarrow$$

Diagramas de carga, de momento e de deflexão.

Exemplo 6.7
Delineie a formulação da equação de compatibilidade do quadro rígido mostrado. EI é constante para todas as barras.

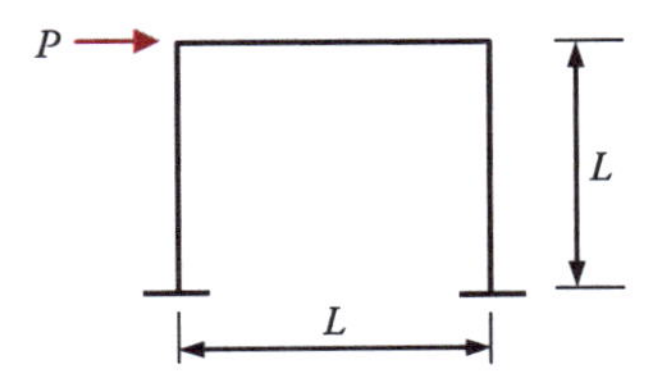

Um quadro rígido com três graus de redundância.

Solução
Escolhemos três momentos internos como forças redundantes. A estrutura primária resultante tem três articulações, como mostrado na figura seguinte (os círculos em 1 e 3 objetivam representar articulações). Em cada uma das três articulações, o efeito cumulativo na rotação relativa deve ser zero. Esta é a condição de compatibilidade, que pode ser posta em forma de matriz.

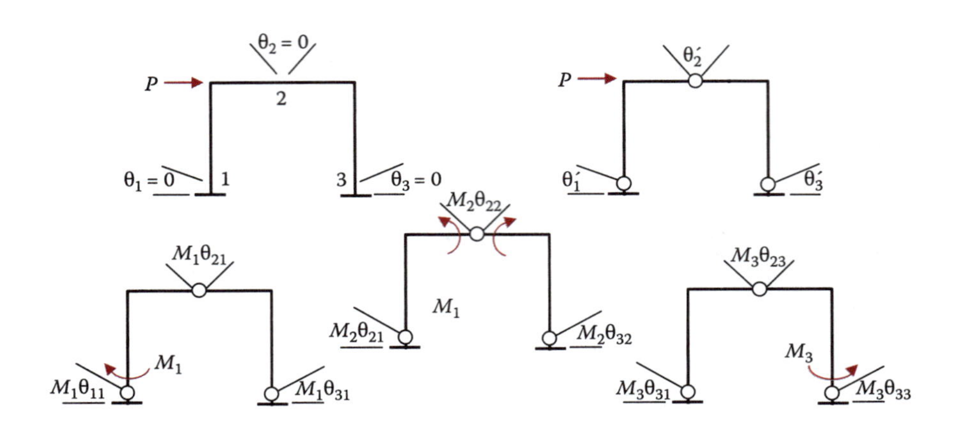

Estrutura primária e a rotação relativa em cada articulação.

$$\begin{bmatrix} \theta_{11} & \theta_{12} & \theta_{13} \\ \theta_{21} & \theta_{22} & \theta_{23} \\ \theta_{31} & \theta_{32} & \theta_{33} \end{bmatrix} \begin{Bmatrix} M_1 \\ M_2 \\ M_3 \end{Bmatrix} = - \begin{Bmatrix} \theta_1' \\ \theta_2' \\ \theta_3' \end{Bmatrix}$$

A matriz do lado esquerdo é simétrica por causa da lei de recíprocos de Maxwell.

Fórmulas de deflexão de vigas. Para configurações de vigas estaticamente determinadas, fórmulas de deflexão simples podem ser facilmente derivadas. Elas são úteis para a solução de problemas de vigas indeterminadas usando-se o método de deformações consistentes. Algumas das fórmulas são dadas na tabela seguinte.

Métodos aproximados para quadros estaticamente indeterminados. Como podemos ver pelos exemplos anteriores, o método de forças de análise para quadros é prático para o cálculo manual apenas nos casos de um a dois graus de redundância. Embora possamos automatizar o processo para casos de alta redundância, uma maneira mais fácil para automatização é através do método de deslocamento, que é abordado no capítulo 8. Nesse ínterim, para aplicações práticas, podemos usar métodos aproximados para fins de design preliminar. Os métodos aproximados descritos aqui dão boa aproximação para as soluções corretas.

Fórmulas de deflexão de vigas

Configuração de viga	Fórmulas para pontos especiais	Fórmulas para qualquer ponto
M_o; o; x	$\theta = -\dfrac{M_o}{EI}(L-x)$ $v = \dfrac{M_o}{2EI}(L-x)^2$	$\theta_o = \dfrac{M_o L}{EI}$ ↻ $v_o = \dfrac{M_o L^2}{2EI}$ ↑
P; x; o	$\theta = \dfrac{P}{2EI}(L^2 - x^2)$ $v = -\dfrac{PL^3}{3EI} + \dfrac{Px}{6EI}(3L^2 - x^2)$	$\theta_o = \dfrac{PL^2}{2EI}$ ↺ $v_o = -\dfrac{PL^3}{3EI}$ ↓
w; x; o	$\theta = \dfrac{w}{6EI}(L^3 - x^3)$ $v = -\dfrac{w}{6EI}(L^4 - xL^3)$	$\theta_o = \dfrac{wL^3}{6EI}$ ↺ $v_o = -\dfrac{wL^4}{6EI}$ ↓

P; $L/2$, $L/2$; o, c; x	$\theta = -\frac{P}{16EI}(L^2 - 4x^2),\ x \le \frac{L}{2}$ $v = -\frac{P}{48EI}(3L^2x - 4x^3),\ x \le \frac{L}{2}$	$\theta_o = -\frac{PL^2}{16EI}$ $v_c = -\frac{PL^3}{48EI}$
w; $L/2$, $L/2$; o, c; x	$\theta = -\frac{w}{24EI}(L^3 - 6Lx^2 + 4x^3)$ $v = -\frac{w}{24EI}(L^3x - 2x^3L + x^4)$	$\theta_o = -\frac{wL^3}{24EI}$ $v_c = v_{max} = -\frac{5wL^4}{384EI}$
M_c; $L/2$, c, $L/2$; o; x	$\theta = -\frac{M_c}{24EIL}(L^2 - 12x^2),\ x \le \frac{L}{2}$ $v = \frac{M_c}{24EIL}(L^2x - 4x^3),\ x \le \frac{L}{2}$	$\theta_o = -\frac{M_cL}{24EI}$ $v_{max} = \frac{M_cL^2}{72\sqrt{3}EI},\ x = \frac{L}{2\sqrt{3}}$
M_o; o, 1; x	$\theta = \frac{M_o}{6EIL}(2L^2 - 6Lx + 3x^2)$ $v = \frac{M_o}{6EIL}(2L^2x - 3Lx^2 + x^3)$	$\theta_o = \frac{M_oL}{3EI},\ \theta_1 = -\frac{M_oL}{6EI}$ $v_{max} = \frac{M_oL^2}{9\sqrt{3}EI},\ x = \frac{L}{3}(3 - \sqrt{3})$

O conceito básico dos métodos aproximados é considerar a localização de momento interno zero. No ponto de momento zero, as condições de construção são válidas, isto é, equações adicionais estão disponíveis. Para quadros rígidos de geometria regular, podemos supor a localização de momento zero com bastante precisão, pela experiência. Quando condições suficientes de construção são adicionadas, o problema original se torna estaticamente determinado. Lidaremos com duas classes de problemas separadamente, de acordo com as condições de carga.

Cargas verticais. Para quadros rígidos de forma regular, carregados com cargas de piso vertical, tais como mostrado na figura seguinte, a deflexão das vigas é tal que existe momento zero numa localização aproximadamente um décimo de distância de cada extremidade.

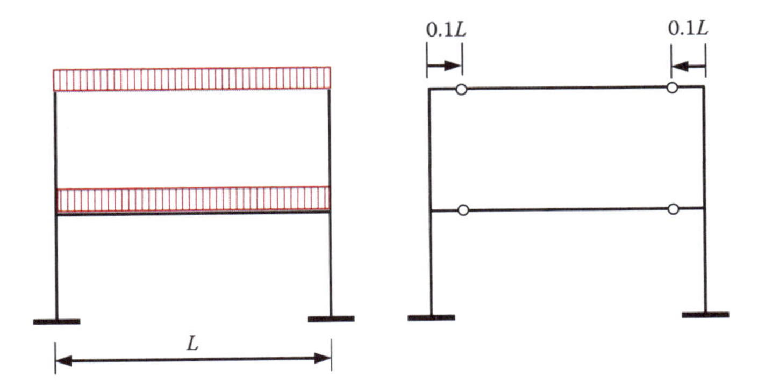

Quadro carregado verticalmente e localização aproximada do momento interno zero.

Depois que colocamos um par de articulação e rolete na localização de momento zero, o quadro resultante é estaticamente determinado e pode ser facilmente analisado. A figura seguinte ilustra o processo de solução.

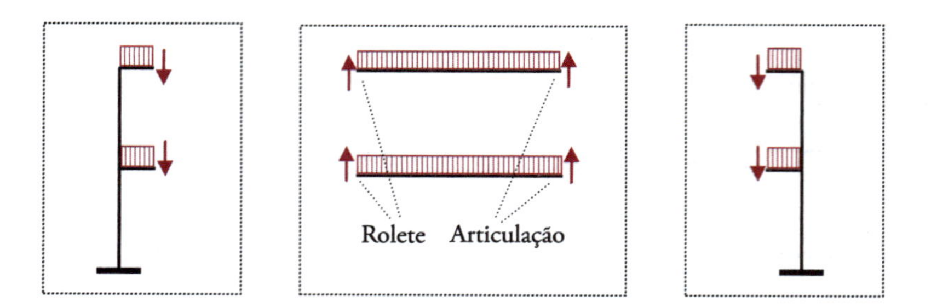

Vigas e colunas como componentes estaticamente determinados.

Esta abordagem ignora quaisquer forças de cisalhamento nas colunas e forças axiais nas vigas, o que é uma consideração muito boa para fins de design preliminar.

Cargas horizontais. Dependendo da configuração do quadro, podemos aplicar o método do portal ou o método do cantiléver. O *método do portal* é geralmente aplicável a quadros de edifícios baixos, de não mais de cinco andares. As considerações são:

1. Todo ponto médio de uma viga ou coluna é um ponto de momento zero; e
2. Colunas interiores suportam duas vezes a força de cisalhamento das colunas exteriores.

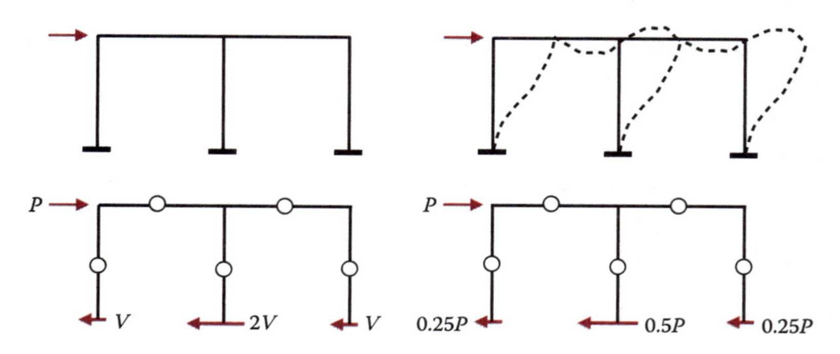

Considerações do método de portal.

As forças de cisalhamento nas colunas são calculadas primeiro a partir do diagrama de corpo livre (DCL), na figura precedente, usando-se a condição de equilíbrio horizontal. O resto das incógnitas são calculadas a partir dos DCLs na sequência mostrada na figura seguinte, uma de cada vez. Cada DCL contém não mais que três incógnitas. As setas recurvadas ligam círculos tracejados contendo pares de forças internas.

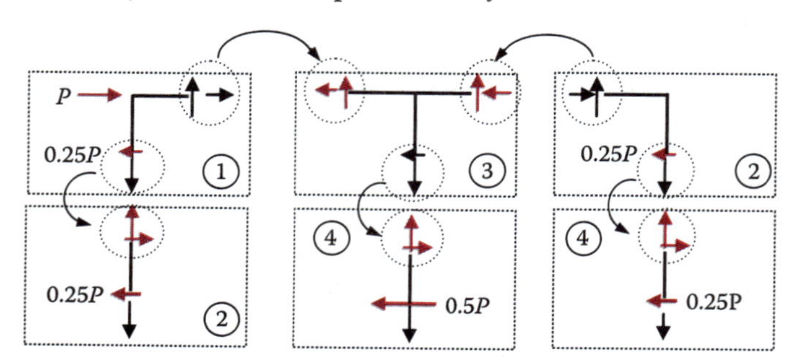

DCLs para cálculo de forças internas na sequência indicada.

As considerações do método de portal são baseadas na observação de que o padrão de deflexão de quadros de edifícios baixos é similar ao da deformação de cisalhamento de uma viga profunda. Esta similaridade é ilustrada a seguir.

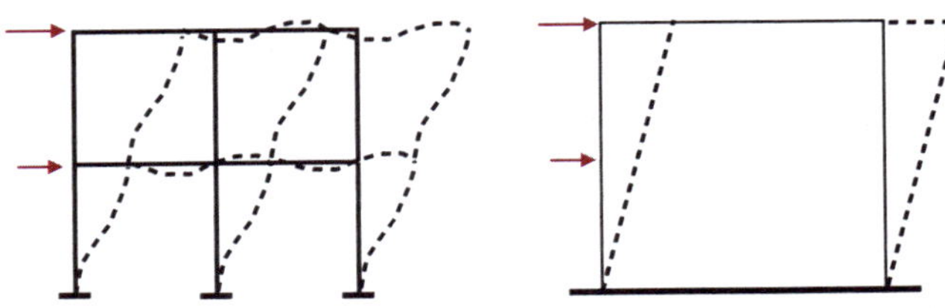

Deflexões de um quadro de edifício baixo e uma viga profunda.

Por outro lado, o *método de cantiléver* é geralmente aplicado a quadros de edifícios altos, cujas configurações são similares às de cantiléveres verticais. Podemos, então, tomar emprestado o padrão de distribuição normal de tensões num cantiléver e aplicá-lo ao quadro de edifício alto.

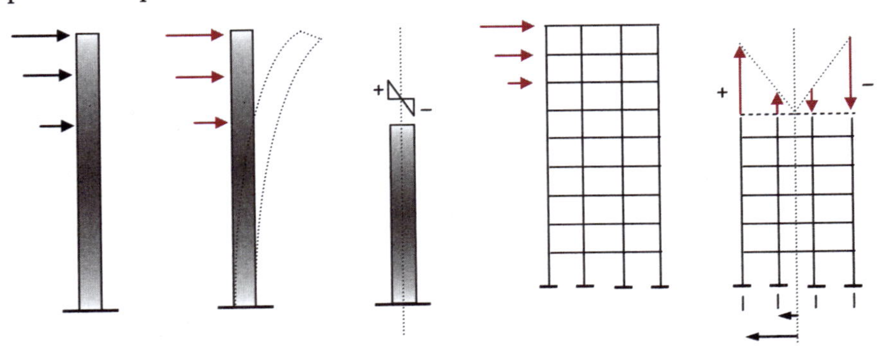

Distribuição normal de tensão num cantiléver e distribuição de força axial num quadro.

As considerações do método de cantiléver são:

1. As forças axiais em colunas são proporcionais à distância das colunas à linha central do quadro; e
2. Os pontos médios de vigas e colunas são pontos de momento zero.

O processo de solução é ligeiramente diferente daquele do método de portal. Ele começa no DCL do pavimento superior para encontrar as forças axiais. Depois, passa para encontrar as forças de cisalhamento das colunas e as forças axiais em vigas, um DCL de cada vez. Este processo de solução é ilustrado na figura seguinte. Note que o DCL do pavimento superior é cortado a meia altura, não na base, do pavimento.

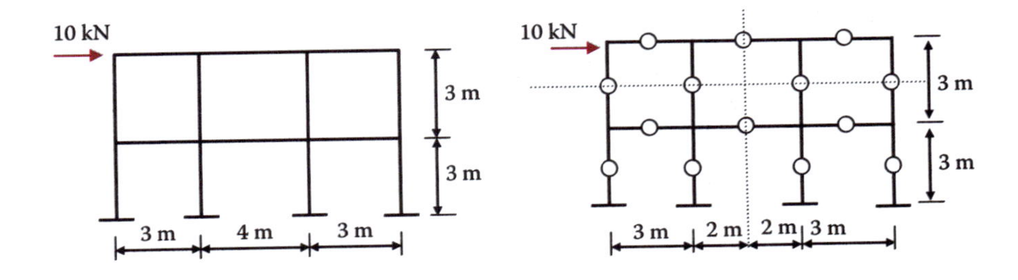

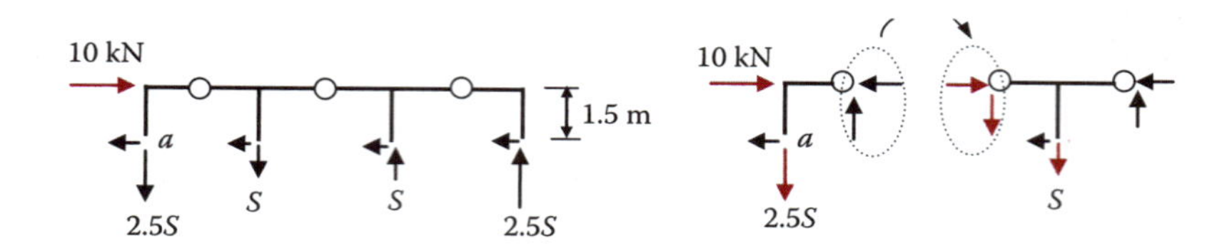

Método de cantiléver e os DCLs.

Na figura, as colunas externas têm uma força axial 2,5 vezes a das colunas do interior, porque sua distância até a linha central é 2,5 vezes a das colunas interiores. A solução para a força axial, S, é obtida tomando-se o momento em torno de qualquer ponto na linha de meia altura:

$$\Sigma M_a = (1.5)(10) - (2.5S)(10) - S(7-3) = 0 \implies S = 0.52 \text{ kN}$$

O restante do cálculo vai de um DCL para o outro, cada um com não mais de três incógnitas e cada um tirando vantagem dos resultados do anterior. Os leitores são encorajados a completar a solução de todas as forças internas.

Problema 6.1

Encontre todas as forças de reação e momentos em a e b. EI é constante e o comprimento da viga é L.

Problema 6.1

Problema 6.2

Encontre todas as forças de reação e momentos em a e b, tirando vantagem da simetria do problema. EI é constante.

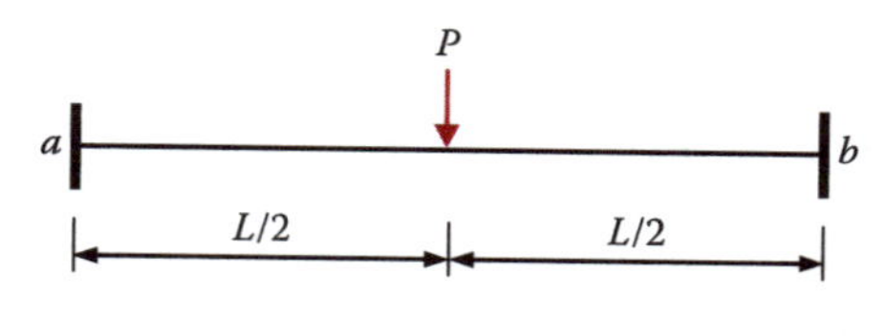

Problema 6.2

Problema 6.3

Encontre a força de reação horizontal em d.

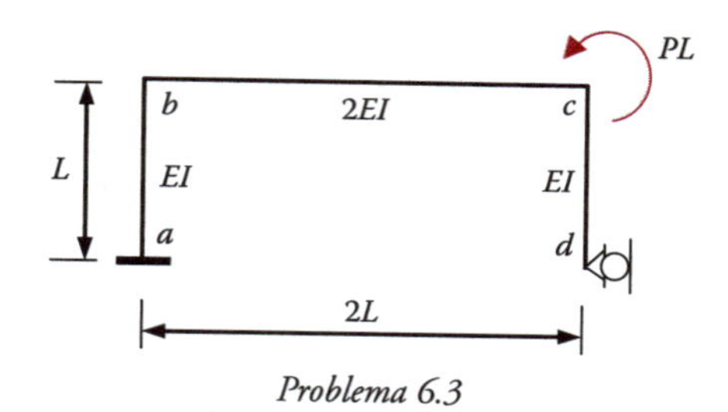

Problema 6.3

Problema 6.4

Encontre o momento interno em *b*.

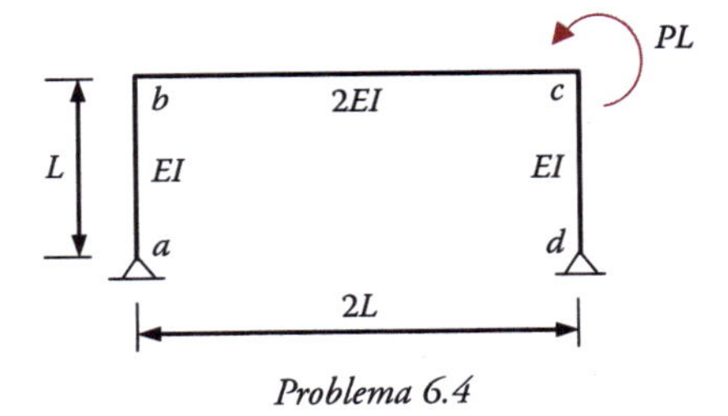

Problema 6.4

7

Análise de vigas e quadros: método dos deslocamentos — Parte I

7.1 Introdução

O conceito básico do método dos deslocamentos para análise de vigas e quadros é que o estado de uma barra é completamente definido pelos deslocamentos de seus nós. Uma vez que saibamos os deslocamentos nodais, o resto das incógnitas, tais como forças de barras, pode ser facilmente obtido.

Para a estrutura completa, seu estado de força de barra é completamente definido pelos deslocamentos de seus nós. Uma vez que saibamos todos os deslocamentos nodais da estrutura, os deslocamentos nodais de cada barra são obtidos e as forças de barra são, então, calculadas.

Definir um nó, na maioria dos casos, é fácil; ou ele aparece como uma extremidade de junção de uma viga com uma coluna, ou está num local onde há um apoio. Em outros casos, é uma questão de preferência do analista, que pode decidir por definir um nó em qualquer parte de uma estrutura para facilitar a análise.

Introduziremos o método de deslocamentos em três estágios. O método de distribuição de momentos é introduzido como método de solução iterativa que não formula explicitamente as equações governantes. O método de inclinação-deflexão é então introduzido para formular as equações governantes. Ambos são idênticos em suas considerações e conceitos. O método de deslocamento de matriz é então introduzido como generalização dos métodos de distribuição de momentos e de inclinação-deflexão.

7.2 O método de distribuição de momentos

O método de distribuição de momentos é um método único de análise estrutural em que a solução é obtida iterativamente, sem sequer formular as equações para as incógnitas. Ele foi inventado por necessidade num tempo em que a melhor ferramenta de cálculo era a régua de cálculo, para resolver problemas de quadros que normalmente exigiam a solução de equações algébricas simultâneas. Sua relevância, hoje, na era do computador pessoal, está no seu insight de como uma viga e quadro reagem a cargas aplicadas pela rotação de seus nós e, assim, distribuindo as cargas na forma de momentos de extremidade de barra. Tal insight é a base do moderno método de deslocamentos.

Tome-se o quadro muito simples da figura seguinte como exemplo. O momento aplicado externamente no nó b tende a criar uma rotação nesse nó. Como as barras ab e bc estão rigidamente conectadas no nó b, a mesma rotação deve ocorrer na extremidade de ambas. Para que a rotação na extremidade das barras ab e bc ocorra, um momento de extremidade deve ser internamente aplicado na extremidade da barra. Este momento de extremidade de barra vem do momento externamente aplicado. O equilíbrio nodal em b exige que o momento externo aplicado de 100 kN seja distribuído para as duas extremidades das duas barras que se juntam em b. Quanto cada barra receberá depende de quão "rígida" cada barra é em sua resistência à rotação em *b*. Como as duas barras são idênticas em comprimento, *L*, e em rigidez de seção transversal, *EI*, consideramos por ora que elas são igualmente rígidas. Destarte, metade dos 100 kN-m vai para a barra *ab* e a outra metade vai para a barra *bc*.

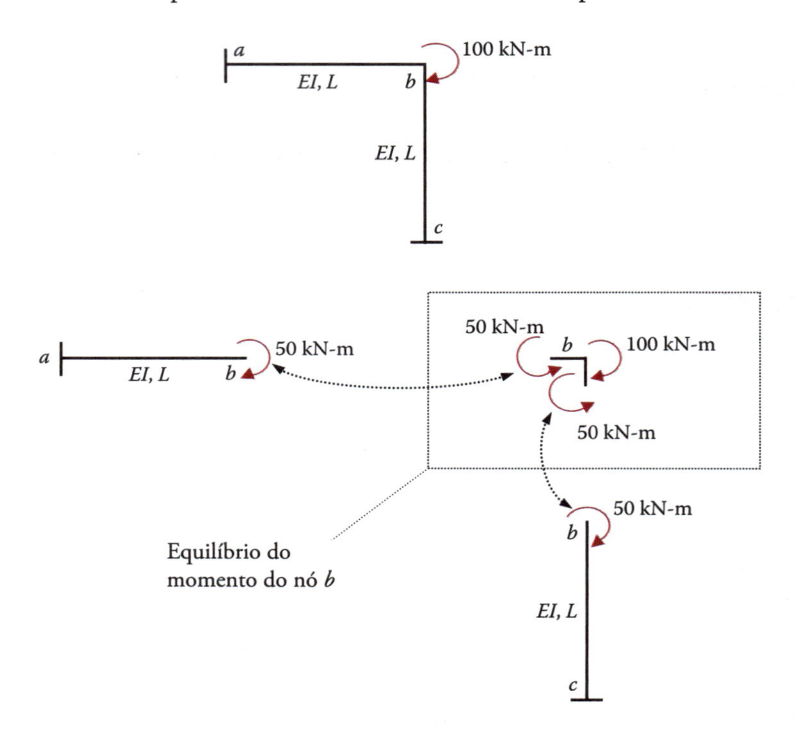

Exemplo de quadro mostrando momentos de extremidade de barra.

Na figura anterior, apenas os momentos de extremidade de barra são mostrados. As forças de cisalhamento e axial de extremidade de barra não são mostradas para evitar a lotação da figura. Os momentos distribuídos (MDs) são momentos de "extremidade de barra" denotados por M_{ba} e M_{bc}, respectivamente. A convenção de sinal dos momentos de extremidade de barra e de momentos externos aplicados é positivo no sentido horário. Consideramos que as duas barras são igualmente rígidas e recebem metade do momento aplicado, não só porque parecem ser igualmente rígidas, mas também porque cada uma das duas barras está sob idênticas condições de carga: fixa na extremidade distante e articulada na extremidade próxima.

Em outros casos, a viga e a coluna podem não ser de mesma rigidez, mas podem ter as mesmas condições de carga e apoio: fixo na extremidade distante e com liberdade de rotacionar na extremidade próxima. Esta é a configuração fundamental de carga de momento da qual todas as outras configurações podem ser derivadas pelo princípio da sobreposição. Retardaremos a derivação das fórmulas governantes até que tenhamos aprendido os procedimentos operacionais do método de distribuição de momentos.

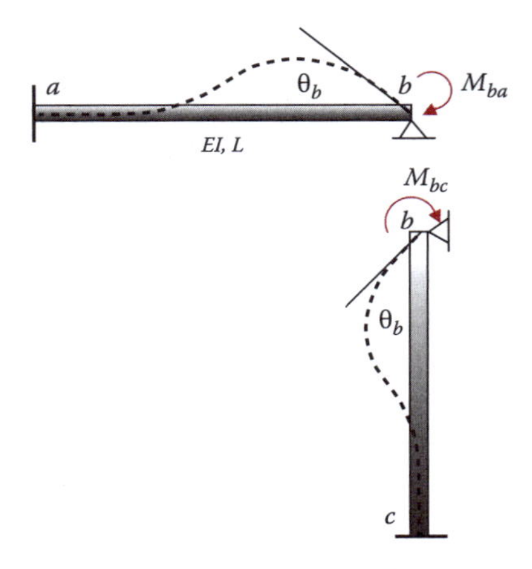

Viga e coluna numa configuração fundamental de um momento aplicado na extremidade.

Basta dizer que, dadas as condições de carga e apoio mostradas na figura seguinte, a rotação θ_b e o momento de extremidade de barra M_{ba} na extremidade próxima, *b*, são proporcionais. A relação entre M_{ba} e θ_b é expressa na seguinte equação, da qual a derivação será dada posteriormente.

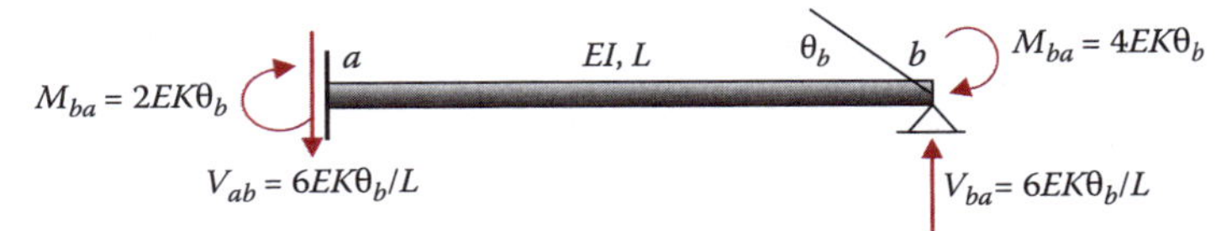

O caso fundamental e as soluções de reações.

$$M_{ba} = 4(EK)_{ab}\theta_b \tag{7.1a}$$

onde $K_{ab} = (I/L)_{ab}$.

Podemos escrever uma equação similar para o M_{bc} da barra *bc*.

$$M_{bc} = 4(EK)_{bc}\theta_b \tag{7.1b}$$

onde $K_{bc} = (I/L)_{bc}$.

Além do mais, o momento na extremidade distante da barra *ab*, M_{ab} em *a* está relacionado com a quantidade de rotação em *b* de acordo com a fórmula seguinte:

$$M_{ab} = 2(EK)_{ab}\theta_b \tag{7.2a}$$

Similarmente, para a barra *bc*,

$$M_{cb} = 2(EK)_{bc}\theta_b \tag{7.2b}$$

Como resultado, o momento de extremidade de barra na extremidade distante é metade do momento na extremidade próxima:

$$M_{ab} = \frac{1}{2}M_{ba} \tag{7.3a}$$

e

$$M_{cb} = \frac{1}{2} M_{bc} \tag{7.3b}$$

Note que nas equações anteriores, é importante manter os subscritos, porque cada barra tem um *EK* diferente.

A significância da equação 7.1 é que ela mostra que a quantidade de momento de extremidade de barra, distribuída do momento nodal não balanceado, é proporcional à rigidez de barra 4*EK*, que é o momento necessário na extremidade próxima para criar uma rotação unitária nessa extremidade, enquanto a extremidade distante está fixa. Consequentemente, quando distribuímos o momento não balanceado, só precisamos conhecer a rigidez relativa de cada uma das barras da junção, naquela extremidade em particular. A equação de equilíbrio para o momento no nó *b* é

$$M_{ba} + M_{bc} = 100 \text{ kN-m} \tag{7.4}$$

Como

$$M_{ba} : M_{bc} = (EK)_{ab} : (EK)_{bc}$$

podemos "normalizar" a equação anterior de modo que ambos os lados somem um, ou seja, 100%, utilizando o fato de que $(EK)_{ab} = (EK)_{bc}$ no caso presente:

$$\frac{M_{ba}}{M_{ba} + M_{bc}} : \frac{M_{bc}}{M_{ba} + M_{bc}} = \frac{(EK)_{ab}}{(EK)_{ab} + (EK)_{bc}} : \frac{(EK)_{bc}}{(EK)_{ab} + (EK)_{bc}} = \frac{1}{2} : \frac{1}{2} \tag{7.5}$$

Consequentemente,

$$M_{ba} = \frac{1}{2}(M_{ba} + M_{bc}) = \frac{1}{2}(100 \text{ kN-m}) = 50 \text{ kN-m}$$

$$M_{bc} = \frac{1}{2}(M_{ba} + M_{bc}) = \frac{1}{2}(100 \text{ kN-m}) = 50 \text{ kN-m}$$

Da equação 7.2, obtemos

$$M_{ab} = \frac{1}{2} M_{ba} = 25 \text{ kN-m}$$

$$M_{cb} = \frac{1}{2} M_{bc} = 25 \text{ kN-m}$$

Agora que todos os momentos de extremidade de barra foram obtidos, podemos seguir em frente para encontrar as forças de cisalhamento e axiais de extremidade de barra usando os diagramas de corpo livre (DCLs) mostrados a seguir.

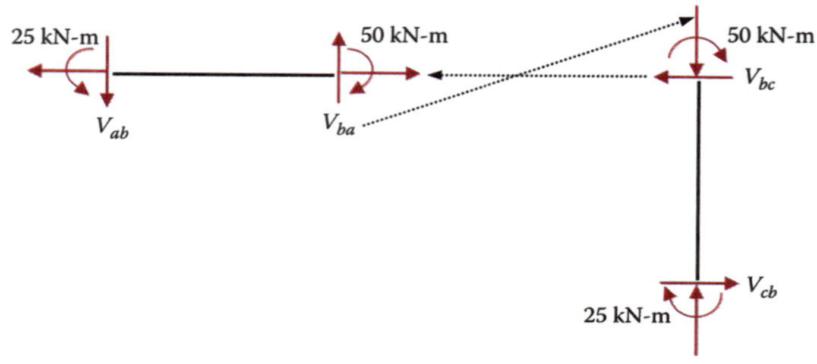

DCLs para encontrar as forças de cisalhamento e axiais.

As linhas tracejadas indicam que a força axial de uma barra está relacionada com a força de cisalhamento da barra da junção no nó comum. As forças de cisalhamento são calculadas a partir das condições de equilíbrio dos DCLs:

$$V_{ab} = V_{ba} = \frac{M_{ba} + M_{ab}}{L_{ab}}$$

e

$$V_{bc} = V_{cb} = \frac{M_{bc} + M_{cb}}{L_{bc}}$$

Os diagramas de momento e de deflexão de toda a estrutura são mostrados a seguir.

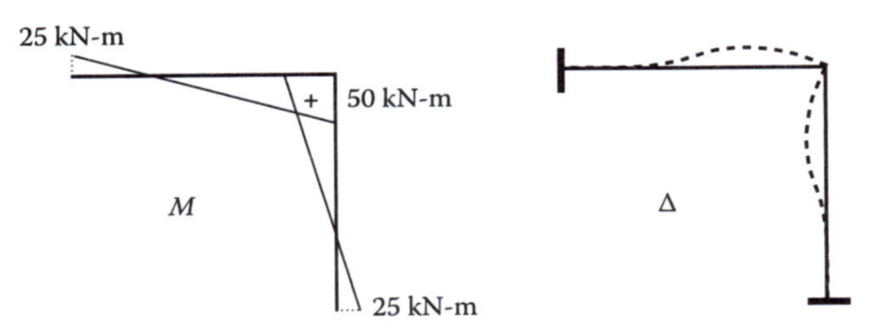

Diagramas de momento e de deflexão.

Ao traçar o diagrama de momento, note que as convenções de sinal para momento interno (como no diagrama de momento) e o momento de extremidade de barra (como nas equações de 7.1 a 7.5) são diferentes. O primeiro depende da orientação e da face sobre a qual o momento está atuando, e o segundo depende apenas da direção do momento (sentido horário é positivo).

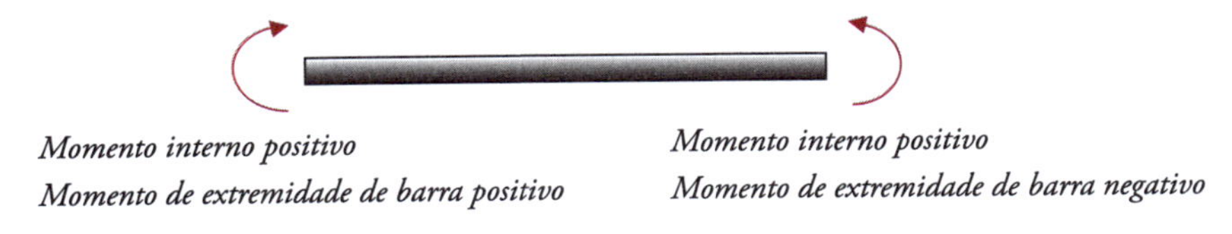

Momento interno positivo
Momento de extremidade de barra positivo

Momento interno positivo
Momento de extremidade de barra negativo

Diferença nas convenções de sinal.

Vamos recapitular os procedimentos operacionais do método de distribuição de momentos:

1. Identificar o nó que está livre para rotacionar. No caso presente, ele foi o nó *b*. O número de nós de rotação "livres" é chamado de grau de liberdade. No presente caso, este é um;
2. Identificar as barras de junção neste nó e calcular sua rigidez relativa, de acordo com a equação 7.5, que pode ser generalizada para cobrir mais de duas barras.

$$\frac{M_{ab}}{\sum M_{xy}} : \frac{M_{bc}}{\sum M_{xy}} : \frac{M_{cd}}{\sum M_{xy}} \cdots = \frac{(EK)_{ab}}{\Sigma(EK)_{xy}} : \frac{(EK)_{bc}}{\Sigma(EK)_{xy}} : \frac{(EK)_{cd}}{\Sigma(EK)_{xy}} \cdots$$

onde o somatório é sobre todas as barras da junção no nó em particular. Cada uma das expressões nesta equação é chamada de fator de distribuição (FD), os quais somam 1 ou 100%. cada um dos momentos na extremidade de uma barra é chamado de momento de extremidade de barra;

3. Identificar o momento não balanceado neste nó. No caso presente, ele era de 100 kN-m;

4. Para balancear os 100 kN-m, precisamos adicionar –100 kN-m ao nó, o qual, quando visto da extremidade da barra, se torna 100 kN-m positivos. Esses 100 kN-m são distribuídos nas barras *ab* e *bc* de acordo com o FD de cada barra. Neste caso, o FD é de 50% em cada um. Consequentemente, 50 kN-m vai para M_{ba} e 50 kN-m vai para M_{bc}. Eles são chamados de momento distribuído. Note que o momento aplicado externamente é distribuído como momento de extremidade de barra com o mesmo sinal, isto é, de positivo para positivo;

5. Depois do momento de balanceamento ser distribuído, as extremidades distantes das barras de junção devem receber 50% do momento distribuído na extremidade próxima. O fator de 50%, ou ½, é chamado de fator de transporte. O momento na extremidade distante assim distribuído é chamado de momento de transporte. No caso presente, ele é de 25 kN-m para M_{ab} e de 25 kN-m para M_{cb}, respectivamente;

6. Percebemos que nas duas extremidades fixas, quaisquer que sejam os momentos transportados, eles são balanceados pela reação do apoio. Isso significa que o equilíbrio de momentos é alcançado nas extremidades fixas, sem qualquer necessidade de distribuição adicional. Isso equivale dizer que a rigidez do apoio em relação à rigidez da barra é infinita. Ou ainda mais simplesmente, podemos formalmente determinar os fatores de distribuição num apoio fixo como 1:0, sendo um atribuído ao apoio e zero atribuído à barra. O fator de distribuição zero significa que não precisamos redistribuir nenhum momento na extremidade da barra;

7. As operações do método de distribuição de momentos terminam quando todos os nós estão em equilíbrio de momento. No caso presente, o nó *b* é o único em que precisamos nos concentrar e está em equilíbrio após o momento não balanceado ser distribuído;

8. Para completar o processo de solução, porém, ainda precisamos encontrar as outras incógnitas, tais como as forças de cisalhamento e axiais na extremidade de cada barra. Isso é feito traçando-se o DCL de cada barra e escrevendo-se as equações de equilíbrio;

9. Os diagramas de momento e de deflexão podem então ser traçados.

Percorreremos agora o processo de solução, resolvendo um problema similar com um único grau de liberdade.

Exemplo 7.1
Encontre todos os momentos de extremidade de barra da viga mostrada. *EI* é constante para todas as barras.

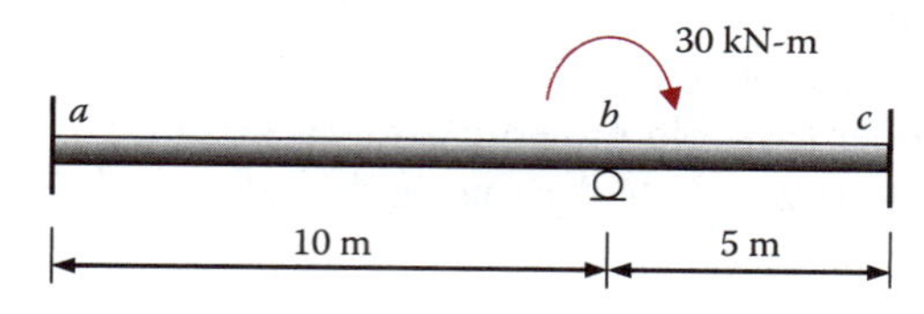

Problema de viga com um único grau de liberdade.

Solução

1. Preparação.
   a. Momento não balanceado: no nó *b* há um momento externamente aplicado, que deve ser distribuído como momentos de extremidade de barra de mesmo sinal;
   b. Os fatores de distribuição no nó *b*:

$$DF_{ba}:\ DF_{bc} = 4EK_{ab}:\ 4EK_{bc} = 4\left(\frac{EI}{L}\right)_{ab} : 4\left(\frac{EI}{L}\right)_{bc} = \frac{1}{10} : \frac{1}{5} = 0.33 : 0.67$$

c. Como formalidade, também incluímos $DF_{ab} = 0$ e $DF_{bc} = 0$, em *a* e *c*, respectivamente;

2. Tabulação. Todo o cálculo pode ser tabulado como mostrado a seguir. As setas indicam o destino do momento de transporte. As linhas tracejadas mostram como o fator de distribuição é usado para calcular o momento de distribuição.

Tabela de distribuição de momentos para um problema de grau único de liberdade

Node	*a*	*b*		*c*
Member	*ab*		*bc*	
DF	0	0.33	0.67	0
MEM[1]	M_{ab}	M_{ba}	M_{bc}	M_{cb}
EAM[2]		30		
DM[3]		+10	+20	
COM[4]	+5			+10
Sum[5]	+5	+10	+20	+10

Legenda:
FD – Fator de distribuição
MPM – Momento de extremidade de barra
MEA – Momento externamente aplicado
MPMD – Momento de extremidade de barra distribuído
MT – Momento de transporte

3. Operações pós-distribuição de momentos. Os diagramas de momento e de deflexão são mostrados a seguir.

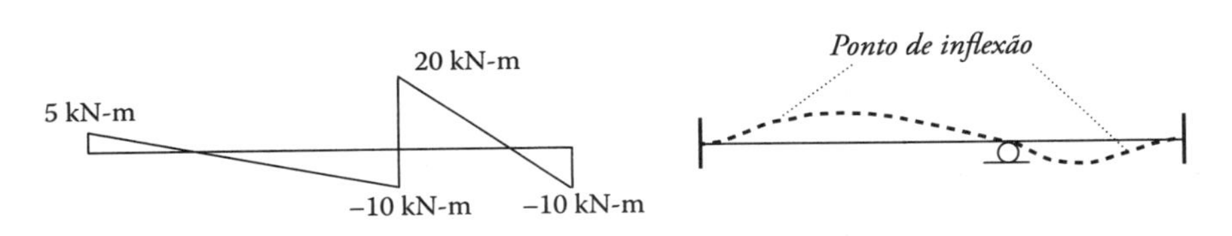

Diagramas de momento e de deflexão.

O método de distribuição de momentos se torna iterativo quando há mais de um grau de liberdade. Os procedimentos supramencionados para um problema de um grau de liberdade ainda podem ser aplicados se considerarmos um grau de liberdade de cada vez. Isso equivale dizer que quando nos concentramos num grau de liberdade, os outros graus de liberdade são considerados "travados" num apoio fixo e não podem rotacionar. Quando o nó livre recebe seu momento distribuído e o momento de transporte atinge o nó vizinho e previamente travado, esse nó se torna não balanceado, exigindo, assim, o "destravamento" para distribuir o momento de balanceamento, o que, por sua vez, cria momento de transporte no primeiro nó. Isso requer outro turno de distribuição e transporte.

Assim, começa o ciclo de "travamento–destravamento" e o balanceamento de momentos de um nó para outro. Veremos, porém, em cada iteração subsequente, que a quantidade de momento não balanceado se torna progressivamente menor. A iteração para quando o momento não balanceado se torna irrisório. Este processo iterativo é ilustrado no exemplo de dois graus de liberdade seguinte.

Exemplo 7.2

Encontre todos os momentos de extremidade de barra da viga mostrada. *EI* é constante para todas as barras.

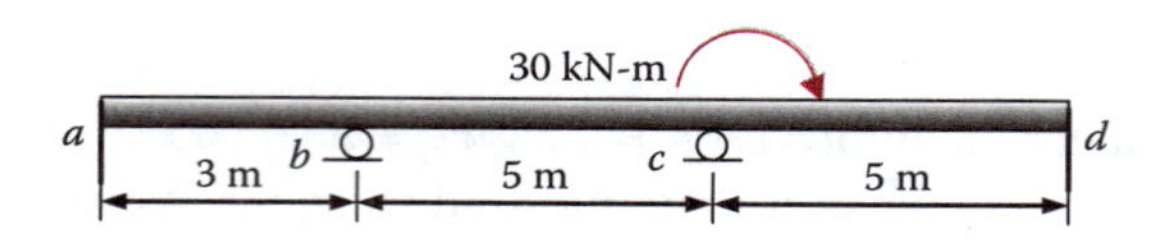

Exemplo de uma viga com dois graus de liberdade.

Solução

1. Preparação.
   a. Ambos os nós *b* e *c* estão livres para rotacionar. Escolhemos balancear primeiro o nó *c*;
   b. Calculamos o fator de distribuição (DF) em *b*:

$$\mathrm{DF}_{ba} : \mathrm{DF}_{bc} = 4EK_{ab} : 4EK_{bc} = 4\left(\frac{EI}{L}\right)_{ab} : 4\left(\frac{EI}{L}\right)_{bc} = \frac{1}{3} : \frac{1}{5} = 0.625 : 0.375$$

   c. Calculamos DF em *c*:

$$\mathrm{DF}_{cb} : \mathrm{DF}_{cd} = 4EK_{bc} : 4EK_{cd} = 4\left(\frac{EI}{L}\right)_{bc} : 4\left(\frac{EI}{L}\right)_{cd} = \frac{1}{5} : \frac{1}{5} = 0.5 : 0.5$$

   d. Atribuímos DF em *a* e *d*: DFs são zero em *a* e *d*.

2. Tabulação.

Distribuição de momentos para um problema de dois graus de liberdade

Node	*a*	*b*		*c*		*d*
Member	*ab*		*bc*		*cd*	
DF	0	0.625	0.375	0.5	0.5	0
MEM	M_{ab}	M_{ba}	M_{bc}	M_{cb}	M_{cd}	M_{dc}
EAM				30		
DM				+15	+15	
COM			+7.50			+7.50
DM		−4.69	−2.81			
COM	−2.35			−1.41		
DM				+0.71	+0.70	
COM			+0.36			0.35
DM		−0.22	−0.14			
COM	−0.11			−0.07		
DM				+0.04	+0.03	
COM			+0.02			+0.02
DM		−0.01	−0.01			
COM	0.00			0.00		
Sum	−2.46	−4.92	+4.92	+14.27	+15.73	+7.87

Legenda:
FD – Fator de distribuição
MPM – Momento de extremidade de barra
MEA – Momento externamente aplicado
MPMD – Momento de extremidade de barra distribuído
MT – Momento de transporte

Na tabela, o momento circunscrito é o não balanceado. Note como os círculos se movem para trás e para a frente entre os nós *b* e *c*. Note também que o momento externamente aplicado em *c* e o momento não balanceado criado pelo momento de transporte em *b*, são tratados diferentemente. O momento externamente aplicado é balanceado pela distribuição da quantidade de mesmo sinal para as extremidades de barras, enquanto o momento não balanceado num nó é balanceado pela distribuição do negativo do momento não balanceado para as extremidades de momento.

3. Operações pós-distribuição de momentos. Os diagramas de momento e de deflexão são mostrados a seguir.

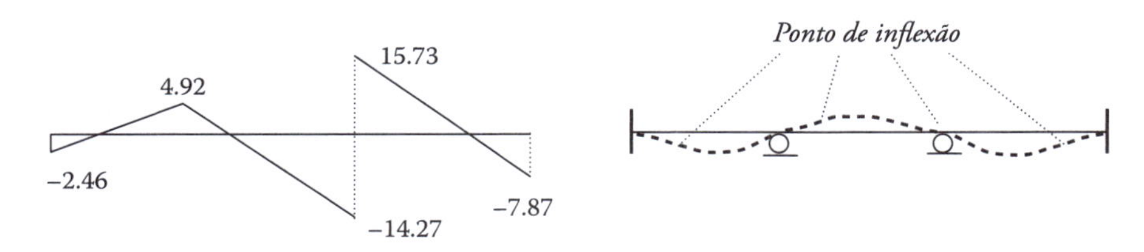

Diagramas de momento e de deflexão.

Tratamento de cargas entre nós. Nos exemplos anteriores, a carga aplicada foi um momento aplicado a um nó. Podemos começar o processo de distribuição exatamente no nó. Na maioria dos casos práticos, a carga será concentrada ou distribuída aplicada entre nós. Esses casos pedem um passo adicional antes de podermos começar a distribuição de momentos.

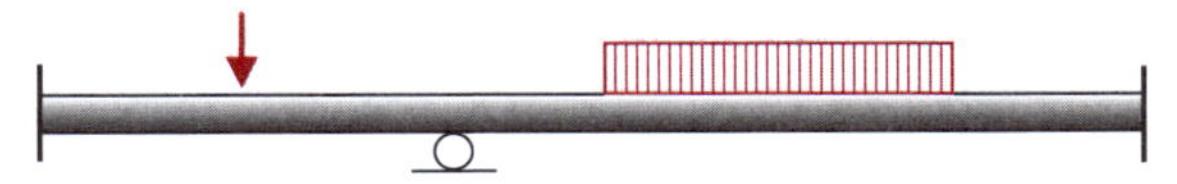

Carga aplicada entre nós.

Imaginamos que todos os nós estão "travados" no início. Depois, cada barra está num estado de viga engastada com uma carga transversal aplicada entre as duas extremidades.

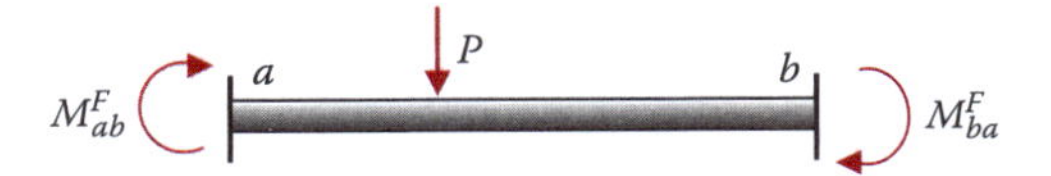

Viga de extremidades fixadas com carga aplicada.

Os momentos necessários para "travar" as duas extremidades são chamados de momentos de extremidade fixa. Eles são positivos se atuando no sentido horário. Para cargas típicas, esses momentos podem ser pré-calculados e são tabulados na tabela de momento de extremidade fixa dada no final deste capítulo. Esses momento devem ser balanceados quando o nó é "destravado" e pode rotacionar. Assim, o efeito da carga transversal aplicada entre os nós é criar momentos em ambas as extremidades de uma barra. Esses momentos de extremidade fixa devem ser balanceados por distribuição de momentos.

Exemplo 7.3
Encontre todos os momentos de extremidade de barra da viga mostrada. *EI* é constante para todas as barras.

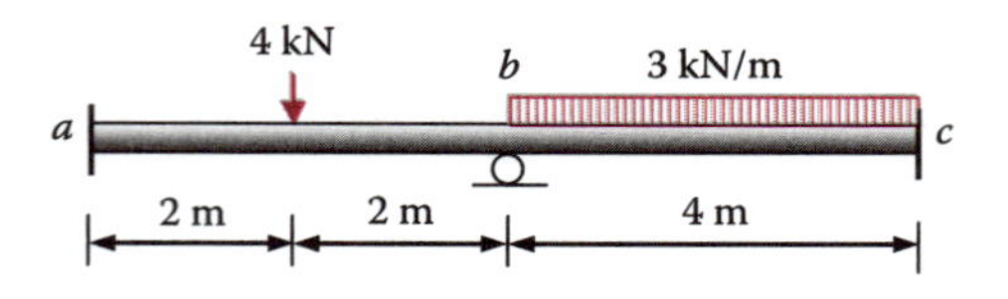

Exemplo com carga aplicada entre nós.

Solução

1. Preparação.
   a. Apenas o nó *b* está livre para rotacionar. Não há momento externamente aplicado ao nó *b* para balancear, mas a carga transversal entre nós cria momentos de extremidade fixa.
   b. Momento de extremidade fixa para a barra *ab*. A carga concentrada de 4 kN cria momentos de extremidade fixa nas extremidades *a* e *b*. A fórmula para uma única carga transversal na tabela de momentos de extremidade fixa nos dá:

$$M_{ab}^{F} = -\frac{(P)\,(Length)}{8} = -\frac{(4)\,(4)}{8} = -2\text{ kN-m}$$

$$M_{ba}^{F} = \frac{(P)\,(Length)}{8} = \frac{(4)\,(4)}{8} = 2\text{ kN-m}$$

   c. Momento de extremidade fixa para a barra *bc*. A carga distribuída de 3 kN/m cria momentos de extremidade fixa nas extremidades *b* e *c*. A fórmula para uma carga transversal distribuída na tabela de momentos de extremidade fixa nos dá:

$$M_{bc}^{F} = -\frac{(w)\,(Length)^2}{12} = -\frac{(3)\,(4)^2}{12} = -4\text{ kN-m}$$

$$M_{cb}^{F} = \frac{(w)\,(Length)^2}{12} = \frac{(3)\,(4)^2}{12} = 4\text{ kN-m}$$

   d. Calculamos DF em *b*:

$$DF_{ba} : DF_{bc} = 4EK_{ab} : 4EK_{bc} = 4\left(\frac{EI}{L}\right)_{ab} : 4\left(\frac{EI}{L}\right)_{bc} = \frac{1}{4} : \frac{1}{4} = 0.5 : 0.5$$

   e. Atribuímos fatores de distribuição em *a* e *c*: os fatores de distribuição são zero em *a* e *c*.

2. Tabulação.

Distribuição de momentos para um problema de único grau de liberdade com momentos de extremidade fixa

Node	a	b		c
Member	ab		bc	
DF	0	0.5	0.5	0
EAM				
MEM	M_{ab}	M_{ba}	M_{bc}	M_{cb}
FEM	−2	+2	−4	+4
DM		+1	+1	
COM	+0.5			+0.5
Sum	−1.5	+3	−3	+4.5

Legenda:
FD – Fator de distribuição
MPM – Momento de extremidade de barra
MEA – Momento externamente aplicado
MPF – Momento de extremidade fixa
MPMD – Momento de extremidade de barra distribuído
MT – Momento de transporte

3. Operações pós-distribuição de momentos. As forças de cisalhamento em ambas as extremidades de uma barra são calculadas a partir dos DCLs de cada barra. Conhecendo-se as forças de cisalhamento de extremidade de barra, o diagrama de momento pode então ser traçado. Os diagramas de momento e de deflexão são mostrados a seguir.

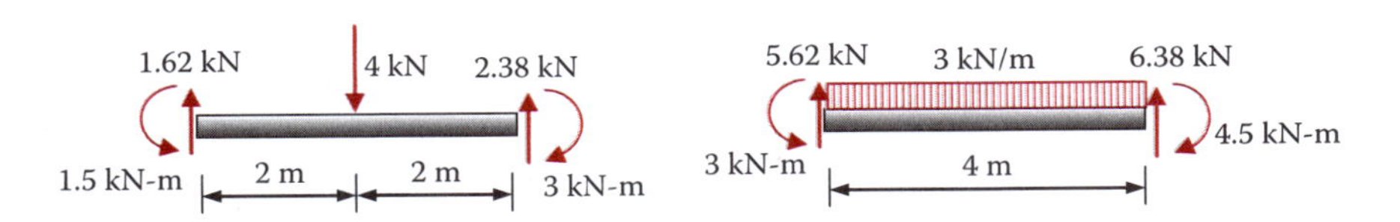

DCLs das duas barras.

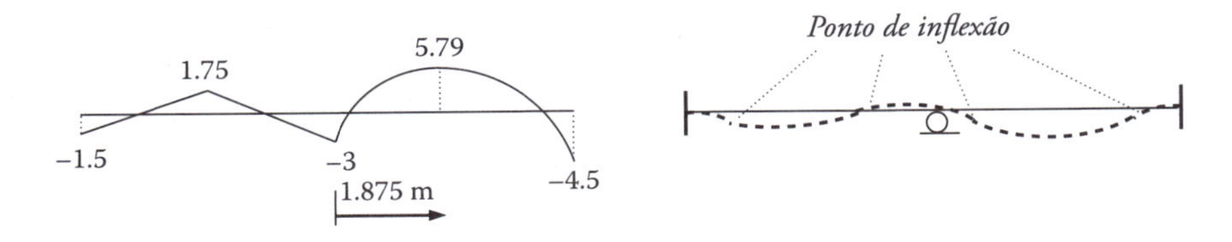

Diagramas de momento e de deflexão.

Tratamento de extremidades articuladas. Numa extremidade articulada, o momento de extremidade de barra é igual a zero ou qualquer que seja o momento externamente aplicado na extremidade. Durante o processo de distribuição de momentos, a extremidade articulada pode receber momento de transporte do nó vizinho. Esse momento de transporte deve, então, ser balanceado pela distribuição de seus 100% na extremidade articulada. Isso porque o fator de distribuição de uma extremidade articulada é 1, ou 100%; a extremidade articulada pode ser considerada como conectada ao ar, o qual tem rigidez zero. Esse novo momento distribuído inicia outro ciclo de transporte e distribuição. Este processo é ilustrado no exemplo 7.4.

O ciclo de iteração é grandemente simplificado se reconhecermos bem no início da distribuição de momentos que a rigidez de uma barra com uma extremidade articulada é fundamentalmente diferente da de um modelo padrão com a extremidade distante fixa. Retardaremos a derivação, mas afirmaremos que o momento necessário na extremidade próxima para criar uma rotação unitária na extremidade próxima com a extremidade distante articulada é de $3EK$, menos que os $4EK$ se a extremidade distante for fixa.

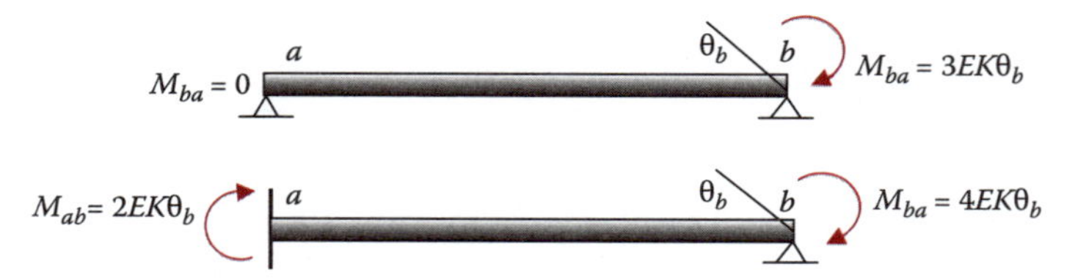

Barra com uma extremidade articulada versus o modelo padrão com a extremidade distante fixa.

Note que não há momento de transporte na extremidade articulada ($M_{ba} = 0$) se tomarmos o fator de rigidez da barra como $3EK$, em vez de $4EK$. Podemos, portanto, calcular os fatores de distribuição relativa convenientemente, e quando da distribuição do momento numa extremidade da barra, não precisaremos transportar o momento distribuído para a extremidade articulada. Esse processo simplificado com uma rigidez modificada de $4EK$ para $3EK$ é ilustrado no exemplo 7.5.

Exemplo 7.4

Encontre todos os momentos de extremidade de barra da viga mostrada. EI é constante para todas as barras.

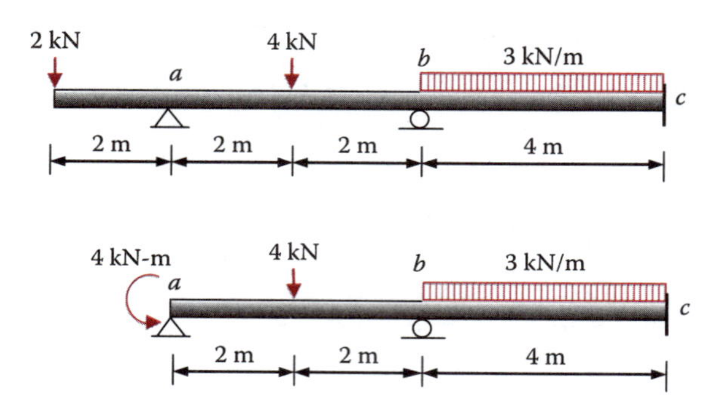

Transformando um problema com uma extremidade cantiléver noutro com extremidade articulada.

Solução

O problema original com uma extremidade cantiléver pode ser tratado como um com uma extremidade articulada, como mostrado. Resolveremos apenas o problema com uma extremidade articulada. Note que a carga vertical não é mostrada no problema de extremidade articulada equivalente, porque ela é recebida pelo apoio em a.

1. *Preparação.* Uma vez que a geometria e a carga são similares às do exemplo 7.3, podemos copiar a parte de preparação, mas note que um momento externamente aplicado está presente;

   a. Apenas os nós *b* e *a* estão livres para rotacionar. Há um momento externamente aplicado no nó *a* e a carga transversal entre os nós cria momentos de extremidade fixa em todos os nós;
   b. Momento de extremidade fixa para a barra *ab*. A carga concentrada de 4 kN cria momentos de extremidade fixa nas extremidades *a* e *b*. A fórmula para uma carga transversal única na tabela de momentos de extremidade fixa nos dá:

$$M_{ab}^F = -\frac{(P)\,(Length)}{8} = -\frac{(4)\,(4)}{8} = -2\text{ kN-m}$$

$$M_{ba}^F = \frac{(P)\,(Length)}{8} = \frac{(4)\,(4)}{8} = 2\text{ kN-m}$$

   c. Momento de extremidade fixa para a barra *bc*. A carga distribuída de 3 kN/m cria momentos de extremidade fixa nas extremidades *b* e *c*. A fórmula para uma carga transversal distribuída na tabela de momentos de extremidade fixa nos dá:

$$M_{bc}^F = -\frac{(w)\,(Length)^2}{12} = -\frac{(3)\,(4)^2}{12} = -4\text{ kN-m}$$

$$M_{cb}^F = \frac{(w)\,(Length)^2}{12} = \frac{(3)\,(4)^2}{12} = 4\text{ kN-m}$$

   d. Calculamos o fator de distribuição em *b*:

$$DF_{ba} : DF_{bc} = 4EK_{ab} : 4EK_{bc} = 4\left(\frac{EI}{L}\right)_{ab} : 4\left(\frac{EI}{L}\right)_{bc} = \frac{1}{4} : \frac{1}{4} = 0.5 : 0.5$$

   e. Atribuímos o fator de distribuição em *a* e *c*: os fatores de distribuição são um em *a* e zero em *c*.

2. *Tabulação.* No processo de distribuição de momentos mostrado a seguir, devemos lidar, primeiro, com o momento não balanceado na extremidade articulada. O momento externamente aplicado de –4 kN-m e o momento de extremidade fixa de –2 kN-m no nó *a* somam 2 kN-m de momento não balanceado, não –6 kN-m. Isso porque o momento de extremidade fixa e o momento distribuído no nó *a* devem totalizar o momento externamente aplicado, que é de –4 kN-m. Desta forma, precisamos distribuir (–4 kN-m) – (–2 kN-m) = –2 kN-m para tornar o nó balanceado. A fórmula a ser lembrada é MPMD = MEA – MPF. Esta fórmula é aplicável a todos os nós em que há tanto momentos externamente aplicados quanto momento de extremidade fixa.

Tabela de distribuição de momentos para uma viga com uma extremidade articulada

Node	a	b		c
Member	ab		bc	
DF	1	0.5	0.5	0
MEM	M_{ab}	M_{ba}	M_{bc}	M_{cb}
EAM	–4			
FEM	–2	+2	–4	+4
DM	–2			
COM		–1		
DM		+1.5	+1.5	
COM	+0.8			+0.8
DM	–0.8			
COM		–0.4		
DM		+0.2	+0.2	
COM	+0.1			+0.1
DM	–0.1			
COM		0.0		
Sum	–4	+2.3	–2.3	+4.9

Legenda:
FD – Fator de distribuição
MPM – Momento de extremidade de barra
MEA – Momento externamente aplicado
MPF – Momento de extremidade fixa
MPMD – Momento de extremidade de barra distribuído
MT – Momento de transporte

A iteração para trás e para a frente supramencionada entre os nós a e b é evitada se usarmos os procedimentos simplificados conforme ilustrado a seguir.

Exemplo 7.5

Encontre todos os momentos de extremidade de barra da viga mostrada. EI é constante para todas as barras. Use a rigidez modificada para levar em conta a extremidade articulada no nó ª

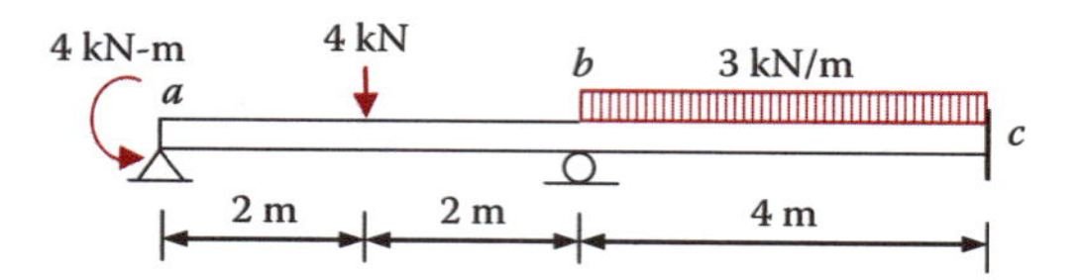

Viga com uma extremidade articulada.

Solução

1. *Preparação.* Note o cálculo da rigidez no passo d.
   a. Apenas os nós *b* e *a* estão livres para rotacionar. O nó *a* é considerado um nó articulado e não precisa de distribuição de momento, exceto bem no início. Há um momento externamente aplicado no nó *a* e a carga transversal entre os nós cria momentos de extremidade fixa em todos os nós;
   b. Momento de extremidade de barra para a barra *ab*. A carga concentrada de 4 kN cria momentos de extremidade fixa nas extremidades *a* e *b*. A fórmula para uma carga transversal única na tabela de momentos de extremidade fixa nos dá:

$$M_{ab}^F = -\frac{(P)\,(Length)}{8} = -\frac{(4)\,(4)}{8} = -2 \text{ kN-m}$$

$$M_{ba}^F = \frac{(P)\,(Length)}{8} = \frac{(4)\,(4)}{8} = 2 \text{ kN-m}$$

   c. Momento de extremidade fixa para a barra *bc*. A carga distribuída de 3 kN/m cria momentos de extremidade fixa nas extremidades *b* e *c*. A fórmula para uma carga transversal distribuída na tabela de momentos de extremidade fixa nos dá:

$$M_{bc}^F = -\frac{(w)\,(Length)^2}{12} = -\frac{(3)\,(4)^2}{12} = -4 \text{ kN-m}$$

$$M_{cb}^F = \frac{(w)\,(Length)^2}{12} = \frac{(3)\,(4)^2}{12} = 4 \text{ kN-m}$$

   d. Calculamos o fator de distribuição (DF, na fórmula) em *b*:

$$DF_{ba} : DF_{bc} = 3EK_{ab} : 4EK_{bc} = 3\left(\frac{EI}{L}\right)_{ab} : 4\left(\frac{EI}{L}\right)_{bc} = \frac{3}{7} : \frac{4}{7} = 0.43 : 0.57$$

   e. Atribuímos o fator de distribuição em *a* e *c*: os fatores de distribuição são um em *a* e zero em *c*.

2. *Tabulação.* No processo de distribuição de momentos, abaixo, devemos lidar, primeiro, com o momento não balanceado na extremidade articulada. Usando a fórmula MPMD = MEA – MPF, começamos pela distribuição de –2 kN-m e transporte de metade deles para o nó *b*. Deste ponto em diante, o nó *a* está balanceado, não receberá nenhum momento de transporte do nó *b*, e permanecerá balanceado ao longo de todo o processo de distribuição de momentos. O momento de transporte no nó *a*, na tabela seguinte, serve para enfatizar que não há nenhum transporte.

Tabela de distribuição de momentos para um problema com uma extremidade articulada

Node	a	b		c
Member	ab		bc	
DF	1	0.43	0.57	0
MEM	M_{ab}	M_{ba}	M_{bc}	M_{cb}
EAM	−4			
FEM	−2	+2	−4	+4
DM	−2			
COM		−1		
DM		+1.3	+1.7	
COM	0.0			+0.8
Sum	−4.0	+2.3	−2.3	+4.8

Legenda:
FD – Fator de distribuição
MPM – Momento de extremidade de barra
MEA – Momento externamente aplicado
MPF – Momento de extremidade fixa
MPMD – Momento de extremidade de barra distribuído
MT – Momento de transporte

1. *Operações pós-distribuição de momentos.* Os diagramas de momento e de deflexão são mostrados a seguir.

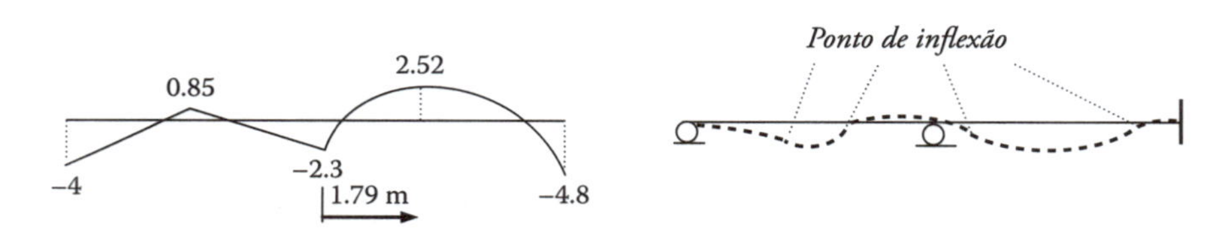

Diagramas de momento e de deflexão.

Tratamento de uma expansão simétrica ou antissimétrica central. Num problema com pelo menos três expansões, se a geometria e rigidez forem simétricas em torno da linha central da estrutura, então a expansão central estará em (a) um estado de simetria se a carga for simétrica em torno da linha central, e (b) um estado de antissimetria se a carga for antissimétrica em torno da linha central. Para essas expansões especiais, podemos desenvolver fórmulas especiais de rigidez, de modo que nenhum transporte seja necessário ao longo da linha de simetria, quando momentos de extremidade de barra forem distribuídos. A informação básica necessária para a distribuição de momentos é mostrada na figura seguinte.

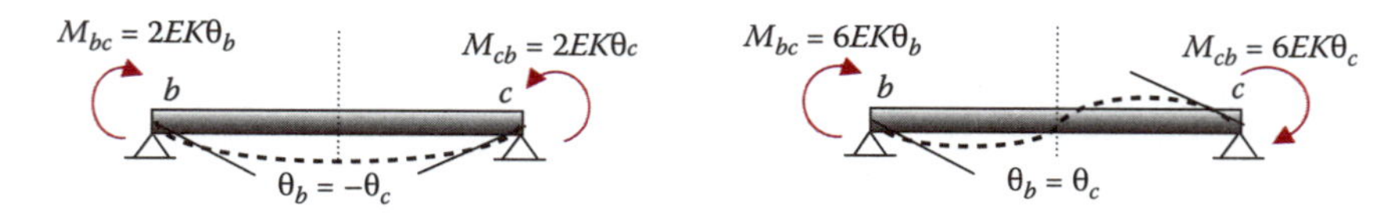

Expansões simétrica e antissimétrica.

Retardaremos a derivação das fórmulas de rigidez, mas simplesmente afirmaremos que, para uma expansão simétrica, os momentos necessários em ambas as extremidades para criar uma rotação unitária em ambas as extremidades são de $2EK$, e para uma expansão antissimétrica, são de $6EK$. Os dois exemplos seguintes ilustrarão os processos de solução usando esses fatores modificados de rigidez. Devido à simetria/antissimetria, precisamos lidar apenas com metade da expansão. A outra metade é uma imagem espelhada da primeira, no caso de simetria, e uma imagem espelhada de extremidade cabeça, no caso de antissimetria.

Exemplo 7.6

Encontre todos os momentos de extremidade de barra da viga mostrada. EI é constante para todas as barras. Use a rigidez modificada para levar em conta a expansão simétrica entre os nós b e c.

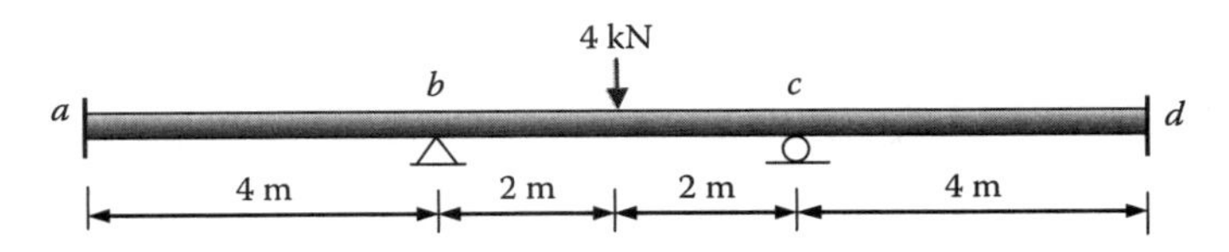

Viga com uma expansão central simétrica.

Solução

1. *Preparação.* Note o cálculo da rigidez no passo c.
   a. Somente os nós b e c estão livres para rotacionar. Apenas a carga transversal entre os nós b e c criarão momentos de extremidade fixa em b e c.
   b. Momento de extremidade fixa para a barra bc. A fórmula para uma carga transversal única na tabela de momentos de extremidade fixa nos dá, como no exemplo 7.5:

$$M_{bc}^F = -2 \text{ kN-m}$$

$$M_{cb}^F = 2 \text{ kN-m}$$

   c. Calculamos o fator de distribuição (DF, na fórmula) em b:

$$DF_{ba} : DF_{bc} = 4EK_{ab} : 2EK_{bc} = 4\left(\frac{EI}{L}\right)_{ab} : 2\left(\frac{EI}{L}\right)_{bc} = \frac{4}{6} : \frac{2}{6} = 0.67 : 0.33$$

   d. Atribuímos o fator de distribuição em a: o fator de distribuição é zero em a. Não há necessidade de considerarmos o nó d.

2. *Tabulação.* No processo de distribuição de momentos, precisamos lidar apenas com metade da viga. Não há momento de transporte de b para c. Incluímos o nó c apenas para ilustrar que todos os seus momentos são reflexo daqueles no nó b.

Tabela de distribuição de momentos para um problema simétrico

Node	a	b		c
Member	ab		bc	
DF	0	0.67	0.33	0
MEM	M_{ab}	M_{ba}	M_{bc}	M_{cb}
EAM				
FEM			−4	+4
DM		+2.67	+1.33	−1.33
COM	+1.33			
Sum	+1.33	+2.67	−2.67	+2.67

Legenda:
FD – Fator de distribuição
MPM – Momento de extremidade de barra
MEA – Momento externamente aplicado
MPF – Momento de extremidade fixa
MPMD – Momento de extremidade de barra distribuído
MT – Momento de transporte

3. *Operações pós-distribuição de momentos.* Os diagramas de momento e de deflexão são mostrados a seguir.

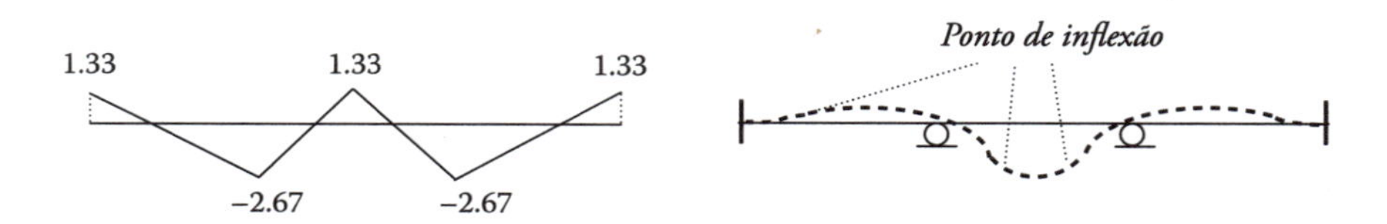

Diagramas de momento e de deflexão.

Exemplo 7.7
Encontre todos os momentos de extremidade de barra da viga mostrada. *EI* é constante para todas as barras. Use a rigidez modificada para levar em conta a expansão antissimétrica entre os nós *b* e *c*.

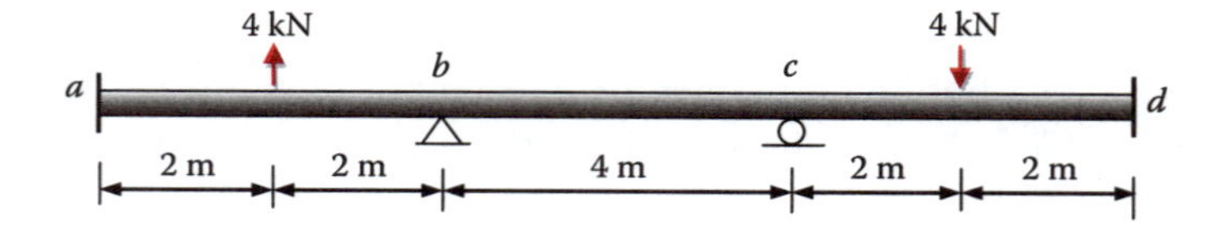

Viga com uma expansão central antissimétrica.

Solução
1. *Preparação.* Note o cálculo da rigidez no passo c. Não há necessidade para o nó *c*.
   a. Somente os nós *b* e *c* estão livres para rotacionar. A carga transversal entre os nós *a* e *b* criará momentos de extremidade fixa em *a* e *b*. Não há necessidade de considerarmos a barra *cd*.
   b. Momento de extremidade fixa para a barra *ab*. A fórmula para uma carga única transversal na tabela de

momentos de extremidade fixa nos dá, como no exemplo 7.5, com sinais invertidos:

$$M_{ab}^F = 2 \text{ kN-m}$$

$$M_{bc}^F = -2 \text{ kN-m}$$

c. Calculamos o fator de distribuição (DF, na fórmula) em *b*:

$$DF_{ba} : DF_{bc} = 4EK_{ab} : 6EK_{bc} = 4\left(\frac{EI}{L}\right)_{ab} : 6\left(\frac{EI}{L}\right)_{bc} = \frac{4}{10} : \frac{6}{10} = 0.4 : 0.6$$

d. Atribuímos o fator de distribuição em *a*: o fator de distribuição é zero em *a*. Não há necessidade de considerarmos o nó *d*.

2. *Tabulação.* No processo de distribuição de momentos mostrado a seguir, precisamos lidar apenas com metade da viga. Não há momento de transporte de *b* para *c*.

Tabela de distribuição de momentos para uma viga com expansão antissimétrica

Node	*a*	*b*		*c*
Member	*ab*		*bc*	
DF	0	0.4	0.6	0
MEM	M_{ab}	M_{ba}	M_{bc}	M_{cb}
EAM				
FEM	+2	−2		
DM		+0.8	+1.2	+1.2
COM	+0.4			
Sum	+0.4	−1.2	+1.2	+1.2

Legenda:
FD – Fator de distribuição
MPM – Momento de extremidade de barra
MEA – Momento externamente aplicado
MPF – Momento de extremidade fixa
MPMD – Momento de extremidade de barra distribuído
MT – Momento de transporte

3. *Operações pós-distribuição de momentos.* Os diagramas de momento e de deflexão são mostrados a seguir.

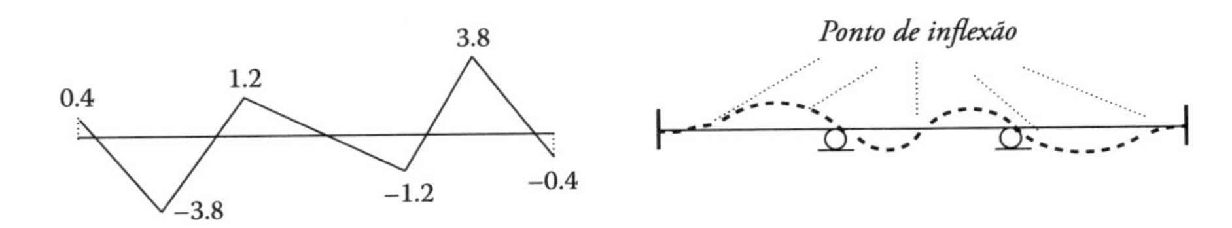

Diagramas de momento e de deflexão.

Embora a carga antissimétrica pareça improvável, ela é frequentemente o resultado de decomposição de um padrão geral de carga aplicada a uma estrutura simétrica. Sempre é possível decompor um padrão geral de carga aplicada a uma estrutura simétrica numa componente simétrica e uma componente antissimétrica, como ilustrado a seguir. Cada componente de carga pode, então, ser tratado com o procedimento simplificado do método de distribuição de momentos. Os resultados das duas análises são então sobrepostos para se obter a solução para o padrão de carga original.

Decompondo uma carga numa componente simétrica e uma componente antissimétrica.

Exemplo 7.8

Encontre todos os momentos de extremidade de barra do quadro mostrado.

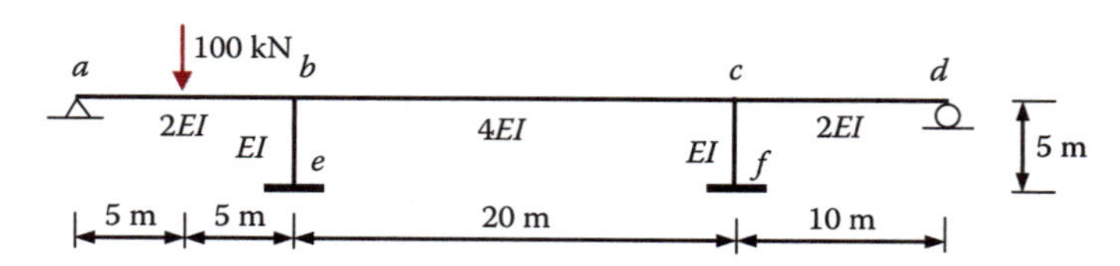

Um quadro de ponte com três vãos.

Solução

A simetria da estrutura pede a decomposição da carga numa componente simétrica e noutra antissimétrica.

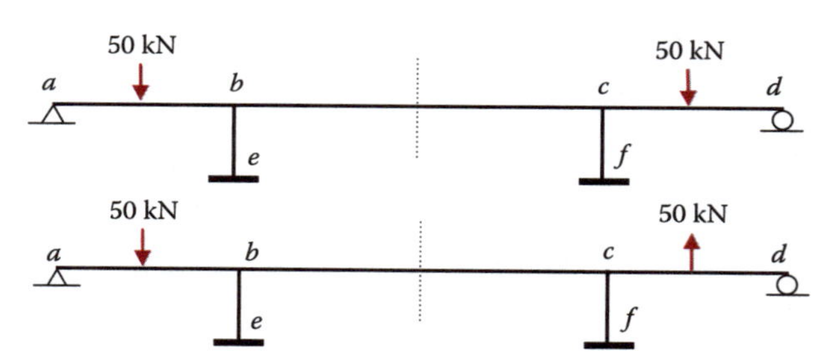

Cargas simétrica e antissimétrica.

Resolveremos ambos os problemas em paralelo.

1. *Preparação.* Note o cálculo da rigidez nos passos c e d.
   a. Apenas os nós *a* e *b* estão livres para rotacionar, quando tiramos vantagem da simetria/antissimetria. Além do mais, se usarmos a rigidez modificada para a situação de extremidade articulada na barra *ab*, então precisaremos nos concentrar apenas no nó *b*.
   b. Momento de extremidade fixa para a barra *ab*. A carga concentrada de 50 kN cria momentos de extremidade fixa nas extremidades *a* e *b*. A fórmula para uma carga única transversal, na tabela de momentos de extremidade fixa, nos dá:

$$M_{ab}^F = -\frac{(P)\,(Length)}{8} = -\frac{(50)(10)}{8} = -62.5 \text{ kN-m}$$

$$M_{ba}^F = \frac{(P)\,(Length)}{8} = \frac{(50)(10)}{8} = 62.5 \text{ kN-m}$$

c. Calculamos o fator de distribuição (DF, na fórmula) em *b* (caso simétrico):

$$\mathrm{DF}_{ba} : \mathrm{DF}_{bc} : \mathrm{DF}_{be} = 3EK_{ab} : 2EK_{bc} : 4EK_{be}$$

$$= 3\left(\frac{2EI}{10}\right)_{ab} : 2\left(\frac{4EI}{20}\right)_{bc} : 4\left(\frac{EI}{5}\right)_{be} = \frac{6}{10} : \frac{8}{20} : \frac{4}{5}$$

$$= \frac{3}{5} : \frac{2}{5} : \frac{4}{5} = \frac{3}{9} : \frac{2}{9} : \frac{4}{9} = 0.33 : 0.22 : 0.45$$

d. Calculamos o fator de distribuição (DF, na fórmula) em *b* (caso antissimétrico):

$$\mathrm{DF}_{ba} : \mathrm{DF}_{bc} : \mathrm{DF}_{be} = 3EK_{ab} : 6EK_{bc} : 4EK_{be}$$

$$= 3\left(\frac{2EI}{10}\right)_{ab} : 6\left(\frac{4EI}{20}\right)_{bc} : 4\left(\frac{EI}{5}\right)_{be} = \frac{6}{10} : \frac{24}{20} : \frac{4}{5}$$

$$= \frac{3}{5} : \frac{6}{5} : \frac{4}{5} = \frac{3}{13} : \frac{6}{13} : \frac{4}{13} = 0.23 : 0.46 : 0.21$$

e. Atribuímos fatores de distribuição em *a* e *e*: o fator de distribuição é um em *a* e zero em *e*.

2. *Tabulação*. Só precisamos incluir os nós *a*, *b* e *e* na tabela seguinte.

Tabela de distribuição de momentos para um caso simétrico e outro antissimétrico

		Symmetric Case					*Antisymmetric Case*			
Node	*a*		*b*		*e*	*a*		*b*		*e*
Member	*ab*		*bc*	*be*		*ab*		*bc*	*be*	
DF	1	0.33	0.22	0.45	0	1	0.23	0.46	0.31	0
MEM	M_{ab}	M_{ba}	M_{bc}	M_{be}	M_{eb}	M_{ab}	M_{ba}	M_{bc}	M_{be}	M_{eb}
EAM										
FEM	−62.5	62.5				−62.5	62.5			
DM	62.5					62.5				
COM		31.3					31.3			
DM		−31.0	−20.6	−42.2			−21.6	−43.2	−29.0	
COM	0.0				−21.1	0.0				−14.5
Sum	0.0	62.8	−20.6	−42.2	−21.1		72.2	−43.2	−29.0	−14.5

Legenda:
FD – Fator de distribuição
MPM – Momento de extremidade de barra
MEA – Momento externamente aplicado
MPF – Momento de extremidade fixa
MPMD – Momento de extremidade de barra distribuído
MT – Momento de transporte

A solução do problema original é a sobreposição das duas soluções na tabela precedente.

$$M_{ab} = 0{,}0 + 0{,}0 = 0{,}0 \text{ kN-m}$$

$$M_{ba} = 62{,}8 + (72{,}2) = 135{,}0 \text{ kN-m}$$

$$M_{bc} = -20{,}6 + (-43{,}2) = -63{,}8 \text{ kN-m}$$

$$M_{be} = -42{,}2 + (-29{,}0) = -71{,}2 \text{ kN-m}$$

$$M_{eb} = -21{,}1 + (-14{,}5) = -35{,}6 \text{ kN-m}$$

A sobreposição para a metade direita da estrutura requer cautela: os momentos na metade direita são negativos com relação aos da metade direita, no caso simétrico e são de mesmo sinal no caso antissimétrico.

$$M_{dc} = 0{,}0 + 0{,}0 = 0{,}0 \text{ kN-m}$$

$$M_{cd} = -62{,}8 + (72{,}2) = 9{,}4 \text{ kN-m}$$

$$M_{cb} = 20{,}6 + (-43{,}2) = -22{,}6 \text{ kN-m}$$

$$M_{cf} = 42{,}2 + (-29{,}0) = 13{,}2 \text{ kN-m}$$

$$M_{fc} = 21{,}1 + (-14{,}5) = 6{,}6 \text{ kN-m}$$

Como é de se esperar, a solução do momento resultante nem é simétrica nem antissimétrica.

3. *Operações pós-distribuição de momentos.* Os diagramas de momento e de deflexão são mostrados a seguir.

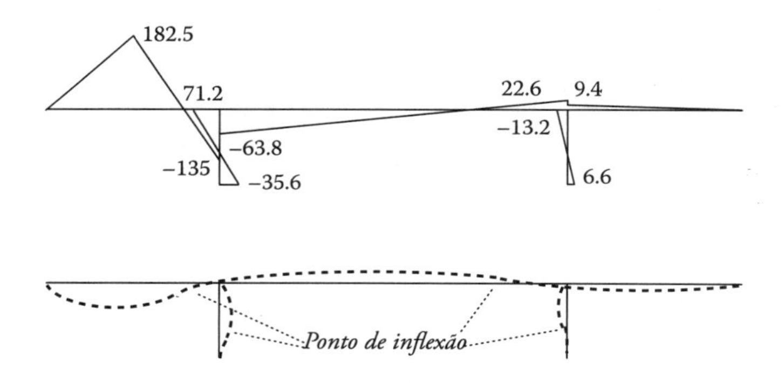

Diagramas de momento e de deflexão.

Exemplo 7.9

Encontre todos os momentos de extremidade de barra do quadro mostrado. *EI* é constante para todas as barras.

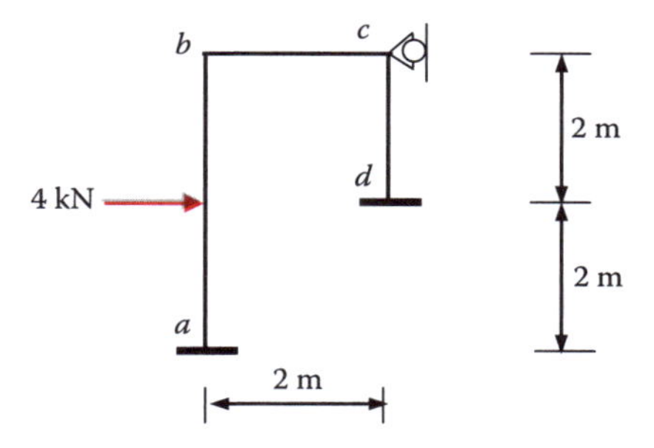

Solução

1. *Preparação.* Note o cálculo da rigidez no passo c.

   a. Somente os nós *b* e *c* estão livres para rotacionar. Não há balanço lateral porque o apoio em *c* o impede. Apenas a carga transversal entre os nós *a* e *b* criarão momentos de extremidade fixa em *a* e *b*.

   b. Momento de extremidade fixa para a barra *ab*. A fórmula para uma carga única transversal na tabela de momentos de extremidade fixa nos dá, como no exemplo 7.5:

$$M_{bc}^{F} = -2\text{ kN-m}$$

$$M_{cb}^{F} = -2\text{ kN-m}$$

   c. Calculamos o fator de distribuição em *b*:

$$\text{DF}_{ba} : \text{DF}_{bc} = 4EK_{ab}\colon 4EK_{bc} = 4\left(\frac{EI}{L}\right)_{ab} : 4\left(\frac{EI}{L}\right)_{bc} = \frac{4}{4} : \frac{4}{2} = 0.33 : 0.67$$

   d. Calculamos o fator de distribuição em *c*:

$$\text{DF}_{cb} : \text{DF}_{cd} = 4EK_{bc} : 4EK_{cd} = 4\left(\frac{EI}{L}\right)_{ab} : 4\left(\frac{EI}{L}\right)_{bc} = \frac{4}{2} : \frac{4}{2} = 0.5 : 0.5$$

   e. Atribuímos o fator de distribuição em *a* e *d*: o fator de distribuição é zero em *a* e *d*.

2. *Tabulação.*

Tabela de distribuição de momento para um quadro com dois graus de liberdade

Node	a	b		c		d
Member	ab		bc		cd	
DF	0	0.33	0.67	0.5	0.5	0
MEM	M_{ab}	M_{ba}	M_{bc}	M_{cb}	M_{cd}	M_{dc}
EAM						
FEM	−2	+2				
DM		−0.67	−1.33			
COM	−0.33			−0.67		
DM				+0.33	+0.34	
COM			+0.17			+0.17
DM		−0.06	−0.11			
COM	−0.03			−0.06		
DM				+0.03	+0.03	
COM						+0.02
Sum	−2.36	+1.27	−1.27	−0.37	−0.37	+0.19

Legenda:
FD – Fator de distribuição
MPM – Momento de extremidade de barra
MEA – Momento externamente aplicado
MPF – Momento de extremidade fixa
MPMD – Momento de extremidade de barra distribuído
MT – Momento de transporte

3. *Operações pós-distribuição de momentos.* As forças de cisalhamento de extremidade de barra (sublinhadas) são determinadas a partir do diagrama de corpo livre (DCL) de cada barra. As forças axiais são determinadas a partir das forças de cisalhamento das barras da junção. A reação no apoio no nó *c* é determinada a partir do DCL do nó *c*.

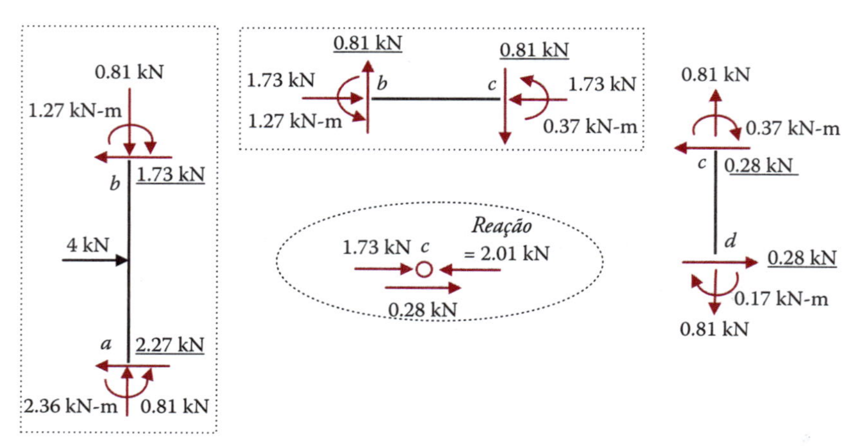

DCLs das três barras e do nó c.

Os diagramas de momento e de deflexão são mostrados a seguir.

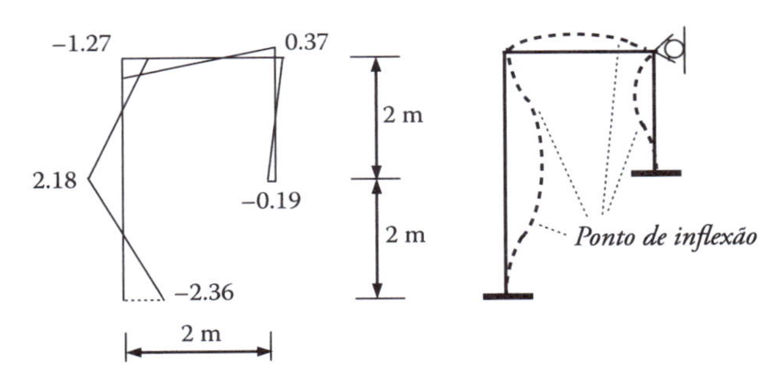

Diagramas de momento e de deflexão.

Tratamento de balanço lateral. Em todos os problemas de exemplo que resolvemos até aqui, cada barra podia ter rotações de nó de extremidade, mas não translações de nó de extremidade perpendiculares à direção da extensão da barra. Considere os dois problemas mostrados a seguir.

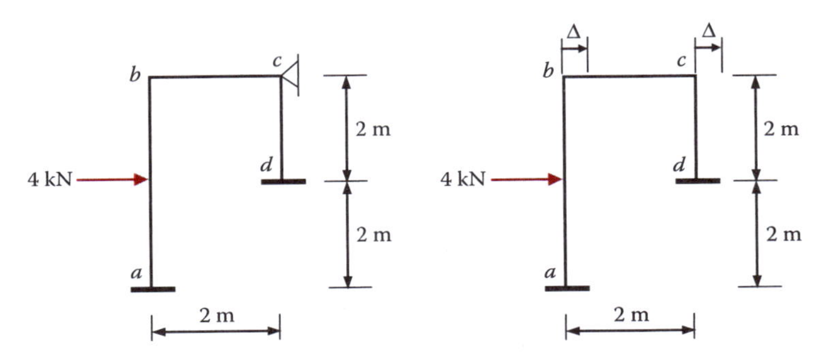

Um quadro sem balanço lateral e outro com balanço lateral.

Os nós *b* e *c* de ambos os quadros estão livres para rotacionar, mas nenhum movimento de translação é possível no quadro da esquerda. No quadro à direita, os nós *b* e *c* estão livres para se mover lateralmente, criando, assim, o balanço lateral das barras *ab* e *cd*. Note que a barra *bc* ainda não tem balanço lateral, porque não há movimento nodal perpendicular à direção de sua extensão.

Como mostrado na figura seguinte, o balanço lateral de uma barra pode ser caracterizado pela rotação dessa barra, φ, que é diferente da rotação nodal da barra. A rotação da barra é resultado do movimento de translação relativa dos dois nós de extremidade de barra numa direção perpendicular à direção da extensão da barra, definida como positiva se for uma rotação no sentido horário, da mesma forma que para rotações nodais.

$$\varphi = \frac{\Delta}{L} \tag{7.6}$$

onde Δ é definido na figura e L é o comprimento da barra.

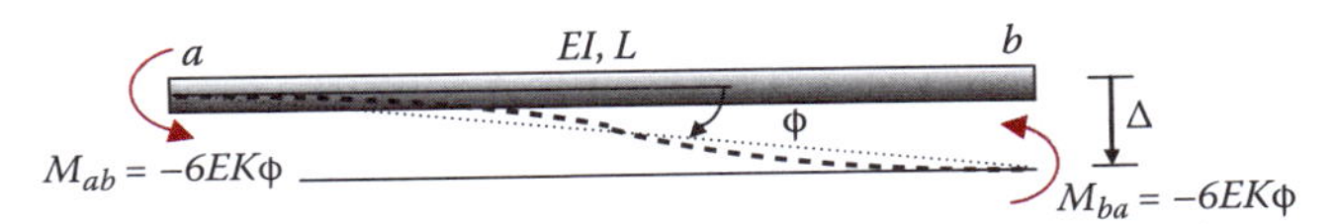

Uma barra com balanço lateral.

A fórmula de momento-rotação é

$$M_{ab} = M_{ba} = -6EK\varphi \tag{7.7}$$

Como indicado na figura anterior, para se ter um ângulo unitário de balanço lateral toma-se - $6EK$ de um par de momentos de extremidade de barra, enquanto se mantém a rotação nodal em zero, em ambas as extremidades. As forças de cisalhamento de extremidade de barra não são mostradas.

Podemos facilmente desenvolver um processo de distribuição de momentos que inclua o balanço lateral. Esse processo, porém, é mais complicado que aquele sem o balanço lateral e tende a diminuir a vantagem do método de distribuição de momentos. Um método melhor para tratar o balanço lateral é o de inclinação-deflexão, que é apresentado a seguir, após a derivação das fórmulas chaves, que são centrais a ambos os métodos.

Derivação das fórmulas de momento-rotação (M - θ e M - θ). Precisamos derivar a fórmula para o modelo padrão mostrado a seguir em detalhes; as demais fórmulas podem ser obtidas pelo princípio de sobreposição.

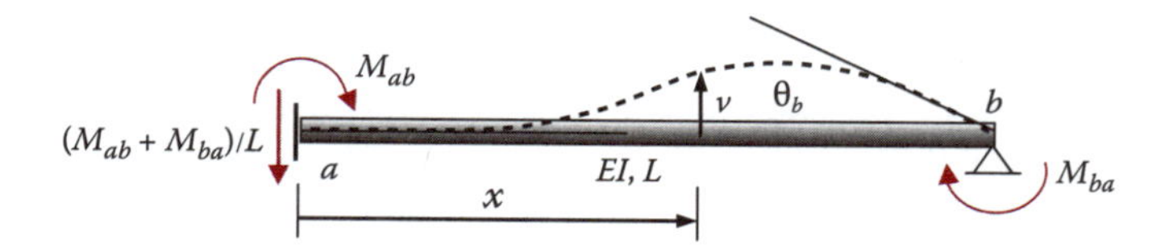

O modelo padrão com a extremidade distante fixa e a extremidade próxima articulada.

Há diferentes maneiras de derivar a fórmula de momento-rotação, mas o método de integração direta é o mais curto e mais direto. Buscamos demonstrar que

$$M_{ba} = 4EK\theta_b \quad \text{e} \quad M_{ab} = 2EK\theta_b$$

A equação diferencial governante é

$$EI\,v'' = M(x)$$

Usando a expressão da força de cisalhamento no nó a, podemos escrever

$$M(x) = M_{ab} - (M_{ab} + M_{ba})\frac{x}{L}$$

A equação diferencial de segunda ordem, quando expressa em termos dos momentos de extremidade de barra, torna-se

$$EI\,v'' = M_{ab} - (M_{ab} + M_{ba})\frac{x}{L}$$

Integrando uma vez, obtemos

$$EI\,v' = M_{ab}(x) - (M_{ab} + M_{ba})\frac{x^2}{2L} + C_1$$

A constante de integração é determinada pelo uso da condição de apoio na extremidade esquerda:

$$\text{At } x = 0, v' = 0, \implies C_1 = 0$$

A equação diferencial de primeira ordem resultante é

$$EI\ v' = M_{ab}(x) - (M_{ab} + M_{ba})\ \frac{x^2}{2L}$$

Integrando novamente, obtemos

$$EI\ v = M_{ab}\ \frac{x^2}{2} - (M_{ab} + M_{ba})\frac{x^3}{6L} + C_2$$

A constante de integração é determinada pela condição de apoio na extremidade esquerda:

$$\text{At } x = 0, v = 0, \implies C_2 = 0$$

A solução em v se torna

$$EI\ v = M_{ab}\frac{x^2}{2} - (M_{ab} + M_{ba})\frac{x^3}{6L}$$

Além disso, há duas outras condições limites que podemos usar para unir os momentos de extremidade de barra:

$$\text{At } x = L, v = 0, \implies M_{ba} = 2\,M_{ab}$$

$$\text{At } x = L, v' = -\theta_b, \implies \theta_b = \frac{LM_{ba}}{4EI}$$

Assim,

$$M_{ba} = 4EK\theta_b \quad \text{e} \quad M_{ab} = 2EK\theta_b$$

Depois das fórmulas de momento-rotação serem obtidas para o modelo padrão, as fórmulas para outros modelos são obtidas pela sobreposição das soluções do modelo padrão, como mostrado na série de figuras seguinte.

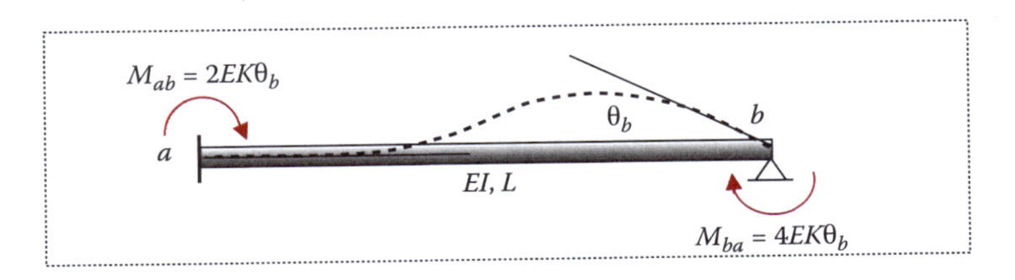

+

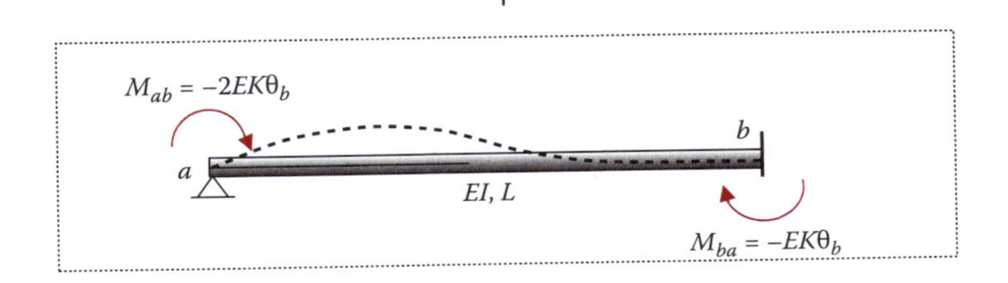

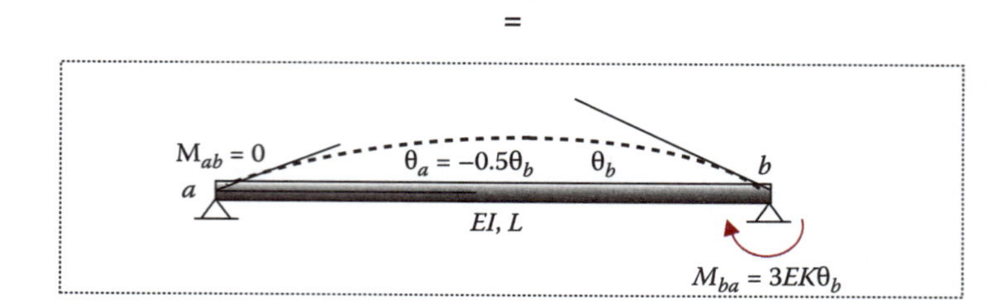

Sobreposição de dois modelos padrões para solução de um modelo com extremidade articulada.

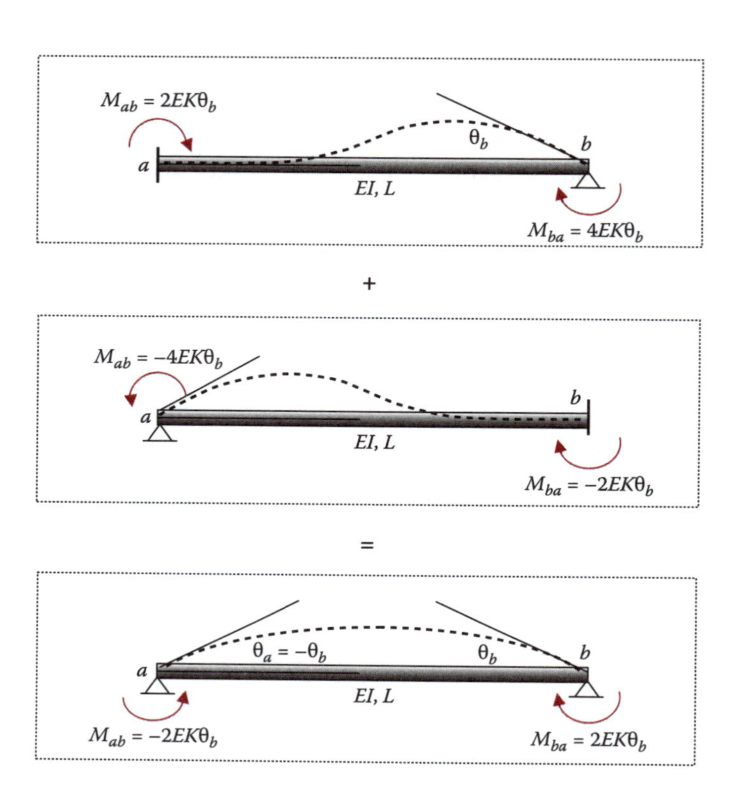

Sobreposição de dois modelos padrões para solução de um modelo simétrico.

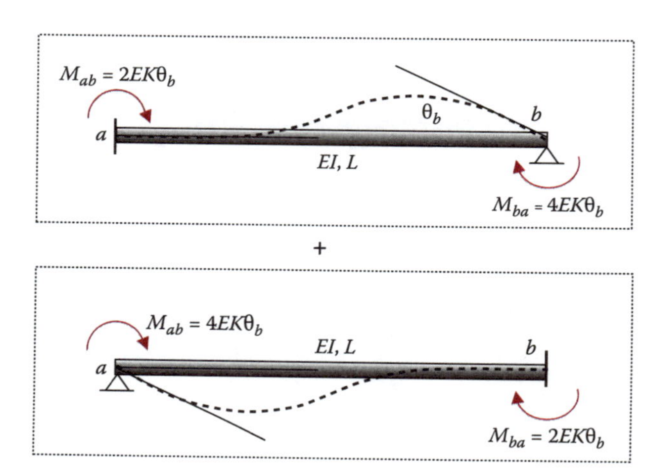

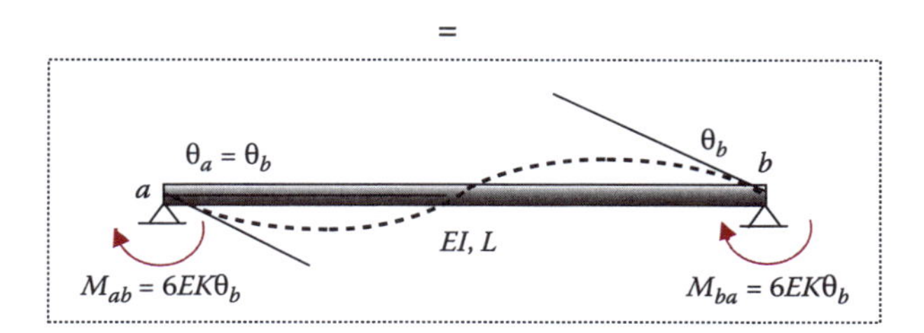

Sobreposição de dois modelos padrões para solução de um modelo antissimétrico.

A sobreposição de modelos padrões para obtenção da solução para um modelo de translação exige um passo adicional na criação de uma rotação de corpo rígido da barra, sem se incorrer em nenhum momento de extremidade de barra. Dois modelos padrões são então adicionados para contrapor a rotação nas extremidades de barras, de modo que a configuração resultante tenha rotação zero em ambas as extremidades, mas um balanço lateral para toda a barra.

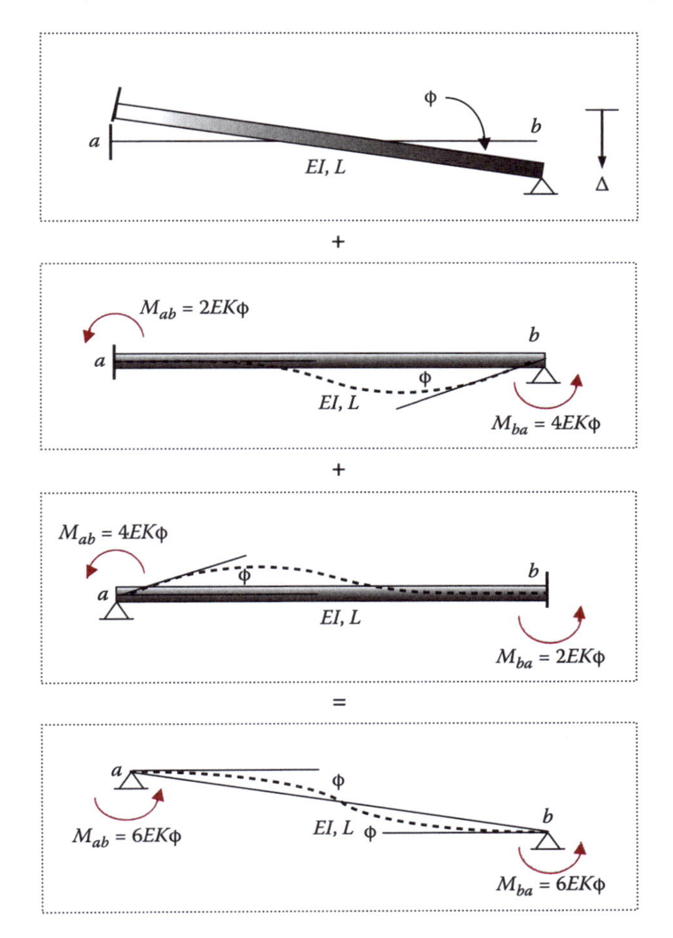

Sobreposição de uma solução de corpo rígido e dois modelos padrões para uma solução de balanço lateral.

Problema 7.1

Encontre todos os momentos de extremidade de barra das vigas e quadros mostrados, e trace os diagramas de momento e de deflexão

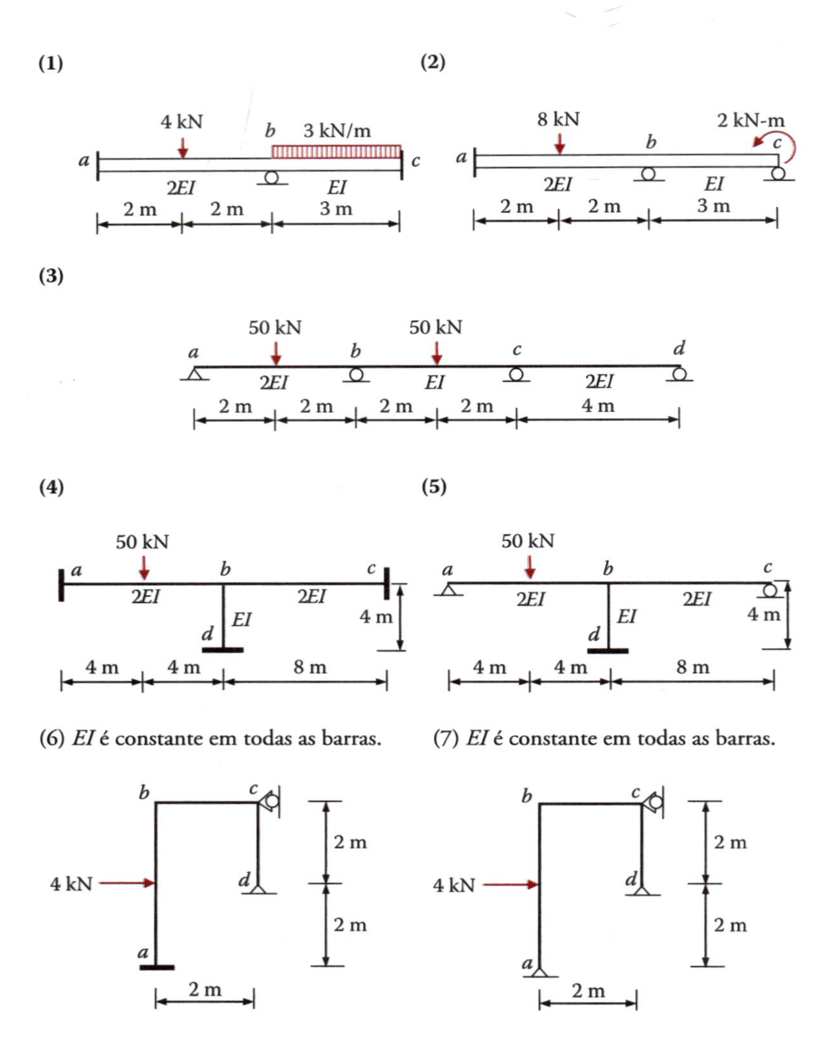

Problema 7.1

Momentos de extremidade fixa

M^F	Cargas	M^F
$-\dfrac{PL}{8}$	P; $L/2$, $L/2$	$\dfrac{PL}{8}$
$-ab^2PL$	P; aL, bL	$-a^2bPL$
$-a(1-a)PL$	P, P; aL, aL	$a(1-a)PL$
$-(6-8a+3a^2)\dfrac{a^2wL^2}{12}$	w; aL	$(4-3a)\dfrac{a^3wL^2}{12}$
$-\dfrac{wL^2}{12}$	w; L	$\dfrac{wL^2}{12}$
$-\dfrac{wL^2}{20}$	w; L	$\dfrac{wL^2}{12}$
$-\dfrac{5wL^2}{96}$	w; L	$\dfrac{5wL^2}{96}$
$-b(2a-b)M$	M; aL, bL	$a(2b-a)M$

Nota: o momento positivo atua no sentido horário.

8

Análise de vigas e quadros: método dos deslocamentos — Parte II

8.1 Método de inclinação-deflexão

O método de inclinação-deflexão trata a inclinação (rotação nodal θ) e a deflexão (translação nodal Δ) de extremidade de barra como incógnitas básicas. Ele é baseado na mesma abordagem que o método de distribuição de momentos, com uma diferença: as inclinações e deflexões são implícita e indiretamente usadas no método de distribuição de momentos, mas explicitamente usadas no método de inclinação-deflexão. Quando nós "destravamos" um nó no processo de distribuição de momentos, implicitamente rotacionamos um nó até que o momento neste nó esteja balanceado, enquanto todos os demais nós estão "travados". O processo é iterativo porque nós balanceamos o momento em um nó de cada vez. Ele é implícito porque não precisamos saber quanta rotação é feita para balancear um nó. No método de inclinação-deflexão, nós expressamos os momentos em todas as extremidades de barras em termos das incógnitas de inclinação e deflexão nodais. Quando escrevemos as equações de equilíbrio nodal em momentos, obtemos as equações de equilíbrio em termos de incógnitas de inclinação e deflexão nodais. Essas equações, iguais em número às inclinações e deflexões incógnitas, são então resolvidas diretamente.

Usaremos um quadro simples para ilustrar o processo de solução do método de inclinação-deflexão.

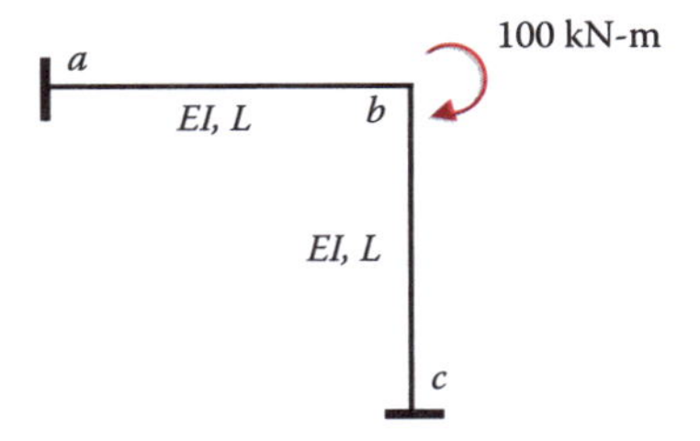

Um problema de quadro simples a ser resolvido pelo método de inclinação-deflexão.

Observamos que há três nós: *a*, *b* e *c*. Apenas o nó *b* está livre para rotacionar, e a rotação nodal é denotada por θ. Esta é a única incógnita básica do problema. Procuramos expressar a condição de equilíbrio de momentos no nó *b* em termos de θ_b. Isso é conseguido em dois passos: expressar o equilíbrio de momentos do nó *b* em termos de momentos de extremidade de barra e depois expressar os momentos de extremidade de barra em termos de θ_b. Uma simples substituição resulta na equação de equilíbrio desejada para θ_b. A figura seguinte ilustra o primeiro passo.

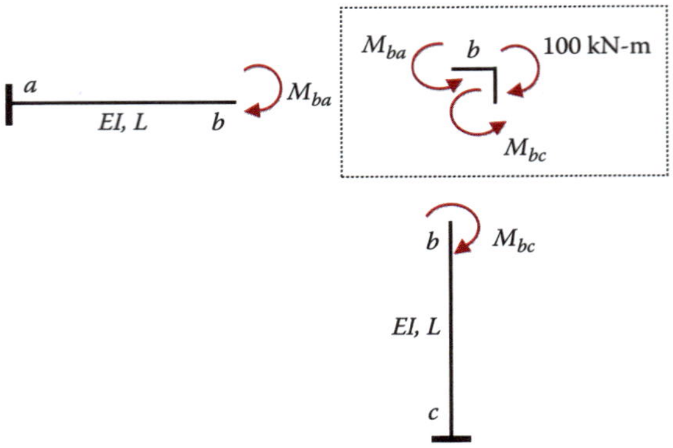

Equilíbrio de momentos no nó b expressos em termos de momentos de extremidade de barra.

O equilíbrio de momentos no nó *b* pede

$$\Sigma M_b = 0 \tag{8.1a}$$

que é expresso em termos de momentos de extremidade de barra como

$$M_{ba} + M_{bc} = 100 \tag{8.1b}$$

Como aprendemos no método de distribuição de momentos, os momentos de extremidade de barra estão relacionados com a rotação nodal por

$$M_{ba} = (4EK)_{ab}\,\theta_b \tag{8.2a}$$

$$M_{bc} = (4EK)_{bc}\,\theta_b \tag{8.2b}$$

Por substituição, obtemos a equação de equilíbrio em termos de θ_b

$$[(4EK)_{ab} + (4EK)_{bc}]\,\theta_b = 100 \tag{8.3}$$

Encontrando θ_b, notando que neste caso $(4EK)_{ab} = (4EK)_{bc} = 4EK$, obtemos

$$\theta_b = 12.5\frac{1}{EK}$$

Consequentemente, quando substituímos θ_b de volta na equação 8.2, obtemos

$$M_{ba} = (4EK)_{ab}\,\theta_b = (4EK)(12.5)\frac{1}{EK} = 50 \text{ kN-m}$$

$$M_{bc} = (4EK)_{bc}\,\theta_b = (4EK)(12.5)\frac{1}{EK} = 50 \text{ kN-m}$$

Além disso, os outros momentos de extremidade de barra não necessários na equação de equilíbrio no nó *b* são calculados usando-se a fórmula de momento-rotação:

$$M_{ab} = (2EK)_{ab}\theta_b = (2EK)(12.5)\frac{1}{EK} = 25 \text{ kN-m}$$

$$M_{cb} = (2EK)_{bc}\theta_b = (2EK)(12.5)\frac{1}{EK} = 25 \text{ kN-m}$$

O processo de solução supramencionado pode ser resumido como:

1. Identificar rotações nodais como graus de liberdade;
2. Identificar equilíbrios nodais em termos de momentos de extremidade de barra;
3. Expressar momentos de extremidade de barra em termos de rotação nodal;
4. Encontrar a rotação nodal;
5. Substituir de volta para obter todos os momentos de extremidade de barra;
6. Encontrar outros valores, tais como força de cisalhamento de extremidade de barra e assim por diante;
7. Traçar os diagramas de momento e de deflexão.

Omitimos os dois últimos passos porque eles já são feitos na seção de distribuição de momentos.

Exemplo 8.1
Encontre todos os momentos de extremidade de barra da viga da figura seguinte. *EI* é constante para todas as barras.

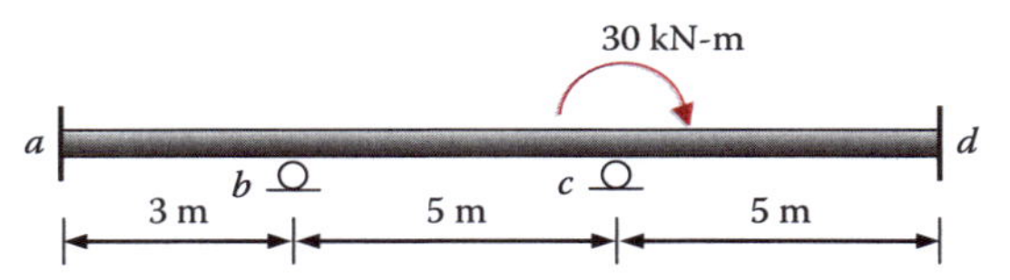

Problema de viga com um único grau de liberdade.

Solução
Observamos que só há um grau de liberdade, a rotação em *b*: θ_b.

A equação de equilíbrio é

$$\Sigma M_b = 0, \text{ ou } M_{ba} + M_{bc} = 30$$

Antes de expressarmos os momentos de extremidade de barra em termos de rotação nodal θ_b, nós tentamos simplificar a expressão dos diferentes *EK*s das duas barras usando um fator comum, normalmente o menor *EK* dentre todos.

$$EK_{ab} : EK_{bc} = \frac{EI}{10} : \frac{EI}{5} = 1:2$$

$$\Longrightarrow EK_{bc} = 2EK_{ab} = 2EK$$

$$EK_{ab} = EK$$

Agora, estamos prontos para escrever as fórmulas de momento-rotação:

$$M_{ba} = (4EK)_{ab}\theta_b = 4EK\theta_b$$

$$M_{bc} = (4EK)_{bc}\theta_b = 8EK\theta_b$$

Por substituição, obtemos a equação de equilíbrio em termos de θ_b:

$$[(4EK) + (8EK)]\theta_b = 30$$

Encontrando θ_b e $EK\theta_b$, obtemos

$$EK\theta_b = 2{,}5$$

$$\theta_b = 2.5\frac{1}{EK}$$

Consequentemente,

$$M_{ba} = (4EK)_{ab}\theta_b = (4EK)\theta_b = 10 \text{ kN-m}$$

$$M_{bc} = (4EK)_{bc}\theta_b = (8EK)\theta_b = 20 \text{ kN-m}$$

$$M_{ab} = (2EK)_{ab}\theta_b = (2EK)\theta_b = 5 \text{ kN-m}$$

$$M_{cb} = (2EK)_{bc}\theta_b = (4EK)\theta_b = 10 \text{ kN-m}$$

Note que não precisamos saber o valor absoluto de EK, se estivermos interessados apenas no valor dos momentos de extremidade de barra. O valor de EK só é necessário quando queremos conhecer a quantidade de rotação nodal.

Para problemas com mais de um grau de liberdade, precisamos incluir a contribuição das rotações nodais de ambas as extremidades de uma barra aos momentos de extremidade de barra:

$$M_{ab} = (4EK)_{ab}\theta_a + (2EK)_{ab}\theta_b \tag{8.4a}$$

$$M_{ba} = (4EK)_{ab}\theta_b + (2EK)_{ab}\theta_a \tag{8.4b}$$

A equação 8.4 é fácil de lembrar; o fator de contribuição da extremidade próxima é $4EK$ e o da extremidade extrema é $2EK$.

Exemplo 8.2

Encontre todos os momentos de extremidade de barra da viga da figura seguinte. EI é constante para todas as barras.

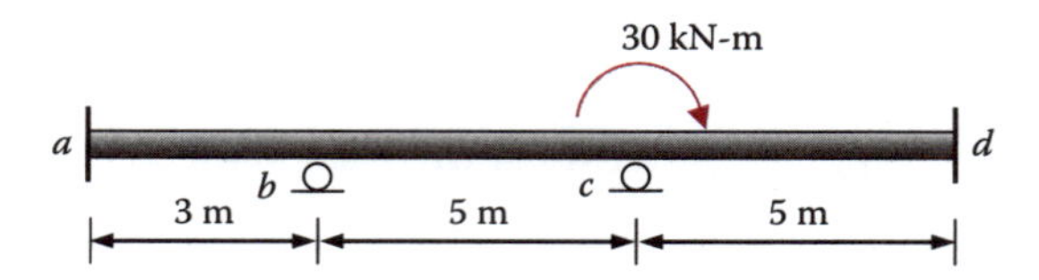

Problema de viga com dois graus de liberdade.

Solução

Observamos que há dois graus de liberdade, as rotações nos nós *b* e *c*: θ_b e θ_c, respectivamente.

As duas equações de equilíbrio são:

$$\Sigma M_b = 0 \Longrightarrow M_{ba} + M_{bc} = 0$$

e

$$\Sigma M_c = 0 \Longrightarrow M_{cb} + M_{cd} = 30$$

Como EI é constante para todas as barras, podemos escrever

$$K_{ab} : K_{bc} : K_{cd} = \frac{EI}{3} : \frac{EI}{5} : \frac{EI}{5} = 5:3:3 = 1.67:1:1$$

Assim,

$$EK_{ab} = 1{,}67EK$$

$$EK_{bc} = EK$$

$$EK_{cd} = EK$$

As fórmulas de momento-rotação podem ser escritas para os quatro momentos de extremidade de barra que aparecem nas duas equações de equilíbrio como

$$M_{ba} = (4EK)_{ab}\theta_b = 6{,}68EK\theta_b$$

$$M_{bc} = (4EK)_{bc}\theta_b + (2EK)_{bc}\theta_c = 4EK\theta_b + 2EK\theta_c$$

$$M_{cb} = (4EK)_{bc}\theta_c + (2EK)_{bc}\theta_b = 4EK\theta_c + 2EK\theta_b$$

$$M_{cd} = (4EK)_{cd}\theta_c = 4EK\theta_c$$

Note que ambas as rotações no nó *b* e a rotação no nó *c* contribuem para os momentos de extremidade de barra, M_{bc} e M_{cb}.

Pela substituição dos momentos pelas rotações, obtemos as duas equações de equilíbrio em termos de θ_b e θ_c.

$$10{,}68\ EK\theta_b + 2EK\theta_c = 0$$

$$2EK\theta_b + 8EK\theta_c = 30$$

É vantajoso tratar $EK\theta_b$ e $EK\theta_c$ como incógnitas.

$$10{,}68(EK\theta_b) + 2\ (EK\theta_c) = 0$$

$$2(EK\theta_b) + 8\ (EK\theta_c) = 30$$

Se escolhermos colocar a equação acima em forma de matriz, a matriz do lado esquerdo seria simétrica, sempre:

$$\begin{bmatrix} 10.68 & 2 \\ 2 & 8 \end{bmatrix} \begin{Bmatrix} EK\theta_b \\ EK\theta_c \end{Bmatrix} = \begin{Bmatrix} 0 \\ 30 \end{Bmatrix}$$

Resolvendo as duas equações, obtemos

$$(EK\theta_b) = -0{,}74 \text{ kN-m}$$

$$(EK\theta_c) = 3{,}93 \text{ kN-m}$$

Substituímos de volta os momentos de extremidade de barra:

$$M_{ba} = 6{,}68EK\theta_b = -4{,}92 \text{ kN-m}$$

$$M_{bc} = 4EK\theta_b + 2EK\theta_c = 4{,}92 \text{ kN-m}$$

$$M_{cb} = 4EK\theta_c + 2EK\theta_b = 14{,}26 \text{ kN-m}$$

$$M_{cd} = (4EK)_{cd}\theta_c = 4EK\theta_c = 15{,}74 \text{ kN-m}$$

Para os dois outros momentos de extremidade de barra que não estavam nas equações de equilíbrio, temos

$$M_{dc} = (2EK)_{cd}\theta_c = 2EK\theta_c = 7{,}87 \text{ kN - m}$$

$$M_{ab} = 3{,}34EK\theta_b = -2{,}96 \text{ kN-m}$$

Tratamento de cargas entre nós. Se cargas forem aplicadas entre nós, consideramos os nós como inicialmente "travados". Isso resulta na criação de momentos de extremidade fixa nas extremidades travadas. Os momentos totais de extremidade de barra são a soma dos momentos de extremidade fixa devidos à carga, com o momento devido à rotação na extremidade próxima, mais o momento devido à rotação na extremidade extrema.

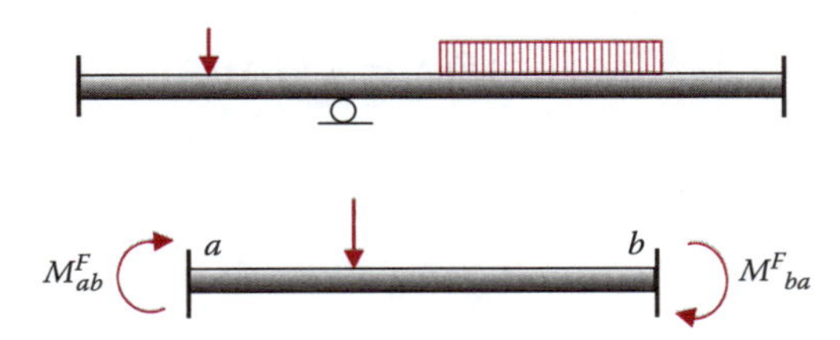

Carga entre nós e o momento de extremidade fixa criado pela carga.

A fórmula de momento-rotação da equação 8.4 é expandida para se tornar

$$M_{ab} = (4EK)_{ab}\,\theta_a + (2EK)_{ab}\,\theta_b + M^F_{ab} \tag{8.5a}$$

$$M_{ba} = (4EK)_{ab}\,\theta_b + (2EK)_{ab}\,\theta_a + M^F_{ba} \tag{8.5b}$$

Exemplo 8.3

Encontre todos os momentos de extremidade de barra da viga seguinte. *EI* é constante para todas as barras.

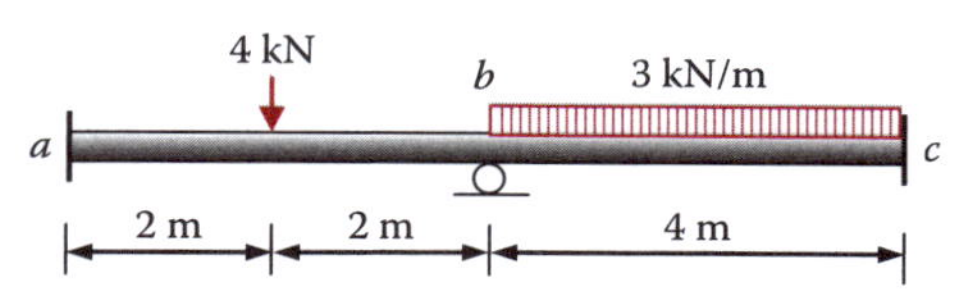

Viga com carga aplicada entre nós.

Solução

Só há um grau de liberdade, a rotação no nó *b*: θ_b.

A equação de equilíbrio é:

$$\Sigma M_b = 0 \Longrightarrow M_{ba} + M_{bc} = 0$$

Os fatores de rigidez relativa das duas barras são tais que eles são idênticos.

$$K_{ab} : K_{bc} = 1 : 1 \Longrightarrow EK_{ab} = EK_{bc} = EK$$

Os momentos de extremidade fixa são obtidos a partir da tabela de momentos de extremidade fixa (pg. [DIAGRAMAÇÃO – VERIFICAR CORREÇÃO DE Nº DA PÁGINA 196 NA TRADUÇÃO]):

Para a barra *ab*:

$$M^F_{ab} = -\frac{P(length)}{8} = -\frac{4(4)}{8} = -2\text{ kN-m}$$

$$M^F_{ba} = \frac{P(length)}{8} = \frac{4(4)}{8} = 2\text{ kN-m}$$

Para a barra *bc*:

$$M^F_{bc} = -\frac{w(length)^2}{12} = -\frac{3(4)^2}{12} = -4\text{ kN-m}$$

$$M^F_{cb} = \frac{w(length)^2}{12} = \frac{3(4)^2}{12} = 4\text{ kN-m}$$

As fórmulas de momento-rotação são:

$$M_{ba} = (4EK)_{ab}\,\theta_b + (2EK)_{ab}\,\theta_a + M^F{}_{ba} = 4EK\theta_b + 2$$

$$M_{bc} = (4EK)_{bc}\,\theta_b + (2EK)_{bc}\,\theta_c + M^F{}_{bc} = 4EK\theta_b - 4$$

A equação de equilíbrio $M_{ba} + M_{bc} = 0$ se torna

$$8EK\theta_b - 2 = 0, \Rightarrow EK\theta_b\ 0.25\ kN\text{-}m$$

Substituindo de volta nas expressões de momento de extremidade de barra, obtemos

$$M_{ba} = 4EK\theta_b + 2 = 3 \text{ kN-m}$$

$$M_{bc} = 4EK\theta_b - 4 = -3 \text{ kN-m}$$

Para os dois outros momentos de extremidade de barra não envolvidos na equação de equilíbrio, temos

$$M_{ab} = (2EK)_{ab}\,\theta_b + M^F{}_{ab} = 0{,}5 - 2 = -1{,}5 \text{ kN-m}$$

$$M_{cb} = (2EK)_{bc}\,\theta_b + M^F{}_{cb} = 0{,}5 + 4 = 4{,}5 \text{ kN-m}$$

Tratamento de balanço lateral. Os nós de extremidade de uma barra podem ter deslocamentos de translação perpendiculares ao eixo da barra, criando uma configuração tipo "rotação" da barra. Este tipo de deslocamento é chamado de balanço lateral. Podemos isolar o efeito do balanço lateral mantendo a rotação em zero nas duas extremidades e impondo uma translação relativa (balanço lateral) e encontrando os momentos de extremidade de barra que são necessários para manter tal configuração.

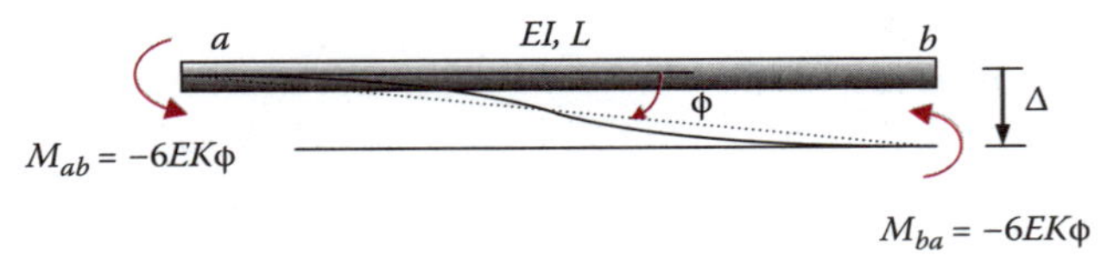

Balanço lateral de uma barra e os momentos de extremidade de barra.

Os momentos de extremidade de barra dados na figura foram derivados no contexto do método de distribuição de momentos. Lembramos que, embora o balanço lateral normalmente se refira a Δ, uma melhor representação dele é um ângulo definido por

$$\varphi = \frac{\Delta}{L}$$

Chamamos φ de rotação da barra. Com os momentos de extremidade de barra causados pelo balanço lateral quantificado como mostrado na figura anterior, podemos, agora, resumir todas as contribuições para os momentos de extremidade de barra pelas fórmulas seguintes:

$$M_{ab} = (4EK)_{ab}\,\theta_a + (2EK)_{ab}\,\theta_b - (6EK)\,\theta_{ab} + M^F{}_{ab} \tag{8.6a}$$

$$M_{ba} = (4EK)_{ab}\,\theta_b + (2EK)_{ab}\,\theta_a - (6\text{EK})\,\theta_{ab} + M^F{}_{ba} \tag{8.6b}$$

A presença de uma rotação de barra φ_{ab} requer uma equação adicional no equilíbrio de forças – normalmente do equilíbrio de forças que envolve cisalhamento de extremidade de barra, que pode ser expresso em termos de momentos de extremidade de barra, que, por sua vez, pode ser expresso pelas rotações nodal e de barra.

Exemplo 8.4

Encontre todos os momentos de extremidade de barra do quadro da figura seguinte. *EI* é constante para todas as barras.

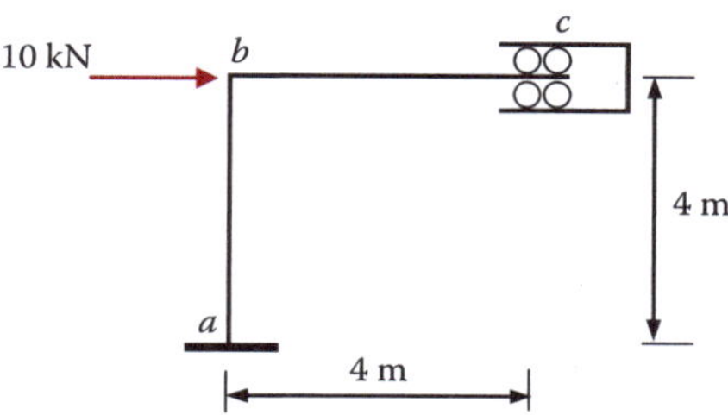

Um quadro com balanço lateral.

Solução

Observamos que, além da rotação no nó *b*, há outro grau de liberdade, que é o deslocamento horizontal do nó *b* ou *c*, designado como Δ, como mostrado na figura seguinte.

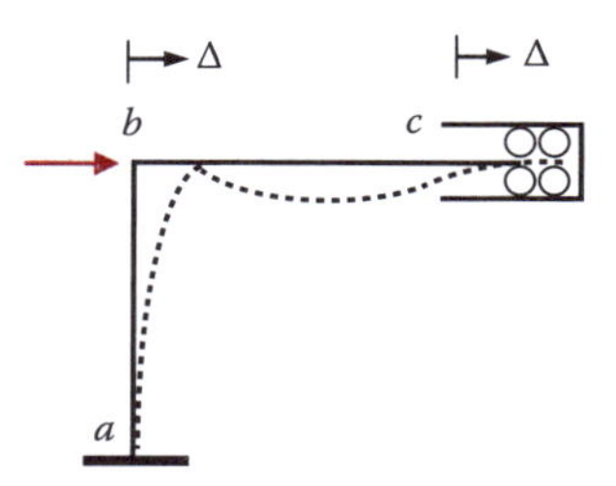

Deslocamento nodal lateral que cria balanço lateral da barra ab.

Note que os nós *b* e *c* se movem lateralmente na mesma quantidade. Isso se dá porque o alongamento axial da barra *ab* é considerado irrisório. Considerando-se que os deslocamentos laterais Δ vão para a direita, como mostrado, então a barra *ab* tem uma rotação positiva (sentido horário) $\varphi_{ab} = \Delta / L_{ab}$, mas a barra *bc* não tem nenhuma rotação. Só há uma incógnita independente associada ao balanço lateral, ou Δ ou φ_{ab}. Optaremos por θ_{ab} como incógnita representativa. Com a rotação nodal θ_b e φ_{ab}, temos agora duas incógnitas. Procuramos escrever duas equações de equilíbrio.

A primeira equação vem do equilíbrio de momento nodal no nó *b*:

$$\Sigma M_b = 0 \implies M_{ba} + M_{bc} = 0 \tag{8.7}$$

O segundo vem do equilíbrio de forças horizontais da estrutura completa:

$$\Sigma F_x = 0 \implies 10 + V_a = 0 \tag{8.8}$$

DCL da estrutura completa.

É necessário expressar a força de cisalhamento em termos de momentos de extremidade de barra. Isso é conseguido pela aplicação de uma equação de equilíbrio de momentos no diagrama de corpo livre (DCL) da barra *ab*.

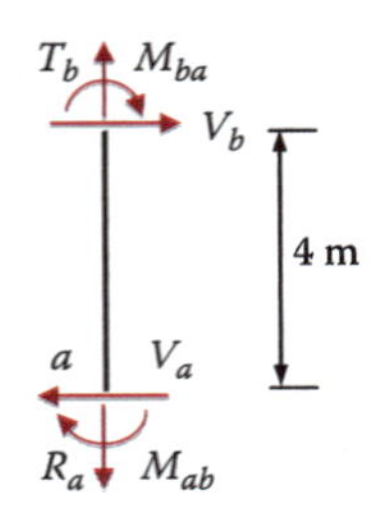

DCL da barra ab.

$$\Sigma M_b = 0 \implies V_a = -\frac{M_{ab} + M_{ba}}{4}$$

Substituindo a fórmula de cisalhamento anterior na equação 8.8 e multiplicando toda a equação por 4, transformamos a segunda equação de equilíbrio, equação 8.8, numa nova forma envolvendo momentos de extremidade de barra:

$$M_{ab} + M_{ba} = -40 \qquad (8.8)$$

Há três incógnitas de momento de extremidade de barra nas duas equações de equilíbrio, equações 8.7 e 8.8. Precisamos aplicar as fórmulas de momento-rotação para transformar as expressões de momento em expressões contendo as duas incógnitas de deslocamento, θ_b e φ.

Observamos que $EK_{ba} = EK_{bc}$ e podemos atribuir EK para ambos, EK_{ba} e EK_{bc}:

$$EK_{ba} = EK_{bc} = EK$$

Por substituições sucessivas, as fórmulas de momento-rotação são simplificadas para incluir apenas os termos em $EK\theta_b$ e $EK\varphi_{ab}$.

$$M_{ba} = (4EK)_{ab}\,\theta + (2EK)_{ab}\,\theta - (6EK)\theta_{ab} + M^F{}_{ba} = (4EK)_{ab}\,\theta_b - (6EK)_{ab}\,\theta_{ab}$$

$$= 4EK\theta_b - 6EK\theta_{ab}$$

$$M_{ab} = (4EK)_{ab}\,\theta_a + (2EK)_{ab}\,\theta_b - (6EK)\theta_{ab} + M^F{}_{ab} = (2EK)_{ab}\,\theta_b - (6EK)_{ab}\theta_{ab}$$

$$= 2EK\theta_b - 6EK\theta_{ab}$$

$$M_{bc} = (4EK)_{bc}\,\theta_b + (2EK)_{bc}\,\theta_c - (6EK)\theta_{bc} + M^F{}_{bc} = (4EK)_{bc}\,\theta_b$$

$$= 4EK\theta_b$$

Substituindo essas expressões de momento de extremidade de barra nas duas equações de equilíbrio, obtemos duas equações com duas incógnitas.

$$M_{ba} + M_{bc} = 0 \implies 8EK\theta_b - 6EK\phi_{ab} = 0$$

$$M_{ab} + M_{ba} = -40 \implies 6EK\theta_b - 12EK\phi_{ab} = -40$$

Em forma de matriz, essas duas equações se tornam uma equação de matriz:

$$\begin{bmatrix} 8 & -6 \\ -6 & 12 \end{bmatrix} \begin{Bmatrix} EK\theta_b \\ EK\varphi_{ab} \end{Bmatrix} = \begin{Bmatrix} 0 \\ 40 \end{Bmatrix}$$

Para obter a forma anterior, nós invertemos o sinal de todas as expressões na segunda equação de equilíbrio, de forma que a matriz do lado esquerdo seja simétrica. A solução é

$$EK\theta_b = 4 \text{ kN-m}$$

$$EK\varphi_{ab} = 5{,}33 \text{ kN-m}$$

Substituindo de volta nas fórmulas de momento-rotação, obtemos

$$M_{ba} = -16 \text{ kN-m}$$

$$M_{ab} = -24 \text{ kN-m}$$

$$M_{bc} = 16 \text{ kN-m}$$

Para o momento de extremidade de barra que não aparece nas duas equações de equilíbrio, M_{cb}, obtemos

$$\begin{aligned} M_{cb} &= (2EK)_{bc}\,\theta_b + (4EK)_{bc}\,\theta_c - (6EK)\theta_{bc} + M^F{}_{bc} = (2EK)_{bc}\,\theta_b \\ &= 2EK\theta_b \\ &= 8 \text{ kN-m} \end{aligned}$$

Podemos, agora, traçar o diagrama de momento e um novo diagrama de deflexão, que é um refinamento do rascunho feito no início do processo de solução, usando a informação contida no diagrama de momento.

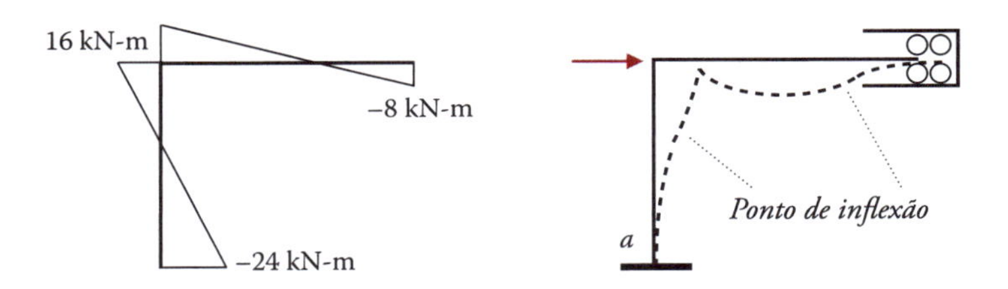

Diagramas de momento e de deflexão.

Exemplo 8.5

Encontre todos os momentos de extremidade de barra do quadro mostrado. *EI* é constante para todas as barras.

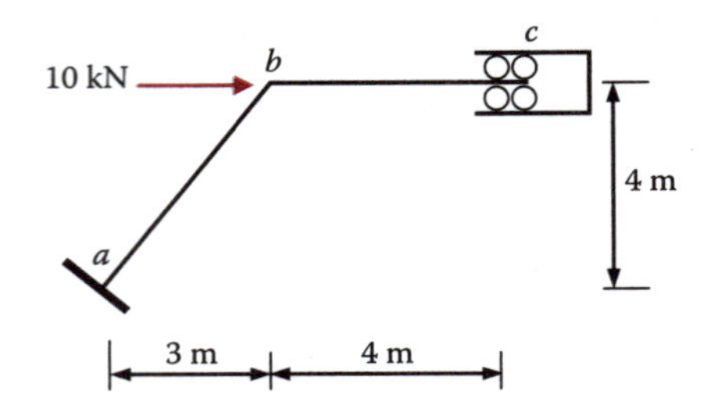

Quadro com uma barra inclinada.

Solução

Claramente, há uma incógnita de rotação nodal, θ_b, e uma incógnita de translação nodal, Δ. A presença de uma barra inclinada, porém, complica a relação geométrica entre a translação nodal e a rotação da barra. Portanto, lidaremos primeiro com a relação geométrica.

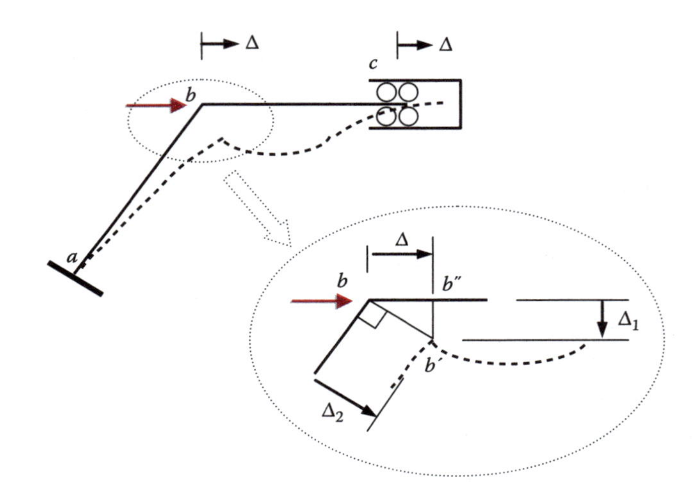

Detalhes da relação de deslocamento nodal.

Como os comprimentos das barras não podem mudar, a nova localização do nó *b* após a deformação é em *b*′, a interseção de uma linha perpendicular à barra *ab* e uma linha perpendicular à barra *bc*. As rotações de barra das barras *ab* e *bc* são definidas pelos deslocamentos perpendiculares aos eixos das barras. Elas são Δ_1 para a barra *bc* e Δ_2 para a barra *ab*, respectivamente. Partindo do pequeno triângulo *b*–*b*′–*b*″, nós obtemos as seguintes fórmulas:

$$\Delta_1 = \frac{3}{4}\Delta$$

$$\Delta_2 = \frac{5}{4}\Delta$$

As rotações das barras *ab* e *bc* são definidas por, respectivamente:

$$\varphi_{ab} = \frac{\Delta_2}{L_{ab}} = \frac{\Delta_2}{5}$$

$$\varphi_{bc} = -\frac{\Delta_1}{L_{bc}} = -\frac{\Delta_1}{4}$$

Do mesmo modo que Δ_1 e Δ_2 estão relacionados com Δ, assim estão φ_{ab} e φ_{bc}. Procuramos a magnitude relativa das rotações das duas barras:

$$\varphi_{ab} : \varphi_{bc} = \frac{\Delta_2}{5} : \left(-\frac{\Delta_1}{4}\right) = \left(\frac{1}{5}\right)\left(\frac{5}{4}\Delta\right) : \left(-\frac{1}{4}\right)\left(\frac{3}{4}\Delta\right) = \left(\frac{1}{4}\Delta\right) : \left(-\frac{3}{16}\Delta\right) = 1 : \left(-\frac{3}{4}\right)$$

Consequentemente,

$$\varphi_{bc} = \left(-\frac{3}{4}\right)\varphi_{ab}$$

Designaremos φ_{ab} como incógnita de rotação da barra e expressaremos φ_{bc} em termos de φ_{ab}. Juntamente com a incógnita de rotação nodal, θ_b, temos dois graus de liberdade, θ_b e φ_{ab}. Buscamos escrever as duas equações de equilíbrio.

A primeira equação de equilíbrio vem do equilíbrio de momentos nodais no nó *b*:

$$\Sigma M_b = 0 \implies M_{ba} + M_{bc} = 0 \tag{8.9}$$

A segunda vem do equilíbrio de momentos da estrutura completa em torno de um ponto *o*:

$$\Sigma M_o = 0 \implies 10(4)(\tfrac{4}{3}) + V_a\,[5+4(\tfrac{5}{3})] + M_{ab} + M_{cb} = 0 \tag{8.10}$$

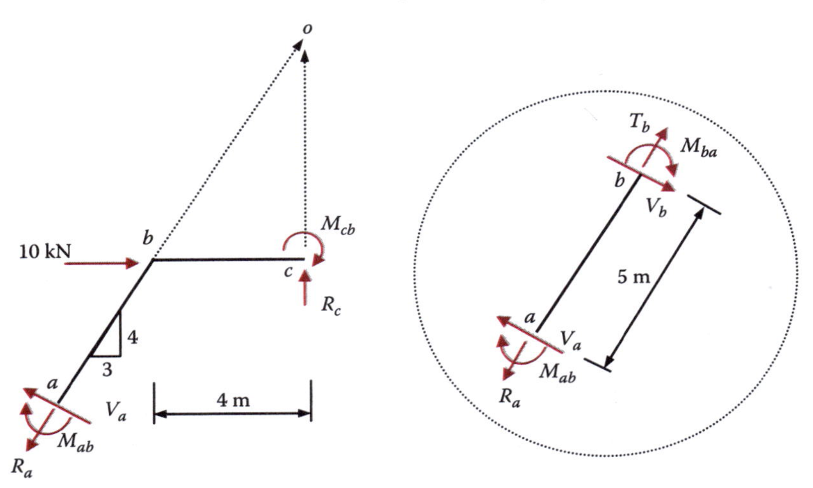

Diagramas de corpo livre (DCL) da estrutura completa e da barra inclinada.

Note que é necessário selecionar o ponto de interseção, *o*, para a equação de momento, de modo que nenhuma força axial seja incluída na equação. Partindo do DCL da barra inclinada, obtemos

$$V_a = -\frac{1}{5}(M_{ab} + M_{ba})$$

Substituindo a fórmula acima na equação 8.10, ela se torna

$$-4M_{ab} - 7M_{ba} + 3M_{cb} = 160 \quad (8.10)$$

Há quatro incógnitas de momento, M_{ab}, M_{ba}, M_{bc} e M_{cb}, nas duas equações. Agora, estabelecemos as fórmulas de momento-rotação ($M - \theta - \varphi$), notando que φ_{bc} é expresso em termos de φ_{ab} e

$$EK_{ab} : EK_{bc} = \frac{1}{5}\text{ EI}: \frac{1}{4}\text{EI} = 1:1.25$$

Podemos atribuir EK para EK_{ab} e expressar EK_{bc} em EK, também:

$$EK_{ab} = EK$$

$$EK_{bc} = 1{,}25\ EK$$

Após sucessivas substituições, as fórmulas de momento-rotação são:

$$M_{ba} = (4EK)_{ab}\,\theta_b + (2EK)_{ab}\,\theta_a - (6EK)_{ab}\,\varphi_{ab} + M^F{}_{ba}$$

$$= (4EK)_{ab}\,\theta_b - (6EK)_{ab}\,\varphi_{ab}$$

$$= 4EK\theta_b - 6EK\varphi_{ab}$$

$$M_{ab} = (4EK)_{ab}\,\theta_a + (2EK)_{ab}\,\theta_b - (6EK)_{ab}\,\varphi_{ab} + M^F{}_{ab}$$

$$= (2EK)_{ab}\,\theta_b - (6EK)_{ab}\,\varphi_{ab}$$

$$= 2EK\theta_b - 6EK\,\varphi_{ab}$$

$$M_{bc} = (4EK)_{bc}\,\theta_b + (2EK)_{bc}\,\theta_c - (6EK)_{bc}\,\varphi_{bc} + M^F{}_{bc}$$

$$= (4EK)_{bc}\,\theta_b - (6EK)_{bc}\,\varphi_{bc}$$

$$= 5EK\theta_b + 5{,}625EK\,\varphi_{ab}$$

$$M_{cb} = (4EK)_{bc}\,\theta_c + (2EK)_{bc}\,\theta_b - (6EK)_{bc}\,\varphi_{bc} + M^F{}_{cb}$$

$$= (2EK)_{bc}\,\theta_b - (6EK)_{bc}\,\varphi_{bc}$$

$$= 2{,}5EK\theta_b + 5{,}625EK\,\varphi_{ab}$$

Substituindo as expressões de momento anteriores nas equações 8.9 e 8.10, obtemos as duas equações seguintes em θ_b e φ_{ab}.

$$9EK\theta_b - 0{,}375EK\varphi_{ab} = 0$$

$$-28{,}5EK\theta_b + 82{,}875EK\varphi_{ab} = 160$$

Multiplicando a primeira equação por 8 e a segunda por (1/9,5), obtemos

$$72EK\theta_b - 3EK\varphi_{ab} = 0$$

$$-3EK\theta_b + 8{,}723EK\varphi_{ab} = 16{,}84$$

Na forma de matriz, temos

$$\begin{bmatrix} 72 & -3 \\ -3 & 8{,}723 \end{bmatrix} \begin{Bmatrix} EK\theta_b \\ EK\varphi_{ab} \end{Bmatrix} = \begin{Bmatrix} 0 \\ 16.84 \end{Bmatrix}$$

A solução é

$$EK\theta_b = 0{,}0816 \text{ kN-m}$$

$$EK\varphi_{ab} = 1{,}959 \text{ kN-m}$$

Substituindo de volta nas fórmulas de momento-rotação, obtemos os momentos de extremidade de barra:

$$M_{ba} = -11{,}43 \text{ kN-m}$$

$$M_{ab} = -11{,}59 \text{ kN-m}$$

$$M_{bc} = 11{,}43 \text{ kN-m}$$

$$M_{cb} = 11{,}22 \text{ kN-m}$$

Dos momentos de extremidade de barra podemos facilmente obter todas as forças de cisalhamento e axiais de extremidade de barra, como mostrado a seguir.

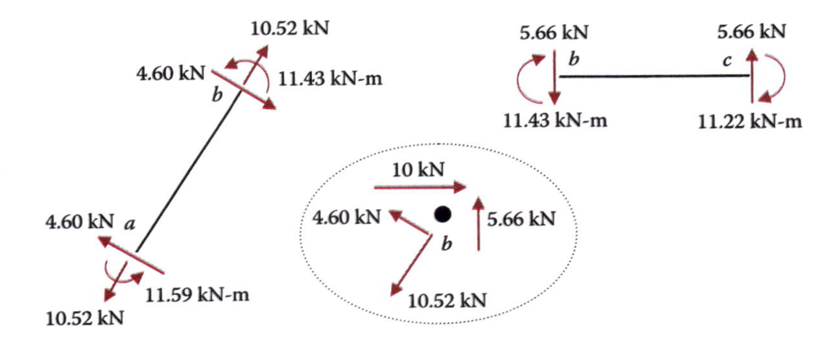

DCLs das barras ab, bc e do nó b.

Note que as forças de cisalhamento são sempre as primeiras a serem determinadas a partir dos momentos de extremidade de barra. A força axial da barra *ab* é então determinada a partir do diagrama de corpo livre do nó *b*, usando-se a equação de equilíbrio de todas as forças verticais.

O diagrama de momento é mostrado a seguir, juntamente com um novo diagrama de deflexão refinado do primeiro rascunho feito no início do processo de solução, utilizando-se a informação apresentada no diagrama de momentos.

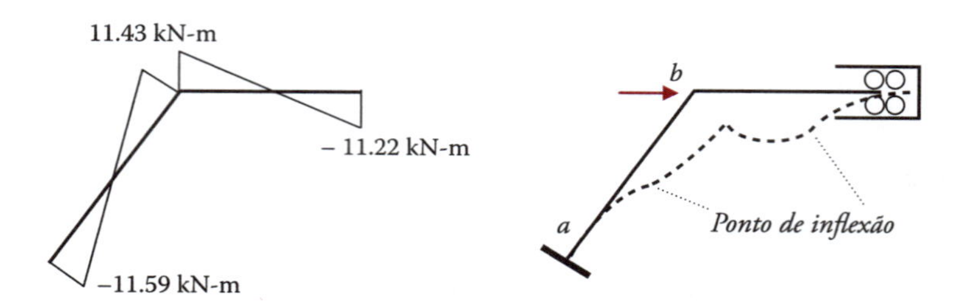

Diagramas de momento e de deflexão.

Exemplo 8.6

Encontre todos os momentos de extremidade de barra do quadro mostrado. EI é constante para todas as barras.

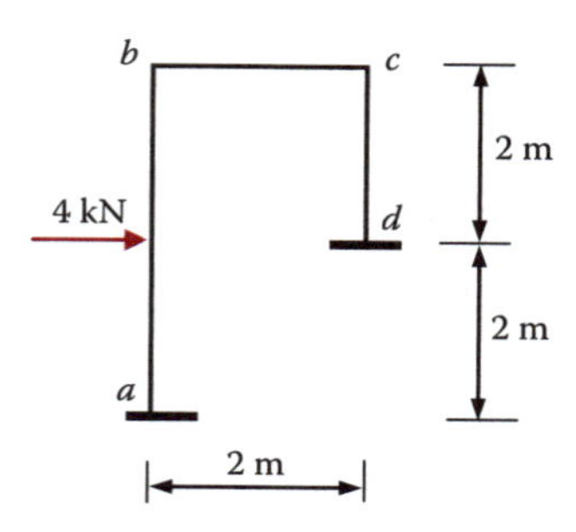

Um quadro com graus de liberdade de rotação e translação.

Solução

Observamos que os nós b e c estão livres para rotacionar. Os nós b e c também estão livres para realizar translação na direção horizontal, na mesma quantidade. Como resultado dessa translação de ambos os nós, b e c, as barras ab e cd têm rotações de barra, mas não a barra bc, que não tem rotação de barra.

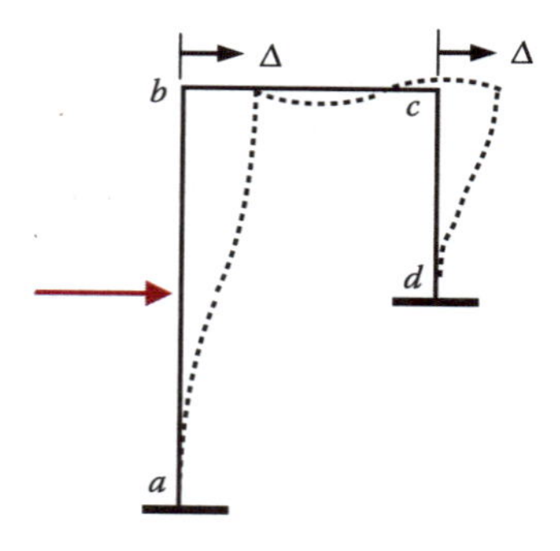

Rascunho da deflexão do quadro.

As rotações das duas barras estão relacionadas com uma única translação, Δ, e podemos encontrar facilmente a magnitude relativa dos dois.

$$\varphi_{ab} : \varphi_{cd} = \frac{\Delta}{L_{ab}} : \frac{\Delta}{L_{cd}} = \frac{\Delta}{4} : \frac{\Delta}{2} = 1:2$$

Portanto,

$$\varphi_{cd} = 2\theta_{ab}$$

Na soma, há três graus de liberdade: θ_b, θ_c e φ_{ab}. Precisamos de três equações de equilíbrio. A primeira delas vem do equilíbrio de momento nodal no nó *b*:

$$\Sigma M_b = 0 \qquad \Longrightarrow \qquad M_{ba} + M_{bc} = 0$$

A segunda vem do equilíbrio de momento nodal no nó *c*:

$$\Sigma M_c = 0 \qquad \Longrightarrow \qquad M_{cb} + M_{cd} = 0$$

A terceira vem do equilíbrio de forças horizontais da estrutura completa:

$$\Sigma F_x = 0 \qquad \Longrightarrow \qquad V_a + V_d = 4$$

b
c
4 kN
d
V_d
M_{dc}
R_d
a
V_a
M_{ab}
R_a

DCL da estrutura completa.

As duas forças de cisalhamento na terceira equação podem ser expressas em termos de momentos de extremidade de barra, através do diagrama de corpo livre (DCL) de cada barra.

$$V_a = -\frac{1}{4}(M_{ab} + M_{ba}) + 2$$

$$V_d = -\frac{1}{2}(M_{dc} + M_{cd})$$

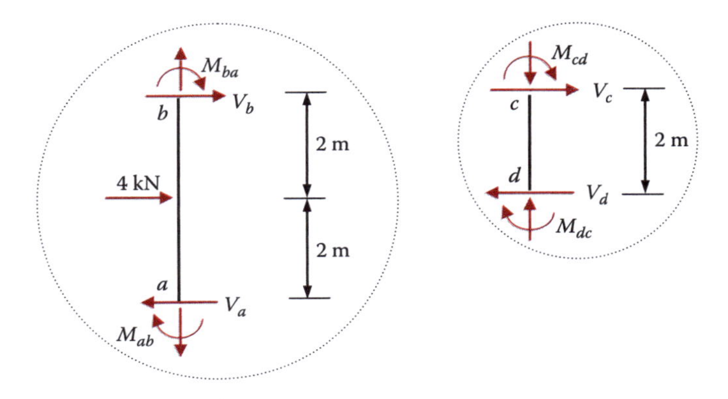

DCLs das duas barras de coluna do quadro rígido.

Em virtude da relação de cisalhamento-momento, a terceira equação torna-se:

$$V_a + V_d = 4 \Longrightarrow -M_{ab} - M_{ba} - 2M_{dc} - 2M_{cd} = 8$$

Há seis incógnitas de momento nas três equações de equilíbrio. Agora, expressamos os momentos de extremidade de barra em termos das três incógnitas de deslocamento: θ_b, θ_c e φ_{ab}.

Note que podemos atribuir um fator de rigidez EK comum para todas as três barras:

$EK_{ab} = EK$, $EK_{bc} = 2EK$, $EK_{cd} = 2EK$

Notando que $\varphi_{cd} = 2\varphi_{ab}$, podemos simplificar o momento-rotação expressando-o como mostrado a seguir.

$$M_{ba} = (4EK)_{ab}\,\theta_b + (2EK)_{ab}\,\theta_a - (6EK)_{ab}\,\varphi_{ab} + M^F{}_{ba}$$

$$= (4EK)_{ab}\,\theta_b - (6EK)_{ab}\,\varphi_{ab} + M^F{}_{ba}$$

$$= 4EK\theta_b - 6EK\varphi_{ab} + 2$$

$$M_{ab} = (4EK)_{ab}\,\theta_a + (2EK)_{ab}\,\theta_b - (6EK)_{ab}\,\varphi_{ab} + M^F{}_{ab}$$

$$= (2EK)_{ab}\,\theta_b - (6EK)_{ab}\,\varphi_{ab} + M^F{}_{ab}$$

$$= 2EK\theta_b - 6EK\varphi_{ab} - 2$$

$$M_{bc} = (4EK)_{bc}\,\theta_b + (2EK)_{bc}\,\theta_c - (6EK)_{bc}\,\varphi_{bc} + M^F{}_{bc}$$

$$= (4EK)_{bc}\,\theta_b + (2EK)_{bc}\,\theta_c$$

$$= 8EK\theta_b + 4EK\theta_c$$

$$M_{cb} = (2EK)_{bc}\,\theta_b + (4EK)_{bc}\,\theta_c - (6EK)_{bc}\,\varphi_{bc} + M^F{}_{cb}$$

$$= (2EK)_{bc}\,\theta_b + (4EK)_{bc}\,\theta_c$$

$$= 4EK\theta_b + 8EK\theta_c$$

$$M_{cd} = (4EK)_{cd}\,\theta_c + (2EK)_{cd}\,\theta_d - (6EK)\varphi_{cd} + M^F{}_{cd}$$

$$= (4EK)_{cd}\,\theta_c - (6EK)_{cd}\,\varphi_{cd} + M^F{}_{cd}$$

$$= 8EK\theta_c - 24EK\varphi_{ab}$$

$$M_{dc} = (4EK)_{cd}\,\theta_d + (2EK)_{cd}\,\theta_c - (6EK)_{cd}\,\varphi_{cd} + M^F{}_{dc}$$

$$= (2EK)_{cd}\,\theta_c - (6EK)_{cd}\,\varphi_{cd}$$

$$= 4EK\theta_c - 12EK\varphi_{ab}$$

Substituindo todas as fórmulas de momento-rotação nas três equações de equilíbrio, obtemos as três equações seguintes para três incógnitas.

$$12EK\theta_b + 4EK\theta_c - 6EK\varphi_{ab} = -2$$

$$4EK\theta_b + 16EK\theta_c - 24EK\varphi_{ab} = 0$$

$$-6EK\theta_b - 24EK\theta_c + 84EK\varphi_{ab} = 8$$

A forma de matriz da equação anterior revela a simetria esperada na matriz quadrada do lado esquerdo:

$$\begin{bmatrix} 12 & 4 & -6 \\ 4 & 16 & -24 \\ -6 & -24 & 84 \end{bmatrix} \begin{Bmatrix} EK\theta_b \\ EK\theta_c \\ EK\varphi_{ab} \end{Bmatrix} = \begin{Bmatrix} -2 \\ 0 \\ 8 \end{Bmatrix}$$

A solução é

$$EK\theta_b = -2/11 \text{ kN-m}$$

$$EK\theta_c = 13/44 \text{ kN-m}$$

$$EK\varphi_{ab} = 1/6 \text{ kN-m}$$

Substituindo de volta, obtemos, para os momentos de extremidade de barra:

$$M_{ba} = 3/11 \text{ kN-m} = 0{,}27 \text{ kN-m}$$

$$M_{ab} = -37/11 \text{ kN-m} = -3{,}36 \text{ kN-m}$$

$$M_{bc} = -3/11 \text{ kN-m} = -0{,}27 \text{ kN-m}$$

$$M_{cb} = -18/11 \text{ kN-m} = 1{,}64 \text{ kN-m}$$

$$M_{cd} = -18/11 \text{ kN-m} = -1{,}64 \text{ kN-m}$$

$$M_{dc} = -9/11 \text{ kN-m} = -0{,}82 \text{ kN-m}$$

Dos momentos de extremidade de barra, as forças de cisalhamento nas extremidades de barra são calculadas a partir do diagrama de corpo livre (DCL) de cada barra. As forças axiais são obtidas do equilíbrio de forças nodais.

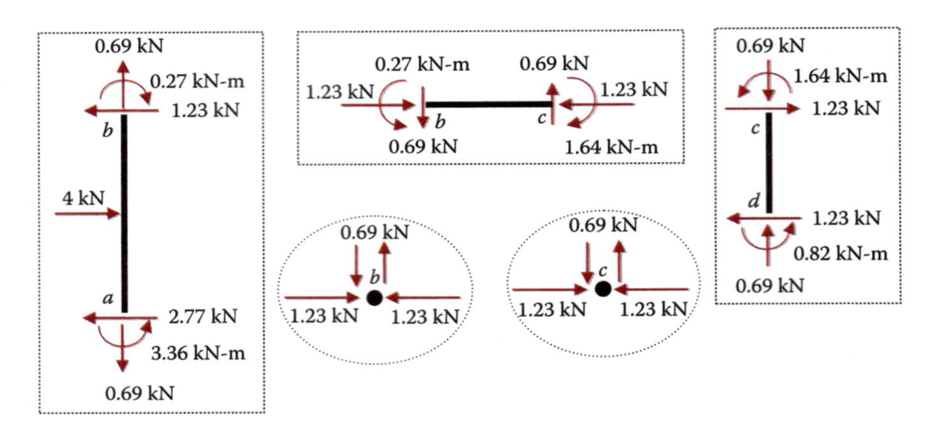

DCLs de cada barra e dos nós b e c (apenas força).

O diagrama de momento e um diagrama de deflexão refinado são mostrados a seguir.

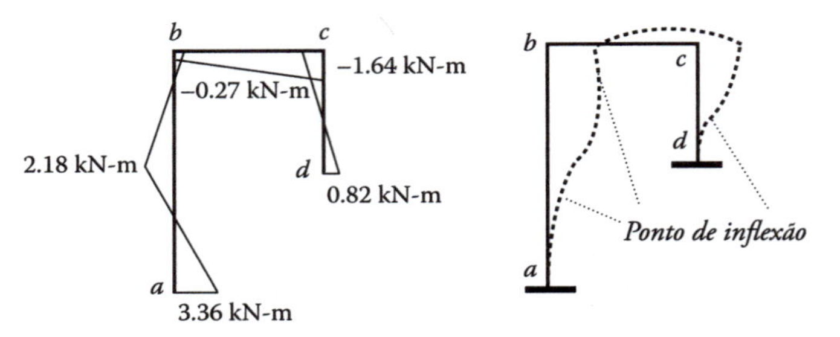

Diagramas de momento e de deflexão.

Problema 8.1

Use o método de inclinação-deflexão para encontrar todos os momentos de extremidade de barra das vigas e quadros mostrados, e trace os diagramas de momento e de deflexão.

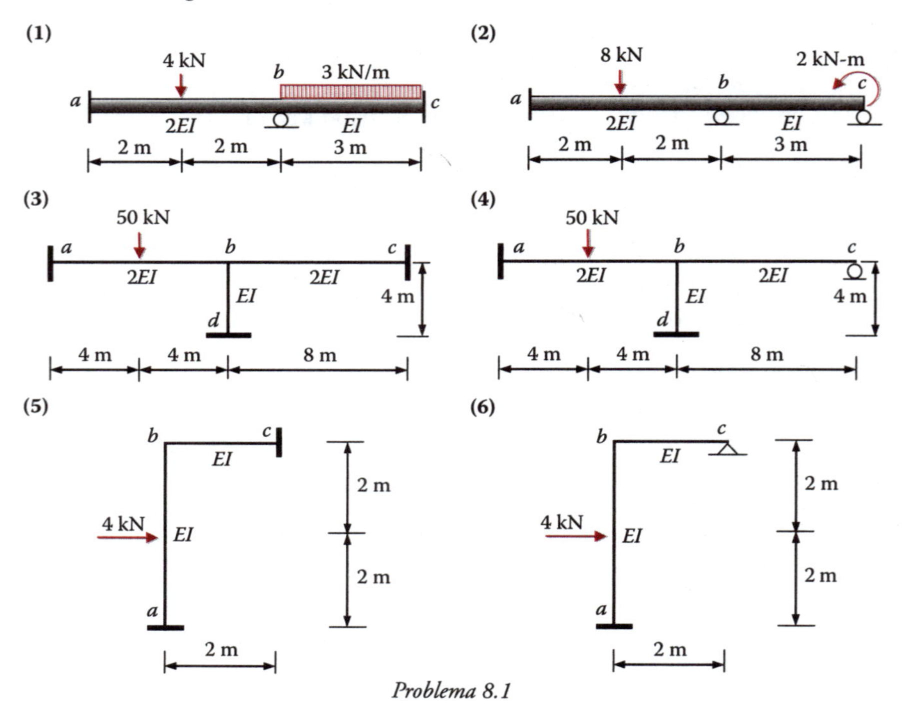

Problema 8.1

8.2 Análise matricial de rigidez de quadros

Visão geral. O método de inclinação-deflexão foi desenvolvido para cálculo manual. Para minimizar o número de incógnitas de rotação nodal e rotação de barra, a deformação axial de cada barra é ignorada. Como resultado, as rotações de barra são frequentemente inter-relacionadas. Como observamos nos problemas de exemplo, se encontrarmos uma barra inclinada, as fórmulas para relações geométricas podem ser muito complicadas. Por outro lado, se permitirmos que a deformação axial seja incluída no cálculo de deslocamento, os deslocamentos nodais num nó serão completamente independentes daqueles na outra extremidade da barra e teremos três incógnitas nodais em cada nó: duas incógnitas de translação e uma de rotação. Embora o número de incógnitas para um dado quadro seja maior do que aquele numa formulação de inclinação-deflexão, o processo de formulação se torna muito mais simples. A formulação apresentada aqui faz paralelo como a da análise de treliças.

Considere o problema de quadro rígido seguinte. Nós tratamos este problema como tendo duas barras e três nós.

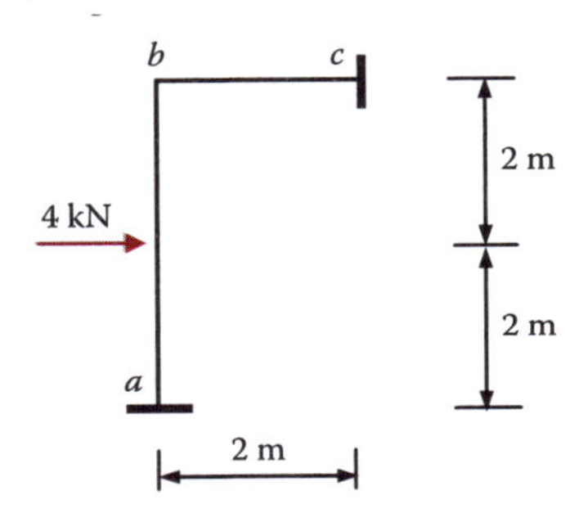

Um problema de quadro rígido.

Converteremos esse problema na sobreposição de dois problemas: um com a barra *ab* travada em ambas as extremidades e o outro com forças externas e momentos aplicados apenas nos pontos nodais. O primeiro problema pode ser resolvido a nível de uma única barra. De fato, os momentos de extremidade de barra são tabulados na tabela de momento de extremidade fixa. As forças de cisalhamento de extremidade de barra podem ser calculadas a partir do diagrama de corpo livre (DCL) da barra. Os momentos e as forças de extremidade de barra, no primeiro problema, quando invertidos seus sinais, tornam-se os momentos e as forças nodais do segundo problema, que tem as forças e momentos aplicados apenas nos nós. Daqui por diante, nos concentraremos no segundo problema, com forças/momentos externos aplicados apenas nos pontos nodais.

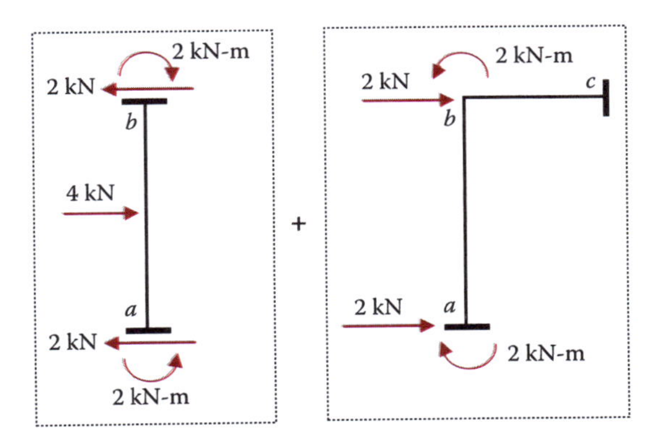

Sobreposição de dois problemas.

O momento e a força aplicada ao apoio *a* são recebidos diretamente pelo apoio. Eles devem ser incluídos no cálculo de forças atuantes sobre o apoio, mas excluídos nas forças atuantes sobre os nós do quadro. O problema é reduzido ao mostrado na parte esquerda da figura seguinte. A parte direita da figura inclui um sistema de coordenadas globais, que é necessário porque cada barra é orientada em direções diferentes e precisamos de um sistema de coordenadas comum para relacionar os deslocamentos de barras e forças aos de outras barras. Também substituímos o sistema alfabético por outro numérico para denominação de nós, porque este é mais fácil de programar para soluções computadorizadas.

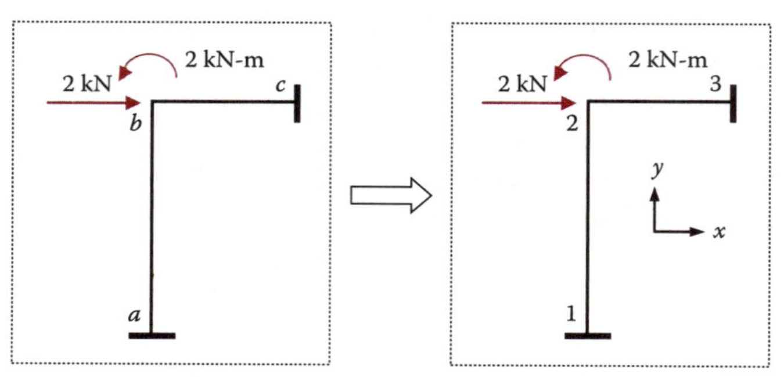

Quadros com cargas aplicadas apenas nos nós.

Na formulação de deslocamento de matriz, é mais fácil começar-se sem aplicação das condições de deslocamentos e de forças. Somente quando as equações de deslocamento-força globais estiverem formuladas, nós poderemos impor as condições de deslocamento e de força na preparação para uma solução numérica. Assim, o próximo passo é definir os deslocamentos nodais e correspondentes forças nodais do quadro sem as condições de apoio e carga. Como cada nó tem três graus de liberdade, o quadro tem um total de nove deslocamentos nodais e nove forças nodais correspondentes, como mostrado na figura seguinte.

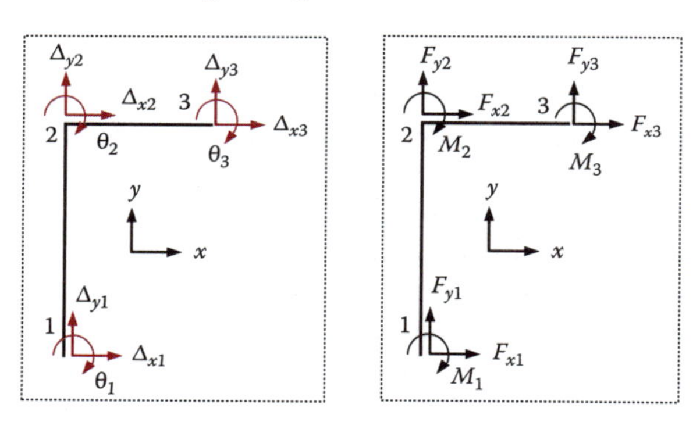

Os nove deslocamentos nodais e correspondentes forças nodais.

Deve-se enfatizar que os nove deslocamentos nodais definem por completo a deformação de cada barra e de todo o quadro. Na formulação de deslocamento de matriz, buscamos encontrar a equação de matriz que liga as nove forças nodais aos nove deslocamentos nodais da seguinte forma:

$$K_G \Delta_G = F_G \tag{8.11}$$

onde K_G, Δ_G e F_G são a matriz de rigidez global não restrita, o vetor global de deslocamentos nodais e o vetor global de forças nodais, respectivamente. A equação 8.11, em sua forma expandida, é mostrada a seguir, a qual ajuda a identificar os vetores de deslocamentos e forças nodais.

$$
\begin{bmatrix} \textit{barra } 1\text{–}2 & \\ & \textit{barra } 2\text{–}3 \end{bmatrix}
\begin{Bmatrix} \Delta_{x1} \\ \Delta_{y1} \\ \theta_1 \\ \Delta_{x2} \\ \Delta_{y2} \\ \theta_2 \\ \Delta_{x3} \\ \Delta_{y3} \\ \theta_3 \end{Bmatrix}
=
\begin{Bmatrix} F_{x1} \\ F_{y1} \\ M_1 \\ F_{x2} \\ F_{y2} \\ M_2 \\ F_{x3} \\ F_{x3} \\ M_3 \end{Bmatrix}
\qquad (8.11)
$$

De acordo com o método de rigidez direta, a contribuição da barra 1–2 para a matriz de rigidez global estará nas posições indicadas na figura anterior, isto é, correspondendo aos graus de liberdade do primeiro e segundo nós, enquanto a contribuição da barra 2–3 estará associada aos graus de liberdade nos nós 2 e 3.

Antes de montar a matriz de rigidez global, precisamos formular a matriz de rigidez das barras.

Matriz de rigidez de barra em coordenadas locais. Para uma barra do quadro, tanto a deformação axial quanto a flexional devem ser consideradas. Desde que as deflexões associadas a essas deformações sejam pequenas em relação à dimensão transversal da barra, digamos, à profundidade da barra, as deformações axial e flexional são independentes uma da outra; assim, nos permitem considerá-las separadamente. Para caracterizar as deformações de uma barra do quadro, *i–j*, só precisamos de quatro variáveis independentes, Δ_x, θ_i, θ_j e φ_{ij}, como mostrado a seguir.

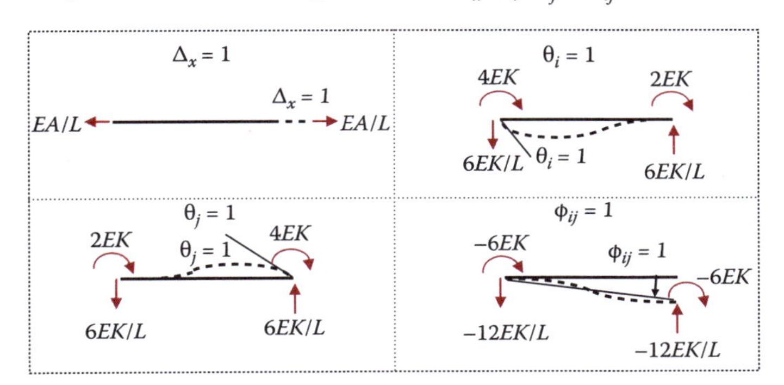

As quatro configurações de deformação independentes e as forças nodais associadas.

Cada uma das quatro variáveis de deslocamento de barra está em relação com os seis deslocamentos nodais de uma barra através de relações geométricas. Em vez de derivar essas relações matematicamente, e depois usar transformações matemáticas para obter a matriz de rigidez, como foi feito na formulação de treliças, nós podemos estabelecer essa matriz diretamente pelo relacionamento das forças nodais com um deslocamento nodal, uma de cada vez. Lidaremos primeiro com os deslocamentos axiais.

Há dois deslocamentos nodais, u_i e u_j, relacionados com a deformação axial, Δ_x. Podemos facilmente determinar as forças nodais num dado deslocamento nodal unitário, utilizando a informação de forças nodais da figura anterior. Por exemplo, $u_i = 1$ enquanto outros deslocamentos são zero corresponde a um alongamento negativo. Como resultado, a força nodal no nó *i* é EA/L, enquanto no nó *j* é $-EA/L$. Por outro lado, com $u_j = 1$, a força no nó *i* é $-EA/L$, enquanto no nó *j* ela é EA/L. Esses dois casos são ilustrados na figura seguinte. Note que devemos expressar as forças nodais na direção positiva das coordenadas globais definidas.

Forças nodais associadas a um deslocamento nodal unitário.

A partir da figura anterior, podemos imediatamente determinar a seguinte relação de rigidez:

$$\begin{bmatrix} \frac{EA}{L} & -\frac{EA}{L} \\ -\frac{EA}{L} & \frac{EA}{L} \end{bmatrix} \begin{Bmatrix} u_i \\ u_j \end{Bmatrix} = \begin{Bmatrix} f_{xi} \\ f_{xj} \end{Bmatrix} \tag{8.12}$$

Seguindo o mesmo princípio, podemos determinar as relações flexionais, uma de cada vez, como mostrado na figura seguinte.

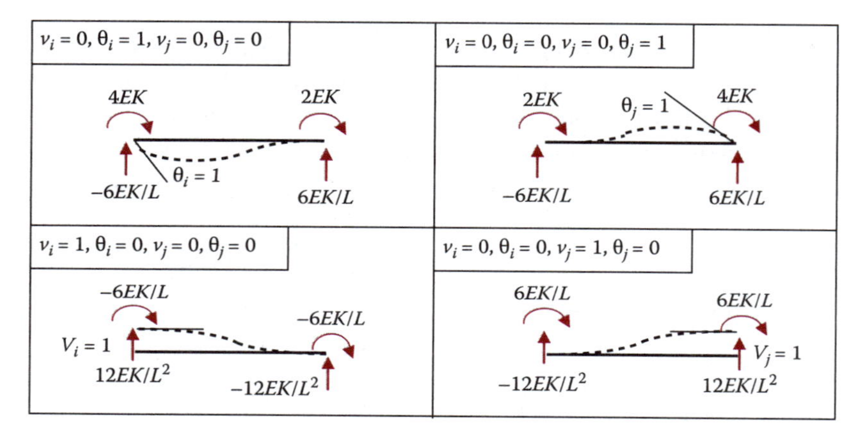

Partindo da figura, podemos determinar a seguinte relação de rigidez flexional.

$$\begin{bmatrix} \frac{12EK}{L^2} & -\frac{6EK}{L} & -\frac{12EK}{L^2} & -\frac{6EK}{L} \\ -\frac{6EK}{L} & 4EK & \frac{6EK}{L} & 2EK \\ -\frac{12EK}{L^2} & \frac{6EK}{L} & \frac{12EK}{L^2} & \frac{6EK}{L} \\ -\frac{6EK}{L} & 2EK & \frac{6EK}{L} & 4EK \end{bmatrix} \begin{Bmatrix} v_i \\ \theta_i \\ v_j \\ \theta_j \end{Bmatrix} = \begin{Bmatrix} f_{yi} \\ M_i \\ f_{yj} \\ M_j \end{Bmatrix} \tag{8.13}$$

A equação 8.13 é a de rigidez de barra para uma barra flexional, enquanto a 8.12 é de uma barra axial. A equação de rigidez para uma barra de quadro é obtida pela combinação das duas equações.

$$\begin{bmatrix} \boxed{\frac{EA}{L}} & 0 & 0 & \boxed{-\frac{EA}{L}} & 0 & 0 \\ 0 & \frac{12EK}{L^2} & -\frac{6EK}{L} & 0 & -\frac{12EK}{L^2} & -\frac{6EK}{L} \\ 0 & -\frac{6EK}{L} & 4EK & 0 & \frac{6EK}{L} & 2EK \\ \boxed{-\frac{EA}{L}} & 0 & 0 & \boxed{\frac{EA}{L}} & 0 & 0 \\ 0 & -\frac{12EK}{L^2} & \frac{6EK}{L} & 0 & \frac{12EK}{L^2} & \frac{6EK}{L} \\ 0 & -\frac{6EK}{L} & 2EK & 0 & \frac{6EK}{L} & 4EK \end{bmatrix} \begin{Bmatrix} u_i \\ v_i \\ \theta_i \\ u_j \\ v_j \\ \theta_j \end{Bmatrix} = \begin{Bmatrix} f_{xi} \\ f_{yi} \\ M_i \\ f_{xj} \\ f_{yj} \\ M_j \end{Bmatrix} \tag{8.14}$$

A equação 8.14 é da rigidez de barra em coordenadas locais, e a matriz seis por seis, do lado esquerdo, é a matriz de rigidez de barra em coordenadas locais. A equação 8.14 pode ser expressa em símbolos de matriz como

$$k_L \delta_L = f_L \tag{8.14}$$

Matriz de rigidez de barra em coordenadas globais. Na formulação das equações de equilíbrio, em cada um dos três nós do quadro, devemos usar um conjunto comum de sistemas de coordenadas, de modo que as forças e momentos sejam expressos no mesmo sistema e possam ser diretamente adicionados. O sistema comum é o de coordenadas globais, que pode não coincidir com o sistema local de uma barra. Para uma orientação típica de uma barra como mostrado, buscamos a equação de rigidez de barra em coordenadas globais:

$$k_G \delta_G = f_G \tag{8.15}$$

Derivaremos a equação 8.15 usando a equação 8.14 e as fórmulas que relacionam o vetor de deslocamentos nodais, δ_L, e o vetor de forças nodais, f_L, a suas contrapartes globais, δ_G e f_G, respectivamente.

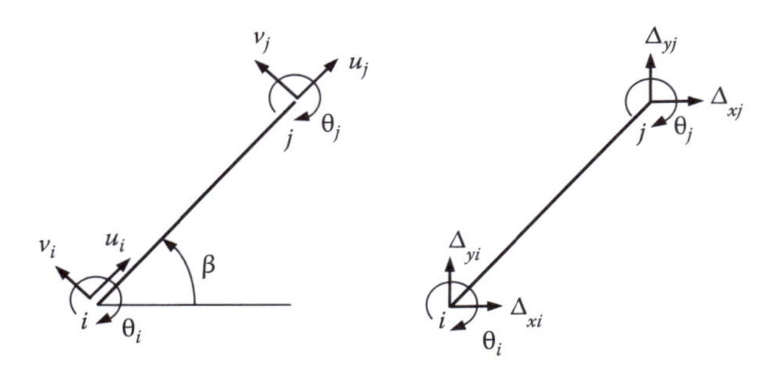

Deslocamentos nodais em coordenadas locais e globais.

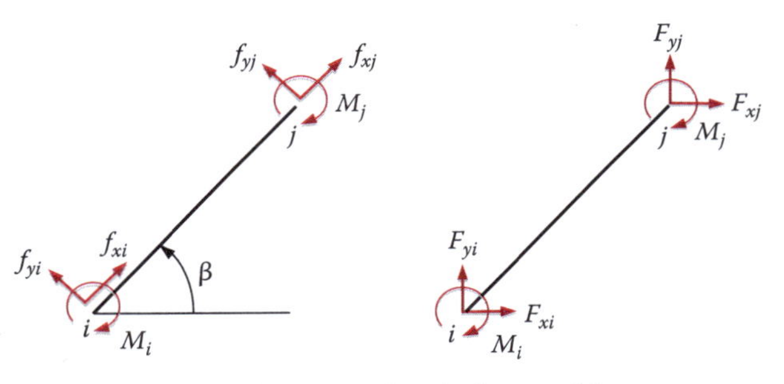

Forças nodais em coordenadas locais e globais.

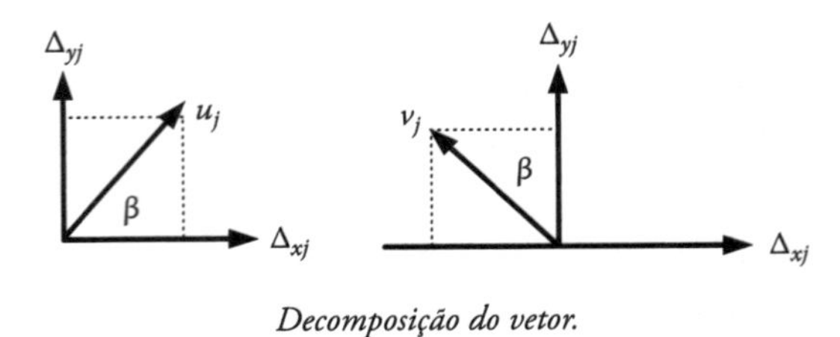

Decomposição do vetor.

A partir da decomposição do vetor, podemos expressar os deslocamentos nodais em coordenadas locais em termos dos deslocamentos nodais em coordenadas globais.

$$\Delta_{xj} = (\text{Cos}\beta)\, u_j - (\text{Sen}\beta)\, v_j$$

$$\Delta_{yj} = (\text{Sen}\beta)\, u_j + (\text{Cos}\beta)\, v_j$$

$$\theta_j = \theta_j$$

Fórmulas idênticas podem ser obtidas para o nó i. a mesma transformação também se aplica à transformação de forças nodais. Podemos colocar todas as fórmulas de transformação em forma de matriz, denotando Cosβ e Senβ por C e S, respectivamente.

$$\begin{Bmatrix} \Delta_{xi} \\ \Delta_{yi} \\ \theta_i \end{Bmatrix} = \begin{bmatrix} C & -S & 0 \\ S & C & 0 \\ 0 & 0 & 1 \end{bmatrix} \begin{Bmatrix} u_i \\ v_i \\ \theta_i \end{Bmatrix} \quad \text{ou} \quad \Delta_{iG} = \tau\, \Delta_{iL}$$

$$\begin{Bmatrix} \Delta_{xj} \\ \Delta_{yj} \\ \theta_j \end{Bmatrix} = \begin{bmatrix} C & -S & 0 \\ S & C & 0 \\ 0 & 0 & 1 \end{bmatrix} \begin{Bmatrix} u_j \\ v_j \\ \theta_j \end{Bmatrix} \quad \text{ou} \quad \Delta_{jG} = \tau\, \Delta_{jL}$$

$$\begin{Bmatrix} F_{xi} \\ F_{yi} \\ M_i \end{Bmatrix} = \begin{bmatrix} C & -S & 0 \\ S & C & 0 \\ 0 & 0 & 1 \end{bmatrix} \begin{Bmatrix} f_{xi} \\ f_{yi} \\ M_i \end{Bmatrix} \quad \text{ou} \quad f_{iG} = \tau\, f_{iL}$$

$$\begin{Bmatrix} F_{xj} \\ F_{yj} \\ M_j \end{Bmatrix} = \begin{bmatrix} C & -S & 0 \\ S & C & 0 \\ 0 & 0 & 1 \end{bmatrix} \begin{Bmatrix} f_{xj} \\ f_{yj} \\ M_j \end{Bmatrix} \quad \text{ou} \quad f_{ig} = \tau\, f_{jL}$$

A matriz de transformação τ tem uma característica única, isto é, sua inversa é igual a sua transposta.

$$\tau^{-1} = \tau^{T}$$

Matrizes que satisfazem a equação acima são chamadas de matrizes ortonormais. Em virtude dessa característica única das matrizes ortonormais, podemos facilmente escrever a relação inversa para todas as equações anteriores. Precisamos, porém, apenas das fórmulas inversas para deslocamentos nodais:

$$\begin{Bmatrix} u_i \\ v_i \\ \theta_i \end{Bmatrix} = \begin{bmatrix} C & S & 0 \\ -S & C & 0 \\ 0 & 0 & 1 \end{bmatrix} \begin{Bmatrix} \Delta_{xi} \\ \Delta_{yi} \\ \theta_i \end{Bmatrix} \quad \text{ou} \quad \Delta_{iL} = \tau^{T}\, \Delta_{iG}$$

$$\begin{Bmatrix} u_j \\ v_j \\ \theta_j \end{Bmatrix} = \begin{bmatrix} C & S & 0 \\ -S & C & 0 \\ 0 & 0 & 1 \end{bmatrix} \begin{Bmatrix} \Delta_{xj} \\ \Delta_{yj} \\ \theta_j \end{Bmatrix} \quad \text{ou} \quad \Delta_{jL} = \tau^T \Delta_{jG}$$

O vetor de deslocamentos nodais e o vetor de forças de uma barra, δ_G, δ_L, f_G e f_L, são as coleções dos vetores de deslocamento e de força do nó *i* e do nó *j*:

$$\delta_G = \begin{Bmatrix} \Delta_{iG} \\ \Delta_{jG} \end{Bmatrix}; \qquad \delta_L = \begin{Bmatrix} \Delta_{iL} \\ \Delta_{jL} \end{Bmatrix}$$

$$f_G = \begin{Bmatrix} f_{iG} \\ f_{jG} \end{Bmatrix}; \qquad f_L = \begin{Bmatrix} f_{iL} \\ f_{jL} \end{Bmatrix}$$

Para chegar à equação 8.15, começamos com

$$f_G = \begin{Bmatrix} f_{iG} \\ f_{jG} \end{Bmatrix} = \begin{bmatrix} \tau & 0 \\ 0 & \tau \end{bmatrix} \begin{Bmatrix} f_{iL} \\ f_{jL} \end{Bmatrix} = \Gamma\, f_L \tag{8.16}$$

onde

$$\Gamma = \begin{bmatrix} \tau & 0 \\ 0 & \tau \end{bmatrix} \tag{8.17}$$

Da equação 8.14 e das fórmulas de transformação para deslocamentos nodais, obtemos

$$f_L = k_L\, \delta_L = k_L \begin{Bmatrix} \Delta_{iL} \\ \Delta_{jL} \end{Bmatrix} = k_L \begin{bmatrix} \tau^T & \mathbf{0} \\ \mathbf{0} & \tau^T \end{bmatrix} \begin{Bmatrix} \Delta_{iG} \\ \Delta_{jG} \end{Bmatrix} = k_L\, \Gamma^T\, \delta_G \tag{8.18}$$

Combinando a equação 8.18 com a equação 8.16, temos

$$f_G = \Gamma f_L = \Gamma\, k_L\, \Gamma^T \Gamma_G$$

que está na forma da equação 8.15, com

$$k_G = \Gamma\, k_L\, \Gamma^T \tag{8.19}$$

A equação 8.19 é a fórmula de transformação da matriz de rigidez de barra. A forma expandida dessa matriz em sua forma explícita em coordenadas globais, k_G, parece com uma matriz 6 por 6:

$$k_G =$$

$$\begin{bmatrix} C^2\frac{EA}{L}+S^2\frac{12EK}{L^2} & CS(\frac{EA}{L}-\frac{12EK}{L^2}) & S\frac{6EK}{L} & -C^2\frac{EA}{L}-S^2\frac{12EK}{L^2} & -CS(\frac{EA}{L}-\frac{12EK}{L^2}) & S\frac{6EK}{L} \\ CS(\frac{EA}{L}-\frac{12EK}{L^2}) & S^2\frac{EA}{L}+C^2\frac{12EK}{L^2} & -C\frac{6EK}{L} & -CS(\frac{EA}{L}-\frac{12EK}{L^2}) & -S^2\frac{EA}{L}-C^2\frac{12EK}{L^2} & -C\frac{6EK}{L} \\ S\frac{6EK}{L} & -C\frac{6EK}{L} & 4EK & -S\frac{6EK}{L} & C\frac{6EK}{L} & 2EK \\ C^2\frac{EA}{L}-S^2\frac{12EK}{L^2} & -CS(\frac{EA}{L}-\frac{12EK}{L^2}) & -S\frac{6EK}{L} & C^2\frac{EA}{L}-S^2\frac{12EK}{L^2} & CS(\frac{EA}{L}-\frac{12EK}{L^2}) & -S\frac{6EK}{L} \\ -CS(\frac{EA}{L}-\frac{12EK}{L^2}) & -S^2\frac{EA}{L}-C^2\frac{12EK}{L^2} & C\frac{6EK}{L} & CS(\frac{EA}{L}-\frac{12EK}{L^2}) & S^2\frac{EA}{L}+C^2\frac{12EK}{L^2} & C\frac{6EK}{L} \\ S\frac{6EK}{L} & -C\frac{6EK}{L} & 2EK & -S\frac{6EK}{L} & C\frac{6EK}{L} & 4EK \end{bmatrix} \quad (8.19)$$

Os vetores de deslocamento e de força nodais correspondentes, em suas formas explícitas, são

$$\delta_G = \begin{Bmatrix} \Delta_{xi} \\ \Delta_{yi} \\ \theta_i \\ \Delta_{xj} \\ \Delta_{yj} \\ \theta j \end{Bmatrix} \quad \text{e} \quad f_G = \begin{Bmatrix} F_{xi} \\ F_{yi} \\ M_i \\ F_{xj} \\ F_{yj} \\ M_j \end{Bmatrix} \quad (8.20)$$

Equação de equilíbrio global irrestrito. As matrizes de rigidez de barra são montadas numa equação de equilíbrio em matriz, que é formulada a partir das três equações de equilíbrio em cada nó: duas equações de equilíbrio de forças e uma de equilíbrio de momentos. O método de montagem está de acordo com o método de rigidez direta delineado na análise de treliças em matriz. Para o caso presente, há nove equações dos três nós, como indicado na equação 8.11.

Equação de equilíbrio global restrito. Dos nove deslocamentos nodais, seis são restritos a zero, por causa de condições de apoio nos nós 1 e 3. Há apenas três deslocamentos nodais desconhecidos: Δ_{x2}, Δ_{y2} e θ_2. Por outro lado, das nove forças nodais, apenas três são dadas: F_{x2} = 2 kN, F_{y2} = 0 e M_2 = –2 kN-m; as outras seis são reações desconhecidas nos apoios. Depois de especificarmos todas as quantidades conhecidas, a equação de equilíbrio global aparece na seguinte forma:

$$\begin{bmatrix} K_{11} & K_{12} & K_{13} & K_{14} & K_{15} & K_{16} & 0 & 0 & 0 \\ K_{21} & K_{22} & K_{23} & K_{24} & K_{25} & K_{26} & 0 & 0 & 0 \\ K_{31} & K_{32} & K_{33} & K_{34} & K_{35} & K_{36} & 0 & 0 & 0 \\ K_{41} & K_{42} & K_{43} & K_{44} & K_{45} & K_{46} & K_{47} & K_{48} & K_{49} \\ K_{51} & K_{52} & K_{53} & K_{54} & K_{55} & K_{56} & K_{57} & K_{58} & K_{59} \\ K_{61} & K_{62} & K_{63} & K_{64} & K_{65} & K_{66} & K_{67} & K_{68} & K_{69} \\ 0 & 0 & 0 & K_{74} & K_{75} & K_{76} & K_{77} & K_{78} & K_{79} \\ 0 & 0 & 0 & K_{84} & K_{85} & K_{86} & K_{87} & K_{88} & K_{89} \\ 0 & 0 & 0 & K_{94} & K_{95} & K_{96} & K_{97} & K_{98} & K_{99} \end{bmatrix} \begin{Bmatrix} 0 \\ 0 \\ 0 \\ \Delta_{x2} \\ \Delta_{y2} \\ \theta_2 \\ 0 \\ 0 \\ 0 \end{Bmatrix} = \begin{Bmatrix} F_{x1} \\ F_{y1} \\ M_1 \\ 2 \\ 0 \\ -2 \\ F_{x3} \\ F_{x3} \\ M_3 \end{Bmatrix} \quad (8.11)$$

A solução da equação 8.11 se dá em duas etapas. A primeira é encontrar as três incógnitas de deslocamento usando-se as três equações nas linhas de quatro a seis da equação 8.11.

$$\begin{bmatrix} K_{44} & K_{45} & K_{46} \\ K_{54} & K_{55} & K_{56} \\ K_{64} & K_{65} & K_{66} \end{bmatrix} \begin{Bmatrix} \Delta_{x2} \\ \Delta_{y2} \\ \theta_2 \end{Bmatrix} = \begin{Bmatrix} 2 \\ 0 \\ -2 \end{Bmatrix} \tag{8.21}$$

Uma vez que os deslocamentos nodais sejam conhecidos, podemos passar para a segunda etapa, substituindo de volta na equação 8.11 todos os deslocamentos nodais e calculando as seis outras forças nodais, que são as forças de reação de apoio. Também precisamos encontrar as forças de extremidade de barra através da equação 8.14, que requer a determinação de deslocamentos nodais em coordenadas locais.

Demonstraremos os procedimentos supramencionados através de um exemplo numérico.

Exemplo 8.7
Encontre os deslocamentos nodais, as reações de apoio e as forças de extremidade de barra de todas as barras do quadro mostrado. E = 200 GPa, A = 20000 mm^2 e $I = 300 \times 10^6$ mm^4 para as duas barras.

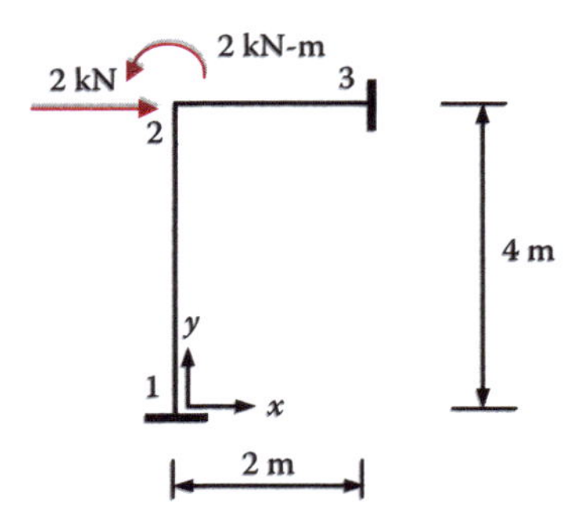

Problema de exemplo.

Solução
Efetuaremos um procedimento de solução passo a passo para o problema.

1. Numeramos nós e barras e definimos as coordenadas nodais.

Coordenadas nodais

Nó	x (m)	y (m)
1	0	0
2	0	4
3	2	4

2. Definimos propriedade de barras, nós inicial e final e calculamos dados de barras.

Dados de entrada de barra

Barra	Nó inicial	Nó final	E (GPa)	I (mm^4)	A (mm^2)
1	1	2	200	3×10^8	2×10^4
2	2	3	200	3×10^8	2×10^4

Dados calculados

Barra	ΔX (m)	ΔY (m)	L (m)	C	S	EI (kN-m²)	EA (kN)
1	0	4	4	0,0	1,0	6×10^4	4×10^9
2	2	0	2	1,0	0,0	6×10^4	4×10^9

No cálculo dos dados de barras, as seguintes fórmulas foram usadas:

$$L = \sqrt{(x_j - x_i)^2 + (y_j - y_i)^2}$$

$$C = Cos\beta = \frac{(x_j - x_i)}{L} = \frac{\Delta_x}{L}$$

$$S = Sin\beta = \frac{(y_j - y_i)}{L} = \frac{\Delta_y}{L}$$

3. Calculamos as matrizes de rigidez de barras em coordenadas globais: Equação 8.19.

barra 1:

$$(k_G)_1 = \begin{bmatrix} 11{,}250 & 0 & 22{,}500 & -11{,}250 & 0 & 22{,}500 \\ 0 & 1\times10^9 & 0 & 0 & -1\times10^9 & 0 \\ 22{,}500 & 0 & 60{,}000 & -22{,}500 & 0 & 30{,}000 \\ -11{,}250 & 0 & -22{,}500 & 11{,}250 & 0 & -22{,}500 \\ 0 & -1\times10^9 & 0 & 0 & 1\times10^9 & 0 \\ 22{,}500 & 0 & 30{,}000 & -22{,}500 & 0 & 60{,}000 \end{bmatrix}$$

barra 2:

$$(k_G)_2 = \begin{bmatrix} 2\times10^9 & 0 & 0 & -2\times10^9 & 0 & 0 \\ 0 & 90{,}000 & -90{,}000 & 0 & -90{,}000 & -90{,}000 \\ 0 & -90{,}000 & 12\times10^4 & 0 & 90{,}000 & 6\times10^4 \\ -2\times10^9 & 0 & 0 & 2\times10^9 & 0 & 0 \\ 0 & -90{,}000 & 90{,}000 & 0 & -90{,}000 & 90{,}000 \\ 0 & -90{,}000 & 6\times10^4 & 0 & 90{,}000 & 12\times10^4 \end{bmatrix}$$

4. Montamos a matriz de rigidez global irrestrita. Para usar o método de rigidez direta para montar a matriz de rigidez global, precisamos da seguinte tabela, que nos dá o número global de graus de liberdade correspondente a cada grau de liberdade local de cada barra. Esta tabela é gerada usando-se os dados de barras fornecidos na tabela do passo 2, especificamente, os dados de nós iniciais e finais.

Número global de graus de liberdade para cada barra

Número local de graus de liberdade nodais		Número global de graus de liberdade nodais	
		1	**2**
	1	1	4
Nó inicial i	2	2	5
	3	3	6
	4	4	7
Nó final j	5	5	8
	6	6	9

De posse desta tabela, podemos facilmente direcionar as componentes de rigidez de barra para a localização correta, na matriz de rigidez global. Por exemplo, a componente (2,3) de $(k_G)_2$ será adicionada à componente (5,6) da matriz de rigidez global. A matriz de rigidez global irrestrita é obtida após a montagem ser feita.

$$K_G = \begin{bmatrix} 11{,}250 & 0 & 22{,}500 & -11{,}250 & 0 & 22{,}500 & 0 & 0 & 0 \\ 0 & 1\times10^9 & 0 & 0 & -1\times10^9 & 0 & 0 & 0 & 0 \\ 22{,}500 & 0 & 60{,}000 & -22{,}500 & 0 & 30{,}000 & 0 & 0 & 0 \\ -11{,}250 & 0 & -22{,}500 & 2\times10^9 & 0 & -22{,}500 & -2\times10^9 & 0 & 0 \\ 0 & -1\times10^9 & 0 & 0 & 1\times10^9 & -90{,}000 & 0 & -90{,}000 & 90{,}000 \\ 22{,}500 & 0 & 30{,}000 & -22{,}500 & -90{,}000 & 180{,}000 & 0 & 90{,}000 & 60{,}000 \\ 0 & 0 & 0 & -2\times10^9 & 0 & 0 & 2\times10^9 & 0 & 0 \\ 0 & 0 & 0 & 0 & -90{,}000 & 90{,}000 & 0 & -90{,}000 & 90{,}000 \\ 0 & 0 & 0 & 0 & -90{,}000 & 60{,}000 & 0 & 90{,}000 & 120{,}000 \end{bmatrix}$$

5. A equação de rigidez global restrita e sua solução. Depois que as condições de apoio e carga estão incorporadas nas equações de rigidez, obtemos a equação de rigidez global restrita como dado na equação 8.11, que é reproduzida a seguir para fácil referência, com a matriz de rigidez mostrada na equação anterior.

$$\begin{bmatrix} K_{11} & K_{12} & K_{13} & K_{14} & K_{15} & K_{16} & 0 & 0 & 0 \\ K_{21} & K_{22} & K_{23} & K_{24} & K_{25} & K_{26} & 0 & 0 & 0 \\ K_{31} & K_{32} & K_{33} & K_{34} & K_{35} & K_{36} & 0 & 0 & 0 \\ K_{41} & K_{42} & K_{43} & K_{44} & K_{45} & K_{46} & K_{47} & K_{48} & K_{49} \\ K_{51} & K_{52} & K_{53} & K_{54} & K_{55} & K_{56} & K_{57} & K_{58} & K_{59} \\ K_{61} & K_{62} & K_{63} & K_{64} & K_{65} & K_{66} & K_{67} & K_{68} & K_{69} \\ 0 & 0 & 0 & K_{74} & K_{75} & K_{76} & K_{77} & K_{78} & K_{79} \\ 0 & 0 & 0 & K_{84} & K_{85} & K_{86} & K_{87} & K_{88} & K_{89} \\ 0 & 0 & 0 & K_{94} & K_{95} & K_{96} & K_{97} & K_{98} & K_{99} \end{bmatrix} \begin{Bmatrix} 0 \\ 0 \\ 0 \\ \Delta_{x2} \\ \Delta_{y2} \\ \theta_2 \\ 0 \\ 0 \\ 0 \end{Bmatrix} = \begin{Bmatrix} F_{x1} \\ F_{y1} \\ M_1 \\ 2 \\ 0 \\ -2 \\ F_{x3} \\ F_{x3} \\ M_3 \end{Bmatrix} \quad (8.11)$$

Para as três incógnitas de deslocamento, as três equações seguintes, retiradas das linhas de quatro a seis da equação de rigidez global irrestrita, são as equações governantes.

$$\begin{bmatrix} 2x10^9 & 0 & -22{,}500 \\ 0 & 1x10^9 & -90{,}000 \\ -22{,}500 & -90{,}000 & 180{,}000 \end{bmatrix} \begin{Bmatrix} \Delta_{x2} \\ \Delta_{y2} \\ \theta_2 \end{Bmatrix} = \begin{Bmatrix} 2 \\ 0 \\ -2 \end{Bmatrix} \quad (8.21)$$

As soluções são: $\Delta_{x2} = 0{,}875 \times 10^{-9}$ m, $\Delta_{y2} = 1 \times 10^{-9}$ m e $\Delta_{y2} = 1{,}11 \times 10^{-5}$ rad. Ao substituirmos os deslocamentos nodais na equação 8.18, obtemos as forças nodais, que são reações de apoio:

$$\begin{Bmatrix} F_{x1} \\ F_{y1} \\ M_1 \end{Bmatrix} = \begin{Bmatrix} -0.25\,\text{kN} \\ 1.00\,\text{kN} \\ -0.33\,\text{kN-m} \end{Bmatrix} \quad \text{e} \quad \begin{Bmatrix} F_{x3} \\ F_{y3} \\ M_3 \end{Bmatrix} = \begin{Bmatrix} -1.75\,\text{kN} \\ -1.00\,\text{kN} \\ -0.67\,\text{kN-m} \end{Bmatrix}$$

6. Calculamos as forças nodais de barras em coordenadas locais. As forças nodais de barra em coordenadas locais são necessárias para o traçado dos diagramas de força de cisalhamento e de momento e são obtidas usando-se a equação 8.14. Os deslocamentos nodais em coordenadas locais na equação 8.14 são calculados usando-se a fórmula de transformação

$$\begin{Bmatrix} u_i \\ v_i \\ \theta_i \end{Bmatrix} = \begin{bmatrix} C & S & 0 \\ -S & C & 0 \\ 0 & 0 & 1 \end{bmatrix} \begin{Bmatrix} \Delta_{xi} \\ \Delta_{yi} \\ \theta_i \end{Bmatrix} \quad \text{ou} \quad \Delta_{iL} = \tau^T \Delta_{iG}$$

Os resultados são apresentados nos diagramas de reação, cisalhamento, momento e deflexão seguintes.

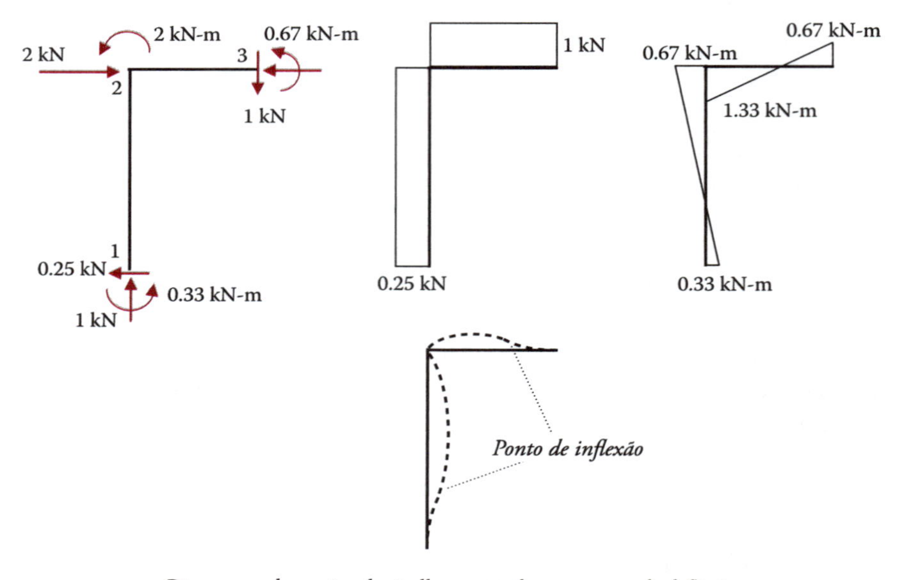

Diagramas de reação, de cisalhamento, de momento e de deflexão.

Problema 8.2

A análise de quadros por matriz é frequentemente resolvida usando-se um programa de computador. A maioria dos cálculos apresentados no texto é feita automaticamente num programa de computador. Prepare o conjunto mínimo de dados de entrada necessário para a solução por computador do quadro mostrado. Comece com a numeração de nós e barras. E = 200 GPa, A = 20000 mm^2 e I = 300 × 10^6 mm^4 para todas as barras.

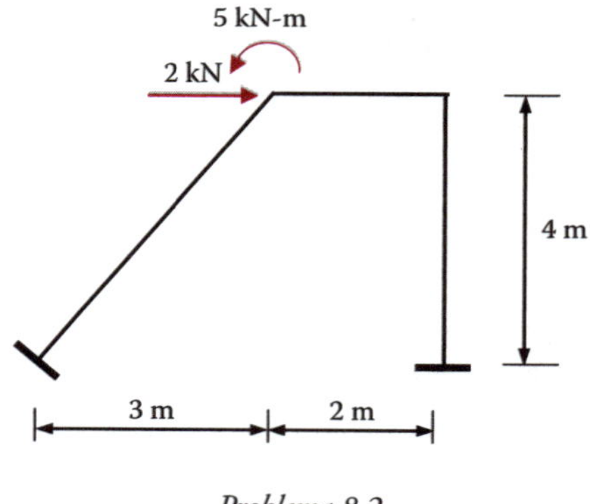

Problema 8.2

9

Linhas de influência

9.1 O que é uma linha de influência?

No projeto estrutural, frequentemente é necessário descobrir qual o valor máximo esperado para um parâmetro selecionado do projeto, tal como a deflexão num determinado ponto, um tensão em particular numa seção, e assim por diante. A resposta depende, obviamente, de como a carga será aplicada. O projetista deve aplicar a carga de tal maneira que o valor máximo para o parâmetro selecionado seja obtida. A carga pode ser cargas concentradas, cargas únicas ou múltiplas ou distribuídas ao longo de uma área ou extensão especificada. Para uma única carga concentrada, muitas vezes é possível imaginar-se onde ela deve ser colocada para resultar num valor máximo para um momento seccional de uma viga, por exemplo. Para uma carga múltipla, é menos provável que uma resposta correta possa advir da imaginação.

Tome-se a viga seguinte como exemplo. Estamos interessados em encontrar o momento máximo da seção *c* para uma carga concentrada vertical de magnitude unitária. A intuição nos diz que devemos pôr a carga vertical diretamente em *c*. Essa ideia vem a ser a resposta correta. Se, porém, tivermos duas cargas unitárias, um décimo da extensão, *L*, separadas uma da outra, teremos ao menos duas possibilidades, como mostrado, e a intuição não poderá nos dizer qual produzirá o momento máximo em *c*.

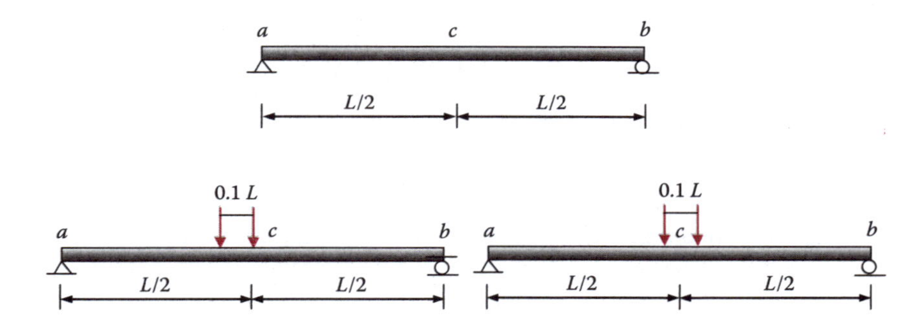

Uma viga com duas possibilidades de carga para produzir momento máximo em c.

Uma maneira sistemática de encontrar o valor máximo de um parâmetro é a abordagem da linha de influência. O conceito é simples: calcule a resposta do parâmetro em foco a uma carga unitária em "todas" as posições e trace o resultado com relação à posição da carga unitária. O traçado *x,y* é a linha de influência. Para uma carga concentrada única, o pico da linha de influência fornece a posição da carga. O valor máximo é, então, o produto do valor da linha de influência no pico e a magnitude da carga. Para uma carga múltipla, o máximo é o somatório de cada carga calculada da mesma maneira que a carga única. A forma da linha de influência normalmente revela as posições da carga múltipla. Para uma carga distribuída, o máximo é conseguido pela colocação da carga onde a área sob a linha influência é a maior.

Para construir a linha de influência, não é necessário analisar na estrutura cada posição da carga unitária, embora isso possa ser feito com um programa de computador para qualquer número de posições selecionadas. Apresentaremos a maneira analítica de construção de linhas de influência.

9.2 Linhas de influência de vigas

Considere a viga seguinte. Queremos construir as linhas de influência para R_b, V_c e M_c.

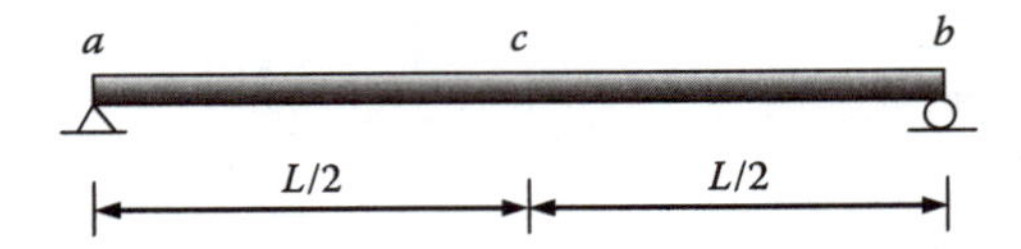

As linhas de influência para R_b, V_c e M_c serão construídas.

O problema pode ser definido como encontrar-se R_b, V_c e M_c em função de x. A posição da carga unitária é mostrada a seguir.

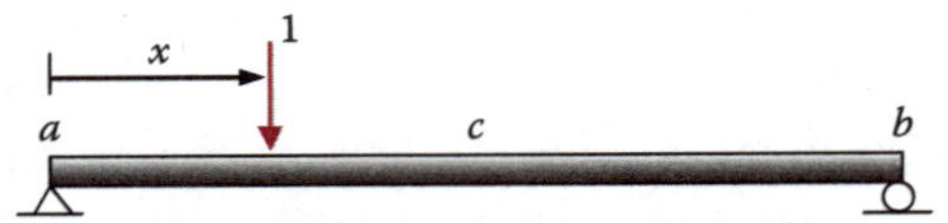

Posição da carga unitária é a variável.

Reconhecemos que os três parâmetros R_b, V_c e M_c estão todos relacionados com as reações em a e b. Assim, procuramos primeiro R_a e R_b.

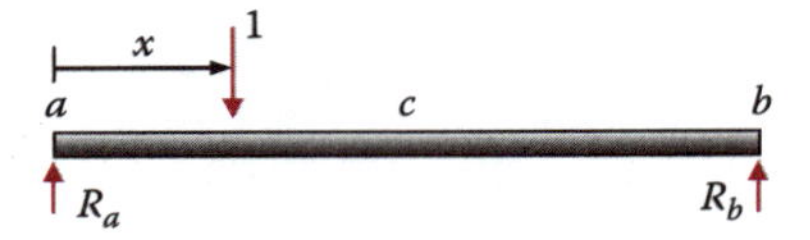

Diagrama de corpo livre para encontrar R_a e R_b.

$$\Sigma M_b = 0 \rightarrow R_a = (L - x)/L; \quad \Sigma M_a = 0 \rightarrow R_b = x/L$$

Tendo obtido R_a e R_b como funções lineares da posição da carga unitária, podemos traçar as funções como mostrado a seguir, com a coordenada horizontal sendo x. Essas linhas de influência podem ser usadas para encontrar as linhas de influência de R_b, V_c e M_c.

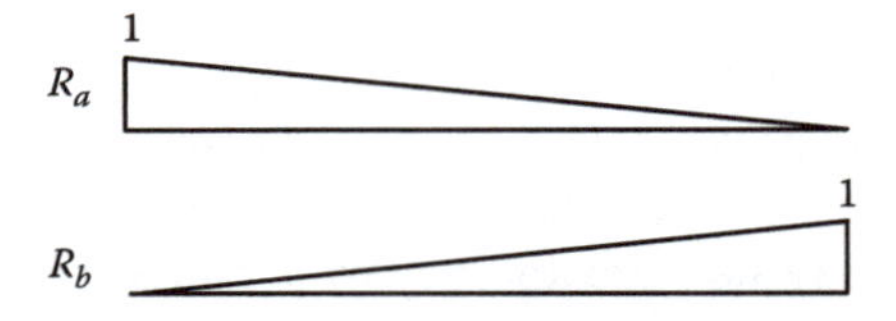

Linhas de influência para R_a e R_b.

Para V_c e M_c, precisamos encontrá-los usando diagramas de corpo livre (DCLs) apropriados.

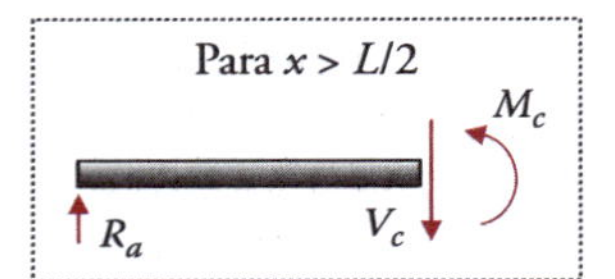

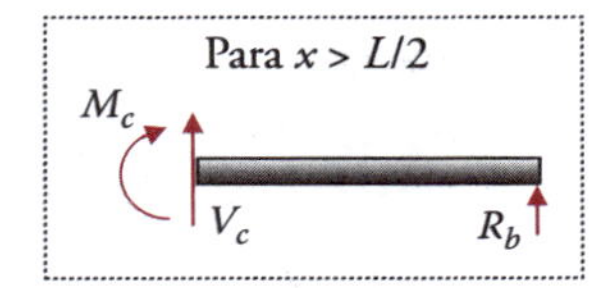

DCLs para encontrar V_c e M_c.

Os DCLs anteriores foram selecionados de tal forma que não tenhamos de incluir a carga unitária nas equações de equilíbrio. Consequentemente, o DCL da esquerda é válido para a carga unitária localizada do lado direito da seção c ($x > L/2$) e o DCL da direita é para a carga unitária localizada à esquerda dessa seção ($x < L/2$). A partir de cada DCL, podemos obter as expressões de V_c e M_c como funções de R_a e R_b.

DCL esquerdo: válido para $x > L/2$	DCL direito: válido para $x < L/2$
$V_c = R_a$	$V_c = -R_b$
$M_c = R_a L/2$	$M_c = R_b L/2$

Usando as linhas de influência de R_a e R_b, podemos construir as linhas de influência de V_c e M_c através de recorte e colagem, e ajustando para os fatores $L/2$ e o sinal negativo.

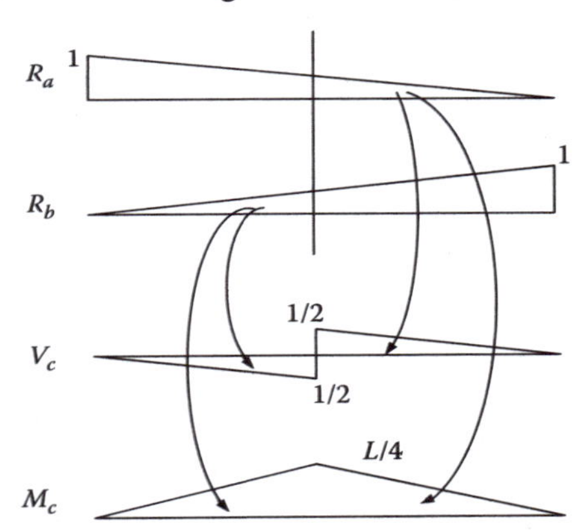

Usamos as linhas de influência de R_a e R_b para construir as linhas de influência de V_c e M_c.

Princípio de Müller-Breslau. O processo supramencionado é trabalhoso mas serve ao propósito de entendimento da maneira analítica de se encontrar soluções para linhas de influência. Para linhas de influência de vigas, uma maneira mais rápida é aplicar-se o princípio de Müller-Breslau, que é derivado do princípio de trabalho virtual. Considere o diagrama de corpo livre (DCL) e o mesmo com um deslocamento virtual mostrados a seguir.

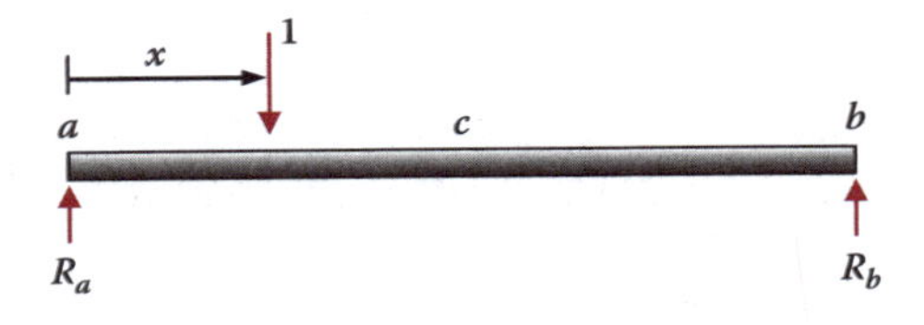

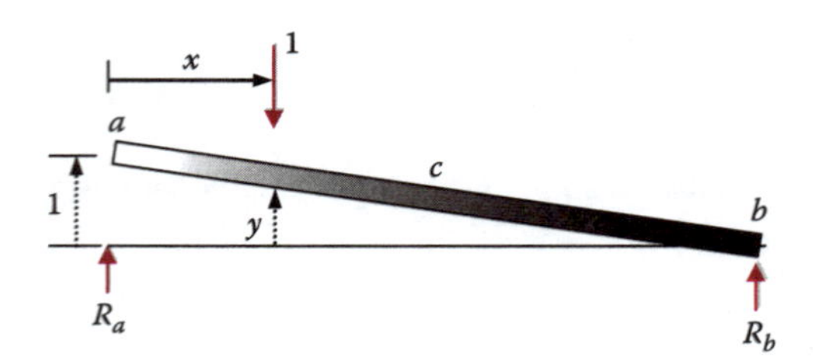

DCLs de uma viga e uma viga virtualmente deslocada.

O princípio de trabalho virtual afirma que para um sistema de equilíbrio, o trabalho realizado por todas as forças sobre um conjunto de deslocamento virtual é zero. Como as únicas forças que têm um deslocamento virtual correspondente são R_a e a carga unitária, obtemos:

$$(1)\ R_a + (-y)\ 1 = 0 \implies R_a = y$$

O resultado indica que a linha de influência de R_a é numericamente igual ao deslocamento virtual da viga, quando este é construído com um deslocamento unitário em R_a e nenhum deslocamento em qualquer outra força, exceto a carga unitária.

Considere mais um conjunto de deslocamento virtual da viga com vistas a expor a força seccional V_c.

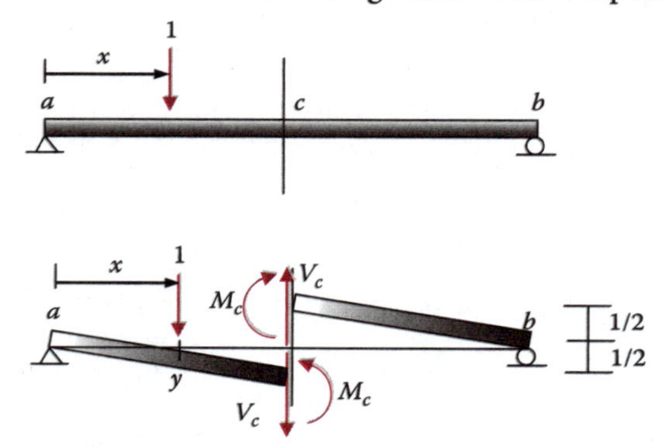

Viga e deslocamento virtual associado para V_c.

A aplicação do princípio de trabalho virtual leva a

$$(1)\ V_c + (y)\ 1 = 0 \implies V_c = -y$$

onde y é positivo se para cima e negativo se para baixo.

Outro conjunto de deslocamento virtual planejado para resolver M_c é mostrado a seguir.

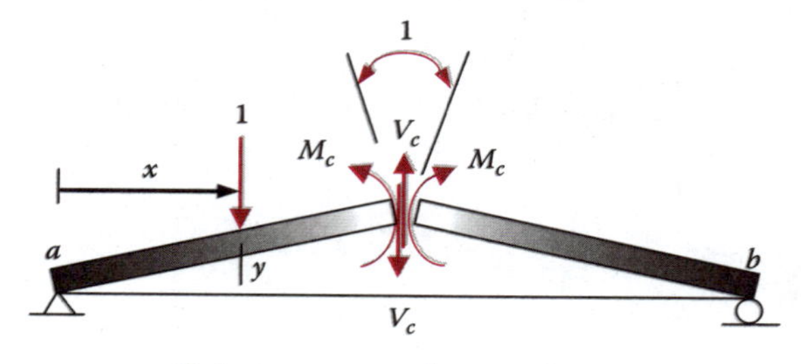

Deslocamento virtual para resolver M_c.

A aplicação do princípio do trabalho virtual leva a

$$(1)\ M_c + (-y)\,1 = 0 \Longrightarrow M_c = y$$

Dos resultados acima, podemos afirmar que um deslocamento virtual apropriadamente construído que não incorra em nenhum trabalho realizado por qualquer força além da força de interesse e da carga unitária fornece a forma da linha de influência para a força de interesse. Este é o chamado de princípio de Müller-Breslau.

O processo passo a passo de aplicação do princípio de Müller-Breslau pode ser resumido como segue:

1. Expor o valor de interesse por meio de um corte (ou remover um apoio);
2. Impor um deslocamento virtual tal que
   a. No corte haja um deslocamento unitário (ou rotação);
   b. O valor de interesse produza um trabalho positivo;
   c. Nenhuma outra força interna produza qualquer trabalho.
4. A forma do deslocamento resultante é a linha de influência desejada.

Exemplo 9.1
Construa as linhas de influência para R_a, R_b, V_c, M_c, V_d e M_d da viga seguinte.

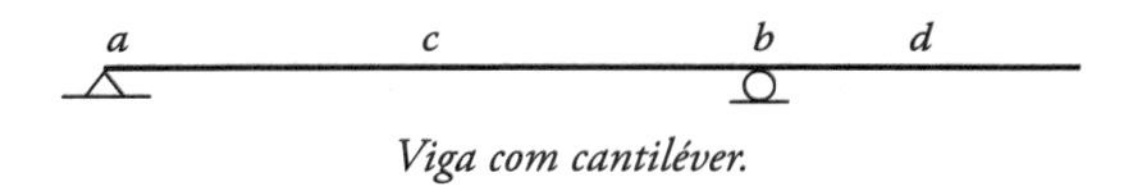

Viga com cantiléver.

Solução
Usaremos o princípio de Müller-Breslau para construir as linhas de influência. Este é um processo de tentativa e erro para assegurar a condição de nenhuma outra força produzir qualquer trabalho seja satisfeita.

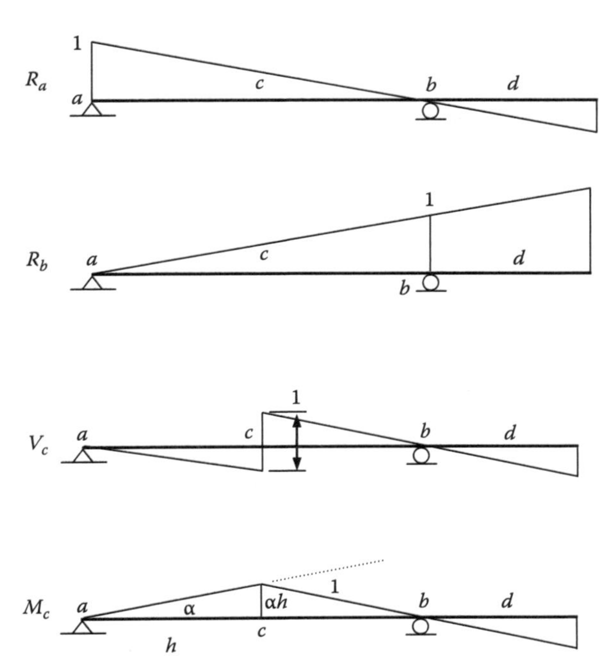

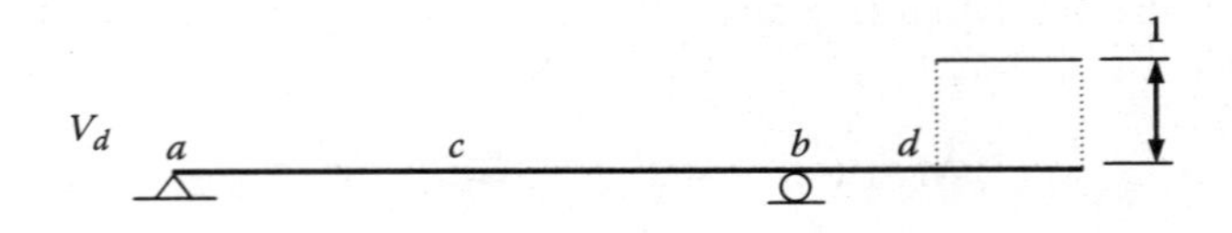

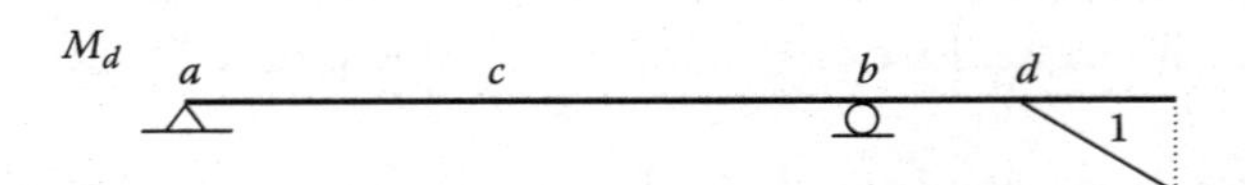

Soluções de linhas de influência.

Exemplo 9.2

Construa as linhas de influência para R_a, R_d, M_d, M_b, V_d, V_{cR} e V_{cL} da viga seguinte.

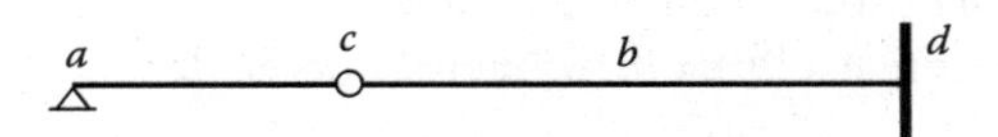

Viga com uma articulação interna.

Solução

Aplicações do princípio de Müller-Breslau produzem as seguintes soluções.

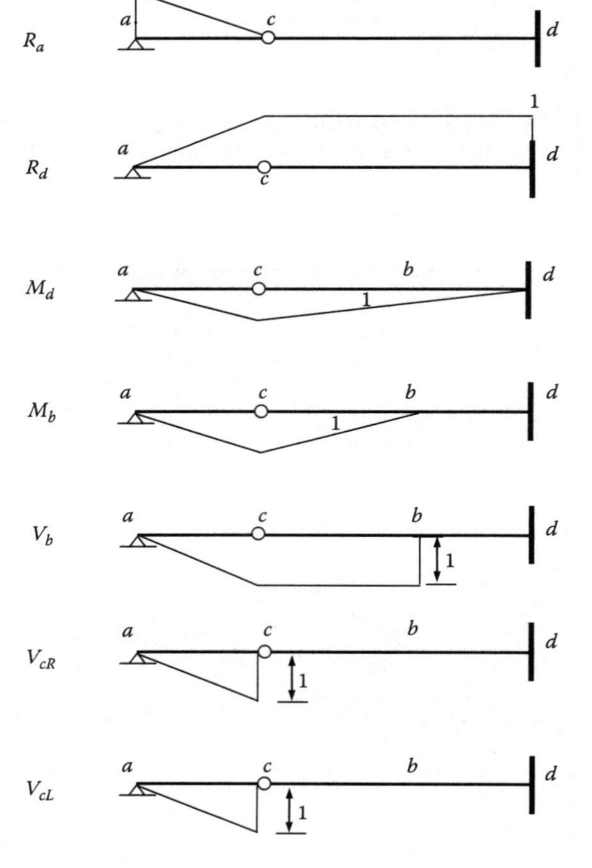

Soluções de linhas de influência.

Linhas de influência para vigas e quadros estaticamente indeterminados. O princípio de Müller-Breslau é especialmente útil no esboço de linhas de influência para uma viga ou quadro estaticamente indeterminado. O processo é o mesmo que no caso de uma estrutura estaticamente determinada, mas a forma precisa não pode ser obtida sem outros cálculos, o que é muito complicado. Demonstraremos apenas o processo de solução qualitativa, sem nenhum cálculo.

Exemplo 9.3
Esboce as linhas de influência para R_a, R_c, V_d e M_d da viga seguinte.

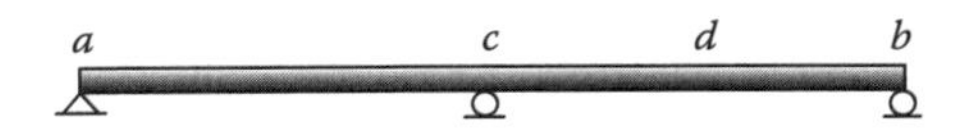

Exemplo de viga com duas expansões.

Solução
As linhas de influência são curvas porque os deslocamentos virtuais devem ser curvos para acomodar as restrições de apoio.

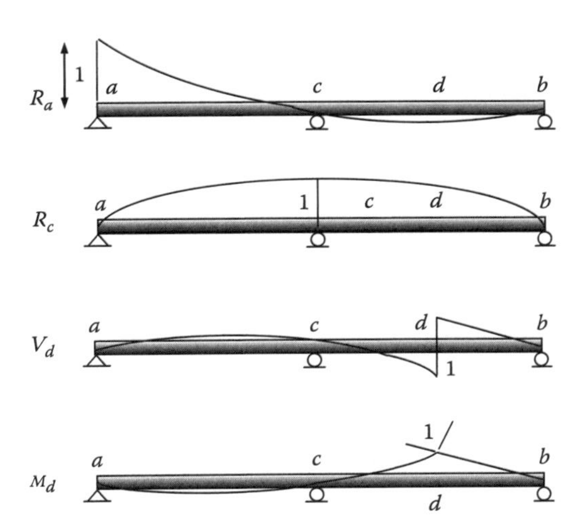

Soluções de linhas de influência.

Exemplo 9.4
Esboce as linhas de influência para M_a do quadro seguinte.

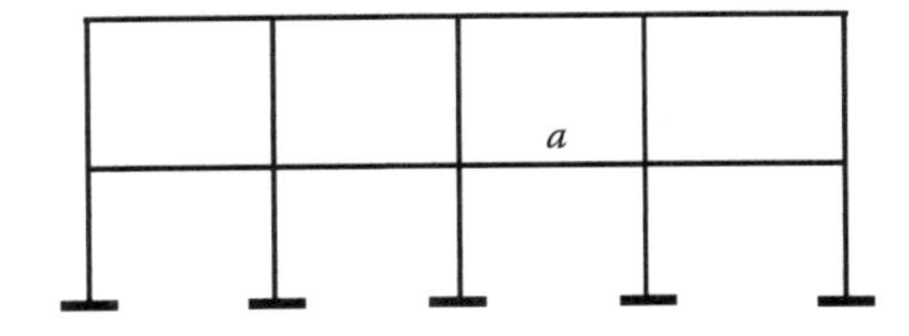

Exemplo de quadro.

Solução
De acordo com o princípio de Müller-Breslau, precisamos fazer um corte na seção *a* e impor uma rotação relativa unitária nesse corte. O processo de tentativa e erro leva ao esboço seguinte, que satisfaz todas as restrições do princípio.

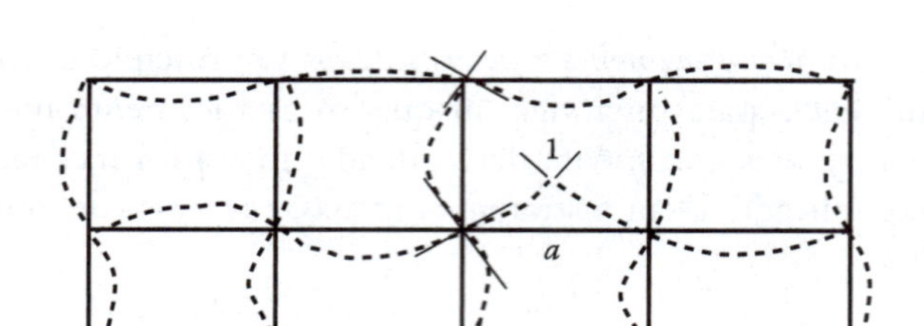

Esboço da linha de influência para M_a da seção a.

Exemplo 9.5
Coloque cargas uniformemente distribuídas em qualquer parte do segundo piso do quadro mostrado no exemplo 9.4 para maximizar M_a.

Solução
Usando a linha de influência de M_a como guia, colocamos a carga nas posições mostradas na figura seguinte para momentos máximo positivo e máximo negativo na seção *a*.

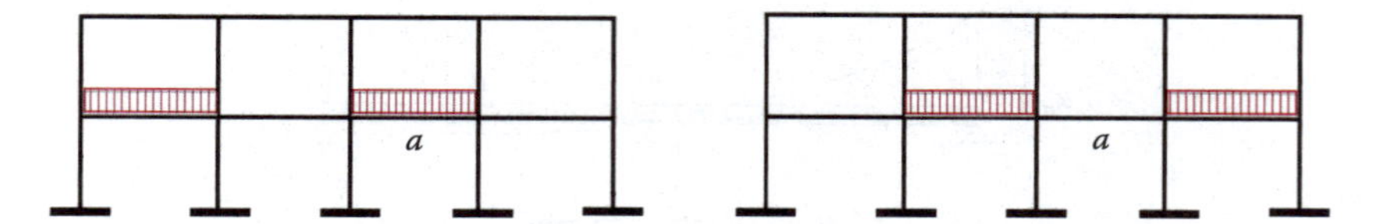

Padrão de carregamento para M_a máximo positivo (esquerda) M_a máximo negativo (direita).

Aplicações de linhas de influência. Os exemplos seguintes ilustram o uso de linhas de influência para se encontrar o máximo de um parâmetro de projeto desejado.

Exemplo 9.6
Encontre o momento máximo em *c* para (1) uma carga única de 10 kN e (2) duas cargas de 10 kN a 1 m de distância uma da outra.

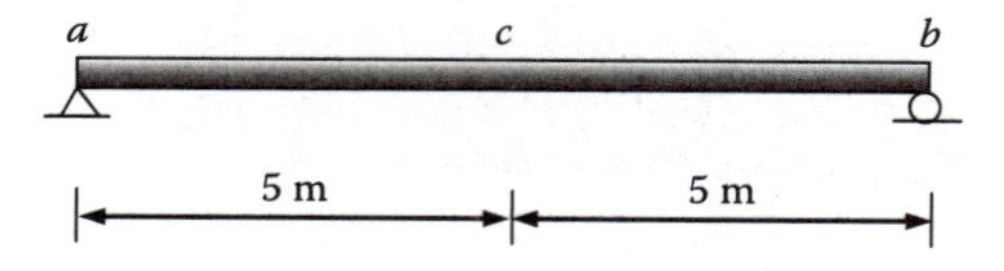

Uma viga com apoio simples.

Solução
A linha de influência para M_c foi obtida anteriormente e é reproduzida a seguir.

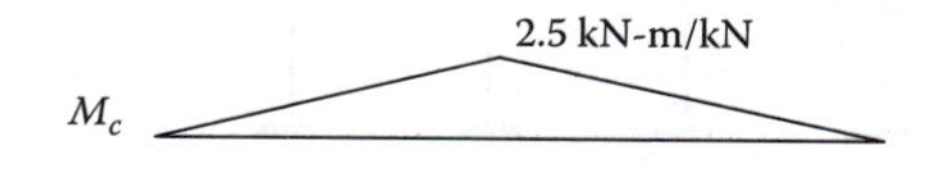

Linha de influência para M_c.

Para uma carga única de 10 kN, nós a colocamos na posição do pico da linha de influência e calculamos

$$(M_c)_{máx} = 10 \text{ kN } (2{,}5 \text{ kN-m/kN}) = 25 \text{ kN-m}$$

Para as duas cargas, nós as colocamos como mostrado a seguir.

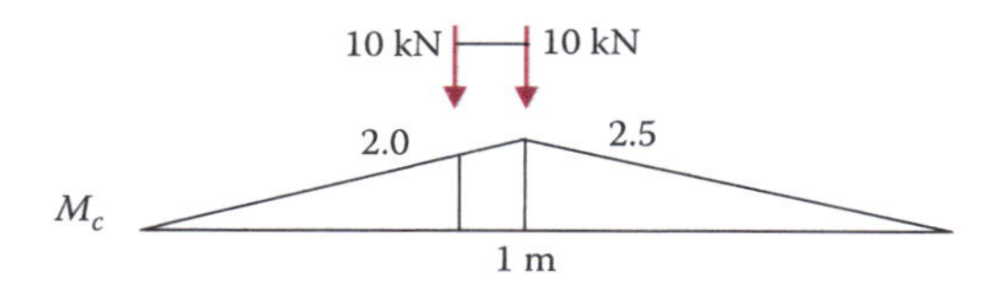

$$(M_c)_{máx} = 10 \text{ kN } (2{,}5 \text{ kN-m/kN}) + 10 \text{ kN } (2{,}0 \text{ kN-m/kN}) = 45 \text{ kN-m}$$

Para este caso, percebe-se que as duas cargas podem ser colocadas em qualquer parte dentro do espaço de 1 m do ponto central da viga, e o M_c máximo resultante será o mesmo.

Exemplo 9.7

Encontre a força de cisalhamento máxima em *c* para cargas uniformemente distribuídas de intensidade 10 kN/m e extensão ilimitada de cobertura.

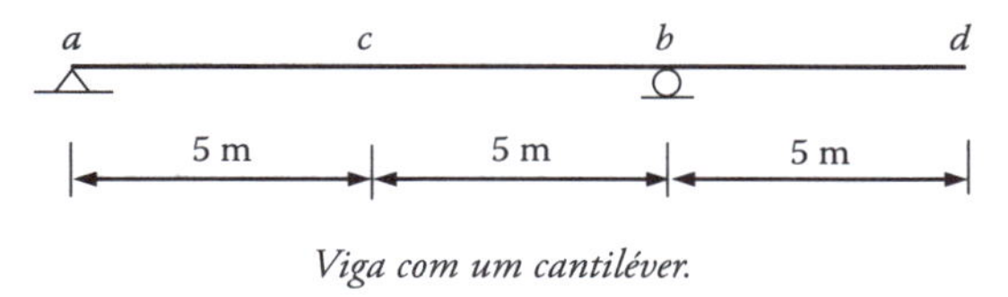

Viga com um cantiléver.

Solução

A linha de influência, conforme construída anteriormente, é reproduzida a seguir.

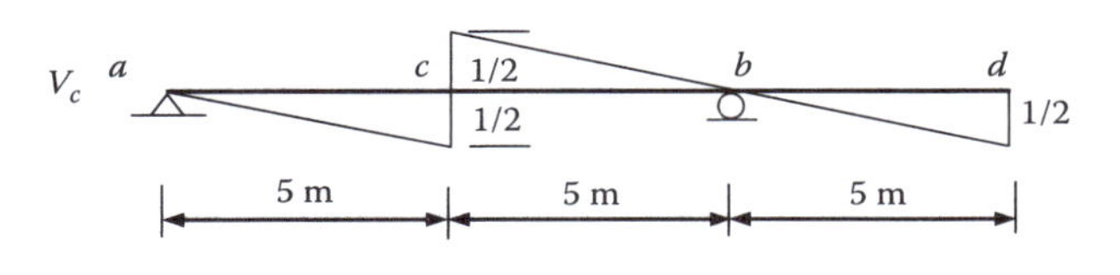

Linha de influência para V_c.

No projeto da viga, o sinal da força de cisalhamento frequentemente não é importante. Assim, queremos encontrar a máxima força de cisalhamento, independente de seu sinal. A partir da linha de influência, a aplicação da carga seguinte produz a máxima força de cisalhamento.

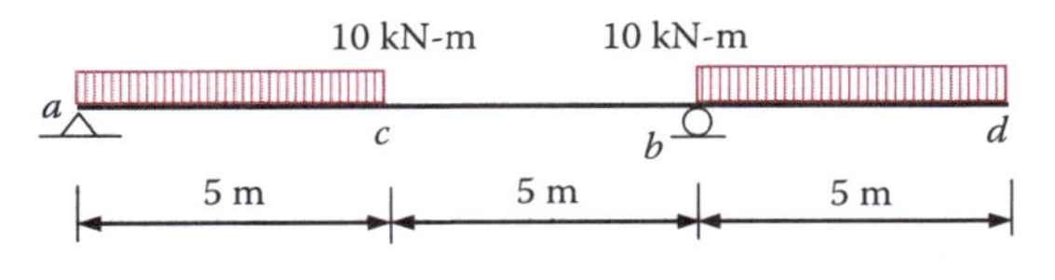

Cargas para maximizar V_c.

O valor máximo de V_c é calculado usando-se a linha de influência e a área abaixo dessa linha da porção carregada:

$$(V_c)_{max} = (-)\,10\left[\left(\frac{1}{2}\right)(5)\left(\frac{1}{2}\right)\right] + (-)10\left[\left(\frac{1}{2}\right)(5)\left(\frac{1}{2}\right)\right] = -25 \text{ kN}$$

Linhas de influência de deflexão. Em projetos, precisamos responder à questão: Qual a máxima deflexão de qualquer ponto dado na linha central de uma viga? A resposta está na linha de influência para deflexões. Surpreendentemente, a linha de influência de deflexão é idêntica à curva de deflexão sob uma carga unitária aplicada no ponto de interesse.

Considere a viga e a configuração de carga unitária mostradas a seguir.

Deflexão em j devida a uma carga unitária em i.

De acordo com o teorema de recíprocos de Maxwell, porém,

$$\delta_{ji} = \delta_{ij}$$

E δ_{ij} está definido na figura seguinte:

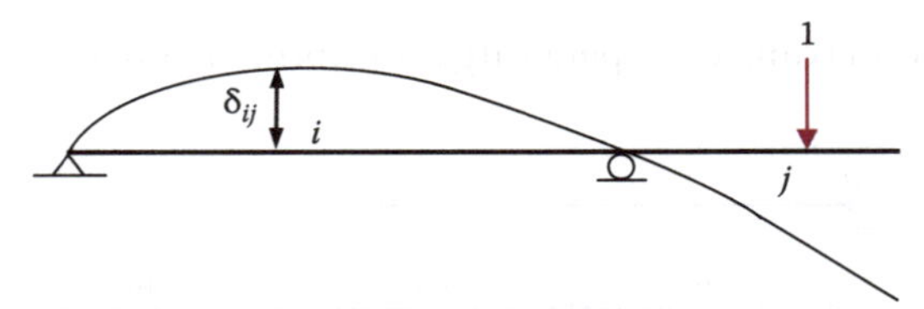

Linha de influência para deflexão em j.

Portanto, para encontrar a linha de influência de deflexão de um ponto, só precisamos encontrar a curva de deflexão correspondente a uma carga unitária aplicada no ponto.

Problema 9.1

Construa as linhas de influência de V_b e M_d da viga mostrada e encontre o valor máximo de cada uma para uma carga distribuída de 10 kN/m de intensidade e extensão de cobertura indefinida.

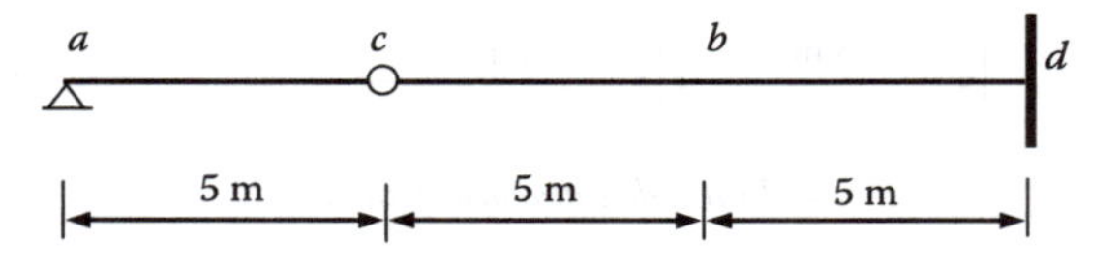

Problema 9.1

Problema 9.2

Construa as linhas de influência de V_{bL} e V_{bR} da viga mostrada e encontre o valor máximo de cada uma para uma carga distribuída de 10 kN/m de intensidade e extensão de cobertura indefinida.

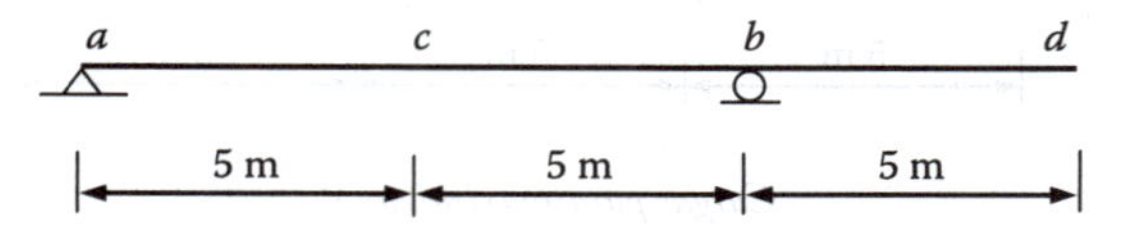

Problema 9.2

Problema 9.3
Construa as linhas de influência de V_{cL}, V_{cR}, M_c e M_e da viga mostrada.

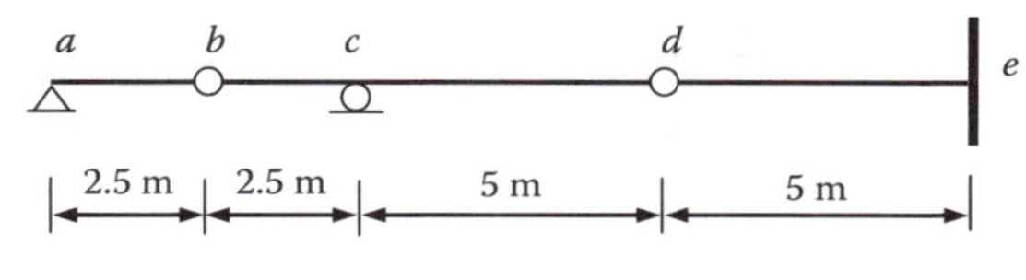

Problema 9.3

Problema 9.4
Esboce a linha de influência de V_a do quadro mostrado.

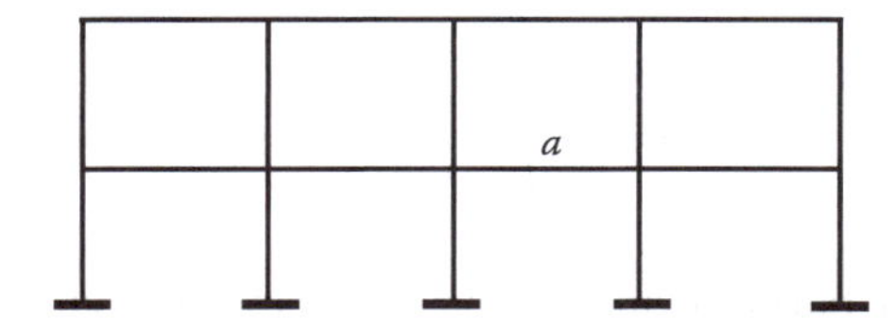

Problema 9.4

9.3 Linhas de influência de treliças

No caso de uma treliça, a questão relevante no projeto é: De que forma a força de uma barra muda quando uma carga unitária se move ao longo da extensão da treliça? A resposta está, novamente, a linha de influência, mas a própria treliça só aceita cargas nas juntas. Destarte, precisamos examinar como uma carga, movendo-se continuamente ao longo da extensão da treliça, transmite sua força às juntas da treliça.

Como mostrado na figura seguinte, uma treliça tem um sistema de piso que transmite uma carga da laje do piso (não mostrada) para as longarinas, e depois para as transversinas. As transversinas transmitem força para as juntas da treliça. Portanto, uma treliça plana só aceita uma carga nas juntas.

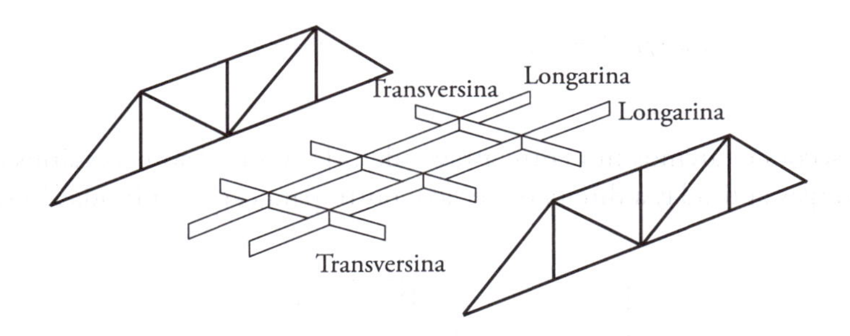

Sistema de piso de uma treliça de ponte.

Conforme uma carga é aplicada entre as juntas, ela é transmitida às duas juntas envolventes pelo equivalente a uma viga simplesmente suportada. O efeito resultante é o mesmo que o de duas forças com magnitudes como mostrado atuando nas duas juntas. A magnitude de cada força é uma função linear da distância de cada junta.

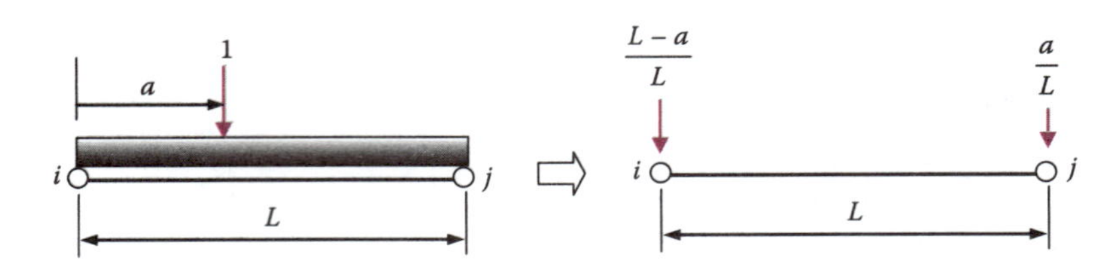

Transmissão de força às juntas da treliça.

Considerando-se que a força S de uma barra devida a uma carga unitária para baixo na junta i seja S_i e a força S de barra devida a uma carga unitária para baixo na junta j seja S_j, então a força de barra devida a uma carga unitária aplicada entre as juntas i e j e localizada a uma distância a da junta i é

$$S = \left(\frac{L-a}{L}\right)S_i + \left(\frac{a}{L}\right)S_j$$

Concluímos que a força de qualquer barra devida a uma carga aplicada entre duas juntas pode ser calculada por uma interpolação linear da força de barra devida à mesma carga aplica a cada junta separadamente. A implicação na construção de linhas de influência é que só precisamos encontrar a força de barra devida a uma carga unitária aplicada às juntas da treliça. Quando a força de barra é plotada na localização da carga unitária, podemos conectar dois pontos adjacentes por uma linha reta.

Exemplo 9.8

Construa a linha de influência das forças de barra F_{IJ}, F_{CD} e F_{CJ}. A carga é aplicada somente no nível das barras da corda inferior.

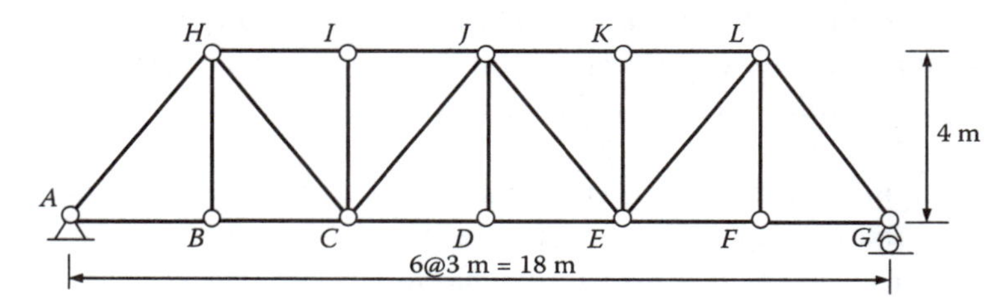

Exemplo de treliça para construção da linha de influência.

Solução

Usaremos o método de seções e faremos um corte através de I–J e C–D. São necessários dois diagramas de corpo livre (DCLs): um para cargas aplicadas à direita da seção e outro para cargas aplicadas à esquerda dela.

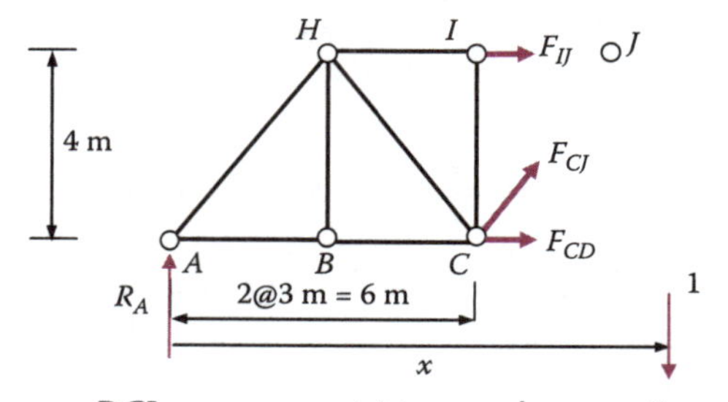

DCL para carga unitária atuando em x > 6m.

$\Sigma M_C = 0 \implies F_{IJ} = -1.5\ R_A \quad (x > 6\text{ m})$

$\Sigma M_J = 0 \implies F_{CD} = 3.0\ R_G \quad (x > 9\text{ m})$

$\Sigma F_y = 0 \implies F_{CJ} = -1.25\ R_G \quad (x > 6\text{ m})$

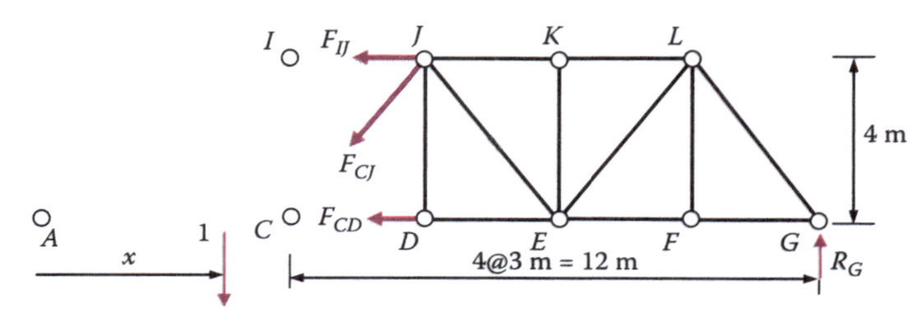

DCL para carga unitária atuando em x < 6m.

$\Sigma M_C = 0 \implies F_{IJ} = -3.0\ R_G \quad (x > 6\text{ m})$

$\Sigma M_J = 0 \implies F_{CD} = 3.0\ R_G \quad (x > 9\text{ m})$

$\Sigma F_y = 0 \implies F_{CJ} = 1.25\ R_G \quad (x > 6\text{ m})$

Precisamos encontrar linhas de influência de R_A e R_G antes de podermos construir as linhas de influência das três barras *IJ*, *CD* e *CJ*. Usando o DCL da treliça completa, como mostrado a seguir, podemos facilmente obter a expressão para as duas reações de apoio.

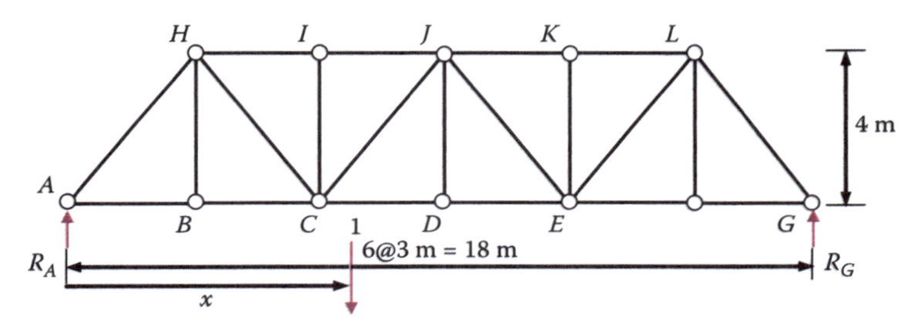

DCL da treliça completa para encontrar reações.

$\Sigma M_A = 0 \implies R_G = \dfrac{x}{18}$

$\Sigma M_G = 0 \implies R_A = \dfrac{18 - x}{18}$

As linhas de influência das duas reações de apoio são idênticas, em forma, àquelas de uma viga suportada simplesmente, e são mostradas juntas a seguir, com as linhas de influência de F_{IJ}, F_{CD} e F_{CJ}, que são obtidas por recorte e colagem, e aplicando-se os fatores apropriados às linhas de influência de reações.

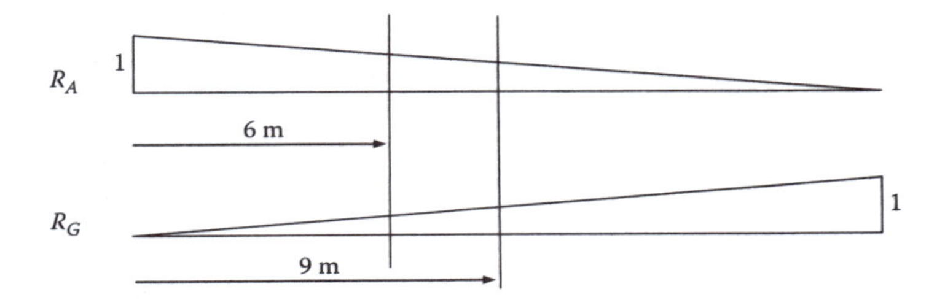

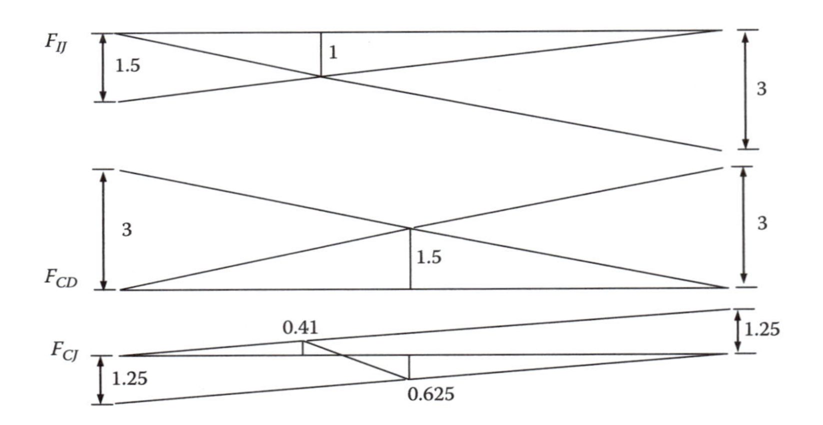

Construindo as linhas de força de barra usando linhas de influência de reações de apoio.

Das três linhas de influência anteriores, observamos que a barra *IJ* da corda superior está sempre em compressão, a barra *CD* da corda inferior está sempre em tensão e a barra *CJ* da teia pode estar em tensão ou compressão dependendo da carga estar à esquerda ou à direita do painel.

Exemplo 9.9

Para a treliça do exemplo 9.8, encontre a força máxima na barra *CJ* para os quatro tipos de carga mostrados na figura seguinte.

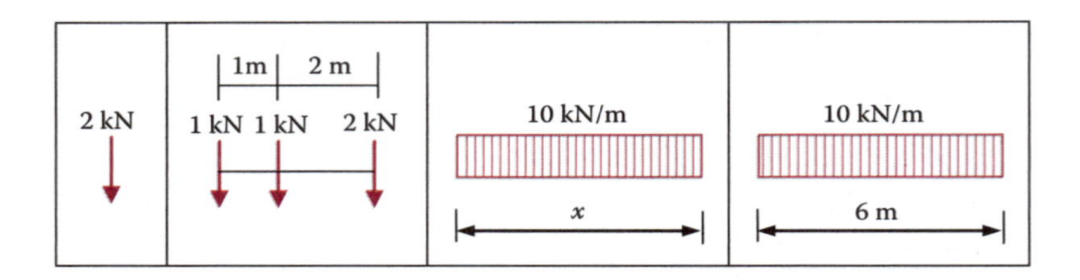

Uma carga única, uma carga agrupada, e cargas uniformes com extensão indefinida e finita.

Solução

1. Carga única concentrada.

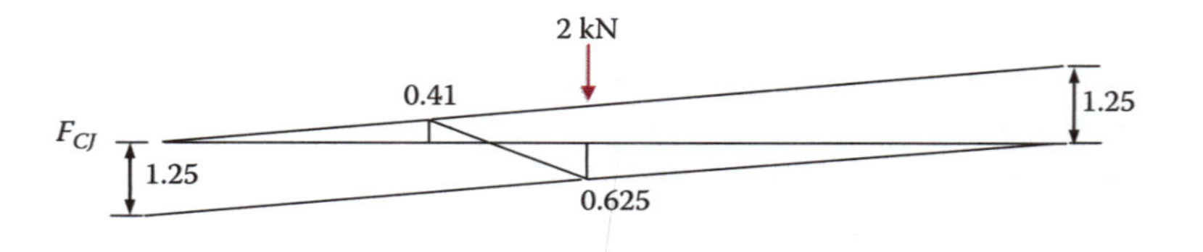

Colocando a carga no ponto de pico da linha de influência.

$$(F_{CJ})_{\text{máx}} = 2(0,625) = 1,25 \text{ kN}$$

2. Carga agrupada: a carga agrupada pode ser aplicada em qualquer orientação. Tentativas e erros levam à seguinte posição da carga agrupada.

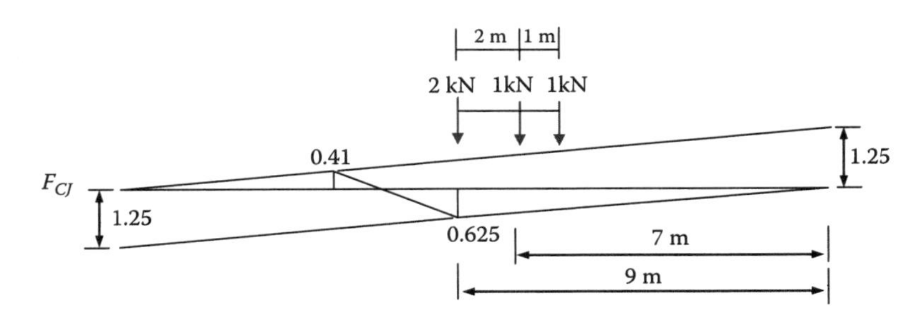

Colocando a carga agrupada para maximizar F_{CJ}

$$(F_{CJ})_{\text{máx}} = -[2(0{,}625) + 1(0{,}625)(7/9) + 1(0{,}625)(6/9)] = -2{,}15 \text{ kN}$$

Esta é a força máxima de compressão. Para encontrar a força máxima de tensão, a carga agrupada é colocada de uma forma diferente, como mostrado a seguir.

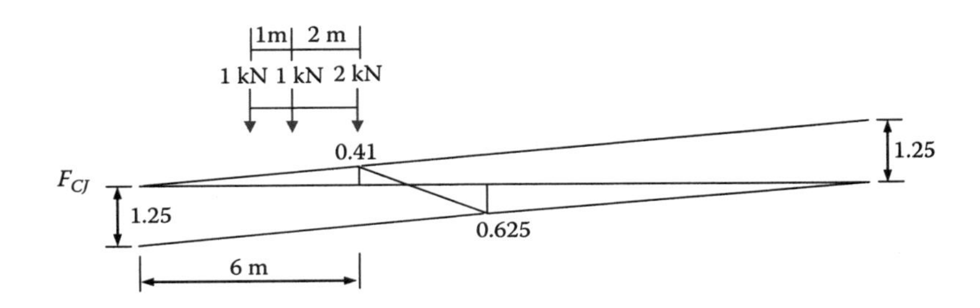

Colocando a carga agrupada para máxima tensão na barra CJ.

$$(F_{CJ})_{\text{máx}} = [2(0{,}41) + 1(0{,}41)(4/6) + 1(0{,}41)(3/6)] = 1{,}30 \text{ kN}$$

3. Carga distribuída de extensão indefinida.

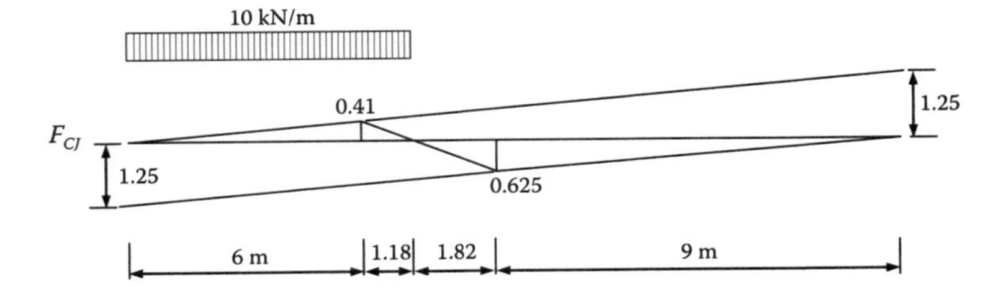

Colocando a carga distribuída para tensão máxima na barra *CJ*.

$$(F_{CJ})_{\text{máx}} = 10[0{,}5(1{,}18)(0{,}41) + 0{,}5(6)(0{,}41)] = 14{,}7 \text{ kN}$$

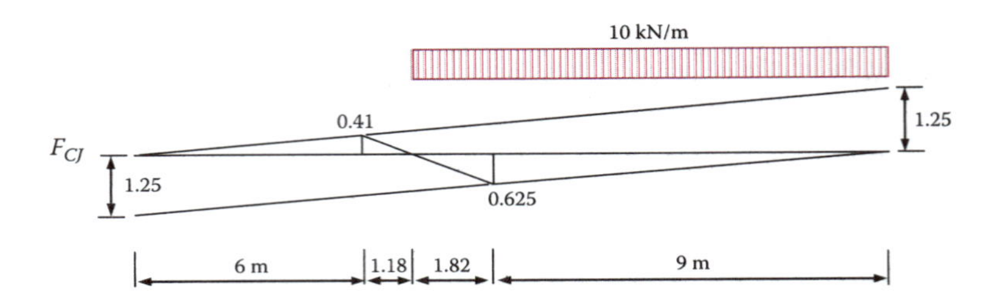

Colocando a carga distribuída para máxima compressão na barra CJ.

$$(F_{CJ})_{máx} = -10[0,5(1,82)(0,625) + 0,5(9)(0,625)] = -33,8 \text{ kN}$$

4. Carga distribuída de extensão finita.

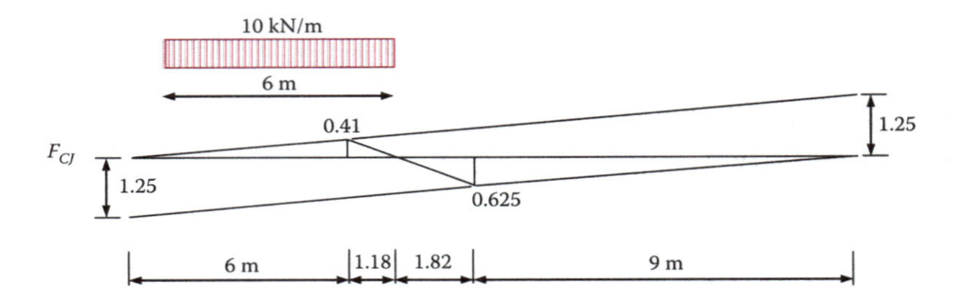

Colocando a carga uniforme de extensão finita para máxima tensão na barra CJ.

$$(F_{CJ})_{máx} = 10[0,5(1,18)(0,41) + 0,5(6)(0,41) - 0,5(1,18)(0,41)(1,18/6)] = 14,65 \text{ kN}$$

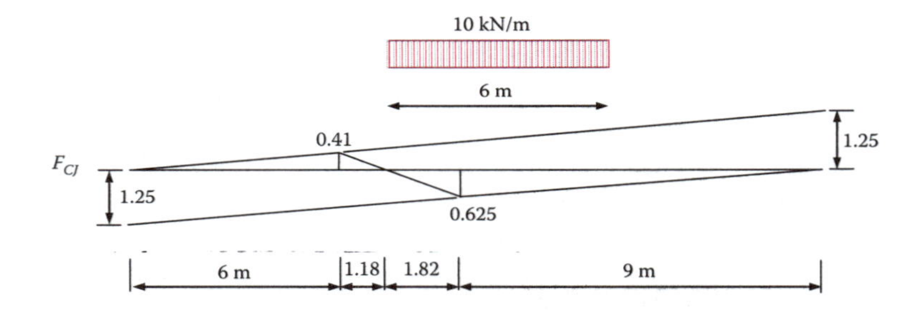

Colocando a carga uniforme de extensão finita para máxima compressão na barra CJ.

$$(F_{CJ})_{máx} = -10[0,5(1,82)(0,625) + 0,5(9)(0,625) - 0,5(4,82)(0,625)(4,82/9)] = -33,0 \text{ kN}$$

Problema 9.5

Construa a linha de influência das forças de barra F_{HI}, F_{HC} e F_{CI}. A carga é aplicada apenas no nível das barras da corda superior.

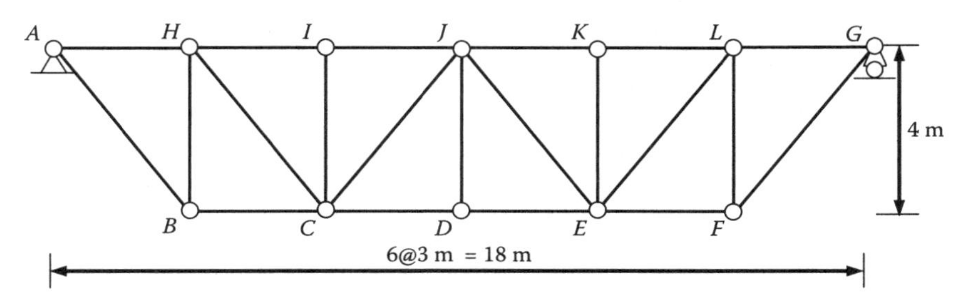

Problema 9.5

Problema 9.6

Construa a linha de influência das forças de barra F_{HI}, F_{BI} e F_{CI}. A carga é aplicada somente no nível das barras da corda superior.

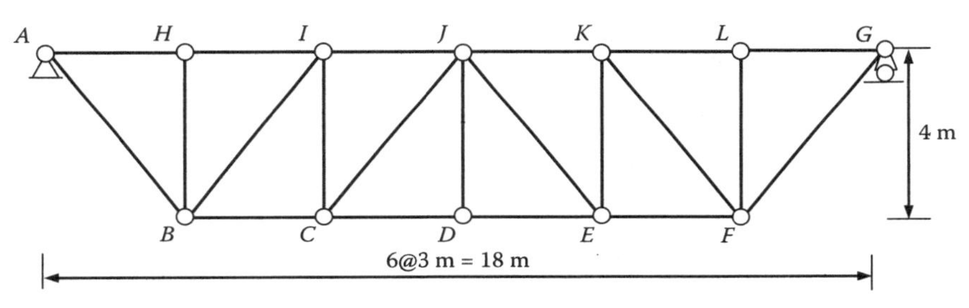

Problema 9.6

10

Outros tópicos

10.1 Introdução

O texto presente cobre particularmente os dois métodos principais de análise estrutural linear: o método das forças e o método de deslocamentos sob cargas estáticas. Há outros tópicos, seja dentro do âmbito da análise estática linear, seja além, que são fundamentais para a análise estrutural. Nós tocaremos brevemente nesses tópicos e delinearemos as questões relevantes e encorajaremos os leitores a estudar mais a fundo em outros cursos de engenharia estrutural ou por si sós.

10.2 Barras não prismáticas de vigas e quadros

No projeto estrutural real, especialmente em projetos de concreto reforçado ou pré-estressado, as barras estruturais frequentemente não são prismáticos. Exemplos de configurações de vigas ou barras de quadros não prismáticas são mostrados a seguir.

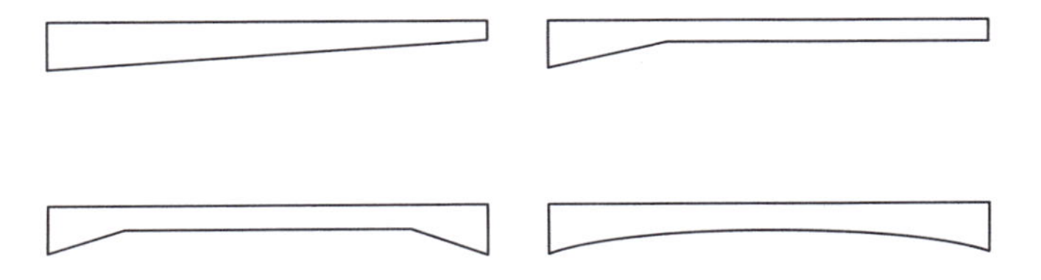

Configurações de exemplo de barras não prismáticas.

Lembramos que a equação governante para uma barra de viga prismática é:

$$\frac{M}{EI} = \frac{1}{\rho} = v''$$

onde EI é constante. Para barras não prismáticas, consideramos que esta equação ainda é válida, mas EI é tratado como variável. A integração da equação leva à rotação e à deflexão:

$$\theta = v' = \int \frac{M}{EI} dx$$

$$v = \iint \frac{M}{EI} dx\, dx$$

Partindo das equações supramencionadas, podemos derivar os fatores de rigidez e de transporte usados nos métodos de distribuição de momentos, de inclinação-deflexão e de deslocamento de matriz. Não derivaremos nenhum desses fatores para nenhuma configuração não prismática dada aqui, exceto para destacar que esses fatores são tabulados em manuais de análise estrutural. Precisamos generalizar a forma desses fatores como mostrado na figura seguinte.

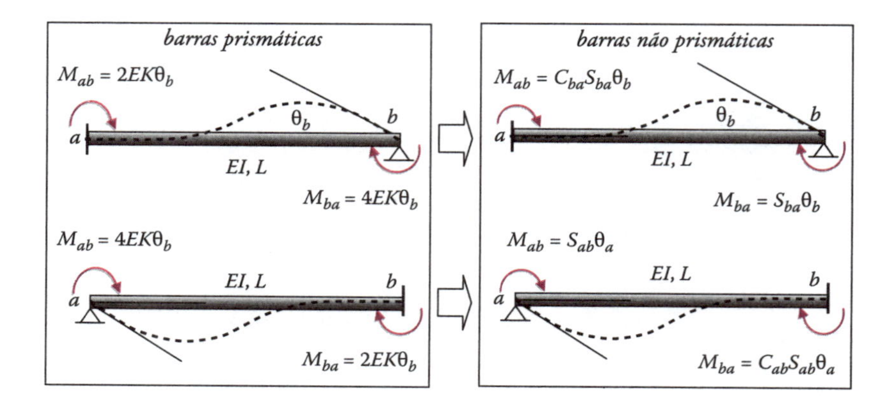

Fórmulas de momento-rotação para barras não prismáticas – rotação nodal.

Nesta figura:

S_{ab} = fator de rigidez do nó a, igual a $4EK$ para uma barra prismática
C_{ab} = fator de transporte do nó a para o nó b, igual a 0,5 para uma barra prismática
S_{ba} = fator de rigidez do nó b, igual a $4EK$ para uma barra prismática
C_{ba} = fator de transporte do nó b para o nó a, igual a 0,5 para uma barra prismática

Esses fatores estão tabulados em manuais para barras não prismáticas comumente usadas. Notamos que os momentos de extremidade fixa para quaisquer cargas dadas entre os nós são também diferentes daqueles para uma barra prismática e também estão tabulados. Além do mais, afirmamos sem prova a seguinte identidade.

$$C_{ab}S_{ab} = C_{ba}S_{ba} \tag{10.1}$$

O efeito de rotação da barra, φ_{ab}, pode ser generalizado de maneira similar como mostrado em seguida.

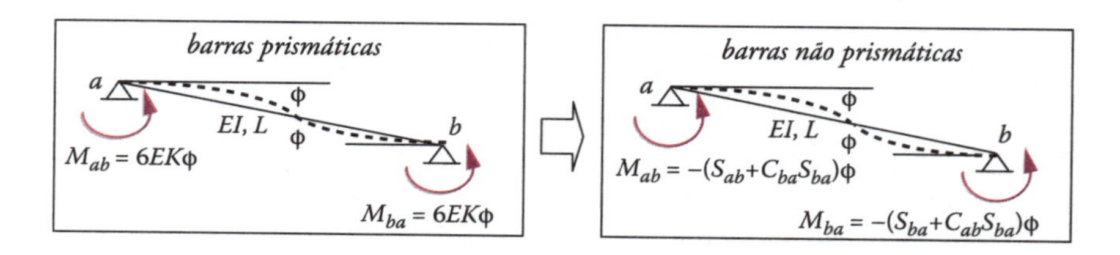

Fórmulas de momento-rotação para barras não prismáticas – rotação de barra.

Usando a identidade na equação 10.1, as fórmulas de momento-rotação podem ser rearranjadas como:

$$M_{ab} = -S_{ab}(1 + C_{ab})\varphi_{ab} \tag{10.2a}$$

$$M_{ba} = -S_{ba}(1 + C_{ba})\varphi_{ab} \tag{10.2b}$$

Combinando as fórmulas anteriores, podemos escrever as fórmulas de momento-rotação para uma barra não prismática como

$$M_{ab} = S_{ab}\theta_a + C_{ba}S_{ba}\theta_b - S_{ab}(1 + C_{ab})\varphi_{ab} + M^F{}_{ab} \tag{10.3a}$$

$$M_{ba} = C_{ab}S_{ab}\theta_a + S_{ba}\theta_b - S_{ba}(1 + C_{ba})\varphi_{ab} + M^F{}_{ba} \tag{10.3b}$$

Essas duas equações devem ser usadas em qualquer método de análise por deslocamentos. Uma amostra dos valores numéricos dos fatores nessas duas equações é dada na tabela seguinte para duas configurações de seções retangulares. O EK na tabela se refere ao EK calculado a partir da menor dimensão seccional da barra.

Fatores de rigidez e transporte e momentos de extremidade fixa

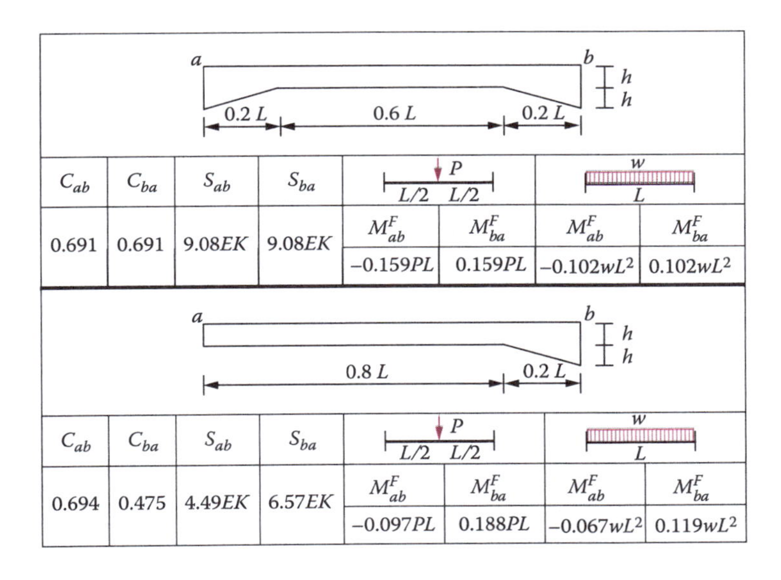

C_{ab}	C_{ba}	S_{ab}	S_{ba}	M^F_{ab} (P, L/2, L/2)	M^F_{ba} (P, L/2, L/2)	M^F_{ab} (w, L)	M^F_{ba} (w, L)
0.691	0.691	9.08EK	9.08EK	$-0.159PL$	$0.159PL$	$-0.102wL^2$	$0.102wL^2$

C_{ab}	C_{ba}	S_{ab}	S_{ba}	M^F_{ab} (P, L/2, L/2)	M^F_{ba} (P, L/2, L/2)	M^F_{ab} (w, L)	M^F_{ba} (w, L)
0.694	0.475	4.49EK	6.57EK	$-0.097PL$	$0.188PL$	$-0.067wL^2$	$0.119wL^2$

Exemplo 10.1

Encontre todos os momentos de extremidade de barra da viga mostrada. L = 10 m.

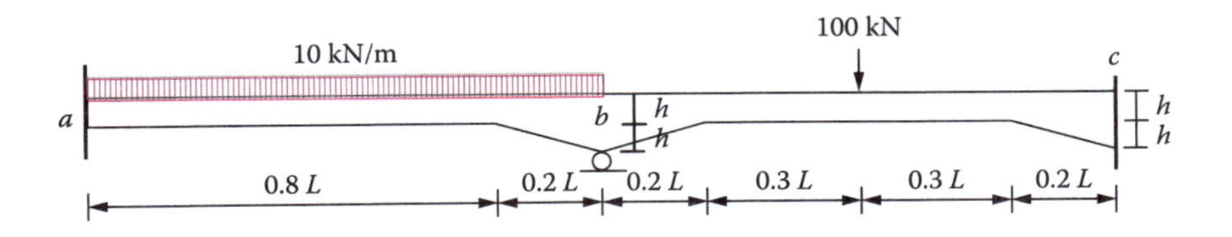

Exemplo de viga não prismática.

Solução
Optamos por usar o método de inclinação-deflexão. Há apenas um grau de liberdade, a rotação no nó *b*: θ_b.

A equação de equilíbrio é:

$$\Sigma M_b = 0 \Longrightarrow M_{ba} + M_{bc} = 0$$

O *EK* baseado na profundidade mínima da viga, *h*, é a mesma para ambas as barras.

Os momentos de extremidade fixa são obtidos da tabela anterior:

Para a barra *ab*:

$$M^F_{ab} = -0{,}067\ wL^2 = -67 \text{ kN-m}$$

$$M^F_{ba} = 0{,}119\ wL^2 = 119 \text{ kN-m}$$

Para a barra *bc*:

$$M^F_{bc} = -0{,}159\ PL = -159 \text{ kN-m}$$

$$M^F_{cb} = 0{,}159\ PL = 159 \text{ kN-m}$$

As fórmulas de momento-rotação são:

$$M_{ba} = C_{ab}S_{ab}\theta_a + S_{ba}\theta_b + M^F_{ba} = 6{,}57EK\theta_b + 119$$

$$M_{bc} = S_{bc}\theta_b + C_{cb}S_{cb}\theta_c + M^F_{bc} = 9{,}08EK\theta_b - 159$$

A equação de equilíbrio $M_{ba} + M_{bc} = 0$ torna-se

$$15.65\ EK\theta_b - 40 = 0 \Longrightarrow EK\theta_b = 2.56 \text{ kN-m}$$

Substituindo de volta nas expressões de momento de extremidade de barra, obtemos

$$M_{ba} = 6{,}57EK\theta_b + 119 = 135{,}8 \text{ kN-m}$$

$$M_{bc} = 9{,}08EK\theta_b - 159 = -135{,}8 \text{ kN-m}$$

Para os dois outros momentos de extremidade de barra não envolvidos na equação de equilíbrio, temos

$$M_{ab} = C_{ba}S_{ba}\theta_b + M^F_{ab} = (0{,}475)(6{,}57EK)\theta_b - 67 = -59{,}0 \text{ kN-m}$$

$$M_{cb} = C_{bc}S_{bc}\theta_b + M^F_{cb} = (0{,}694)(9{,}08EK)\theta_b + 159 = 175{,}0 \text{ kN-m}$$

Problema 10.1
Encontre o momento de reação no apoio b. L = 10 m.

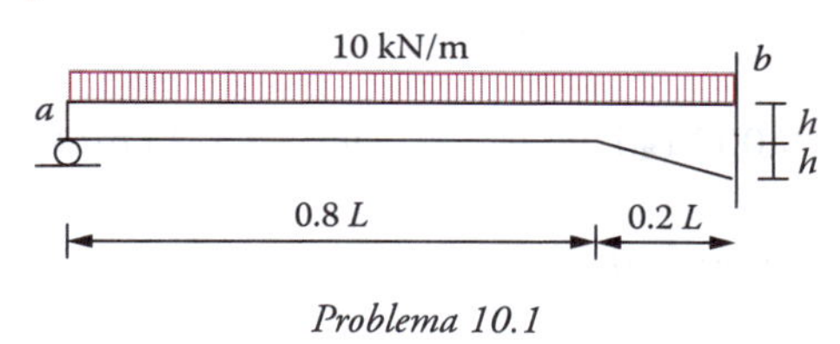

Problema 10.1

Problema 10.2
Encontre o momento de reação no apoio c. L = 10 m.

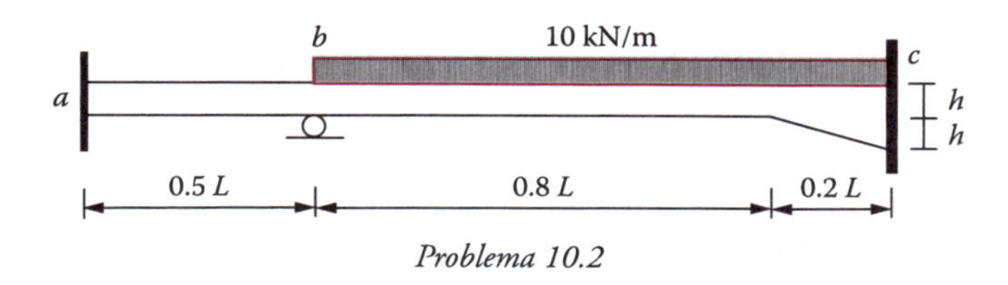

Problema 10.2

10.3 Efeitos de erros de construção, temperatura e movimento de apoios

Uma estrutura pode exibir deslocamento ou deflexão de sua configuração pretendida por causas outras que cargas externamente aplicadas. Essas causas são movimento de apoios, efeito de temperatura, e erros de construção. Para uma estrutura estaticamente determinada, essas causas não induzirão tensões internas, porque as barras estão livres para se ajustar à mudança de geometria sem a restrição de apoios ou de outras barras. Em geral, porém tensões internas serão induzidas em estruturas estaticamente indeterminadas.

Estruturas estaticamente determinada e indeterminada reagem diferentemente ao assentamento.

Movimento de apoios. Para um dado movimento ou assentamento de apoio, uma estrutura pode ser analisada com o método de deslocamentos, como mostrado no exemplo seguinte.

Exemplo 10.2
Encontre todos os momentos de extremidade de barra da viga mostrada. A quantidade de assentamento no apoio b é de 1,2 cm, para baixo. EI = 24.000 kN-m2.

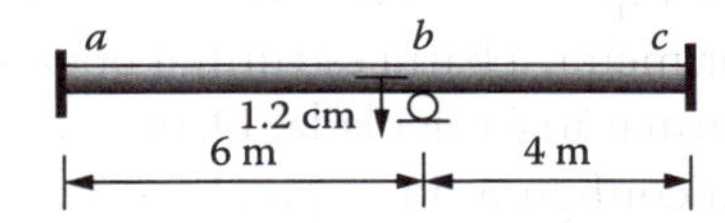

Uma viga com um assentamento para baixo no apoio b.

Solução

Usaremos o método de inclinação-deflexão. O assentamento para baixo no apoio b faz com que as barras ab e bc tenham rotações de barra na quantidade mostrada a seguir:

$$\varphi_{ab} = 1{,}2 \text{ cm}/6 \text{ m} = 0{,}002 \text{ rad} \qquad \text{e} \qquad \varphi_{bc} = -1{,}2 \text{ cm}/4 \text{ m} = -0{,}003 \text{ rad}$$

Há apenas uma incógnita, a rotação no nó b: θ_b.

A equação de equilíbrio é

$$\Sigma M_b = 0 \Longrightarrow M_{ba} + M_{bc} = 0$$

Os fatores de rigidez das duas barras são

$$EK_{ab} = 4000 \text{ kN-m} \qquad \text{e} \qquad EK_{bc} = 6000 \text{ kN-m}$$

As fórmulas de momento-rotação são

$$M_{ba} = (4EK)_{ab}\theta_b - 6EK_{ab}\varphi_{ab} = 16.000\theta_b - 24.000(0{,}002)$$

$$M_{bc} = (4EK)_{bc}\theta_b - 6EK_{bc}\varphi_{bc} = 24.000\theta_b - 36.000(-0{,}003)$$

A equação de equilíbrio $M_{ba} + M_{bc} = 0$ torna-se

$$40{,}000\theta_b = -60 \Longrightarrow \theta_b = -0.0015 \text{ rad}$$

Substituindo de volta nas expressões de momento de extremidade de barra, obtemos

$$M_{ba} = (4EK)_{ab}\theta_b - 6EK_{ab}\varphi_{ab} = 16.000(-0{,}0015) - 48 = -72 \text{ kN-m}$$

$$M_{bc} = (4EK)_{bc}\theta_b - 6EK_{bc}\varphi_{bc} = 24.000(-0{,}0015) + 108 = 72 \text{ kN-m}$$

Para os dois outros momentos de extremidade de barra não envolvidos na equação de equilíbrio, temos

$$M_{ab} = (2EK)_{ab}\theta_b - 6EK_{ab}\varphi_{ab} = 8.000(-0{,}0015) - 48 = -60 \text{ kN-m}$$

$$M_{cb} = (2EK)_{bc}\theta_b - 6EK_{bc}\varphi_{bc} = 12.000(-0{,}0015) + 108 = 90 \text{ kN-m}$$

Mudança de temperatura e erro de construção. O efeito direto da mudança da temperatura e de erros de construção ou de fabricação é a mudança da forma ou dimensão de uma barra estrutural. No caso de uma estrutura estaticamente determinada, esta mudança de forma ou dimensão levará a deslocamentos, mas não a forças internas de barras. No caso de uma estrutura estaticamente indeterminada, isso levará a forças internas.

Uma maneira fácil de tratar a mudança de temperatura ou erros de fabricação é aplicar o princípio da sobreposição. O problema é resolvido em três etapas. Na primeira, a barra estrutural pode se deformar livremente para a mudança de temperatura ou erro de fabricação. A deformação é calculada. Depois, as forças de extremidade de barra necessárias para "reverter" a deformação e restaurar a configuração original ou projetada são calculadas. Na segunda etapa, as forças de extremidade de barra são aplicadas às barras e restauradas até a configuração original. Na terceira etapa, as forças de extremidade de barra são aplicadas à estrutura em inversão e a estrutura é analisada. O somatório dos resultados das etapas 2 e 3 dão a resposta final para as forças internas.

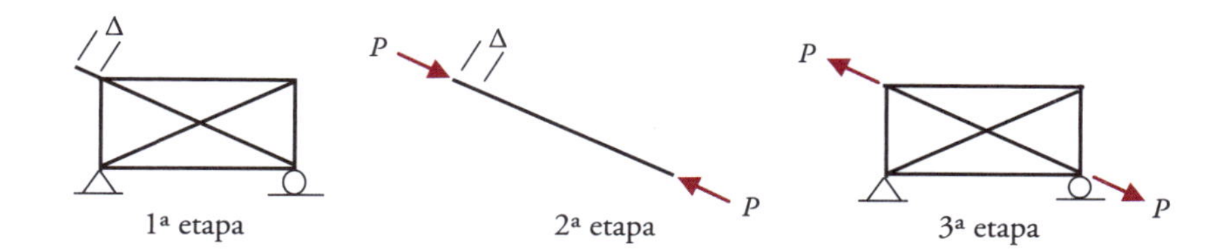

A sobreposição das etapas 2 e 3 fornece os efeitos de mudança de temperatura e de erros de construção.

A solução da segunda etapa para uma barra de treliça é simples:

$$P = \left(\frac{EA}{L}\right)\Delta$$

onde L é o comprimento original da barra, $\Delta = \alpha L(T)$, e α é o coeficiente de expansão térmica linear do material, e T é a mudança de temperatura a partir da temperatura ambiente, positiva se em elevação. Para erros de fabricação, a "diferença" Δ é medida e conhecida.

No caso de uma barra de viga ou quadro, considere um aumento de temperatura que é linearmente distribuído da base para o topo de uma seção e que é constante ao longo da extensão da barra. A deformação em qualquer nível da seção pode ser calculada como mostrado:

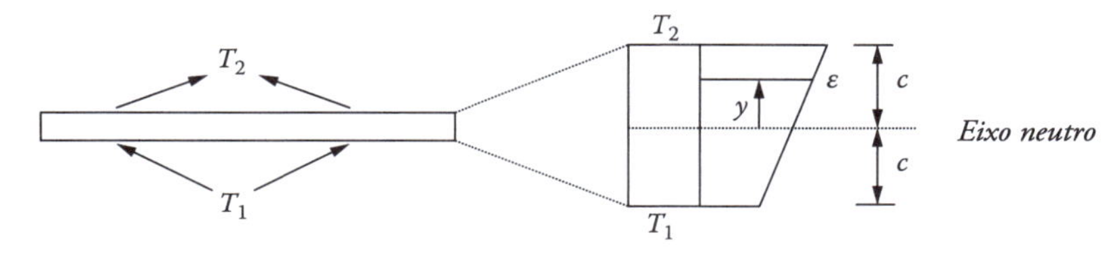

Deformação numa seção devida a mudança de temperatura.

A distribuição da temperatura pela profundidade da seção pode ser representada por

$$T(y) = \left(\frac{T_1 + T_2}{2}\right) + \left(\frac{T_2 - T_1}{2}\right)\frac{y}{c}$$

A tensão, σ, e a deformação, ε, estão em relação com T por

$$\sigma = E\varepsilon = E\alpha T$$

A força axial, F, é a integração de forças através da profundidade da seção:

$$F = \int \sigma\, dA = \int E\alpha T\, dA = \int E\alpha\left[\left(\frac{T_1 + T_2}{2}\right) + \left(\frac{T_2 - T_1}{2}\right)\frac{y}{c}\right] dA = EA\alpha\left(\frac{T_1 + T_2}{2}\right)$$

O momento da seção é a integração do produto das forças pela distância do eixo neutro:

$$M = \int \sigma\, y dA = \int E\alpha T y\, dA = \int E\alpha\left[\left(\frac{T_1 + T_2}{2}\right) + \left(\frac{T_2 - T_1}{2}\right)\frac{y}{c}\right] y dA = EI\alpha\left(\frac{T_2 - T_1}{2c}\right)$$

Note que $(T_1 + T_2)/2 = T_{médio}$ é a elevação média da temperatura e $(T_2 - T_1)/2c = T'$ é a taxa de elevação da temperatura pela profundidade. Podemos escrever

$$F = EA\alpha\, T_{médio} \quad \text{e} \quad M = EI\alpha\, T'$$

Exemplo 10.3

Encontre todos os momentos de extremidade de barra da viga mostrada. A elevação de temperatura na base da barra *ab* é de 10°C e no topo é de 30°C. Não há nenhuma mudança de temperatura na barra *bc*. O coeficiente de expansão térmica é 0,000012 m/m/°C. EI = 24.000 kN-m² e EA = 8.000.000 kN, e a profundidade da seção é 20 cm para ambas as barras.

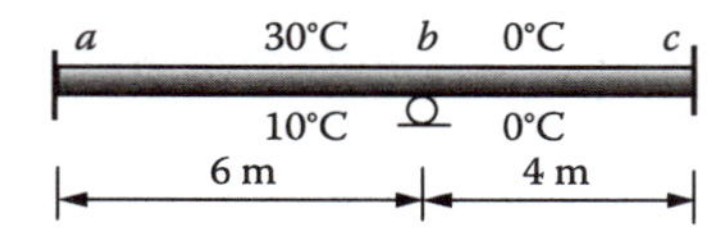

Viga com aumento de temperatura.

Solução

O aumento médio de temperatura e a taxa de aumento de temperatura são

$$T_{médio} = 20°\text{C}; \qquad T' = 20°\text{C}/20\text{ cm} = 100°\text{C/m}$$

Consequentemente,

$$F = EA\alpha\, T_{médio} = (8.000.000\text{ kN})(0{,}000012\text{ m/m/°C})(20°\text{C}) = 1.920\text{ kN}$$

$$M = EI\alpha\, T' = (24.000\text{ kN-m}^2)(0{,}000012\text{ m/m/°C})(100°\text{C/m}) = 28{,}8\text{ kN-m}$$

Não buscaremos o efeito da força axial F porque ela não afeta a solução do momento. A barra *ab* seria deformada se fosse irrestrita. Os problemas das etapas 2 e 3 são definidos na figura seguinte.

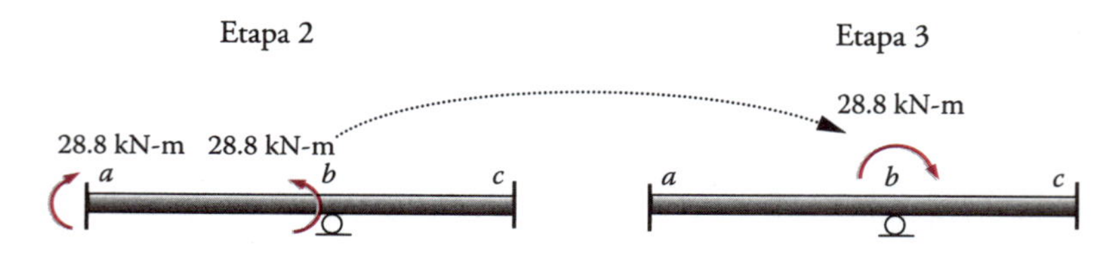

Sobreposição de dois problemas.

A solução do problema da etapa 3 pode ser obtida através do método de distribuição de momentos.

$$K_{ab} : K_{bc} = 2 : 3 = 0{,}4 : 0{,}6$$

O momento de 28,8 kN-m em *b* é distribuído da seguinte maneira:

$$M_{ba} = 0{,}4\ (28{,}8) = 11{,}52 \text{ kN-m}$$

$$M_{bc} = 0{,}6(28{,}8) = 17{,}28 \text{ kN-m}$$

Os momentos de transporte são

$$M_{ab} = 0{,}5(11{,}52) = 5{,}76 \text{ kN-m}$$

$$M_{cb} = 0{,}5(17{,}28) = 8{,}64 \text{ kN-m}$$

A sobreposição das duas soluções dá

$$M_{ba} = 11{,}52 - 28{,}80 = -17{,}28 \text{ kN-m}$$

$$M_{bc} = 17{,}28 \text{ kN-m}$$

$$M_{ab} = 5{,}76 + 28{,}80 = 34{,}56 \text{ kN-m}$$

$$M_{cb} = 8{,}64 \text{ kN-m}$$

Os diagramas de momento e de deflexão são mostrados a seguir.

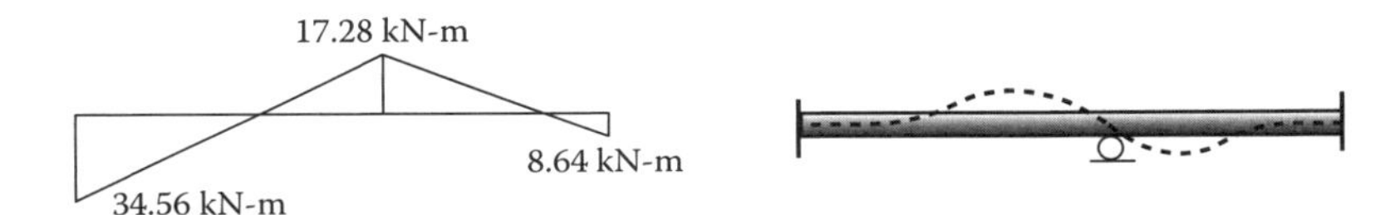

Diagramas de momento e de deflexão.

Problema 10.3

Percebeu-se que o apoio em c do quadro mostrado rotacionou 10 graus na direção anti-horária. Encontre todos os momentos de extremidade de barra. EI = 24.000 kN-m^2 para ambas as barras.

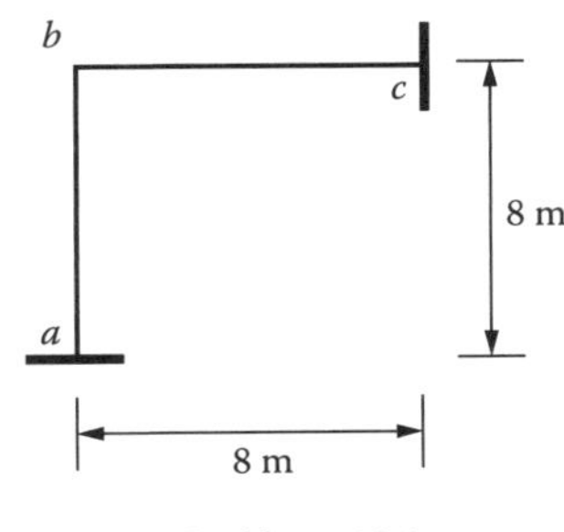

Problema 10.3

Problema 10.4

Encontre todos os momentos de extremidade de barra da viga mostrada. A elevação de temperatura na base das duas barras é de 10°C e no topo é de 30°C. O coeficiente de expansão térmica é 0,000012 m/m/°C. EI = 24.000 kN-m^2 e EA = 8.000.000 kN, e a profundidade da seção é de 20 cm para ambas as barras.

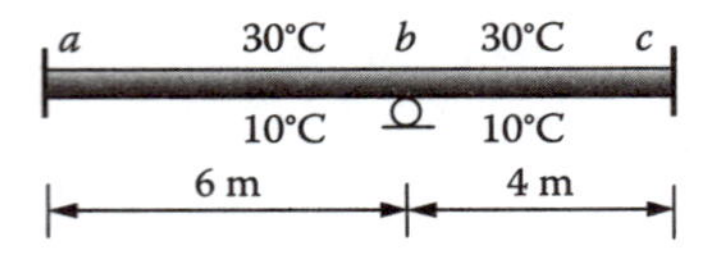

Problema 10.4

10.4 Tensões secundárias em treliças

Na análise de treliças, as juntas são tratadas como articulações, o que permite que barras em junção rotacionem livremente uma contra a outra. Na construção real, porém, raramente uma junta de treliça é feita como uma articulação verdadeira. As barras em junção frequentemente estão conectadas uma à outra através de uma placa, chamada de chapa cobre-juntas, por parafusos ou por soldagem.

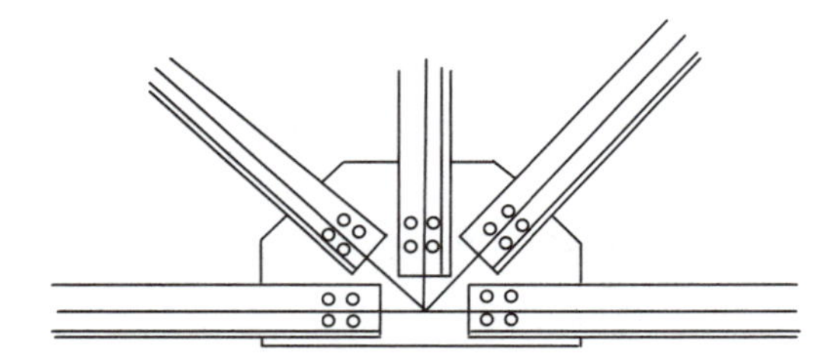

Cinco barras em ângulo conectadas por uma chapa cobre-juntas.

Esse tipo de conexão está mais para rígida que para articulada. A despeito disso, ainda consideramos que ela pode ser tratada como articulada, desde que cargas externas sejam aplicadas apenas nas juntas. Isso se dá porque a configuração triangular da estrutura da treliça minimiza qualquer ação de momento nas barras e a força predominante em cada barra é sempre a axial. A tensão numa barra da treliça induzida pela conexão rígida é chamada de tensão secundária, a qual é irrisória na maioria dos casos práticos. Examinaremos a importância da tensão secundária através de um exemplo.

Exemplo 10.4

Encontre os momentos de extremidade da treliça de duas barras mostrada, se todas as conexões forem rígidas. As seções de ambas as barras são quadradas com uma dimensão lateral de 20 cm. E = 1.000 kN/cm^2. Discuta a significância da tensão secundária em três casos: θ = 60°, 90° e 120°.

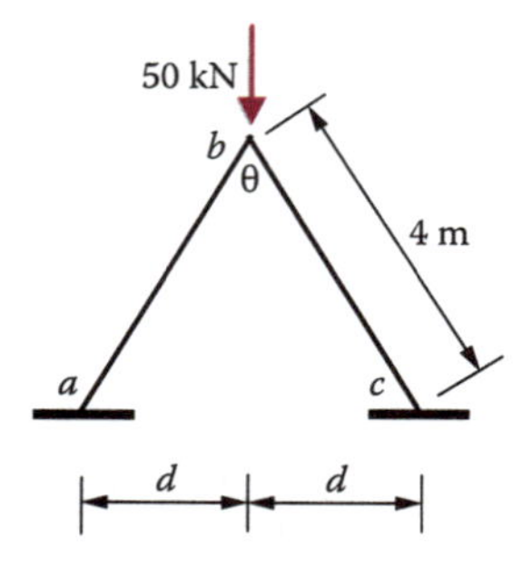

Exemplo de treliça de duas barras.

Solução

Para a dimensão dada, EI = 1.333,33 kN-m^2 e EA = 400.000 kN. Se tratamos a estrutura como um quadro rígido, encontraremos momentos de extremidade de barra além da força axial. Se tratarmos a estrutura como uma treliça, teremos momentos de extremidade de barra igual a zero e somente a força axial em cada barra. Apresentaremos os resultados da análise da treliça e os da análise do quadro na tabela que segue. Em virtude da simetria, precisamos nos concentrar em apenas uma barra. Percebe-se que os momentos de extremidade em ambas as extremidades da barra *ab* são os mesmos. Precisamos examinar a máxima tensão compressiva no nó *b* como forma de avaliar a importância relativa da tensão secundária.

Soluções de treliça e quadro

	θ = 60°		θ = 90°		θ = 120°	
Força de barra/resultados de tensão	**Treliça**	**Quadro**	**Treliça**	**Quadro**	**Treliça**	**Quadro**
Compressão de barra (kN)	28,87	28,84	35,35	35,27	50,00	49,63
Momento na extremidade *b* (kN-cm)	0	8,33	0	17,63	0	42,98
σ devido à força axial (kN/cm^2)	0,072	0,072	0,088	0,088	0,125	0,124
σ devido ao momento (kN/cm^2)	0	0,006	0	0,013	0	0,032
σ total (kN/cm^2)	0,072	0,078	0,088	0,101	0,125	0,156
Erro (resultado de treliça como base)		8,3%		15%		25%

No cálculo da tensão normal a partir do momento, usamos a fórmula:

$$\sigma = \frac{Mc}{I}$$

onde c é a metade da altura da seção. Observamos que a tensão compressiva calculada a partir da suposição de conexão rígida é maior que aquela partindo da suposição de conexão articulada. O erro se torna maior quando o ângulo θ se torna maior. Os resultados da análise precedente, porém, são para o pior caso possível, porque, na realidade, os nós *a* e *c* não teriam sido completamente fixados se o triângulo básico a–b–c fosse parte de uma configuração de treliça maior. De qualquer forma, a tensão secundária deve ser considerada quando o ângulo entre duas barras juntas se tornar maior que 90°.

10.5 Estruturas compostas

Aprendemos os métodos de análise para estruturas em treliça e estruturas de vigas/quadros. Na realidade, muitas estruturas são compostas, no sentido de que ambos, treliças e quadros, são usados numa única estrutura. Estruturas de pontes e edifícios são frequentemente compostas, como ilustrado na figura seguinte, em que as linhas finas representam treliças e as linhas espessas representam quadros.

Ponte estaiada com cabos e quadro de edifício como exemplos de estruturas compostas.

A análise de estruturas compostas pode ser feita tanto com o método das forças quanto com o método de deslocamentos. Todos os pacotes de computador permitem a mistura de treliças e quadros. No caso de estruturas compostas muito simples, o cálculo manual pode ser eficaz, como mostrado no exemplo seguinte.

Exemplo 10.5

Como modelo muito simplificado de uma ponte estaiada com cabos, a estrutura composta mostrada está sujeita a uma única carga no centro. Encontre a força nos cabos. Propriedades de seção transversal: A_{cabo} = 100 cm², A_{viga} = 180 cm², e I_{viga} = 19,440 cm⁴. E = 20.000 kN/cm² para ambos, cabos e viga. Ignore o efeito da deformação axial da viga.

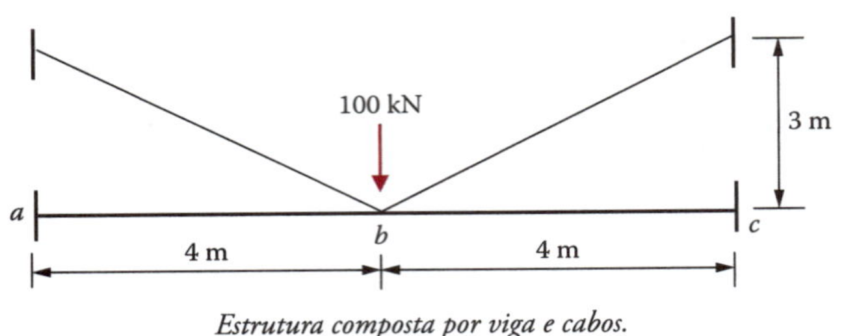

Estrutura composta por viga e cabos.

Solução

Devido à simetria, o nó b terá apenas uma deflexão para baixo, sem rotação. Precisamos nos concentrar apenas em metade da estrutura. Denotando a deflexão para baixo por x, observamos que o alongamento do cabo e a rotação de barra da barra ab estão relacionados com x.

$$\Delta_{cabo} = \frac{3}{5}x$$

$$\varphi_{ab} = \frac{1}{4}x$$

Configuração deflexionada.

O equilíbrio da força vertical no nó b envolve a força de cisalhamento da viga, a componente vertical da força no cabo, e a carga externamente aplicada.

$$F_{cabo} = \frac{EA}{L}\Delta_{cabo} = \frac{EA}{L}\frac{3}{5}x = \frac{(20000)(100)}{500}\frac{3}{5}x = 2400x$$

$$(F_{cabo})_{vertical} = \frac{3}{5}F_{cabo} = 1440x$$

$$V_{viga} = 12\frac{EK}{L}\varphi_{ab} = 12\frac{(20000)(19440)}{(400)(400)}\frac{1}{4}x = 7290x$$

A equação de equilíbrio para as forças verticais no nó b pede que a soma da força de cisalhamento na viga com a componente vertical da força no cabo seja igual à metade da carga externamente aplicada, e se apresenta como:

$$1440x + 7290x = 50 \text{ [FIGURA] } x = 0.00573 \text{ cm}$$

A força de cisalhamento na viga é

$$V_{viga} = 7290x = 41{,}8 \text{ kN}$$

A tensão nos cabos é

$$F_{cabo} = 2400x = 13{,}8 \text{ kN}$$

10.6 Não linearidade de materiais

Temos considerado que os materiais são linearmente elásticos. Isso significa que a relação tensão-deformação é proporcional (linear), e quando a tensão é removida, a deformação volta ao estado original igual a zero (elástico). Em geral, porém, uma relação tensão-deformação pode ser elástica mas não linear ou não elástica e não linear. Na análise de treliças e vigas/quadros, lidamos apenas com relações de tensão-deformação uniaxial. A figura seguinte ilustra diferentes relações de tensão-deformação uniaxial.

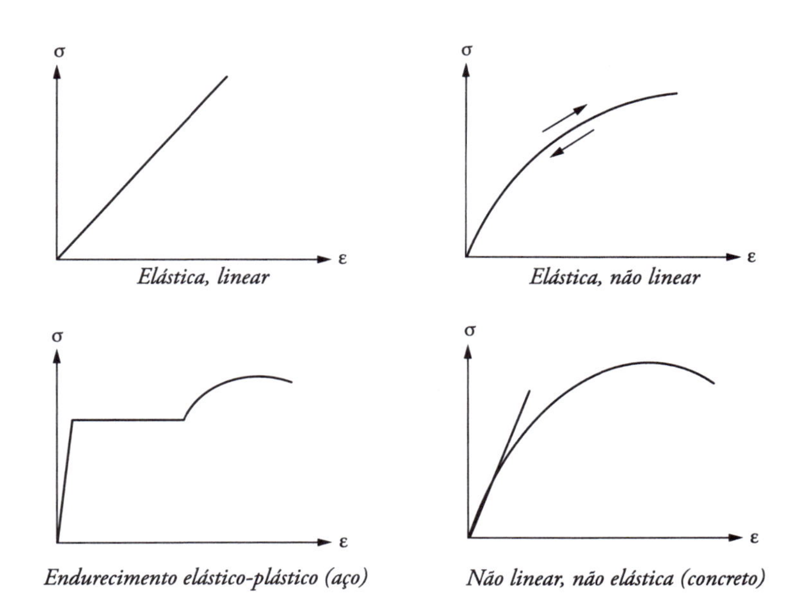

Várias relações de tensão-deformação uniaxial.

A análise linear que aprendemos é válida apenas para o comportamento de material, mas, como ilustrado no caso da relação tensão-deformação de concreto, uma relação linear é uma boa aproximação se o nível de tensão-deformação for limitado a uma certa faixa. O nível mais elevado de tensão que pode ser sustentado por um material é chamado de resistência máxima, que normalmente está além da região linear. A prática de projeto atual requer a consideração da resistência máxima, mas o processo de projeto foi desenvolvido de tal maneira que uma análise linear ainda é útil para o projeto preliminar. O leitor interessado é encorajado a estudar a resistência avançada de materiais para o comportamento não linear dos materiais.

10.7 Não linearidade geométrica

Uma suposição básica na análise estrutural linear é que a configuração defletida está muito próxima da original. Isso é chamado de suposição de pequena deflexão. Com essa suposição, podemos usar a configuração original para definir equações de equilíbrio. Se, contudo, a deflexão não for "pequena", o erro induzido pela suposição de pequena deflexão poderá ser grande demais para ser ignorado.

Usaremos o exemplo seguinte para ilustrar o erro de uma suposição de pequena deflexão.

Exemplo 10.6
Para a treliça de duas barras mostrada, quantifique o erro de uma análise de pequena deflexão sobre a relação carga-deflexão no nó b. As duas barras são idênticas e considera-se que mantêm uma área de seção transversal constante, mesmo sob grande deformação.

A última suposição, sobre uma área de seção transversal constante, é para ignorar o efeito de Poisson e simplificar a análise. Supomos, ainda, que o material permanece linearmente elástico, de modo a isolar o efeito de não linearidade dos materiais do efeito de não linearidade geométrica que estamos aqui investigando.

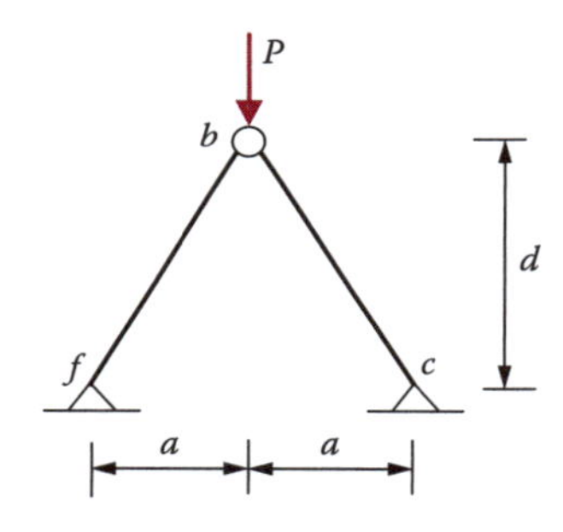

Exemplo de treliça de duas barras.

Solução
Derivaremos a relação carga-deflexão com e sem a suposição de pequena deflexão.

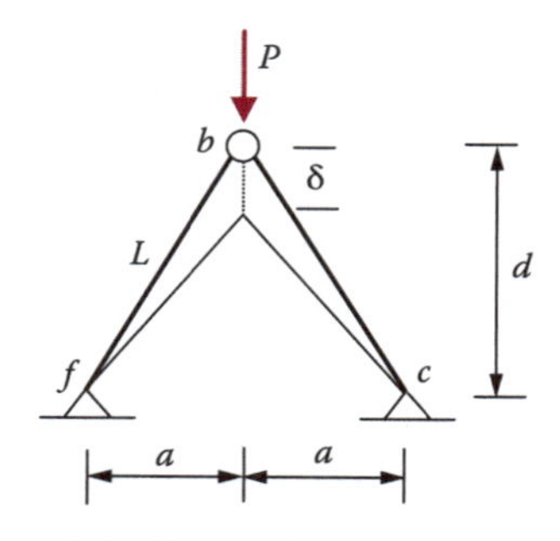

Configuração defletida como base da equação de equilíbrio.

Denote a força de compressão nas duas barras por F; podemos escrever a equação de equilíbrio da força vertical no nó b como

$$P = 2F_{vertical}$$

A suposição de pequena deflexão nos permite escrever, usando a geometria original,

$$F_{vertical} = F\left(\frac{d}{L}\right)$$

O encurtamento da barra, Δ, está geometricamente relacionado com a deflexão vertical em b:

$$\Delta = \delta\left(\frac{d}{L}\right)$$

A força da barra está relacionada com o encurtamento da barra por

$$F = \frac{EA}{L}\Delta$$

Combinando as equações anteriores, obtemos a relação carga-deflexão (P-δ) de acordo com a suposição de pequena deflexão:

$$P = 2\frac{EA}{L}\left(\frac{d}{L}\right)\delta\left(\frac{d}{L}\right) = 2EA\left(\frac{d}{L}\right)^3\left(\frac{\delta}{d}\right) \tag{10.4}$$

No caso de grande deflexão, temos de usar a configuração defletida para calcular o encurtamento da barra e a componente vertical da força da barra.

$$F_{vertical} = F\left(\frac{d - \delta}{L'}\right)$$

$$\Delta = L - L'$$

$$F = \frac{EA}{L}\Delta = EA\left(1 - \frac{L'}{L}\right)$$

$$P = 2F_{vertical} = 2\ EA\left(1 - \frac{L'}{L}\right)\left(\frac{d - \delta}{L'}\right) \tag{10.5}$$

Podemos expressar a equação 10.5 em termos de dois fatores geométricos não dimensionais, a/d e δ/d, como mostrado a seguir.

$$L' = \sqrt{a^2 + (d - \delta)^2}; \qquad L = \sqrt{a^2 + d^2}$$

Dividindo ambos os lados por d, temos

$$\frac{L'}{d} = \sqrt{\left(\frac{a}{d}\right)^2 + \left(1 - \frac{\delta}{d}\right)^2}; \qquad \frac{L}{d} = \sqrt{\left(\frac{a}{d}\right)^2 + 1}$$

Também,

$$\frac{d-\delta}{L'} = \frac{1-\delta/d}{L'/d}$$

Podemos ver que as equações 10.4 e 10.5 dependem apenas de dois fatores geométricos: a inclinação original da barra, a/d, e a razão de deflexão, δ/d. Destarte, o erro da suposição de pequena deflexão também depende desses dois fatores. Estudamos dois casos de a/d e quatro de δ/d e tabulamos os resultados.

Erro da suposição de pequena deflexão em função de a/d e δ/d

δ/d	**0,01**	**0,05**	**0,10**	**0,15**
$a/d = 1,0$				
Equação 10.5: $\frac{P}{2EA} = \left(1-\frac{L'}{L}\right)\left(\frac{d-\delta}{L'}\right)$	0,0035	0,0169	0,0325	0,0466
Equação 10.4: $\frac{P}{2EA} = \left(\frac{d}{L}\right)^3\left(\frac{\delta}{d}\right)$	0,0035	0,0177	0,0354	0,0530
Equação 10.4/Equação 10.5	1,00	1,05	1,09	1,14
Erro (%) (Equação 10.4/Equação 10.5) – 1	0%	5%	9%	14%
$a/d = 2,0$				
Equação 10.5: $\frac{P}{2EA} = \left(1-\frac{L'}{L}\right)\left(\frac{d-\delta}{L'}\right)$	0,0009	0,0042	0,0079	0,0110
Equação 10.4: $\frac{P}{2EA} = \left(\frac{d}{L}\right)^3\left(\frac{\delta}{d}\right)$	0,0009	0,0045	0,0089	0,0134
Equação 10.4/Equação 10.5	1,00	1,07	1,13	1,22
Erro (%) (Equação 10.4/Equação 10.5) – 1	0%	7%	13%	22%

Os resultados indicam que conforme a deflexão aumenta (δ/d varia de 0,01 a 0,15), a suposição de pequena deflexão introduz um erro cada vez maior. Esse erro é maior para uma configuração mais rasa (maior razão a/d). Os valores de $P/2EA$ são plotados na figura seguinte para ilustrar o tamanho do erro. Podemos concluir que a suposição de pequena deflexão é razoável para δ/d menor que 0,05.

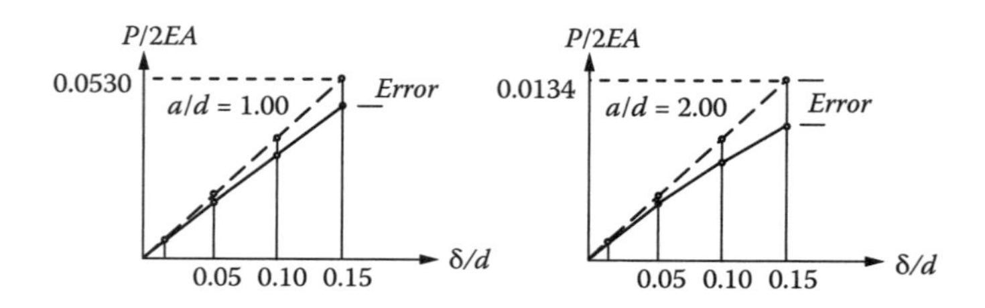

Erro da suposição de pequena deflexão.

Fica claro, pela figura, que a relação carga-deflexão não mais é linear quando a deflexão aumenta.

10.8 Estabilidade estrutural

Na análise de treliças ou quadros, as barras frequentemente estão sujeitas a compressão. Se a força de compressão atingir um valor crítico, uma barra ou toda a estrutura poderá defletir de uma forma completamente diferente. Esse fenômeno é chamado de flambagem ou instabilidade estrutural. A figura seguinte ilustra duas configurações de flambagem em relação às configurações de não flambagem.

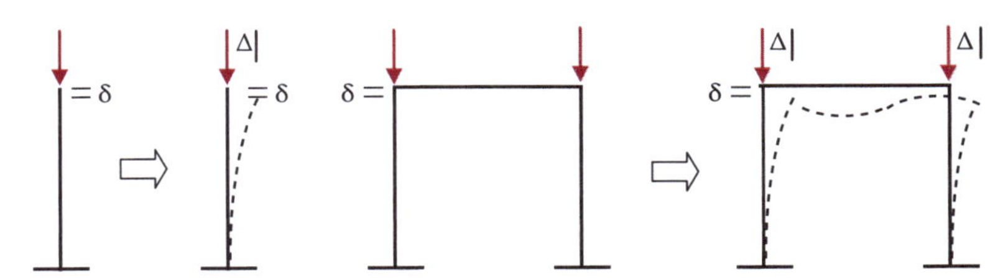

Configurações de flambagem de uma coluna e de um quadro.

Matematicamente, a configuração de flambagem é uma solução alternativa a uma solução de não flambagem da equação governante. Como uma equação linear só tem uma única solução, uma solução de flambagem só pode ser encontrada para uma equação não linear. Exploraremos de onde vem a não linearidade através da equação de uma coluna com as extremidades articuladas e sujeita a uma compressão axial.

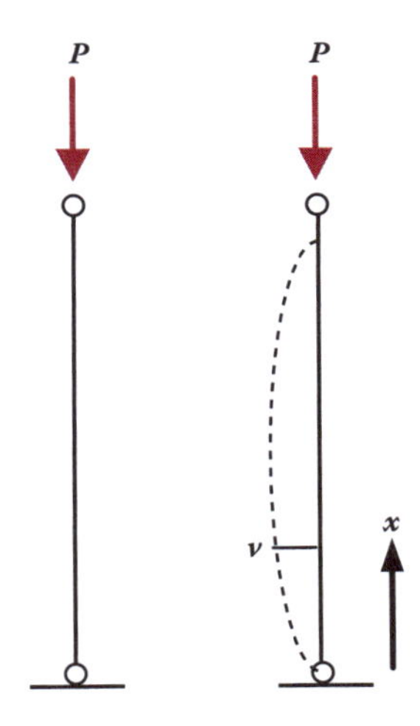

Configurações de não flambagem e de flambagem como soluções para a equação da viga.

A equação governante da flexão da viga é

$$\frac{d^2v}{dx^2} = \frac{M}{EI}$$

em virtude da carga axial e da deflexão lateral, $M = -Pv$. Assim, a equação governante se torna

$$\frac{d^2v}{dx^2} + \frac{Pv}{EI} = 0$$

Esta equação é linear se P for mantido constante, mas é não linear se P for uma variável, como o é no presente caso. A solução para a equação anterior é

$$v = A\,\mathrm{Sin}\left(\sqrt{\frac{P}{EI}}\,x\right)$$

onde A é qualquer constante. Esta forma de solução para a equação governante deve também satisfazer as condições finais: $v = 0$ em $x = 0$ e $x = L$. A condição em $x = 0$ é automaticamente satisfeita, mas a condição em $x = L$ leva tanto a

$$A = 0$$

quanto a

$$\sin\left(\sqrt{\frac{P}{EI}}\,L\right) = 0$$

A primeira é a solução de não flambagem. A última, com $A \neq 0$, é a solução de flambagem, que só existe se

$$\sqrt{\frac{P}{EI}}L = n\pi, \qquad n = 1,2,3,\ldots$$

Os níveis de carga em que uma solução de flambagem existe são chamados de cargas críticas:

$$P_{cr} = \frac{n^2\pi^2}{L^2}EI \qquad n = 1,2,3\cdots$$

A menor carga crítica é a carga de flambagem.

$$P_{cr} = \frac{\pi^2}{L^2}EI$$

Essa derivação é baseada na suposição de pequena deflexão e a análise é chamada de análise de flambagem linear. Se a suposição de pequena deflexão for removida, uma análise de flambagem não linear pode ser seguida. A análise linear pode identificar a carga crítica em que a flambagem deve ocorrer, mas não pode traçar a relação carga–deflexão lateral no caminho pós-flambagem. Somente uma análise de flambagem não linear pode produzir o caminho pós-flambagem. Os leitores interessados são encorajados a estudar a estabilidade estrutural para aprender todo um espectro de problemas de estabilidade, elástica e não elástica, linear e não linear.

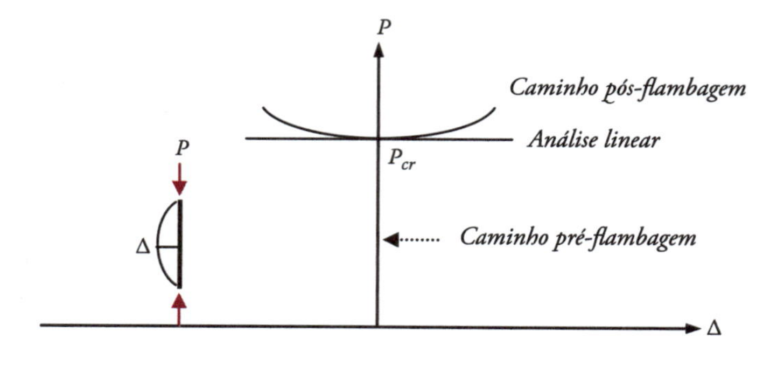

Resultados de análises de flambagem linear e não linear.

10.9 Efeitos dinâmicos

Em todas as análises anteriores, supusemos que a carga era estática. Isso significa que uma carga é aplicada lentamente, de modo que a deflexão resultante da estrutura também ocorre lentamente, e a velocidade e aceleração de qualquer ponto da estrutura durante o processo de deflexão são pequenas o bastante para serem ignoradas. Mas, em que medida o lento é lento? E se a velocidade e a aceleração não puderem ser ignoradas?

Sabemos, pela segunda lei de Newton, ou da derivada dela, que o produto de uma massa por sua aceleração constitui um termo de inércia equivalente à força. Num sistema em equilíbrio, esse termo, chamado de força de D'Alembert, pode ser tratado como uma força negativa e todas as equações de equilíbrio estático são válidas. Em física, aprendemos que um objeto em movimento frequentemente encontra resistência, seja de dentro do próprio objeto, seja do meio em que ele se move. Essa resistência, chamada de atenuação, em sua forma mais simples, pode ser representada pelo produto da velocidade do objeto por uma constante. Incluindo ambos os termos, da inércia e da atenuação, nas equações de equilíbrio de uma estrutura é necessária para respostas da estrutura agitada pelo vento, por impactos, por terremotos, ou qualquer movimento súbito do apoio ou de parte da estrutura. Os efeitos dinâmicos são aqueles causados pela presença da inércia e da atenuação num sistema estrutural e o movimento associado da estrutura é chamado de vibração. O equilíbrio, incluindo os efeitos dinâmicos, é chamado de equilíbrio dinâmico.

Não é fácil quantificar uma perturbação como estática, mas em geral é certo que os efeitos dinâmicos podem ser ignorados se a perturbação for gradual, no sentido de levar mais de dez vezes para se completar do que o período de vibração natural da estrutura. O conceito de período de vibração natural pode ser facilmente ilustrado por um exemplo.

Exemplo 10.7

Encontre o período de vibração natural de uma viga cantiléver como mostrado. EI é constante e a massa é uniformemente distribuída com uma densidade ρ por extensão unitária da viga. Considere que não há atenuação no sistema.

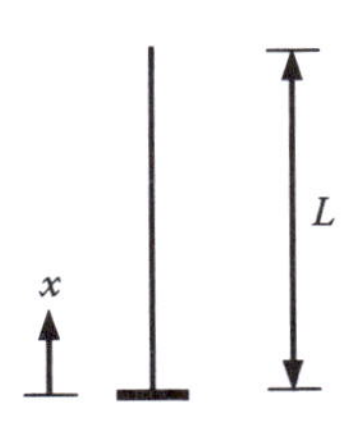

Uma viga cantiléver com massa uniformemente distribuída.

Solução

Nós nos limitaremos a explorar a vibração lateral da viga, embora esta também possa ter vibração na direção axial. Uma análise rigorosa consideraria o equilíbrio dinâmico de um elemento típico movendo-se lateralmente. A equação governante resultante seria uma equação diferencial parcial com duas variáveis independentes, uma variável espacial, x, e uma variável temporal, t. O sistema teria infinitos graus de liberdade, porque a variável espacial, x, é contínua e representa um número infinito de pontos ao longo da viga. Usaremos uma análise aproximada, movendo a massa total da viga para sua extremidade. Isso resulta num sistema com um único grau de liberdade, porque só precisamos considerar o equilíbrio dinâmico na massa reunida na extremidade.

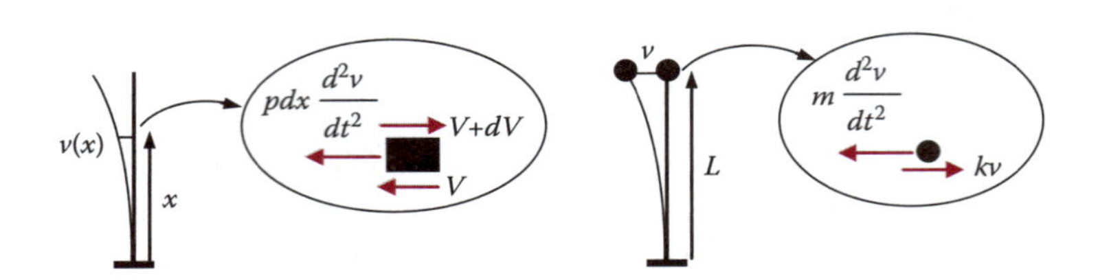

Equilíbrio dinâmico de um sistema de massa distribuída e um sistema de massa concentrada.

O equilíbrio dinâmico desse sistema de único grau de liberdade é mostrado na figura precedente. A equação do equilíbrio dinâmico da massa concentrada é

$$m\frac{d^2v}{dt^2} + kv = 0 \tag{10.6}$$

onde $m = \rho L$ e k é a força atuando sobre a massa concentrada por extensão unitária de deflexão lateral na extremidade. Aprendemos, na análise de vigas, que a força na extremidade da viga necessária para produzir uma deflexão unitária nessa extremidade é $3EI/L^3$, portanto $k = 3EI/L^3$.

Uma forma equivalente da equação 10.6 é

$$\frac{d^2v}{dt^2} + \frac{k}{m}v = 0 \tag{10.6}$$

O fator associado a v na equação é uma quantidade positiva e pode ser representado por

$$\omega = \sqrt{\frac{k}{m}} \tag{10.7}$$

Então, a equação 10.6 pode ser posta da seguinte forma:

$$\frac{d^2v}{dt^2} + \omega^2 v = 0 \tag{10.8}$$

A solução geral da equação 10.8 é

$$v = A \operatorname{sen} n\omega t + B \cos n\omega t,\ n = 1, 2, 3, \ldots \tag{10.9}$$

As constantes A e B devem ser determinadas pela posição e velocidade em $t = 0$. A despeito das condições, que são chamadas de condições iniciais, a variação do tempo da deflexão lateral na ponta é senoidal ou harmônica com uma frequência de $n\omega$. A menor frequência, ω, para $n = 1$, é chamada de frequência fundamental de vibração natural. As demais são frequências de harmônicas maiores. O movimento, plotado em relação ao tempo, é periódico, com um período de T:

$$T = \frac{2\pi}{\omega} \tag{10.10}$$

Movimento harmônico com um período T.

No caso presente, se EI = 24.000 kN-m^2, L = 6m, e ρ = 100 kg/m, então $k = 3EI/L^3$ = 333,33 kN/m, $m = \rho L$ = 600kg, e $\omega^2 = k/m$ = 0,555 (kN/m.kg) = 555 (1/seg^2). A frequência de vibração fundamental é ω = 23,57 rad/seg e o período de vibração fundamental é T = 0,266 seg. O inverso de T, denotado por f, é chamado de frequência circular:

$$f = \frac{1}{T} \tag{10.11}$$

que tem a unidade de ciclos por segundo (cps), que frequentemente é chamada de Hertz ou Hz. No exemplo presente, a viga tem uma frequência circular de 3,75 cps ou 3,75 Hz.

Os leitores interessados são encorajados a estudar dinâmica estrutural, na qual a vibração não atenuada, a vibração atenuada, a vibração livre e a vibração forçada de sistemas de um único grau de liberdade, de sistemas de múltiplos graus de liberdade e outros assuntos interessantes e úteis são explorados.

10.10 Método de elementos finitos

Os tipos de estruturas considerados até aqui foram treliças, vigas e quadros. Na análise estrutural prática, mesmo um simples edifício tem elementos tais como lajes de piso que não podem ser analisadas pelos métodos introduzidos neste livro. No caso de estruturas com geometria mais geral que meras vigas e quadros, uma ferramenta analítica eficiente é o método de elementos finitos.

Podemos visualizar o método de elementos finitos como uma solução matemática para certos tipos de equações diferenciais ou como um método generalizado de análise de estruturas por matriz. O tipo mais popular do método de elementos finitos é o método generalizado de análise de rigidez. Ele segue o mesmo procedimento que o método de deslocamento de matriz que apresentamos anteriormente, no livro. Uma diferença principal é que uma estrutura que não treliça, viga ou quadro deve ser dividida primeiro num número finito de elementos conectados uns aos outros através de nós, como mostrado a seguir para o caso de uma placa plana.

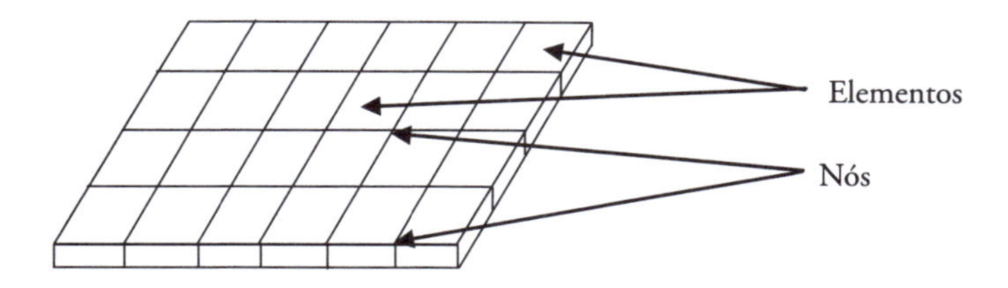

Grade de elementos finitos para uma placa plana.

Depois que a grade de elementos finitos é completada, o restante do procedimento segue paralelo ao do método de deslocamento de matriz. O método de elementos finitos também é um método aproximado em que a solução produzida é uma solução aproximada, que está perto da "exata", quando o tamanho dos elementos é pequeno e o número de elementos é grande. Em virtude do método de elementos finitos poder ser aplicado a virtualmente qualquer forma de estrutura, ele é amplamente usado na análise estrutural prática. Numerosos programas de computador estão disponíveis comercialmente, com gráficos interativos e geração automatizada de grades. Os leitores são encorajados a fazer um curso sobre este método.

Apêndice A

Revisão de álgebra matricial

A.1 Que é uma matriz?

Uma matriz é uma sequência bidimensional de números ou símbolos que segue um conjunto de regras operacionais. Uma matriz que tem m linhas e n colunas é chamada de matriz de ordem m-por-n e pode ser representada por uma letra em negrito com subscritos representando os números de linhas e colunas, por exemplo, $\boldsymbol{A}_{3\times 7}$. Se $m = 1$ ou $n = 1$, então a matriz é chamada de matriz linha ou matriz coluna, respectivamente. Se $m = n$, então a matriz é chamada de matriz quadrada. Se $m = n = 1$, então a matriz é degenerada num escalar.

Cada posição da matriz bidimensional é chamada de elemento, que é frequentemente representado por uma letra minúscula com subscritos representando a posição da linha e da coluna na matriz. Por exemplo, a_{23} é o elemento da matriz $\boldsymbol{A}$ localizado na segunda linha e na terceira coluna. Elementos diagonais de uma matriz quadrada $\boldsymbol{A}$ podem ser representados por a_{ii}. Uma matriz com todos os elementos iguais a zero é chamada de matriz nula. Uma matriz quadrada com todos os elementos não diagonais iguais a zero é chamada de matriz diagonal. Uma matriz diagonal com todos os elementos diagonais iguais a um é chamada de matriz unitária ou matriz identidade e é representada por $\boldsymbol{I}$. Uma matriz quadrada cujos elementos satisfazem $a_{ij} = a_{ji}$ é chamada de matriz simétrica. Uma matriz identidade também é uma matriz simétrica. A transposta de uma matriz é outra matriz com todos os elementos de linhas e colunas trocados:$(a^{T})_{ij} = a^{ji}$. A ordem de uma transposta de uma matriz m-por-n é n-por-m. Uma matriz simétrica é aquela cuja transposta é a mesma que a original: $\boldsymbol{A}^{T} = \boldsymbol{A}$. Uma matriz antissimétrica é uma matriz quadrada que satisfaz $a_{ij} = -a_{ji}$. Os elementos diagonais de uma matriz antissimétrica são zero.

Exercício A.1
Preencha os vazios nas sentenças abaixo.

$$\boldsymbol{A} = \begin{bmatrix} 2 & 4 \\ 7 & 3 \\ 1 & 10 \end{bmatrix} \quad \boldsymbol{B} = \begin{bmatrix} 2 & 7 & 1 \\ 4 & 3 & 10 \end{bmatrix} \quad \boldsymbol{C} = \begin{bmatrix} 2 & 1 & 3 \\ 1 & 5 & 4 \\ 3 & 4 & 8 \end{bmatrix}$$

$$\boldsymbol{D} = \begin{Bmatrix} 2 \\ 5 \\ 7 \end{Bmatrix} \quad \boldsymbol{E} = \begin{bmatrix} 2 & 5 & 7 \end{bmatrix} \quad \boldsymbol{F} = \begin{bmatrix} 2 & 0 & 0 \\ 0 & 5 & 0 \\ 0 & 0 & 8 \end{bmatrix}$$

$$\boldsymbol{G} = \begin{bmatrix} 1 & 0 & 0 \\ 0 & 1 & 0 \\ 0 & 0 & 1 \end{bmatrix} \quad \boldsymbol{H} = \begin{bmatrix} 0 & 0 & 0 \\ 0 & 0 & 0 \\ 0 & 0 & 0 \end{bmatrix} \quad \boldsymbol{K} = \begin{bmatrix} 0 & 1 & 3 \\ -1 & 0 & 4 \\ -3 & -4 & 0 \end{bmatrix}$$

A matriz $\boldsymbol{A}$ é uma matriz ___-por-___ e a matriz $\boldsymbol{B}$ é uma matriz ___-por-___.
A matriz $\boldsymbol{A}$ é a _____________ da matriz $\boldsymbol{B}$ e vice-versa.
As matrizes $\boldsymbol{C}$ e $\boldsymbol{F}$ são matrizes _________ com ________ linhas e ________ colunas.
A matriz $\boldsymbol{D}$ é uma matriz ________ e a matriz $\boldsymbol{E}$ é uma matriz ______; $\boldsymbol{E}$ é a _________ de $\boldsymbol{D}$.
A matriz $\boldsymbol{G}$ é uma matriz ________; a matriz $\boldsymbol{H}$ é uma matriz ______; a matriz $\boldsymbol{K}$ é uma matriz _______.
No exemplo, há _____ matrizes simétricas que são _________________.

A.2 Regras de operações com matrizes

Somente matrizes de mesma ordem podem ser somadas ou subtraídas. A matriz resultante é da mesma ordem com uma adição ou subtração elemento a elemento das matrizes originais.

$$\boldsymbol{C}+\boldsymbol{F}=\begin{bmatrix} 2 & 1 & 3 \\ 1 & 5 & 4 \\ 3 & 4 & 8 \end{bmatrix}+\begin{bmatrix} 2 & 0 & 0 \\ 0 & 5 & 0 \\ 0 & 0 & 8 \end{bmatrix}=\begin{bmatrix} 4 & 1 & 3 \\ 1 & 10 & 4 \\ 3 & 4 & 16 \end{bmatrix}$$

$$\boldsymbol{C}-\boldsymbol{F}=\begin{bmatrix} 2 & 1 & 3 \\ 1 & 5 & 4 \\ 3 & 4 & 8 \end{bmatrix}-\begin{bmatrix} 2 & 0 & 0 \\ 0 & 5 & 0 \\ 0 & 0 & 8 \end{bmatrix}=\begin{bmatrix} 0 & 1 & 3 \\ 1 & 0 & 4 \\ 3 & 4 & 0 \end{bmatrix}$$

As operações seguintes, usando as matrizes definidas anteriormente, não são admissíveis: $\boldsymbol{A} + \boldsymbol{B}$, $\boldsymbol{B} + \boldsymbol{C}$, $\boldsymbol{D} - \boldsymbol{E}$ e $\boldsymbol{D} - \boldsymbol{G}$.

A multiplicação de uma matriz por um escalar resulta numa matriz de mesma ordem com cada elemento multiplicado pelo escalar. A multiplicação de um matriz por outra só é permitida se o número de colunas da primeira corresponder ao número de linhas da segunda, e a matriz resultante tem o mesmo número de linhas da primeira e o mesmo número de colunas da segunda. Em símbolos, podemos escrever

$$\boldsymbol{B}\times\boldsymbol{D}=\boldsymbol{Q}\text{ a} \qquad \text{e} \qquad Q_{ij}=\sum_{k=1}^{3} B_{ik}D_{kj}$$

Usando os números dados anteriormente, temos

$$\boldsymbol{Q}=\boldsymbol{B}\times\boldsymbol{D}=\boldsymbol{BD}=\begin{bmatrix} 2 & 7 & 1 \\ 4 & 3 & 10 \end{bmatrix}\begin{Bmatrix} 2 \\ 5 \\ 7 \end{Bmatrix}=\begin{Bmatrix} 2\times2+7\times5+1\times7 \\ 4\times2+3\times5+10\times7 \end{Bmatrix}=\begin{Bmatrix} 46 \\ 93 \end{Bmatrix}$$

$$\boldsymbol{P}=\boldsymbol{Q}\times\boldsymbol{E}=\boldsymbol{QE}=\begin{Bmatrix} 46 \\ 93 \end{Bmatrix}\begin{bmatrix} 2 & 5 & 7 \end{bmatrix}=\begin{bmatrix} 92 & 230 & 322 \\ 186 & 465 & 651 \end{bmatrix}$$

Podemos verificar numericamente que

$$\boldsymbol{P}=\boldsymbol{QE}=\boldsymbol{BDE}=(\boldsymbol{BD})\boldsymbol{E}=\boldsymbol{B}(\boldsymbol{DE})$$

Podemos também verificar que a multiplicação de qualquer matriz por uma matriz identidade da ordem correta resultará na mesma matriz original, daí o nome matriz identidade.

A operação de transposição pode ser usada em combinação com a multiplicação, da seguinte forma, que pode ser facilmente derivada da definição das duas operações.

$$(\boldsymbol{AB})^{\mathrm{T}} = \boldsymbol{B}^{\mathrm{T}}\boldsymbol{A}^{\mathrm{T}} \text{ e } (\boldsymbol{ABC})^{\mathrm{T}} = \boldsymbol{C}^{\mathrm{T}}\boldsymbol{B}^{\mathrm{T}}\boldsymbol{A}^{\mathrm{T}}$$

Exercício A.2

Complete as operações seguintes.

$$\boldsymbol{EB} = \begin{bmatrix} 5 & 2 \\ 3 & 6 \end{bmatrix} \begin{bmatrix} 2 & 7 & 1 \\ 4 & 3 & 10 \end{bmatrix}$$

$$\boldsymbol{DE} = \left\{ \begin{matrix} 2 \\ 5 \\ 7 \end{matrix} \right\} \begin{bmatrix} 2 & 5 & 7 \end{bmatrix}$$

A.3 Inversão de matrizes e solução de equações algébricas simultâneas

Uma matriz quadrada tem um valor característico chamado determinante. A definição matemática de uma determinante é difícil de se expressar em símbolos, mas podemos facilmente aprender a maneira de calcular a determinante de uma matriz pelos exemplos seguintes. Usaremos *Det* para representar o valor de uma determinante. Por exemplo, $Det\boldsymbol{A}$ significa a determinante da matriz $\boldsymbol{A}$.

$$Det\,[5] = 5$$

$$Det \begin{bmatrix} 5 & 2 \\ 3 & 6 \end{bmatrix} = 5 \times Det\,[6] - 3 \times Det\,[2] = 30 - 6 = 24$$

$$Det \begin{bmatrix} 1 & 4 & 7 \\ 2 & 5 & 8 \\ 3 & 6 & 9 \end{bmatrix} = 1 \times Det \begin{bmatrix} 5 & 8 \\ 6 & 9 \end{bmatrix} - 2 \times Det \begin{bmatrix} 4 & 7 \\ 6 & 9 \end{bmatrix} + 3 \times Det \begin{bmatrix} 4 & 7 \\ 5 & 8 \end{bmatrix}$$

$$= 1 \times (-3) - 2 \times (-6) + 3 \times (-3) = 0$$

Uma matriz com determinante zero é chamada de matriz singular. Uma matriz não singular $\boldsymbol{A}$ tem uma matriz inversa $\boldsymbol{A}^{-1}$, que é definida por

$$\boldsymbol{AA}^{-1} = \boldsymbol{I}$$

Podemos verificar que as duas matrizes simétricas do lado esquerdo das equações seguintes são inversas uma da outra.

$$\begin{bmatrix} 1 & 1 & 2 \\ 1 & 4 & -1 \\ 2 & -1 & 8 \end{bmatrix}\begin{bmatrix} 31/3 & -10/3 & -3 \\ -10/3 & 4/3 & 1 \\ -3 & 1 & 1 \end{bmatrix} = \begin{bmatrix} 1 & 0 & 0 \\ 0 & 1 & 0 \\ 0 & 0 & 1 \end{bmatrix}$$

$$\begin{bmatrix} 31/3 & -10/3 & -3 \\ -10/3 & 4/3 & 1 \\ -3 & 1 & 1 \end{bmatrix}\begin{bmatrix} 1 & 1 & 2 \\ 1 & 4 & -1 \\ 2 & -1 & 8 \end{bmatrix} = \begin{bmatrix} 1 & 0 & 0 \\ 0 & 1 & 0 \\ 0 & 0 & 1 \end{bmatrix}$$

Isso ocorre porque a transposta de uma matriz identidade é também uma matriz identidade, e

$$(\boldsymbol{AB}) = \boldsymbol{I} \Rightarrow (\boldsymbol{AB})^{\mathrm{T}} = (\boldsymbol{B}^{\mathrm{T}}\boldsymbol{A}^{\mathrm{T}}) = (\boldsymbol{BA}) = \boldsymbol{I}^{\mathrm{T}} = \boldsymbol{I}$$

A sentença acima só é válida para matrizes simétricas.

Há diferentes algoritmos para se encontrar a inversa de uma matriz. Introduziremos um que está diretamente ligado à solução de equações simultâneas. Na verdade, veremos que a inversão da matriz é uma operação mais complicada que a solução de equações simultâneas. Portanto, se nosso objetivo é resolver equações simultâneas, não precisamos passar primeiro pela inversão de uma matriz.

Considere as equações simultâneas seguintes com três incógnitas.

$$x_1 + x_2 + 2x_3 = 1$$

$$x_1 + 4x_2 - x_3 = 0$$

$$2x_1 - x_2 + 8x_3 = 0$$

A representação em matriz disso é

$$\begin{bmatrix} 1 & 1 & 2 \\ 1 & 4 & -1 \\ 2 & -1 & 8 \end{bmatrix}\begin{Bmatrix} x_1 \\ x_2 \\ x_3 \end{Bmatrix} = \begin{Bmatrix} 1 \\ 0 \\ 0 \end{Bmatrix}$$

Imagine que temos dois conjuntos adicionais de problemas com três incógnitas e os mesmos coeficientes na matriz do lado esquerdo, mas diferentes valores do lado direito.

$$\begin{bmatrix} 1 & 1 & 2 \\ 1 & 4 & -1 \\ 2 & -1 & 8 \end{bmatrix}\begin{Bmatrix} x_1 \\ x_2 \\ x_3 \end{Bmatrix} = \begin{Bmatrix} 0 \\ 1 \\ 0 \end{Bmatrix} \quad \text{e} \quad \begin{bmatrix} 1 & 1 & 2 \\ 1 & 4 & -1 \\ 2 & -1 & 8 \end{bmatrix}\begin{Bmatrix} x_1 \\ x_2 \\ x_3 \end{Bmatrix} = \begin{Bmatrix} 0 \\ 0 \\ 1 \end{Bmatrix}$$

Como as soluções dos três problemas são diferentes, devemos usar diferentes símbolos para elas. Mas podemos pôr todos os três problemas numa única equação matricial.

ou

$$\begin{bmatrix} 1 & 1 & 2 \\ 1 & 4 & -1 \\ 2 & -1 & 8 \end{bmatrix} \begin{bmatrix} x_{11} & x_{12} & x_{13} \\ x_{21} & x_{22} & x_{23} \\ x_{31} & x_{32} & x_{33} \end{bmatrix} = \begin{bmatrix} 1 & 0 & 0 \\ 0 & 1 & 0 \\ 0 & 0 & 1 \end{bmatrix}$$

$$\boldsymbol{AX} = \boldsymbol{I}$$

Por definição, $\boldsymbol{X}$ é a inversa de $\boldsymbol{A}$. A primeira coluna de $\boldsymbol{X}$ contém a solução do primeiro problema, e a segunda contém a solução do segundo problema, e assim por diante. Para encontrar $\boldsymbol{X}$, usaremos um processo chamado de eliminação gaussiana, que tem diversas variações. Apresentaremos duas delas. O processo gaussiano usa cada equação (linha na equação matricial) para combinar com outra de uma forma linear para reduzir as equações para uma forma da qual uma solução possa ser obtida.

1. A primeira versão. Começaremos por um processo de eliminação direta, seguido de outro de substituição inversa. As mudanças resultantes de cada eliminação ou substituição são refletidas no novo conteúdo da equação matricial.

Eliminação direta. A linha 1 é multiplicada por –1 e somada à linha 2 para substituir esta, e a linha 1 é multiplicada por –2 e somada à linha 3 para substituir esta, resultando em:

$$\begin{bmatrix} 1 & 1 & 2 \\ 0 & 3 & -3 \\ 0 & -3 & 4 \end{bmatrix} \begin{bmatrix} x_{11} & x_{12} & x_{13} \\ x_{21} & x_{22} & x_{23} \\ x_{31} & x_{32} & x_{33} \end{bmatrix} = \begin{bmatrix} 1 & 0 & 0 \\ -1 & 1 & 0 \\ -2 & 0 & 1 \end{bmatrix}$$

A linha 2 é somada à linha 3 para substituir esta, resultando em:

$$\begin{bmatrix} 1 & 1 & 2 \\ 0 & 3 & -3 \\ 0 & 0 & 1 \end{bmatrix} \begin{bmatrix} x_{11} & x_{12} & x_{13} \\ x_{21} & x_{22} & x_{23} \\ x_{31} & x_{32} & x_{33} \end{bmatrix} = \begin{bmatrix} 1 & 0 & 0 \\ -1 & 1 & 0 \\ -3 & 1 & 1 \end{bmatrix}$$

A eliminação direta está completa e todos os elementos abaixo da linha diagonal em $\boldsymbol{A}$ são zero.

Substituição inversa. A linha 3 é multiplicada por 3 e somada à linha 2 para substituir esta, e a linha 3 é multiplicada por –2 e somada à linha 1 para substituir esta, resultando em:

$$\begin{bmatrix} 1 & 1 & 0 \\ 0 & 3 & 0 \\ 0 & 0 & 1 \end{bmatrix} \begin{bmatrix} x_{11} & x_{12} & x_{13} \\ x_{21} & x_{22} & x_{23} \\ x_{31} & x_{32} & x_{33} \end{bmatrix} = \begin{bmatrix} 7 & -2 & -2 \\ -10 & 4 & 3 \\ -3 & 1 & 1 \end{bmatrix}$$

A linha 2 é multiplicada por –1/3 e somada à linha 1 para substituir esta, resultando em:

$$\begin{bmatrix} 1 & 0 & 0 \\ 0 & 3 & 0 \\ 0 & 0 & 1 \end{bmatrix} \begin{bmatrix} x_{11} & x_{12} & x_{13} \\ x_{21} & x_{22} & x_{23} \\ x_{31} & x_{32} & x_{33} \end{bmatrix} = \begin{bmatrix} 31/3 & -10/3 & -3 \\ -10 & 4 & 3 \\ -3 & 1 & 1 \end{bmatrix}$$

Normalização. Agora que a matriz $\boldsymbol{A}$ está reduzida a uma matriz diagonal, nós a reduzimos até uma matriz identidade dividindo cada linha pelo elemento diagonal de cada linha, resultando em:

$$\begin{bmatrix} 1 & 0 & 0 \\ 0 & 1 & 0 \\ 0 & 0 & 1 \end{bmatrix} \begin{bmatrix} x_{11} & x_{12} & x_{13} \\ x_{21} & x_{22} & x_{23} \\ x_{31} & x_{32} & x_{33} \end{bmatrix} = \begin{bmatrix} 31/3 & -10/3 & -3 \\ -10/3 & 4/3 & 1 \\ -3 & 1 & 1 \end{bmatrix}$$

ou

$$\mathbf{X} = \begin{bmatrix} x_{11} & x_{12} & x_{13} \\ x_{21} & x_{22} & x_{23} \\ x_{31} & x_{32} & x_{33} \end{bmatrix} = \begin{bmatrix} 31/3 & -10/3 & -3 \\ -10/3 & 4/3 & 1 \\ -3 & 1 & 1 \end{bmatrix}$$

Note que X também é simétrica. Pode-se derivar que a inversa de uma matriz simétrica é também simétrica.

2. *A segunda versão.* Combinamos as operações direta e inversa e a normalização para reduzir todos os termos não diagonais para zero, uma coluna por vez. Abaixo, reproduzimos a equação matricial original.

$$\begin{bmatrix} 1 & 1 & 2 \\ 1 & 4 & -1 \\ 2 & -1 & 8 \end{bmatrix} \begin{bmatrix} x_{11} & x_{12} & x_{13} \\ x_{21} & x_{22} & x_{23} \\ x_{31} & x_{32} & x_{33} \end{bmatrix} = \begin{bmatrix} 1 & 0 & 0 \\ 0 & 1 & 0 \\ 0 & 0 & 1 \end{bmatrix}$$

Começando com a primeira linha, normalizamos o elemento diagonal da primeira linha para um (neste caso, ele já é um) dividindo a primeira linha pelo valor de seu elemento diagonal. Depois, usamos a nova primeira linha para eliminar os elementos da primeira coluna nas linhas 2 e 3, resultando em

$$\begin{bmatrix} 1 & 1 & 2 \\ 0 & 3 & -3 \\ 0 & -3 & 4 \end{bmatrix} \begin{bmatrix} x_{11} & x_{12} & x_{13} \\ x_{21} & x_{22} & x_{23} \\ x_{31} & x_{32} & x_{33} \end{bmatrix} = \begin{bmatrix} 1 & 0 & 0 \\ -1 & 1 & 0 \\ -2 & 0 & 1 \end{bmatrix}$$

Repetimos a mesma operação com a segunda linha e seu elemento diagonal para eliminar os elementos da segunda coluna das linhas 1 e 3, resultando em

$$\begin{bmatrix} 1 & 0 & 3 \\ 0 & 1 & -1 \\ 0 & 0 & 1 \end{bmatrix} \begin{bmatrix} x_{11} & x_{12} & x_{13} \\ x_{21} & x_{22} & x_{23} \\ x_{31} & x_{32} & x_{33} \end{bmatrix} = \begin{bmatrix} 4/3 & -1/3 & 0 \\ -1/3 & 1/3 & 0 \\ -3 & 1 & 1 \end{bmatrix}$$

O mesmo processo é feito usando-se a terceira linha e seu elemento diagonal, resultando em

$$\begin{bmatrix} 1 & 0 & 0 \\ 0 & 1 & 0 \\ 0 & 0 & 1 \end{bmatrix} \begin{bmatrix} x_{11} & x_{12} & x_{13} \\ x_{21} & x_{22} & x_{23} \\ x_{31} & x_{32} & x_{33} \end{bmatrix} = \begin{bmatrix} 31/3 & -10/3 & -3 \\ -10/3 & 4/3 & 1 \\ -3 & 1 & 1 \end{bmatrix}$$

ou

$$\mathbf{X} = \begin{bmatrix} x_{11} & x_{12} & x_{13} \\ x_{21} & x_{22} & x_{23} \\ x_{31} & x_{32} & x_{33} \end{bmatrix} = \begin{bmatrix} 31/3 & -10/3 & -3 \\ -10/3 & 4/3 & 1 \\ -3 & 1 & 1 \end{bmatrix}$$

O mesmo processo pode ser usado para encontrar a solução de qualquer coluna dada do lado direito, sem primeiro encontrar a inversa. Isso é deixado como exercício para os leitores.

Exercício A.3

Resolva o problema seguinte pelo método de eliminação gaussiana.

$$\begin{bmatrix} 1 & 1 & 2 \\ 1 & 4 & -1 \\ 2 & -1 & 8 \end{bmatrix} \begin{Bmatrix} x_1 \\ x_2 \\ x_3 \end{Bmatrix} = \begin{Bmatrix} 3 \\ 6 \\ 1 \end{Bmatrix}$$

Eliminação direta. A linha 1 é multiplicada por –1 e somada à linha 2 para substituir esta, e a linha 1 é multiplicada por –2 e somada à linha 3 para substituir esta, resultando em:

$$\begin{bmatrix} 1 & 1 & 2 \\ 0 & 3 & -3 \\ 0 & -3 & 4 \end{bmatrix} \begin{Bmatrix} x_1 \\ x_2 \\ x_3 \end{Bmatrix} = \begin{Bmatrix} \\ \\ \end{Bmatrix}$$

A linha 2 é somada à linha 3 para substituí-la, resultando em:

$$\begin{bmatrix} 1 & 1 & 2 \\ 0 & 3 & -3 \\ 0 & 0 & 1 \end{bmatrix} \begin{Bmatrix} x_1 \\ x_2 \\ x_3 \end{Bmatrix} = \begin{Bmatrix} \\ \\ \end{Bmatrix}$$

Substituição inversa. A linha 3 é multiplicada por 3 e somada à linha 2 para substituir esta, e a linha 3 é multiplicada por –2 e somada à linha 1 para substituir esta, resultando em:

$$\begin{bmatrix} 1 & 1 & 0 \\ 0 & 3 & 0 \\ 0 & 0 & 1 \end{bmatrix} \begin{Bmatrix} x_1 \\ x_2 \\ x_3 \end{Bmatrix} = \begin{Bmatrix} \\ \\ \end{Bmatrix}$$

A linha 2 é multiplicada por (–1/3) e somada à linha 1 para substituir esta, resultando em:

$$\begin{bmatrix} 1 & 0 & 0 \\ 0 & 3 & 0 \\ 0 & 0 & 1 \end{bmatrix} \begin{Bmatrix} x_1 \\ x_2 \\ x_3 \end{Bmatrix} = \begin{Bmatrix} \\ \\ \end{Bmatrix}$$

Normalização. Agora que a matriz $\boldsymbol{A}$ está reduzida a uma matriz diagonal, nós a reduzimos mais até uma matriz identidade, dividindo cada linha pelo elemento diagonal dela, resultando em:

$$\begin{bmatrix} 1 & 0 & 0 \\ 0 & 1 & 0 \\ 0 & 0 & 1 \end{bmatrix} \begin{Bmatrix} x_1 \\ x_2 \\ x_3 \end{Bmatrix} = \begin{Bmatrix} \\ \\ \end{Bmatrix}$$

Se, porém, a inversa já tiver sido obtida, então a solução para qualquer dada coluna do lado direito pode ser obtida por uma simples multiplicação de matrizes, como mostrado a seguir.

$$\boldsymbol{AX} = \boldsymbol{Y}$$

Multiplique-se ambos os lados por $\boldsymbol{A}^{-1}$, resultando em

$$\boldsymbol{A}^{-1}\boldsymbol{AX} = \boldsymbol{A}^{-1}\boldsymbol{Y}$$

ou,

$$\boldsymbol{X} = \boldsymbol{A}^{-1}\boldsymbol{Y}$$

Este processo é deixado como exercício.

Exercício A.4
Resolva a equação seguinte usando a matriz inversa de $\boldsymbol{A}$.

$$\begin{bmatrix} 1 & 1 & 2 \\ 1 & 4 & -1 \\ 2 & -1 & 8 \end{bmatrix} \begin{Bmatrix} x_1 \\ x_2 \\ x_3 \end{Bmatrix} = \begin{Bmatrix} 3 \\ 6 \\ 1 \end{Bmatrix}$$

$$\boldsymbol{A} = \begin{bmatrix} 1 & 1 & 2 \\ 1 & 4 & -1 \\ 2 & -1 & 8 \end{bmatrix} \quad \boldsymbol{A}^{-1} = \begin{bmatrix} 31/3 & -10/3 & -3 \\ -10/3 & 4/3 & 1 \\ -3 & 1 & 1 \end{bmatrix}$$

$$\begin{Bmatrix} x_1 \\ x_2 \\ x_3 \end{Bmatrix} = \boldsymbol{A}^{-1} \begin{Bmatrix} 3 \\ 6 \\ 1 \end{Bmatrix} = \begin{bmatrix} 31/3 & -10/3 & -3 \\ -10/3 & 4/3 & 1 \\ -3 & 1 & 1 \end{bmatrix} \begin{Bmatrix} 3 \\ 6 \\ 1 \end{Bmatrix} = \begin{Bmatrix} \\ \\ \\ \end{Bmatrix}$$

Apêndice B

Notas de revisão suplementar

B.1 Sistemas de coordenadas cartesianas e polares

Na solução de problemas num espaço bidimensional ou tridimensional, muitas vezes é necessário definir um sistema de coordenadas para descrever a localização de corpos ou para dispor uma força, um deslocamento ou quaisquer valores de vetores relativos a outros valores. O sistema mais comumente usado é o cartesiano. Num plano, ele consiste de dois eixos mutuamente perpendiculares orientados em qualquer direção, embora mais frequentemente estejam orientados nas direções horizontal e vertical, como mostrado na figura da direita.

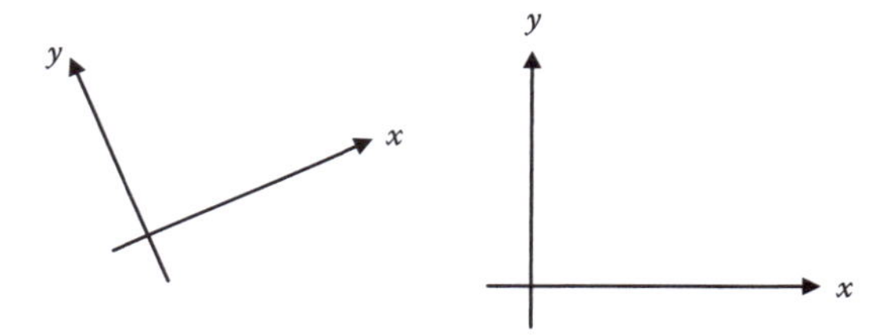

Qualquer ponto P no plano 2-D pode ser representado por suas coordenadas x e y. Se traçarmos uma linha entre o ponto e a origem, o, então uma linha de comprimento L será definida. As coordenadas x e y são simplesmente a projeção da linha de comprimento L nos eixos x e y, respectivamente.

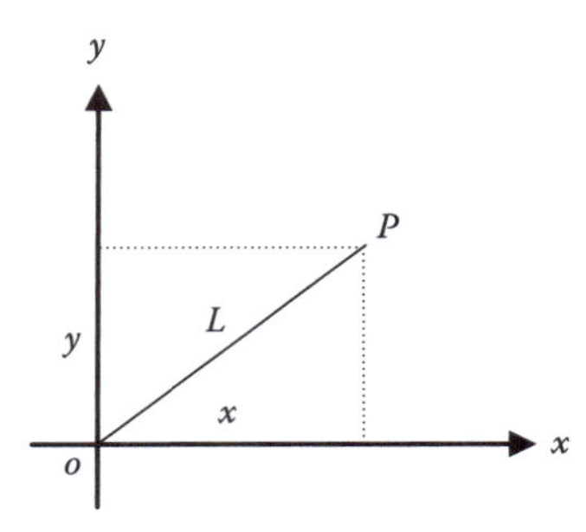

O par de números (x,y) define por completo a localização do ponto P no sistema de coordenadas x-y. Alternativamente, também podemos definir o ponto P por sua distância da origem e a orientação da linha entre ele e essa origem, como mostrado a seguir.

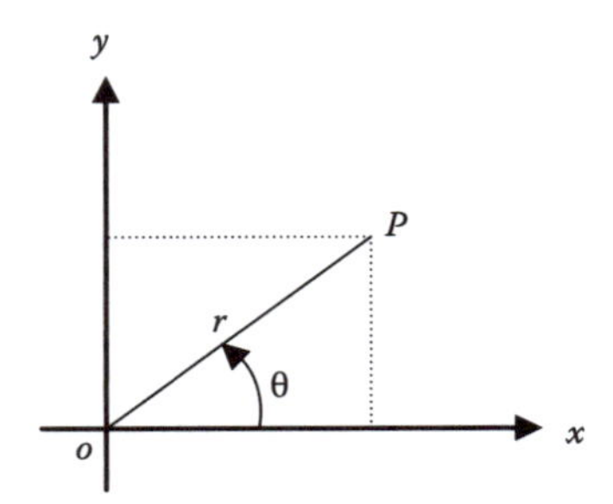

O par de números (r, θ) também define completamente a localização do ponto P, onde o ângulo θ é medido a partir da direção positiva do eixo x, no sentido anti-horário. O sistema de coordenadas r–θ é chamado de sistema de coordenadas polar. Uma comparação direta das representações do mesmo ponto pelos dois sistemas de coordenadas dá a seguinte relação.

$$x = r\cos\theta$$

$$y = r\,\text{sen}\theta$$

Essas equações permitem a conversão das coordenadas polares em coordenadas cartesianas. A relação inversa seguinte permite a conversão de coordenadas cartesianas em coordenadas polares.

$$r = \sqrt{x^2 + y^2}$$

$$\theta = Tan^{-1}\left(\frac{y}{x}\right)$$

B.2 Fórmulas trigonométricas

Há seis funções trigonométricas básicas. Considere um círculo de raio r. Se um raio definido por sua origem, o, e sua extremidade no círculo, P, se mover em torno de sua origem, a projeção do raio nos eixos x e y muda conforme a posição do raio muda.

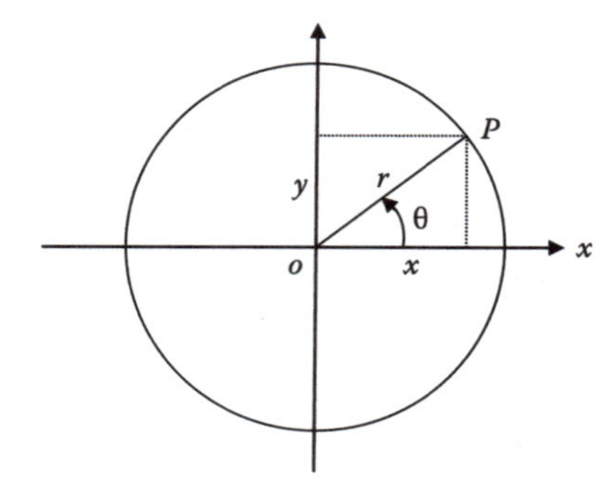

As duas funções mais comumente usadas são definidas como razões das duas projeções do raio:

$$\text{Sen}\,\theta = \frac{y}{r}$$

$$\mathrm{Cos}\,\theta = \frac{x}{r}$$

Claramente, o valor dessas duas funções não pode exceder um. Conforme o ângulo θ muda de zero a 2π, o raio se move do primeiro quadrante para o segundo, para o terceiro e para o quarto quadrantes, e o sinal das projeções *x* e *y* também muda em concordância. Pode-se facilmente demonstrar que, expressando-se o ângulo em radianos,

$$\mathrm{Sin}\,0 = 0,\quad \mathrm{Sin}\frac{\pi}{2} = 1,\quad \mathrm{Sin}\,\pi = 0,\quad \mathrm{Sin}\frac{3\pi}{2} = -1,\quad \mathrm{Sin}\,2\pi = 0$$

$$\mathrm{Cos}\,0 = 1,\quad \mathrm{Cos}\frac{\pi}{2} = 0,\quad \mathrm{Cos}\,\pi = -1,\quad \mathrm{Cos}\,\frac{3\pi}{2} = 0,\quad \mathrm{Cos}\,2\pi = 1$$

Estas duas funções são funções periódicas porque se repetem em valor a cada período de 2π.

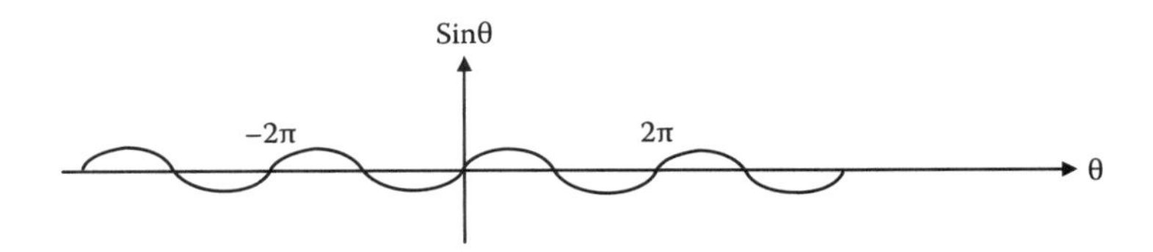

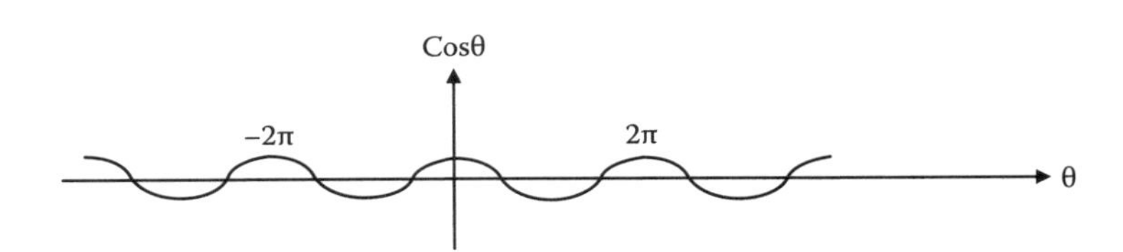

A função seno é chamada de função "ímpar" porque é antissimétrica em torno de θ = 0, ou seja,

$$\mathrm{Sen}\,\theta = -\mathrm{Sen}(-\theta)$$

A função cosseno é chamada de função "par" porque é simétrica em torno de θ = 0, ou seja,

$$\mathrm{Cos}\,\theta = \mathrm{Cos}(-\theta)$$

As duas funções têm forma idêntica, mas com um deslocamento no ângulo θ,

$$\mathrm{Sin}\left(\theta + \frac{\pi}{2}\right) = \mathrm{Cos}\,\theta$$

Esta fórmula leva a

$$\mathrm{Sin}\left(\frac{\pi}{2} - \theta\right) = \mathrm{Cos}\,\theta$$

Uma identidade frequentemente usada envolvendo essas duas funções é

$$\mathrm{Sen}^2\theta + \mathrm{Cos}^2\theta = 1$$

Esta identidade é o resultado direto da definição das duas funções. Outra fórmula útil, chamada de lei dos senos de triângulos, liga os três ângulos internos de um triângulo aos comprimentos de seus respectivos lados.

$$\frac{a}{\text{Sin}A} = \frac{b}{\text{Sen}B} = \frac{c}{\text{Sen}C}$$

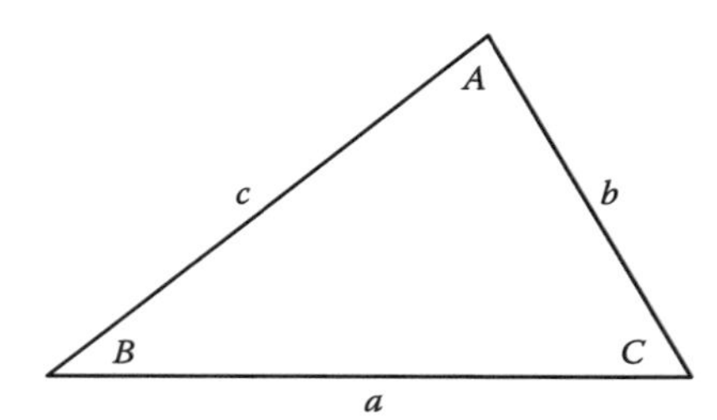

De maneira equivalente, essa equação pode ser expressa como

$$\text{Sen } A : \text{Sen } B : \text{Sen } C = a : b : c$$

Exemplo B.1

Os apoios da treliça de duas barras se movem horizontalmente para fora, em pequenas quantidades, *a* e *b*, como mostrado. Encontre a rotação das duas barras como resultado do movimento dos apoios.

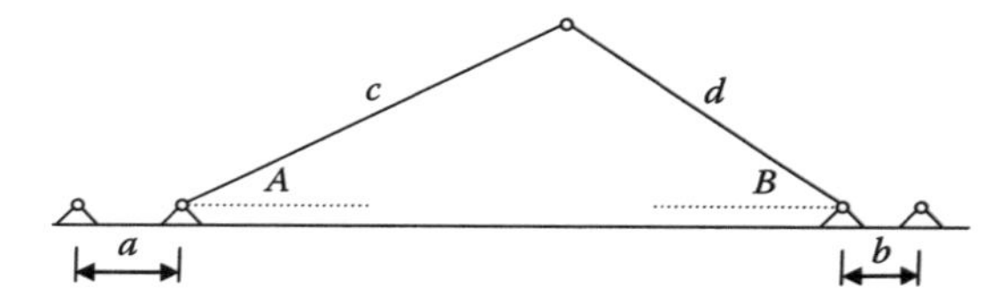

Solução

Como resultado do movimento dos apoios para fora, horizontalmente, as novas posições das duas barras são mostradas a seguir, supondo-se que as barras estão conectadas na parte superior por uma conexão articulada.

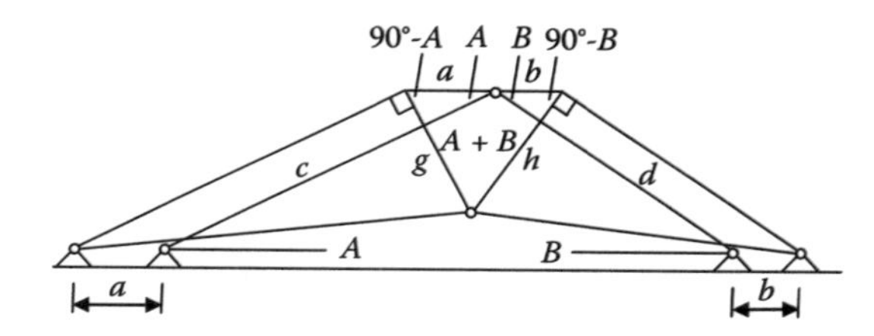

Como os movimentos dos apoios são em pequenas quantidades, a diferença entre a configuração final mostrada e a mostrada está exagerada, mas a geometria do pequeno triângulo definido pelos três lados $(a + b)$, g e h, está correta. Claramente, a rotação das duas barras é definida por g/c e h/d, respectivamente. Assim, precisamos relacionar g e h aos movimentos dos apoios a e b e aos ângulos A e B. A lei dos senos pode ser aplicada para relacionar g e h a $a + b$.

$$\frac{g}{\text{Sen}(90^\circ - B)} = \frac{h}{\text{Sen}(90^\circ - A)} = \frac{a+b}{\text{Sen}(A+B)}$$

Do exposto, os comprimentos de g e h podem ser calculados.

Vamos levar a cabo o acima com as dimensões dadas, $A = 30°$, $B = 60°$, c = 20 m, d = 11,55 m e $a = 0{,}02$ m, $b = 0{,}01$ m. Daí, a equação anterior se torna

$$\frac{g}{\text{Sen}(90^\circ - 60^\circ)} = \frac{h}{\text{Sen}(90^\circ - 30^\circ)} = \frac{0.02 + 0.01}{\text{Sen}(30^\circ + 60^\circ)} = 0.03$$

$$g = \text{Sen}\ (30^0)(0.03) = (0.5)(0.03) = 0.015\ \text{m}$$

$$h = \text{Sen}\ (60^0)(0.03) = (0.886)(0.03) = 0.026\ \text{m}$$

As rotações são, como esperado, ângulos muito pequenos:

$$\frac{g}{c} = \frac{0.015}{20} = 0.00075\ \text{rad} = 0.00075\frac{180}{3.1416} = 0{,}043\ \text{graus}$$

$$\frac{h}{d} = \frac{0.026}{20} = 0.0013\ \text{rad} = 0.0013\frac{180}{3.1416} = 0.074 = 0{,}074\ \text{graus}$$

As outras quatro funções trigonométricas podem ser derivadas das funções seno e cosseno.

$$\text{Tan}\,\theta = \frac{y}{x} = \frac{\text{Sen}\,\theta}{\text{Cos}\theta}, \quad \text{Cot}\theta = \frac{x}{y} = \frac{\text{Cos}\theta}{\text{Sen}\,\theta}$$

$$\text{Sec}\,\theta = \frac{r}{x} = \frac{1}{\text{Cos}\theta}; \quad \text{CSC}\theta = \frac{r}{y} = \frac{1}{\text{Sen}\,\theta}$$

B.3 Diferenciação e integração

Considere uma curva contínua num espaço bidimensional especificada pela seguinte função:

$$y = f(x)$$

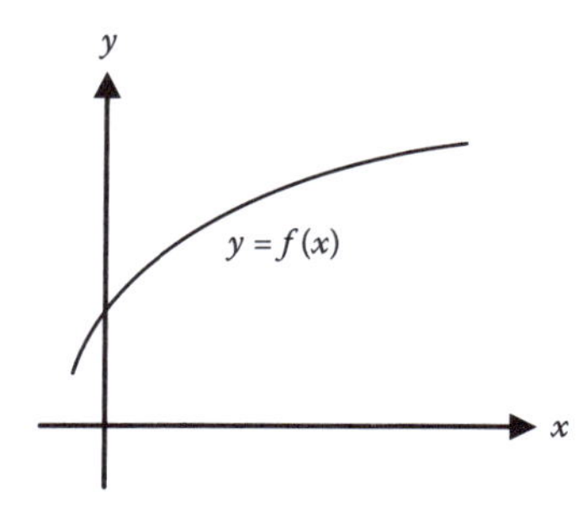

Se traçarmos a curva a partir de qualquer ponto x sobre esta curva até um ponto adjacente imediato, x', veremos que um incremento na direção x leva a um incremento na direção y. Esses incrementos são denotados por Δx e Δy, respectivamente.

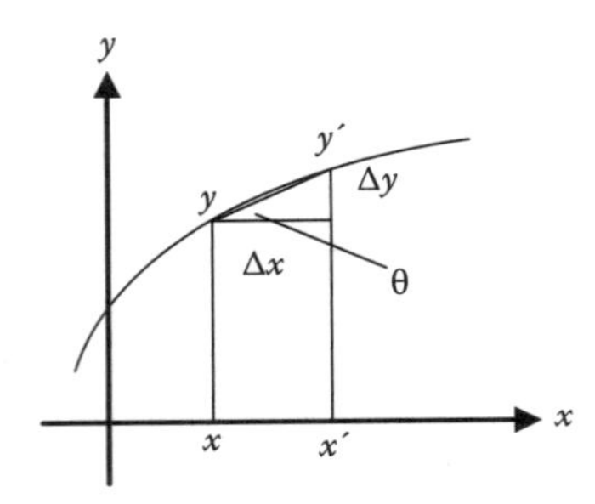

Se conectarmos os dois pontos, y e y', por uma linha reta, então o triângulo formado levará à seguinte relação acerca do ângulo entre a linha reta e o eixo horizontal:

$$\text{Tan}\theta = \frac{\Delta y}{\Delta x}$$

Se deixarmos que o ponto x' no eixo x se aproxime de x, isto é, Δx se aproxime de zero, então o triângulo se tornará menor e o valor acima se aproximará de um limite

$$\frac{\Delta y}{\Delta x} \longrightarrow \frac{dy}{dx}$$

Aqui, dy e dx são chamados de diferenciais. Eles são valores infinitesimais. A razão entre dy e dx é chamada de derivada da função $y = f(x)$ e pode ser convenientemente representada por y' ou f'. À medida que x' se aproxima de x, a linha reta entre os dois pontos se torna a tangente à curva e a inclinação da linha tangente é

$$\text{Tan}\theta = \frac{dy}{dx} = y'$$

Assim, a derivada de uma função é a inclinação da linha tangente à curva que representa a função. A derivada de uma função é uma medida da razão de mudança da função, y, com relação à variável independente, x. Algumas derivadas frequentemente encontradas são mostradas a seguir.

$$y = \text{Sen}\theta; \quad y' = \frac{dy}{dx} = \frac{d}{dx}(\text{Sen}\theta) = \text{Cos}\theta$$

$$y = \text{Cos}\theta; \quad y' = \frac{dy}{dx} = \frac{d}{dx}(\text{Cos}\theta) = -\text{Sen}\theta$$

$$y = x^n; \quad y' = \frac{dy}{dx} = \frac{d}{dx}(x^n) = nx^{n-1}$$

Nessas fórmulas, o operador de derivada, ou *diferenciação*, é denotado por $\frac{d}{dx}$. As seguintes regras são úteis para se encontrar a derivada de funções combinadas ou compostas:

$$\frac{d}{dx}(u+v) = \frac{du}{dx} + \frac{dv}{dx}$$

$$\frac{d}{dx}(uv) = v\frac{du}{dx} + u\frac{dv}{dx}$$

$$\frac{d}{dx}[u\ (v)] = \frac{du}{dv}\frac{dv}{dx}$$

$$\frac{d}{dx}\left(\frac{1}{v}\right) = \frac{-v'}{v^2}, \quad \text{onde} \quad v' = \frac{dv}{dx}$$

$$\frac{d}{dx}\left(\frac{u}{v}\right) = \frac{v\ (u') - u\ (v')}{v^2}, \quad \text{onde} \quad u' = \frac{du}{dx} \quad \text{and}\ v' = \frac{dv}{dx}$$

Exemplo B.2
Encontre as derivadas das seguintes funções.

$$y = f(x) = x^3 - 3x^2 + x + 1$$

$$y = f(x) = \sec\ (x)$$

$$y = f(x) = \text{tg}\ (x)$$

Solução

$$\frac{dy}{dx} = \frac{d}{dx}(x^3 - 3x^2 + x + 1) = 3x^2 - 6x + 1$$

$$\frac{dy}{dx} = \frac{d}{dx}\text{Sec}(x) = \frac{d}{dx}\left(\frac{1}{\text{Cos}x}\right) = \frac{-\text{Sen}x}{\text{Cos}^2x} = -\text{Sen}x\ \text{Sec}^2x$$

$$\frac{dy}{dx} = \frac{d}{dx}\ \text{Tan}\,(x) = \frac{d}{dx}\left(\frac{\text{Sen}x}{\text{Cos}x}\right) = \frac{\text{Cos}^2x - \text{Sen}^2x}{\text{Cos}^2x} = 1 - \text{Tan}^2x$$

Integração é a operação inversa da diferenciação. Considere uma curva contínua num espaço bidimensional especificado pela função seguinte.

$$y = f(x)$$

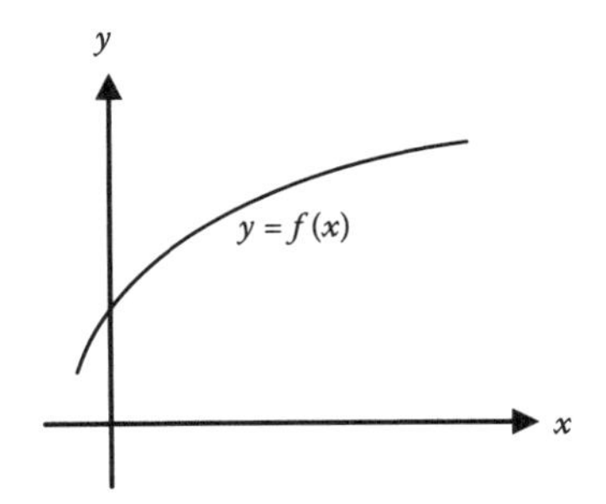

Conforme você se mova de um ponto y na curva para outro adjacente imediato y',

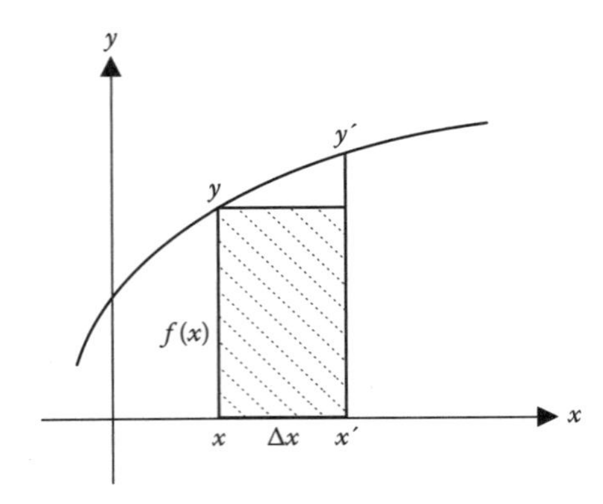

a área sob a curva, de y até y', pode ser aproximada pela área retangular representada por $f(x)\Delta x$. Este é um valor incremental, já que é gerado pelo incremento de x, Δx, e podemos denotá-lo por ΔA.

$$\Delta A = f(x)\Delta x$$

O somatório das áreas de incremento entre quaisquer dois pontos na curva, a e b, é

$$A = \sum_{a}^{b} (\Delta A) = \sum_{a}^{b} f(x)\,\Delta x$$

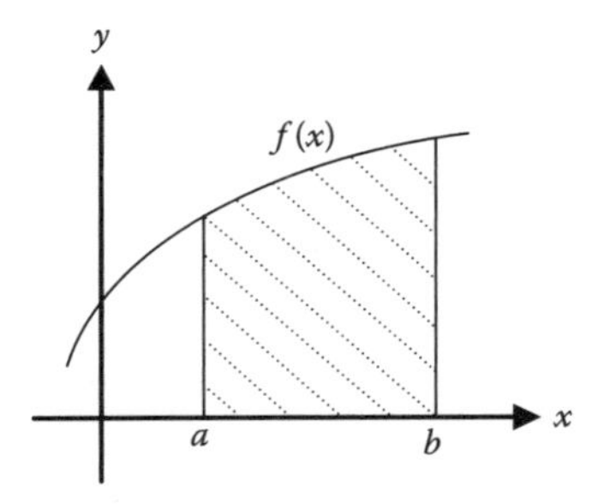

À medida que o ponto x' se aproxima de x, isto é, Δx se aproxima de zero, o limite dos valores incrementais se tornam

$$\Delta A = f(x)\Delta x \longrightarrow dA = f(x)dx$$

$$A = \sum_{a}^{b} (\Delta A) = \sum_{a}^{b} f(x)\Delta x \longrightarrow A = \int_{a}^{b} dA = \int_{a}^{b} f(x)dx$$

O valor denotado por A é realmente a área sob a curva, a área sombreada. Claramente, o valor de A é uma função dos pontos inicial e final, a e b, que são chamados de limites inferior e superior, respectivamente, de integração. Chamamos a operação acima de integração $f(x)dx$ entre os dois pontos a e b, e a função $f(x)$ de *integrando*. A integração definida acima é chamada de integral definida porque tem limites de integração inferior e superior definidos.

Vamos denotar a função da área pelo símbolo G e tornar o ponto final uma variável, isto é, $b = x$, então

$$G(x) = \int_a^x f(x)dx$$

Para evitar confundir a variável x sob o sinal de integração (a variável de integração x) com a variável do limite superior da integração, podemos mudar a variável de integração para qualquer símbolo, digamos t. Assim,

$$G(x) = \int_a^x f(t)dt$$

A variável de integração t é chamada de variável muda, porque pode ser denotada por qualquer símbolo sem mudar o resultado da integração, o valor da função G.
Afirmamos, sem prova, a relação entre a diferenciação e a integração como

$$\frac{d}{dx}[G(x)] = \frac{d}{dx}\left[\int_a^x f(t)dt\right] = f(x)$$

Em outras palavras, para encontrar a integração de f(x), precisamos encontrar uma função, cuja derivada dê f(x). Uma sentença equivalente acerca de diferenciação e integração é

$$\text{If} \frac{d}{dx} G(x) = f(x), \quad \text{então} \quad \int f(t)dt = G(x) + C$$

A integração mostrada acima é chamada de integral indefinida, porque os limites inferior e superior específicos de integração não são dados. Uma vez que os limites sejam especificados, a integral indefinida se torna integral definida, e a fórmula para esta é

$$\int_a^b f(t)dt = \left[\int f(t)dt\right]_a^b = G(b) - G(a)$$

As fórmulas de integração mais comumente usadas, na forma de integral indefinida, são

$$\int t^n\, dt = \frac{t^{n+1}}{n+1} + \text{C, exceto quando } n = -1$$

$$\int t^{-1}\, dt = \int \frac{1}{t} dt = \log t + C$$

$$\int \mathbf{Sen}\theta\, d\theta = -\text{Cos}\theta + C$$

$$\int Cos\theta\, d\theta = \mathbf{Sen}\theta + \text{C}$$

Exemplo B.3

Calcule as seguintes integrais:

$$y = f(x) = 3x^2 - 6x + 1, \qquad \int_0^1 f(x)dx$$

$$y = f(x) = \text{Cos}(x), \qquad \int_0^{\pi/2} f(x)dx$$

$$y = f(x) = \text{Sen}(x), \qquad \int_0^{\pi/2} f(x)dx$$

Solução

$$\int_0^1 f(x)dx = \int_0^1 (3x^2 - 6x + 1)dx = [x^3 - 3x^2 + x + 1]_0^1 = (0) - (1) = -1$$

$$\int_0^{\pi/2} f(x)dx = \int_0^{\pi/2} \text{Cos}\,(x)dx = [\text{Sin}\,(x)]_0^{\pi/2} = (1) - (0) = 1$$

$$\int_0^{\pi/2} f(x)dx = \int_0^{\pi/2} \text{Sen}\,(x)dx = [-\text{Cos}\,(x)]_0^{\pi/2} = (-0) - (-1) = 1$$

B.4 Força, equilíbrio e diagrama de corpo livre

Força. Força é um conceito muito abstrato. Podemos observar seu efeito, tal como um corpo sendo posto em movimento, mas não podemos medi-la diretamente. Pode-se dizer que podemos medir a força como o peso de um corpo, mas, na realidade, estamos medindo seu efeito no dispositivo de medição, tal como o alongamento de uma mola. Os físicos tendem a dar a definição fundamental de força por meio da segunda lei de Newton, como $f = ma$. Para fins da análise estrutural, vemos uma força como uma ação que atua sobre um corpo, com uma direção de ação e uma magnitude.

Considere um vaso contendo água, ou uma barreira de contenção para um reservatório de água.

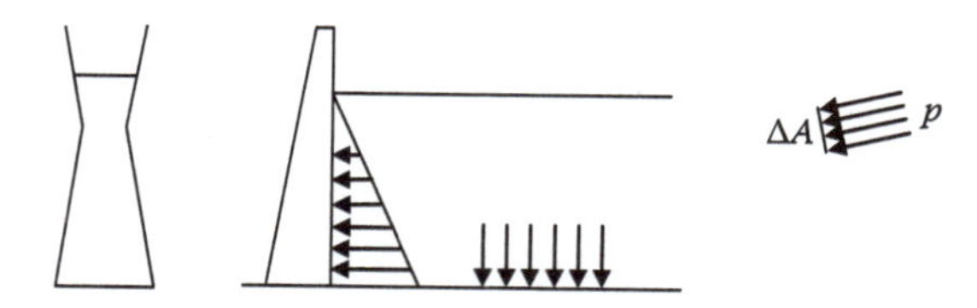

A água no vaso e por trás da barreira exerce pressão sobre a superfície do vaso e da barreira. Considere uma pequena área do vaso, ΔA. Nesta área, a pressão é distribuída. Usamos um grupo de setas para representar essa pressão distribuída e p para representar a pressão. Se examinarmos a pressão na superfície da barreira, veremos que sua intensidade muda com a altura. Se examinarmos a pressão exercida no fundo do reservatório, veremos que ela é de intensidade constante. A pressão exercida na superfície da barreira e no fundo do reservatório é chamada de *força distribuída*, porque ela é distribuída por uma área. Num plano bidimensional, ela é distribuída pela extensão.

Se a área sobre a qual a força distribuída está atuando for relativamente pequena em relação à dimensão de um corpo, tal como a carga de uma roda de um carro sobre a superfície de uma ponte, então podemos representar a força distribuída por uma *força concentrada.*

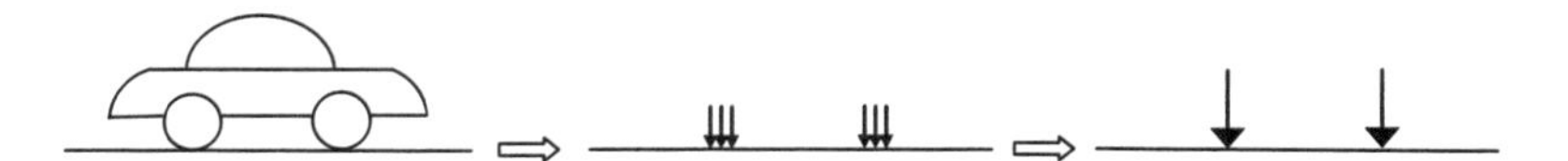

Uma força concentrada atua sobre um ponto. Como um ponto não tem área, deve-se entender que ele é simplesmente a representação de uma pequena área, da mesma forma que uma força concentrada é uma representação de uma força distribuída sobre uma pequena área.

Uma força concentrada pode ser representada por um *vetor*, com uma direção e uma magnitude, e que segue todas as regras operacionais dos vetores. As regras mais frequentemente usadas na análise estrutural são as de *decomposição* e de *combinação*. Qualquer vetor pode ser decomposto em seus componentes ao longo de quaisquer dois eixos, num plano, como mostrado a seguir.

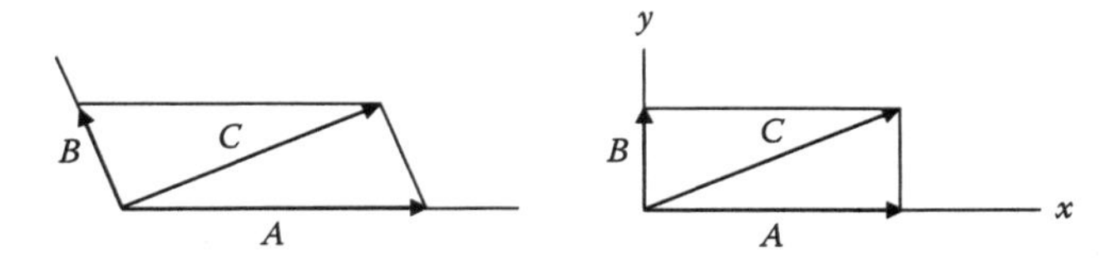

Os vetores **A** e **B** são os componentes de **C**. Num sistema cartesiano, podemos usar os vetores unitários **i** e **j** (não mostrados) na direção x e y, respectivamente, para expressar a magnitude dos componentes, enquanto os vetores unitários fornecem sua direção.

$$\mathbf{A} = a\mathbf{i},\ \mathbf{B} = b\mathbf{j}$$

Daí, o vetor **C** tem seu componente x como a e seu componente y como b.

$$\mathbf{C} = \mathbf{A} + \mathbf{B} = (a\mathbf{i} + b\mathbf{j})$$

A equação acima também pode ser vista como regra de combinação ou adição de vetores. Isto é,

$$\mathbf{A} + \mathbf{B} = \mathbf{C}$$

Esta regra de combinação é chamada de regra do paralelogramo, se observarmos os diagramas precedentes, porque o vetor resultante **C** é a diagonal do paralelogramo formado pelos dois vetores **A** e **B**. Ou, o que é a mesma coisa, podemos usar a regra do triângulo como mostrado a seguir para encontrar a resultante, **C**.

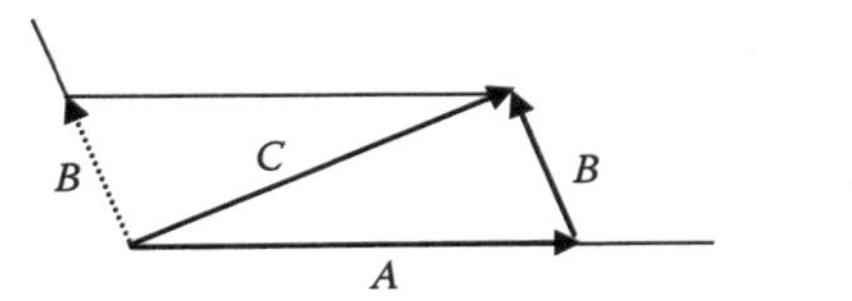

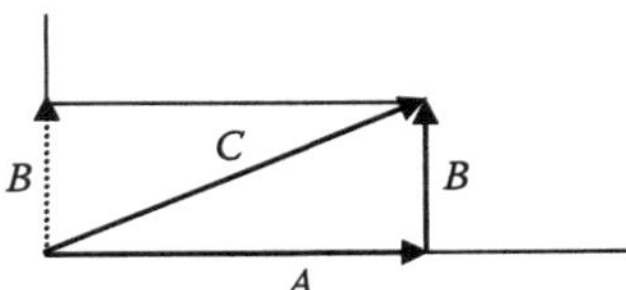

Essas regras de combinação são regras de adição de vetores. Obviamente, a subtração de vetores, como operação inversa da adição, pode ser graficamente derivada da primeira.

$$\mathbf{C} - \mathbf{B} = \mathbf{C} + (-\mathbf{B}) = \mathbf{A}$$

onde $-\mathbf{B}$ é um vetor da mesma magnitude de **B**, mas apontando na direção oposta.

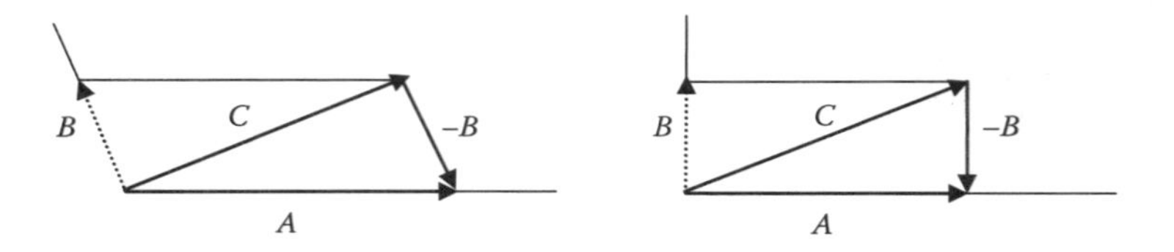

Momento. A força tem uma tendência a impulsionar o corpo sobre o qual atua, num movimento translacional.

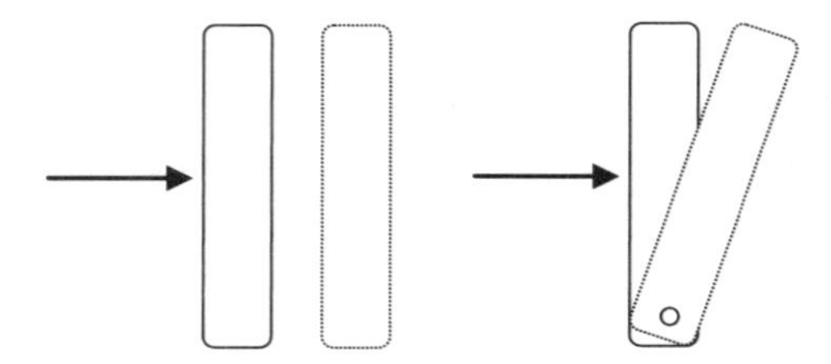

Se o corpo for articulado num ponto, então obviamente a força tenderá a impulsioná-lo num movimento rotacional. A medida da magnitude da tendência de impulso num movimento translacional é a magnitude da própria força, enquanto a magnitude da tendência de impulso num movimento rotacional não é medida só pela magnitude da força, mas também pela distância que a força atuante se encontra do ponto de articulação. Esta última medida é chamada de *momento*. Momento é também um vetor, com uma magnitude e uma direção. Num espaço tridimensional, um momento de uma força **f** é definido em torno de um ponto, como o *produto vetorial* de **r** por **f**, onde **r** é um vetor posição levando do ponto inicial a qualquer outro ponto do vetor força **f**.

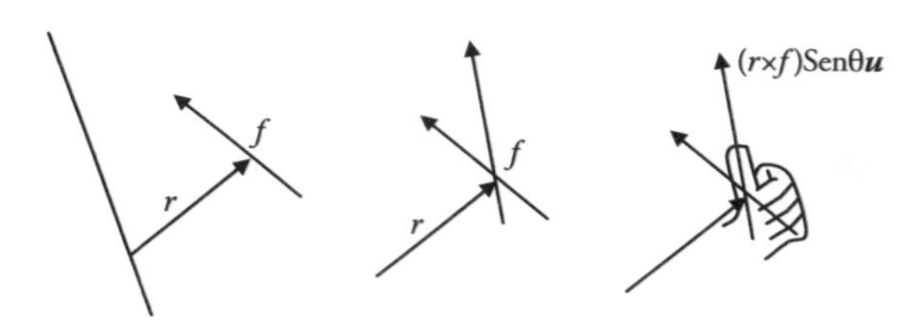

$$\mathbf{M} = \mathbf{r} \times \mathbf{f} = (\mathbf{r} \times \mathbf{f}) \ \text{Sen}\theta \ \mathbf{u}$$

Essa equação vem da definição de produto vetorial, onde θ é o ângulo entre os dois vetores **r** e **f**. A direção do vetor resultante é perpendicular ao plano contendo os dois vetores **r** e **f**. A direção do vetor unitário **u** pode ser encontrada da seguinte maneira. Se usarmos nossa mão direita para apontar para **r** e a girarmos na direção do vetor **f**, então o polegar apontará na direção do vetor resultante.

É muito mais fácil visualizar o produto vetorial numa configuração bidimensional. Imagine que um eixo é perpendicular a um plano em que a força está atuando. Quando traçamos a força num plano, o eixo aparece somente como um ponto, o.

Pode-se ver que a magnitude do vetor momento $(r \times f)$ $Sen\theta$ torna-se $f \times d$, onde d é a distância do ponto o até o vetor força f. Assim, o cálculo da magnitude de **M** é muito mais simples num plano, e pode ser meramente posta em forma escalar como $f \times d$. A direção de **M** apontando ou para fora do plano do papel, ou para dentro, e pode ser melhor representada pelo símbolo mostrado no ponto o.

Força equivalente. Podemos encontrar um sistema de forças mais simples equivalente a outro mais complexo igualando o "efeito" sobre o corpo em que ambos os sistemas estão atuando. É o mesmo que dizer que o impulso para translação em todas as direções e para rotação em torno de qualquer ponto (num plano) é o mesmo em ambos os sistemas. Numa configuração bidimensional, há duas possibilidades de translação (em quaisquer duas direções) e uma possibilidade de rotação (em torno de um eixo perpendicular ao plano ou de um ponto no plano). Assim, podemos afirmar que dois sistemas de forças são equivalentes se o somatório de forças em duas direções independentes e o somatório de momentos em torno de qualquer ponto forem os mesmos. Num sistema cartesiano com um eixo x e outro y, temos as três equações seguintes:

$$\sum(f_x)_1 = \sum(f_x)_2 \qquad \sum(f_y)_1 = \sum(f_y)_2 \qquad \sum(M_o)_1 = \sum(M_o)_2$$

Obviamente, um sistema de forças simples num plano tem duas únicas forças atuando nas direções x e y, respectivamente, e um único momento em torno de um ponto.

$$\sum(f_x)_1 = f_x \qquad \sum(f_y)_1 = f_y \qquad \sum(M_o)_1 = M_o$$

O sistema de duas forças e um momento, f_x, f_y e M_o é, às vezes, chamado de resultante do sistema de forças original atuando num plano.

Exemplo B.4
Encontre a resultante das forças mostradas.

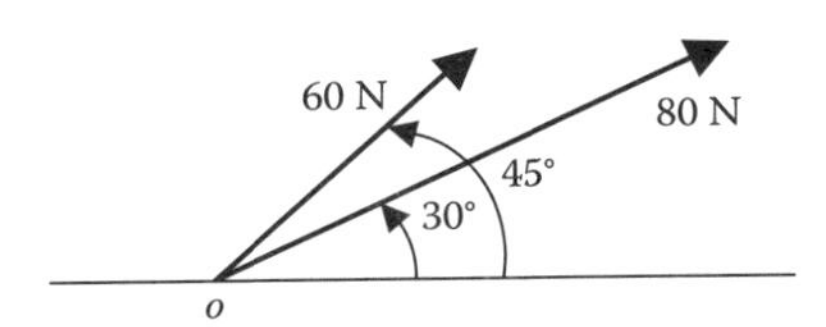

Solução
Como as duas forças estão atuando no mesmo ponto, o somatório de momentos em torno deste ponto o resulta num momento zero. As componentes x e y da força resultante podem ser encontradas por

$$f_x = \Sigma\,(f_x) = (60\text{N})(\text{Cos } 45°) + (80\text{N})(\text{Cos } 30°)$$

$$= (60\text{N})(0{,}707) + (80\text{N})(0{,}866) = 93{,}38\text{N}$$

$$f_y = \Sigma\,(f_y) = (60\text{N})\ (\text{Sen } 45°) + (80\text{N})\ (\text{Sen } 30°)$$

$$= (60\text{N})(0{,}707) + (80\text{N})(0{,}500) = 82{,}42\text{N}$$

Muitas vezes basta encontrar as componentes de uma força. Se quisermos a magnitude e a direção da resultante, então podemos usar as mesmas fórmulas que convertem coordenadas cartesianas em coordenadas polares para converter as componentes em magnitude e ângulos:

$$r = \sqrt{x^2 + y^2}; \qquad \theta = \text{Tan}^{-1}\left(\frac{y}{x}\right)$$

$$f = \sqrt{f_x^2 + f_y^2} = \sqrt{93.38^2 + 82.42^2} = 124.55\text{N}$$

$$\theta = \text{Tan}^{-1}\left(\frac{y}{x}\right) = \text{Tan}^{-1}\left(\frac{f_y}{f_x}\right) = \text{Tan}^{-1}\left(\frac{82.42}{93.38}\right) = \text{Tan}^{-1}(0.883) = 41.4°$$

Graficamente, temos

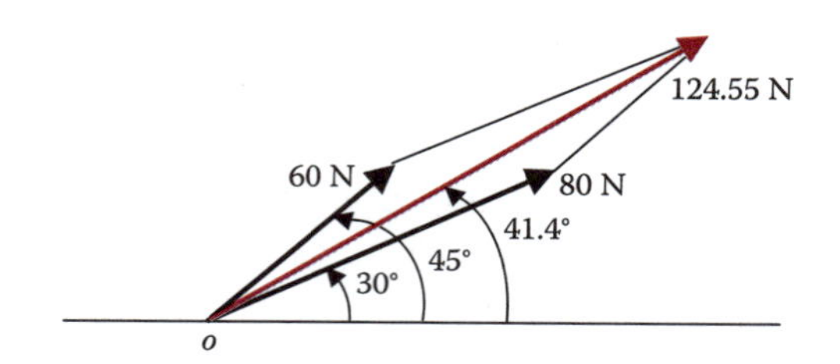

Exemplo B.5

Encontre as resultantes das duas forças distribuídas.

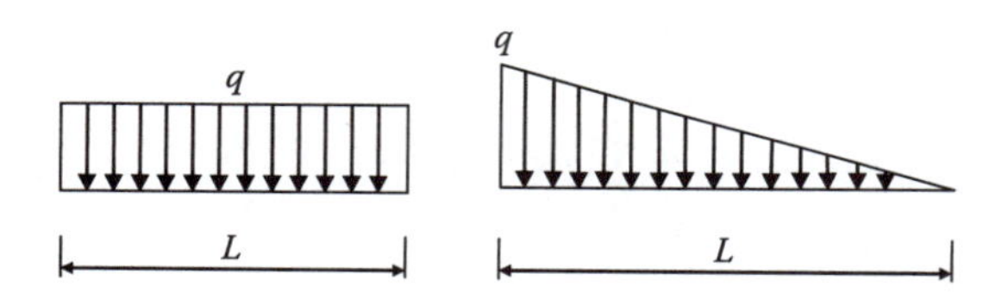

Solução

No caso da força distribuída de intensidade constante mostrada do lado esquerdo da figura, a intensidade constante é representada por q, que deve ser expressa em força por extensão unitária. No caso da força distribuída variável linear do lado direito, a intensidade varia da intensidade máxima de q da extremidade esquerda até zero na extremidade direita. Podemos denotar a intensidade como função da posição, medida da esquerda para a direita, expressa como $f(x)$. As resultantes das duas forças distribuídas podem ser calculadas sabendo-se que a força que atua na direção horizontal é zero em ambos os casos, e que só precisamos encontrar

$f(x) = q$ | q | $f(x)$ | o | x | L

$$f_y = \sum(f_y) = \int_0^L f(x)dx$$

$$M_o = \sum(M_o) = \int_0^L xf(x)dx$$

Observamos que as duas integrais representam a área sob a linha de *f*(*x*) e o primeiro momento da área, respectivamente. Além disso, a posição do centroide de uma área é localizada num ponto medido pela distância de uma extremidade da área, C, e essa distância está em relação com os dois valores acima por

$$\int_0^L xf(x)dx = C \bullet \int_0^L f(x)dx$$

A área e a posição do centroide de muitas formas são valores tabulados que podem ser encontrados em manuais e livros didáticos. Para as formas retangular e triangular, elas são dadas a seguir.

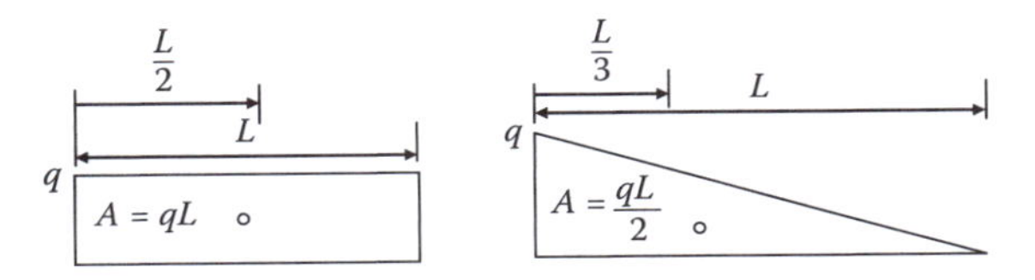

As posições verticais das dois centroides não são mostradas elas porque não são necessários no presente caso. Com a informação acima mencionada, podemos facilmente encontrar a força e o momento resultantes.

Para a força distribuída de intensidade constante,

$$f_y = \int_0^L f(x)dx = qL; \qquad M_o = \int_0^L xf(x)dx = \left(\frac{L}{2}\right)(qL) = \left(\frac{qL^2}{2}\right)$$

Para a força distribuída linearmente variável,

$$f_y = \int_0^L f(x)dx = \frac{qL}{2}; \qquad M_o = \int_0^L xf(x)dx = \left(\frac{L}{3}\right)\left(\frac{qL}{2}\right) = \left(\frac{qL^2}{6}\right)$$

Ambas as forças distribuídas, com a força e o momento resultantes acima, podem ser representados por uma força única atuando à distância da extremidade esquerda, como mostrado.

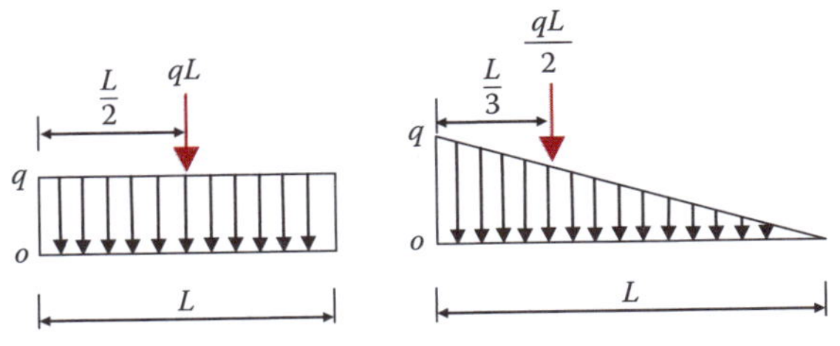

Exemplo B.6
Encontre a resultante de duas forças com a mesma magnitude nas direções opostas.

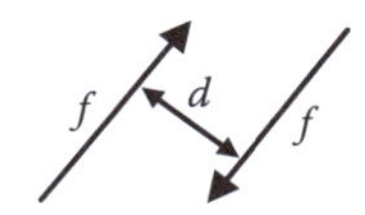

Solução

Como as forças são opostas uma à outra, o somatório de forças nas direções x e y resulta em zero forças. Assim, a única resultante será o momento. Selecionamos um ponto arbitrário o. Depois

$$M_o = \sum (M_o) = f \times d_1 - f \times d_2 = f \times (d_1 - d_2) = f \times d$$

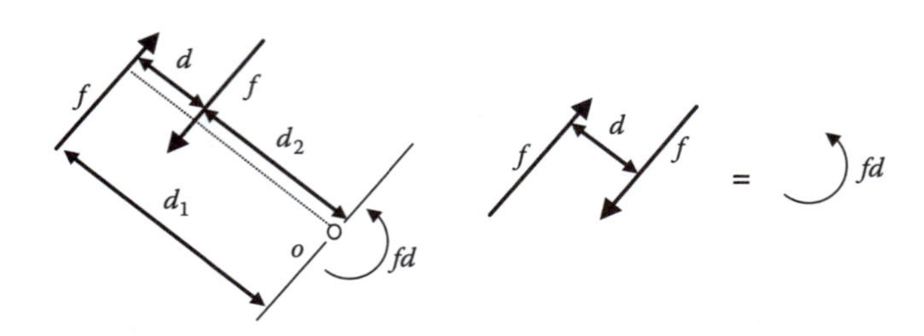

Como o resultado depende da distância perpendicular entre a linha de ação das forças, e não da localização do ponto o, concluímos que o momento resultante é sempre da magnitude *fd* e a orientação/direção do momento é na direção da rotação que as duas forças tendem a criar, independente do ponto em torno do qual estamos tomando o momento. Chamamos tal par de forças de *binário*.

Exemplo B.7

Encontre a resultante da distribuição de tensão normal mostrada na face de uma seção de viga retangular com largura b e profundidade h.

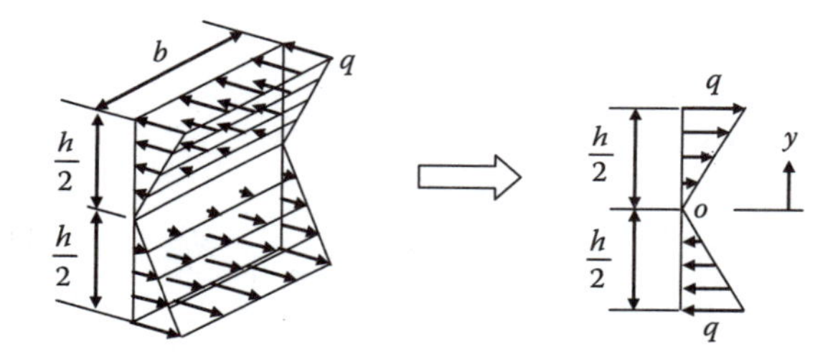

Solução

A distribuição de tensão mostrada representa forças distribuídas atuando através da seção de uma viga com profundidade h e largura b. Como a intensidade das forças não muda ao longo da largura, podemos tratar esta distribuição de forças como se elas atuassem sobre uma linha, como mostrado, tendo em mente que o mesmo padrão e intensidade são válidos por toda a largura. Além disso, as forças estão atuando em normal (perpendicular) à linha ou superfície. Destarte, não há componente na direção vertical. Precisamos encontrar apenas o momento e a força horizontal resultantes. Denotando o ponto médio da linha por o, vemos que a direção das forças muda quando o ponto o é cruzado. A parte "superior" da distribuição de tensão é idêntica à "inferior", e são da mesma forma. Como as duas partes atuam em direção oposta, é óbvio que o resultado líquido é zero na direção horizontal:

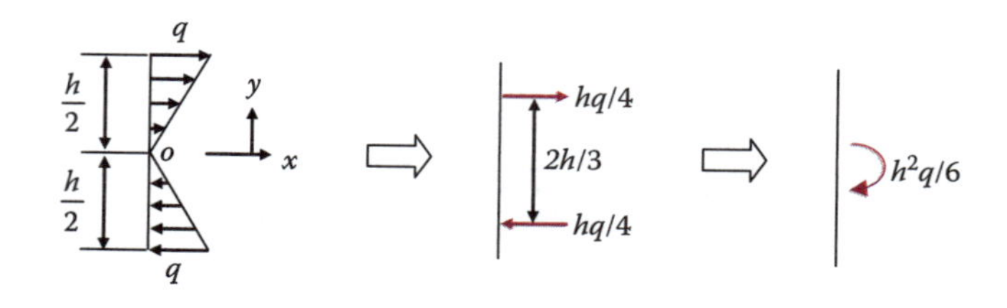

$$f_x = \int_{-h/2}^{h/2} f(y)dy = \int_{-h/2}^{0} f(y)dy + \int_{0}^{h/2} f(y)dy = -\left(\frac{1}{2}\right)\left(\frac{h}{2}\right)(c) + \left(\frac{1}{2}\right)\left(\frac{h}{2}\right)(c) = 0$$

Por outro lado, as duas forças resultantes de idêntica magnitude $hq/4$ formam um binário.

$$M_o = \int_{0}^{L} xf(x)dx = \left(\frac{hq}{4}\right)\left(\frac{2h}{3}\right) = \frac{h^2q}{6}$$

Lembre-se que o acima é obtido da integração sobre uma linha da seção. Precisamos incluir o efeito da largura na integração. Como a variação através da largura é constante, o efeito é simplesmente a multiplicação da expressão acima pela largura b.

$$M_o = \frac{bh^2q}{6}$$

Concluímos que a resultante da tensão normal variando linearmente sobre a face de uma seção de viga retangular, como mostrado, é um binário. A magnitude do binário é proporcional à tensão máxima, q, e às dimensões da seção.

No cálculo anterior, não usamos nenhuma expressão da tensão linearmente variável porque estamos tirando vantagem da forma simples da distribuição da tensão e obtendo as resultantes convenientemente. Da observação da natureza linearmente variável da tensão com relação à distância do ponto médio, podemos ver, denotando a tensão em qualquer ponto y por $\sigma(y)$, que

$$\sigma(y) = \frac{y}{h/2}q$$

Combinando as duas equações anteriores para eliminar q, obtemos

$$\sigma(y) = \frac{y}{I}M_o$$

$$\text{onde } I = \frac{bh^3}{12}$$

Alguém deve lembrar que I representa o segundo momento da área da seção da viga em torno do eixo da seção média. A fórmula anterior é usada para encontrar a tensão normal em qualquer ponto da seção, uma vez que o momento atuante sobre a seção seja conhecido.

Equilíbrio. Dizemos que um sistema de forças está em equilíbrio se a resultante das forças for igual a zero. No caso de forças que atuam num plano, isso significa

$$\Sigma f_x = 0,\ \Sigma f_y = 0,\ \Sigma M_o = 0$$

As equações acima são chamadas de *condições de equilíbrio*. Frequentemente, estamos interessados num sistema de forças, porque as forças estão atuando sobre um corpo de interesse. Dizemos que o corpo está em equilíbrio se todas as forças que atuam sobre ele estão em equilíbrio.

Diagrama de corpo livre. Como o equilíbrio de forças é frequentemente examinado no contexto de um corpo sobre o qual as forças estão atuando, é importante selecionarmos o corpo de interesse e exibir num diagrama todas as forças que atuam sobre ele. Tal diagrama é chamado de *diagrama de corpo livre*, ou *DCL*.

Considere um carro estacionado numa ponte representada por uma viga simplesmente apoiada, que, por definição, é suportada por uma articulação (mostrada na extremidade esquerda) e um rolete (mostrado na extremidade direita). Uma articulação é um apoio que evita a translação em qualquer direção, mas que permite a rotação. Assim, ela oferece reações em quaisquer duas direções, no presente contexto de um problema bidimensional. Um rolete evita a translação apenas numa direção perpendicular à superfície do apoio. No presente caso, ele evita o movimento verticalmente, mas não horizontalmente, e oferece uma reação na direção vertical, mas não na horizontal.

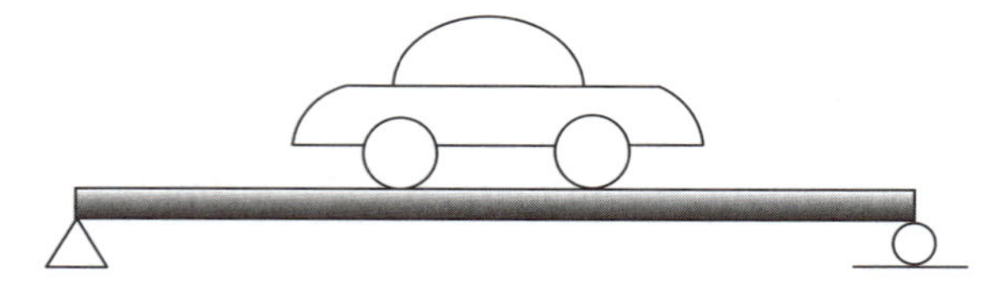

Se estivermos interessados no equilíbrio do carro, poderemos isolá-lo e somar todas as forças atuantes sobre ele, isto é, seu peso representado por uma força vertical e as duas reações nas rodas.

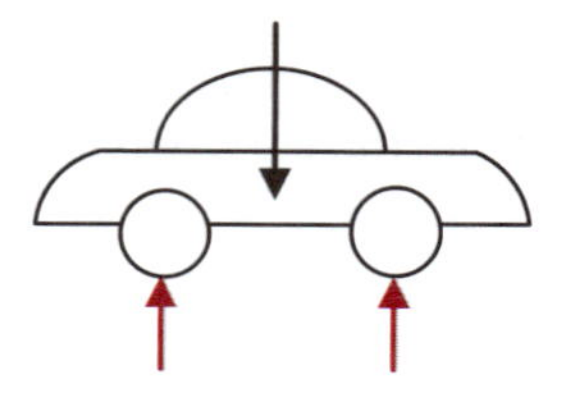

Por outro lado, se estivermos interessados no equilíbrio da viga, poderemos traçar o diagrama de corpo livre da viga.

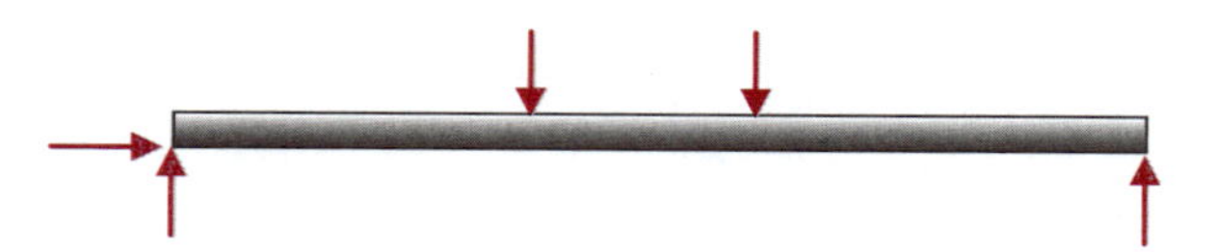

Em outras palavras, o traçado de um DCL depende do que queremos conseguir. Na verdade, um DCL não envolve necessariamente o corpo completo bem definido de um objeto. Ele pode envolver parte de um objeto, como ilustrado na parte (b) do exemplo seguinte.

Exemplo B.8
Encontre (a) as reações de uma viga simplesmente apoiada sujeita à força aplicada, como mostrado, e (b) as forças seccionais na seção um terço à esquerda da viga.

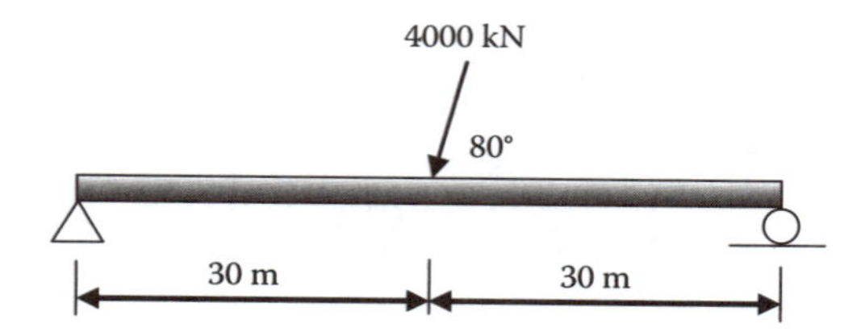

Solução
(a) Como nosso interesse é nas reações, precisamos incluir as dos dois apoios no DCL. Incluímos as reações pela remoção dos dois apoios e pela colocação das forças de reação em seu lugar. Damos a cada reação um símbolo, como mostrado.

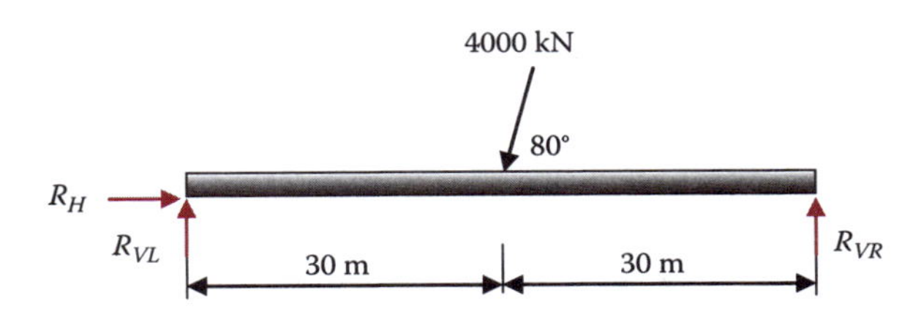

No caso de uma força inclinada atuando num sistema bidimensional, muitas vezes é mais conveniente decompor a única força em suas componentes horizontal e vertical.

Componente Vertical = (4000 kN)(Sen 80°) = (4000 kN)(0,951) = 3804 kN ↓
Componente Vertical = (4000 kN) (Cos 80°) = (4000 kN)(0,309) = 1236 kN ←

Assim, o problema é equivalente ao mostrado a seguir.

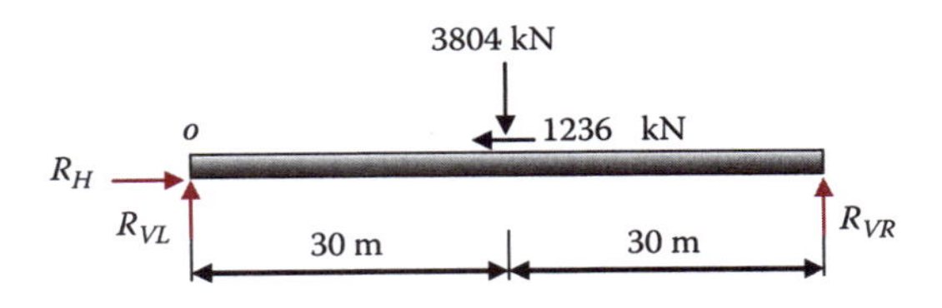

Ignoraremos o pequeno desalinhamento das duas forças horizontais e consideraremos que ambas atuam na linha mediana da profundidade da viga. Denotando as direções horizontal e vertical como x e y, respectivamente, e aplicando as condições de equilíbrio ao DCL anterior, obtemos

$$\Sigma f_x = 0;\ R_H - 1236 = 0;\ \text{RH} = 1236 \text{ kN}$$

$$\Sigma f_y = 0;\ R_{VL} + R_{VR} - 3804 = 0;\ R_{VL} + R_{VR} = 3804 \text{ kN}$$

$$\Sigma M_o = 0;\ (3804)(30) - (R_{VR})(60) = 0;\ R_{VR} = 1902 \text{ kN}$$

Das duas últimas equações, obtemos

$$R_{VL} = 1902 \text{ kN}$$

(b) A seção de um terço da viga está localizada a 20 m do apoio esquerdo. Precisamos colocar um corte imaginário e expor a porção esquerda da viga. Na seção exposta, podemos colocar duas forças e um momento, como mostrado. Note que as forças aplicadas não aparecem nesse DCL, porque elas estão fora do DCL.

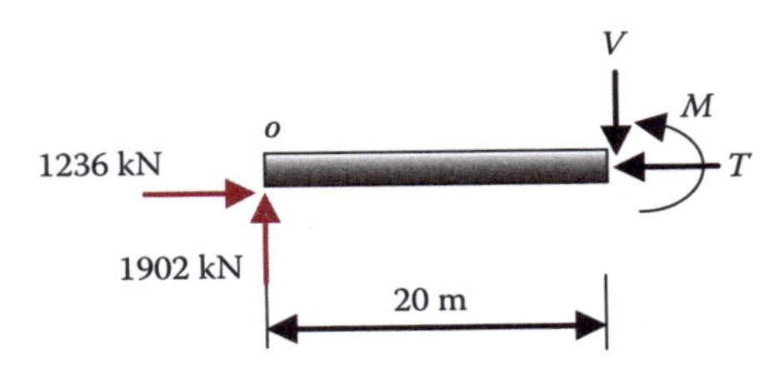

Aplicando as três condições de equilíbrio, obtemos

$$\Sigma f_x = 0;\ 1236 - T = 0;\ T = 1236 \text{ kN}$$

$$\Sigma f_y = 0;\ 1902 - V = 0;\ V = 1902 \text{ kN}$$

$$\Sigma M_o = 0;\ (V)(20) - (M) = 0;\ M = (1902)(20) = 38.040 \text{ kN-m}$$

As três forças seccionais são chamadas de cisalhamento (V), momento (M), e thrust (T), respectivamente. O cisalhamento e o momento são de particular importância. Claramente, os valores do cisalhamento e do momento dependem da localização da seção. Se determinarmos a localização da seção pela distância da extremidade esquerda, x, então tanto o cisalhamento quanto o momento serão funções de x.

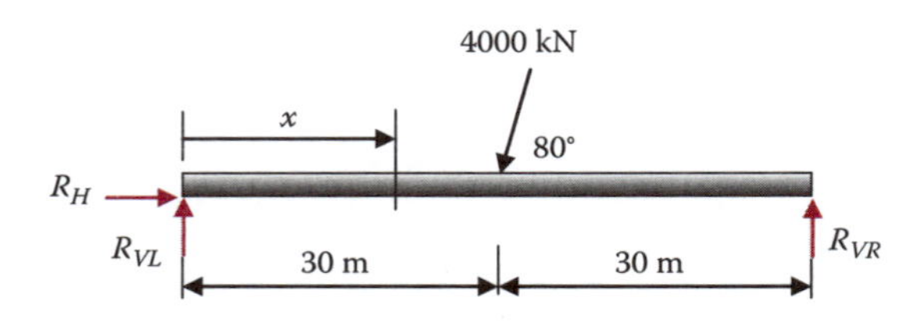

Isto é,

$$V = V(x);\ \ M = M(x)$$

para a carga dada. Para encontrar $V(x)$ e $M(x)$, podemos usar um DCL similar, desde que $x < 30$ m

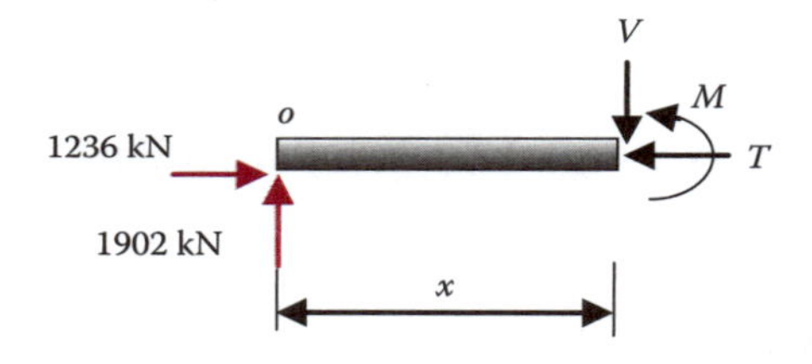

Usando apenas duas das três condições de equilíbrio, obtemos

$$\Sigma f_y = 0;\ 1902 - V(x) = 0;\ V(x) = 1902 \text{ kN}$$

$$\Sigma M_o = 0;\ (V)(x) - (M) = 0;\ M = (1902)(x) = 1902x \text{ kN-m}$$

Portanto, o cisalhamento é uma constante, mas o momento é linearmente crescente com x.

Quando x >30 m, o DCL anterior não é mais correto, e devemos incluir as forças aplicadas

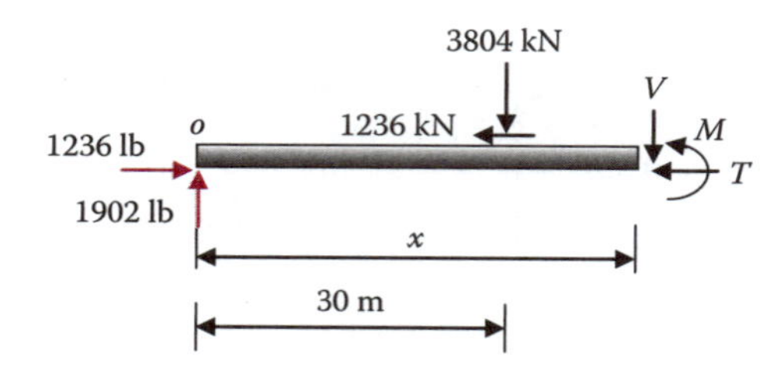

As duas condições de equilíbrio dadas

$$\Sigma f_y = 0;\ 1902 - 3804 - V(x) = 0;\ V(x) = -1902 \text{ kN}$$

$$\Sigma M_o = 0;\ (V)(x) + (3804)(30) - (M) = 0;\ M = (-1902)(x) + 114.120 \text{ kN-m.}$$

Nesta faixa ($x > 30$ m), o cisalhamento permanece constante, mas em direção inversa e o momento decresce linearmente de 57.060 kN-m (em $x = 30$ m) até zero (em $x = 60$ m).

Podemos plotar a variação de cisalhamento e momento com x como mostrado a seguir.

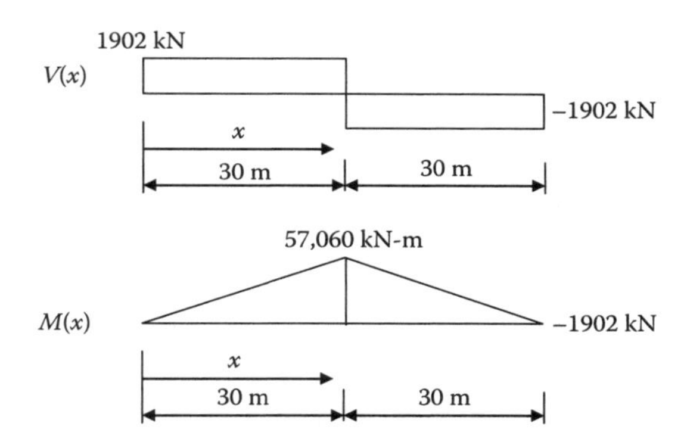

Esses dois diagramas são chamados de diagrama de cisalhamento e diagrama de momento e são muito importantes na análise e no projeto de vigas.

Índice

G

I

L

M

N

O

P

Q

R

Impressão e acabamento
Gráfica da Editora Ciência Moderna Ltda.
Tel: (21) 2201 - 6662